国家出版基金资助项目

俄罗斯数学经典著作译丛

高等代数教程

GAODENG DAISHU JIAOCHENG

[苏] A. Г. 库洛什 著

柯召 译

哈爾濱工業大學出版社

HARBIN INSTITUTE OF TECHNOLOGY PRESS

内 容 简 介

本书为代数学引论，其主要内容为线性代数多项式理论. 除在第 10 章介绍了环、域等基本概念外，还在最后一章介绍了群论的初步知识.

本书可供高等院校本科生、研究生及数学爱好者参考使用.

图书在版编目(CIP)数据

高等代数教程/(苏)A. Г. 库洛什著；柯召译. —哈尔滨：哈尔滨工业大学出版社，2024. 5

(俄罗斯数学经典著作译丛)

ISBN 978 - 7 - 5767 - 1214 - 8

Ⅰ. ①高… Ⅱ. ①A…②柯… Ⅲ. ①高等代数—教材 Ⅳ. ①O15

中国国家版本馆 CIP 数据核字(2024)第 030540 号

GAODENG DAISHU JIAOCHENG

策划编辑 刘培杰 张永芹
责任编辑 张嘉芮
封面设计 孙茵艾
出版发行 哈尔滨工业大学出版社
社 址 哈尔滨市南岗区复华四道街 10 号 邮编 150006
传 真 0451 - 86414749
网 址 http://hitpress.hit.edu.cn
印 刷 辽宁新华印务有限公司
开 本 787 mm×1 092 mm 1/16 印张 22 字数 393 千字
版 次 2024 年 5 月第 1 版 2024 年 5 月第 1 次印刷
书 号 ISBN 978 - 7 - 5767 - 1214 - 8
定 价 88.00 元

◎第六版序

本书第一版发行于 1946 年,嗣后于 1950,1952,1955 和 1956 年再版.为了反映出莫斯科大学代数教学方面的经验,在该书的第二版和第四版里,内容都做了很大的修改.在准备现在的第六版时,内容上又进行了更加重大的修改,甚至于有足够的理由把它算作一本新书,而不是原书的第六版.

这次修改有两个目的.一方面是根据读者多次提出的建议,将本书的内容加以扩充,使它能包含大学里高等代数的全部必要材料,而不是像原来那样,仅供前两个学期使用.为此目的,我在书中加进了一些新的章节,其中一章是研究群论的,而其余的都属于线性代数——线性空间理论、欧几里得空间理论、λ一矩阵和矩阵若尔当法式理论.

在苏联现有的代数著作中,有着一系列的在分量、内容和叙述的特点上都各有特色的关于线性代数的好书,即使像现在这样,在这本书中补充了如此大量的材料之后,也不能奢望以此书来代替那些书中的任何一本,但是无可争辩的是,把全部必要材料组织在一本教科书中并用同一体裁来叙述,这对大学生来说是很有帮助的.

另一方面,以前各版所采用的章节安排,早已不符合莫斯科大学实际讲授的顺序,这种新安排在很大程度上满足了必须在规定期限内教完一定分量的解析几何和数学分析教程的需要.特别是三年前,莫斯科大学采用了新的高等代数教学大纲.在这几年中,它顺利地通过了考验,因而修改教本,把材料安排得完全适合于新的大纲,看来是合理的.有一本适合这个大纲的教科书,可能使苏联国内其他大学更便于采用新的大纲.

我们指出各学期材料的分配.第一学期:一至五章.第二学期:六至九章.第三学期:十、十一、十三和十四章.应该注意,莫斯科大学力学专业的学生只学习前两学期的内容.

本书的这些修改对于在师范学院中的使用,并没有增加困难,甚至可能更加容易.

本书的前几次修改没有增加任何篇幅,但这次自然不可能再这样做了.为了在某种程度上缩减篇幅,迫使我们除去了某些材料,特别是略去了关于胡尔维茨定理、代数理论、弗罗贝尼乌斯定理的章节.但是,在书中只叙述现行大纲中所规定的那些材料似乎是不合理的,也就是说,不能把这本书变作简单的讲义摘要.保留在书中的那些非必要的材料——用星号"*"标出的那些节,便是这种性质的材料:它们过去曾被列入高等代数教学大纲的范围内,而且迄今仍被列入某些大学或师范学院的教学大纲范围内;或者,要是分配给高等代数课的课时多一些的话,它们终归是要被列入教学大纲范围内的.

修订本书时,我们还变动了某些细节,但这里就不细说了.

A. Г. 库洛什
1958 年 12 月
于莫斯科

◎ 目录

绪言 // 1

第 1 章 线性方程组,行列式 // 8

§1 依次消去未知量的方法 // 8
§2 二阶和三阶行列式 // 15
§3 排列和置换 // 19
§4 n 阶行列式 // 26
§5 子式和它的代数余子式 // 32
§6 行列式的计算 // 34
§7 克莱姆法则 // 40

第 2 章 线性方程组(一般理论) // 46

§8 n 维向量空间 // 46
§9 向量的线性相关性 // 49
§10 矩阵的秩 // 54
§11 线性方程组 // 60
§12 齐次线性方程组 // 65

第 3 章 矩阵代数 // 70

§13 矩阵的乘法 // 70
§14 逆矩阵 // 75
§15 矩阵的加法和数对矩阵的乘法 // 81
§16* 行列式理论的公理构成 // 84

第 4 章　复数　// 88

§17　复数系　// 88
§18　继续研究复数　// 92
§19　复数的方根　// 98

第 5 章　多项式和它的根　// 104

§20　多项式的运算　// 104
§21　因式,最大公因式　// 108
§22　多项式的根　// 115
§23　基本定理　// 118
§24　基本定理的推论　// 125
§25*　有理分式　// 129

第 6 章　二次型　// 133

§26　化二次型为标准形式　// 133
§27　惯性定律　// 139
§28　恒正型　// 143

第 7 章　线性空间　// 147

§29　线性空间的定义,同构　// 147
§30　有限维空间,基底　// 151
§31　线性变换　// 156
§32*　线性子空间　// 161
§33　特征根和特征值　// 165

第 8 章　欧几里得空间　// 169

§34　欧几里得空间的定义,法正交基底　// 169
§35　正交矩阵,正交变换　// 174
§36　对称变换　// 177
§37　化二次型到主轴上去,二次型耦　// 181

第 9 章　多项式根的计算　// 187

§38*　二次、三次和四次方程　// 187

§39　根的限　//　194
§40　斯图姆定理　//　198
§41　关于实根个数的其他定理　//　203
§42　根的近似计算　//　208

第10章　域和多项式　//　214

§43　数环和数域　//　214
§44　环　//　217
§45　域　//　222
§46*　环(域)的同构,复数域的唯一性　//　226
§47　任意域上的线性代数和多项式代数　//　229
§48　分解多项式为不可约因式　//　233
§49*　根的存在定理　//　240
§50*　有理分式域　//　246

第11章　多未知量的多项式　//　252

§51　多未知量的多项式环　//　252
§52　对称多项式　//　260
§53*　对称多项式的补充注解　//　266
§54*　结式,未知量的消去法,判别式　//　271
§55*　复数代数基本定理的第二个证明　//　281

第12章　有理系数多项式　//　284

§56*　有理数域中多项式的可约性　//　284
§57*　整系数多项式的有理根　//　288
§58*　代数数　//　291

第13章　矩阵的法式　//　296

§59　λ—矩阵的相抵　//　296
§60　单位模矩阵,数矩阵的相似和它们的特征矩阵的相抵之间的关系　//　302
§61　若尔当法式　//　308
§62　最小多项式　//　315

第14章　群　//　319

§63　群的定义和例子　//　319
§64　子群　//　324
§65　正规因子,商群,同态　//　328
§66　阿贝尔群的直接和　//　333
§67　有限阿贝尔群　//　338

绪　言

数学系学生的数学教育是从学习三个基础课程开始的.这三个课程就是数学分析、解析几何和高等代数.这三个课程在很多地方都是有联系的,而且有彼此重复的地方,它们共同构成了近代数学的基础.

本书讨论的高等代数比初等代数要更深一些,是中学初等代数课程基本内容自然的扩展.中学代数课程的中心内容,无疑是关于解方程的问题.读者应该记得,研究方程是从只含一个未知量的一个一次方程这种简单情形开始的,然后往两个方向发展:一方面,讨论含两个未知量两个一次方程的方程组,以及含有三个未知量三个一次方程的方程组;另一方面,研究一个只含一个未知量的二次方程和某些很容易化为二次方程的特殊类型的高次方程(例如四次方程).

在高等代数课程中,这两个方向都得到了进一步的发展,分成了高等代数的两大部门.其中一个称为线性代数基础,它是从研究任意一次方程组(或称线性方程组)这个问题开始的.为解方程个数等于未知量个数的那类线性方程组,就得出了行列式理论这个工具.对于从初等代数的观点看来很不习惯的,但在应用上却是很重要的,就是对方程个数不等于未知量个数的线性方程组的研究,而研究这种方程组,行列式这个工具就不够用了,因此就特别需要做出矩阵的理论来.矩阵是排列成含一些行和列的正方或长方表式的一组数.矩阵论很深奥,且其应用范围远不只限于线性方程组理论.另外,研究线性方程组时,还要引进多维空间(也叫作向量空间或线性空间),并对它进行研究.不懂数学的人,对多维(首先是四维)空间有神秘的而且往往是错误的看法.其实这是一个纯粹数学的概念,甚至于基本上是一个代数概念,只不过它在很多数学研究中,以及在物理学和力学中,是一种重要的工具而已.

高等代数课程的另一半称为多项式代数,它研究只含一个未知量但有任意次数的单独一个方程.考虑到二次方程有求解公式这个事实,自然就想找出解高次方程的对应公式.从历史上讲,这部分代数就是这样发展起来的,而且数学家们已经在 16 世纪找到了三次和四次方程的求解公式.以后又开始找五次和更高次方程的求解公式,要借助于根式,可能是多层根式,用方程的系数表示出它的根.但这是一个失败的尝试,这种尝试一直持续到 19 世纪初期,最后数学家们证明了这种公式是不可能找到的,而且对于次数等于或高于五次的方程,都有这样的整数系数的具体例子存在,它的根不可能用根式写出来.

找不到高次方程的求解公式并不是很可悲的事情——即使对于三次和四次方程来说,这种公式虽是存在的,但已是非常麻烦而且几乎没有什么实际用途.另外,在解决物理或工程问题时,所提出的方程的系数,常常是由测量而得出的数值,只是一些近似值,因而我们也只需要知道根的具有一定准确度的近似值.这就需要研究求方程近似解的各种方法,在高等代数教程中,我们只说到其中一些简单的方法.

多项式代数的中心问题不是具体的找出方程的根,而是研究根的存在问题.实系数二次方程不一定存在实根,但把数扩大到全部复数,任何实系数二次方程就都有根了,而且从三次和四次方程的解的公式来看,这对于它们来说也是正确的.是否存在这样的五次或更高次方程,它并没有一个复数根,或是为了求出这种方程的根,必须把复数扩大到更广的一类数呢?我们给出了一个重要的定理来回答这个问题.这个定理断定每一个有任意数值系数的方程,不管它的系数是实数还是复数,都有复数(有些特殊情形可能是实数)根,而且一般地说,根的个数和方程的次数是相同的.

本书我们简略地描绘了高等代数教程的内容,还要指出的是高等代数的内容非常丰富,分支也很多,我们现在对高等代数教程范围以外的这些代数分支试做一个非常简略的描述.

本书所讲的线性代数,只是它的初等部分,线性代数基本是讨论矩阵理论以及和矩阵有关的向量空间线性变换理论的一个大的学科，和它有关系的还有不变量论和张量代数（对微分几何有重要的作用）等. 向量空间理论在代数以外的泛函分析（无限维空间）中得到进一步的发展. 由于线性代数在数学、力学、物理学和技术科学中有多种重要应用，到现在它还在各种代数分支中占首要地位.

多项式代数的发展在研究只含一个未知量的任意次方程的问题上有数十年之久，现在已经基本完成了. 它在复变函数论的某些分支中获得了进一步的发展，基本上成长为域论. 关于域论，我们在下面还要提到. 至于较深奥的，关于有许多未知量不是线性而是任意次方程组的问题，合并了高等代数教程中所研究的两个方向，在本书中几乎没有接触到，这是代数的另一个分支——代数几何所讨论的问题.

方程要适合什么条件才可以用根式解出，这个问题已经被法国数学家伽罗瓦（1811—1832）彻底解决. 他的工作指出了代数发展的新方向，德国女代数学家艾米·诺特（1882—1935）的工作形成了对代数学任务的新观点，现在已经是无可置辩的. 方程的研究不再是代数学的中心任务，代数学所研究的正确对象，是和数的加法或乘法相类似的，但是可能不是施行于数的代数运算.

中学生在物理学课程中，已经遇到过力的加法运算. 在大学和师范学院基础课程中所研究的数学分支，已经给出很多代数运算的例子——如矩阵、函数的加法和乘法，对空间变换和对向量的运算等. 这些运算和平常对数的运算相类似并有同样的名称. 但是数的运算所常有的某些性质，有时会不再存在. 例如，我们常常遇到的而且很重要的一些运算是不可易①的（与乘积和因子的次序有关），有时还是不可群②的（与三个因子的乘积和括号的安排有关）.

只有少数几种很重要的代数体系被人们系统地研究过. 我们所说的代数体系是指具有某些性质的元素所构成的集合，而且对于这些元素确定了一些代数运算. 例如，域就是这样的一种代数体系，它和实数系或复数系相类似，在它里面，确定了加法和乘法运算，这些运算都是可易和可群的，适合把它们结合起来的分配律（就是平常的去括号的规则能够成立），而且都有逆运算——减法和除法存在. 域论很自然地提供了方程理论进一步发展的领域，它的主要分支代数数域论和代数函数域论又分别使它同数论和复变函数论结合起来. 高等代数教程中包含了域论的初步导引，而教程的某些章节，如多未知量的多项式、矩阵的

① 可易指可交换.

② 可群指可结合.

法式是直接对任意基域来叙述的.

比域的概念更广泛些的是环的概念，它和域的不同之处是，在环里不要求可施行除法，且乘法也可能是不可易的，甚至于是不可群的. 全部整数(包括负整数)，只含一个未知量的全部多项式和全部有实变数的实函数都可作为环的简单例子. 环论包含了如超复数系论和理想数论这些古老的代数分支，它和许多数学分支，特别是和泛函分析有关联，而且在物理学中也得到了一些应用. 高等代数教程中实际上只包含了环的概念的定义.

还有应用范围很广的分支叫群论. 群是指这样的代数体系，它只有一个基本运算，这个运算虽然不是一定可易的，但必须是可群的，而且对于这个运算有逆运算存在——如果把基本运算叫作乘法，那么它的逆运算就叫作除法. 例如，全部整数的集合对于加法运算来说，全部正实数的集合对于乘法运算来说都构成群. 群在伽罗瓦理论中，在关于方程的根式可解性问题上已经起了很大的作用，近年来，它们在域论中，在几何的很多分支中，在拓扑学中，还在数学以外的结晶学中，在理论物理学中，都是重要的工具. 总之，由于群论的广大应用范围，它在所有的代数分支中所占的地位仅次于线性代数. 本书有一章是研究群论基础的.

在近几十年中提出并且发展了一个新的代数领域叫作结构论(另一中文译名叫作格论). 结构是指这样的代数体系，它有两个运算——加法和乘法. 这些运算必须是可易和可群的，而且还要适合下面的条件：一个元素同它自己的和与积仍旧等于它自己；如果两个元素的和等于其中的一个，那么它们的积就等于另一个，反过来也是对的. 对于全部自然数，其对应运算为取最小公倍数和取最大公约数，就是结构的一个例子. 结构论和群论、环论以及集合论有很多有趣味的联系；一个古老的几何分支——投影几何，基本上是结构论的一部分；还要提到的是结构论在电路网络理论中也有它的用途.

在群论、环论和结构论的某些分支之间，存在着显著的类似点，这就提出了代数体系的一般理论(或泛代数论). 到现在为止，我们对这些理论只是做了些初步工作，但是已经描绘出它的轮廓，而且发现它和数理逻辑有关系，大有发展前途.

在上面所做的概述中，当然不能包含代数学所有的内容，特别是在其他数学领域的边缘上，都有代数的若干分支存在. 如拓扑代数，它研究这样的代数体系，在这个体系(例如实数系)中，对其元素所定的某些收敛过程来说，运算是连续的. 和拓扑代数邻近的有连续群(或者叫作李群)论，它在几何的若干不同问题中，在理论物理中，在水力学中都有很多应用. 此外，李群论又交织着代数方法、拓扑方法、几何方法与泛函方法，具有其独自的特点，可以把它看作数学中独特的分支. 还有有序代数体系理论，是结合几何基础的研究而产生的，它在泛函分析中找到了应用. 最后，微分代数学已经开始发展，并建立起代数学和微分方程论之间的新的关系.

无可否认代数学的辉煌达到今天的成就绝不是偶然的现象——它是数学总的发展的一部分，在很大程度上是为了满足其他数学分支对代数学的要求而发展的. 另外，由于代数学自身的发展对于其他邻近分支的发展，已经显示出而且还在显示出很大的影响，还由于其应用范围的扩大(这是近世代数的特征)，所以有时我们还说今日数学中所谓"代数化"的趋势格外加强了.

上面对代数学的描述，不但很简略，而且还没有给出关于这个学科的发展简史，所以我们将以对代数学史的简短描述来结束我们的绪言.

有些代数问题，特别是解最简单的方程，已经为巴比伦人，而后为古代希腊数学家所知道. 这个时期代数研究的高峰是希腊(亚力山大)数学家丢番图(公元 3 世纪)的工作，而后这些研究被印度数学家阿里阿勃赫塔(6 世纪)、勃勒马哥泼塔(7 世纪)、勃赫斯卡勒(7 世纪)所发展. 在中国，张苍(公元前 2 世纪)和耿寿昌(公元前 1 世纪)很早就从事于代数问题的研究[①]. 秦九韶(13 世纪)是很伟大的中国代数学家[②].

中世纪时，东方的数学家对于代数学的发展有很大的贡献. 在这些用阿拉伯文字写的著作中，特别是穆罕默德·阿尔·花剌子模(9 世纪)和奥马·卡扬(1040—1123). 特别是"алгебра"(代数学)这个字就是起源于阿尔·花剌子模所写的书的名字《Аль-Джебр аль-мукабала》.

上面提到的巴比伦、印度、希腊、中国等代数学家所研究的，都是现在初等代数课程教学大纲里面的代数问题，只是偶尔接触到三次方程. 西欧中世纪代数学家和 15 世纪文艺复兴时代的代数学家的工作，主要停留在这些问题的范围内；我们提到了意大利比萨的数学家利奥拿陀(费旁拿吉)(12 世纪)和近世代数学符号的创造者法国数学家韦达(1540—1603). 还有，已经在前面提到的，16 世纪数学家曾经求出解三次和四次方程的方法；这里要提出他们名字的，就是意大利的费罗(1465—1526)、塔塔利阿(1500—1557)、卡尔达诺(1501—1576)和费拉里(1522—1565).

17 世纪至 18 世纪，人们着重对方程的一般理论(即多项式代数)进行研

① 张苍、耿寿昌都是汉初人，曾删补九章. ——译者注

② 秦九韶，字道古，宋人，著数学书十八卷. ——译者注

究，有很多数学家参与了这一工作，其中有法国的笛卡儿(1596—1650)、英国的牛顿(1643—1727)、法国的达朗贝尔(1717—1783)和拉格朗日(1736—1813). 18世纪，瑞士数学家克莱姆(1704—1752)、法国数学家拉普拉斯(1749—1827)又开始构建了行列式的理论. 在18世纪和19世纪交替的时候，德国数学家高斯(1777—1855)证明了前面提到过的关于数值系数方程有根存在的基本定理.

在19世纪的最初30年，代数学史的标志是解决了用根式解方程的可能性问题. 对于五次和五次以上的方程，意大利数学家鲁菲尼(1765—1822)证明了不可能有求解公式，而更严密的证明则被挪威数学家阿贝尔(1802—1829)所得出. 前面已提到，对于有根式解存在的方程应适合的条件是由伽罗瓦彻底解决的.

在19世纪中叶和后半世纪，伽罗瓦理论推动了代数学的发展，使代数学走向新的方向，出现了代数数域和代数函数域的理论以及和它相关的理想数论. 在这里我们要提出德国数学家库默尔(1810—1893)、克罗内克(1823—1891)和戴德金(1831—1916)，俄国数学家 E. Й. 佐洛塔廖夫(1847—1878)和 Г. Φ. 沃罗诺伊(1868—1908)的工作. 比拉格朗日和伽罗瓦的工作更进一步的有限群论，得到很大的发展；在这方面工作的有法国数学家柯西(1789—1857)和若尔当(1838—1922)，挪威数学家西罗(1832—1918)，德国代数学家弗罗贝尼乌斯(1849—1917)和赫尔德(1859—1937). 连续群论是从挪威数学家 M. S. 李(1842—1899)的工作开始的.

英国学者哈密顿(1805—1865)和德国数学家格拉斯曼(1809—1877)的工作开启了超复数系的理论，或现所谓代数理论. 俄国数学家 Φ. Э. 莫林(1861—1941)在19世纪末的工作对代数学的这个分支的进一步发展起了很大的作用.

线性代数在19世纪取得了光辉的成就，这首先要归功于英国数学家西尔维斯特(1814—1897)和凯莱(1821—1895)的工作. 多项式代数的研究也在继续，我们只提出俄国几何学家 H. И. 罗巴切夫斯基(1792—1856)所发现的求方程近似解的方法和德国数学家胡尔维茨(1859—1919)的工作. 在19世纪的后半世纪数学家们开始创立代数几何学，特别要提出的是德国数学家 M. 诺特(1844—1922)的工作.

到了20世纪，代数学的研究获得了广阔的天地，正如我们已经知道的，代数学在数学中占有很重要的地位. 在这一时期，代数学发展了很多新的分支，包括域的一般理论(20世纪10年代)，环论和群的一般理论(20世纪20年代)，拓扑代数和结构论(20世纪30年代)，在20世纪40年代和20世纪50年代，出现了半群论和拟群论、泛代数论、同调代数学、范畴论. 在所有这些代数分支中，有很多数学家做出了巨大贡献.在许多国家中,特别是在苏联,形成了很多代数学派.

十月革命前俄国的代数学家中,除了上面提到的,还应提到C.O.沙图诺夫斯基(1859—1929)和Д.A.格拉韦(1863—1939).但是苏联代数学的研究只在伟大的十月革命以后才有现在的光辉成就.几乎在所有代数学的领域内,苏联代数学家的工作都起了领先的作用.我们只提两个人——H.Г.切博塔廖夫(1894—1947)(在域论和李群方面工作)和O.Ю.施密特(1891—1956)(知名的极地探险家和代数学家,创立了苏联抽象群学派).

在结束我们对代数学的近代情况和发展过程的简略描述时,我们再一次指出,这里所说的问题基本上超越了高等代数教程的范围,这个简略的描述只是帮助读者对于高等代数教程在整个代数学以及数学大厦中所占的地位获得正确的了解.

线性方程组，行列式

第1章

§1　依次消去未知量的方法

我们先来研究含有几个未知量的一次方程组，即通常所谓的线性方程组①.

线性方程组的理论是代数学的一个重要大分支——线性代数的起点，本书的大部分章节，特别是前三章，就是讨论这个分支的. 在这三章中所考虑的方程的系数、未知量的值以及一般所遇到的数，都是指实数. 但是这几章的内容对任意复数的情形也都完全适用. 对于复数，读者早在中学课程中就知道了.

和初等代数不同，我们所讨论的方程组有任意多个方程和未知量，而且有时在方程组里面的方程个数也不一定要等于未知量的个数. 假设给出有 s 个方程 n 个未知量的线性方程组，约定用下面的符号：我们用 x 附加下标来表示未知量：$x_1, x_2, \cdots, x_n$；把方程按照次序来编号——叫作第一，第二，……，第 s 个方程；

① 因为解析几何中两个未知量的一次方程确定平面上的一条直线，所以才有这个名称.

把第 i 个方程中未知量 x_j 的系数记为 a_{ij}①；最后，用 b_i 来记第 i 个方程的常数项.

现在可以把我们的线性方程组写成下面的普遍形式

$$\begin{cases} a_{11}x_1 + a_{12}x_2 + \cdots + a_{1n}x_n = b_1 \\ a_{21}x_1 + a_{22}x_2 + \cdots + a_{2n}x_n = b_2 \\ \quad\vdots \\ a_{s1}x_1 + a_{s2}x_2 + \cdots + a_{sn}x_n = b_s \end{cases} \tag{1}$$

未知量的系数构成一个矩形数阵

$$\begin{pmatrix} a_{11} & a_{12} & \cdots & a_{1n} \\ a_{21} & a_{22} & \cdots & a_{2n} \\ \vdots & \vdots & & \vdots \\ a_{s1} & a_{s2} & \cdots & a_{sn} \end{pmatrix} \tag{2}$$

叫作 s 行 n 列矩阵；数 a_{ij} 叫作矩阵的元素②. 如果 $s=n$(即行数等于列数)，那么把它叫作 n 阶方阵. 这个矩阵里面从左上方到右下方的(也就是由元素 a_{11}，a_{22}，$\cdots$，a_{nn} 所组成的)对角线，叫作主对角线. 如果在 n 阶方阵的主对角线上的元素都等于 1，主对角线外的元素都等于零，那么这个方阵叫作 n 阶幺矩阵.

线性方程组(1)的解是指这样的一组(n 个)数 $k_1,k_2,\cdots,k_n$③，在以数 $k_i(i=1,2,\cdots,n)$ 分别代换未知量 x_i 后，方程组(1)中每一个方程就都化作恒等式.

线性方程组可能一个解都没有，这时我们把它叫作矛盾的方程组. 例如，下面就是这样的方程组

$$\begin{cases} x_1 + 5x_2 = 1 \\ x_1 + 5x_2 = 7 \end{cases}$$

这些方程的左边是完全相同的，但它们的右边不同，因此没有一组未知量的值可以使两个方程同时成立.

如果线性方程组有解，那么我们说它是相容的. 如果相容线性方程组只存在一个唯一的解，那么我们说它是有定的 —— 在初等代数里面，只讨论这样的方程组. 如果相容方程组的解多于一个，那么我们说它是不定的；我们在后面就会知道，这时它的解将有无穷多个. 例如方程组

$$\begin{cases} x_1 + 2x_2 = 7 \\ x_1 + x_2 = 4 \end{cases}$$

---

① 我们利用两个下标，前一个下标是指方程的序数，而后一个下标是指未知量的序数. 为简便书写，并不用分点来把它们分开，所以 a_{11} 不读为“a 十一”而读为“a 一一”，a_{34} 不读为“a 三十四”而读为“a 三四”，依此类推.

② 这样一来，如果不从方程组(1)的关系来讨论矩阵(2)，那么幺元素 a_{ij} 的第一个下标表示行数，第二个下标表示列数，这个元素位于它们相交的地方.

③ 注意，数 $k_1,k_2,\cdots,k_n$ 构成方程组的一个解而不是 n 个解.

是有定的：它有一个解 $x_1=1,x_2=3$，而且很容易用未知量的消去法来验证，这个解是它的唯一解. 另外，方程组

$$\begin{cases}3x_1-x_2=1\\6x_1-2x_2=2\end{cases}$$

是不定的，因为它有无穷多个解

$$x_1=k,\ x_2=3k-1 \tag{3}$$

其中 k 是任意的数，而且这个方程组的全部解，都可从公式(3) 得出.

线性方程组理论的任务，在于找出了一些方法，用来判断一个已知线性方程组是相容的还是矛盾的. 对于相容线性方程组，我们要知道它的解的个数，而且还要指出求所有这些解的方法.

我们首先讨论最便于实际求数值系数线性方程组的解的方法，这就是依次消去未知量的方法或者叫作高斯法.

首先我们要注意，对于线性方程组我们要作下面的这种变换：用同一数来乘方程组中任何一个方程的两边，而后在另一个方程的两边分别减去所得出的乘积. 为了说得明确一些，我们用 c 来乘方程组(1) 的第一个方程的两边，再从第二个方程的两边分别减去所得的乘积，得到新的线性方程组

$$\begin{cases}a_{11}x_1+a_{12}x_2+\cdots+a_{1n}x_n=b_1\\a'_{21}x_1+a'_{22}x_2+\cdots+a'_{2n}x_n=b'_2\\a_{31}x_1+a_{32}x_2+\cdots+a_{3n}x_n=b_3\\\qquad\vdots\\a_{s1}x_1+a_{s2}x_2+\cdots+a_{sn}x_n=b_s\end{cases} \tag{4}$$

其中

$$a'_{2j}=a_{2j}-ca_{1j},j=1,2,\cdots,n$$
$$b'_2=b_2-cb_1$$

方程组(1) 和(4) 是相抵的，也就是说，它们或者都是矛盾的，或者都是相容的，而且全部的解相同. 事实上，设 $k_1,k_2,\cdots,k_n$ 是方程组(1) 的任何一个解. 这些数显然适合方程组(4) 中第二个方程以外的所有方程. 但是因为方程组(4) 的第二个方程可由方程组(1) 的第一个和第二个方程表出，所以知道这些数也适合方程组(4) 的第二个方程. 反过来说，方程组(4) 的每一个解也都适合方程组(1). 事实上，方程组(1) 的第二个方程可以从方程组(4) 的第二个方程两边分别减去第一个方程和 $-c$ 相乘的结果而得出.

很明显的，如果对方程组(1) 作了若干次这样的变换，那么所得出的新方程组仍然是和原方程组(1) 相抵的.

在对已给方程组作这些变换以后，可能会得出这样的方程，它的左边的系数全等于零. 如果这个方程的常数项也等于零，那么未知量取任何值都能适合

这个方程,因而除去这个方程后所得出的方程组还是和原方程相抵的.如果这个方程的常数项不等于零,那么未知量的任何值都不能适合这个方程,因而我们所得出的方程组,以及和它相抵的原方程组,同样都是矛盾的.

现在来讲高斯法.

设给出了任意的线性方程组(1).为了说得明确一些,假定 $a_{11}\neq 0$.虽然在事实上,它可能等于零,但是我们可以从方程组的第一个方程中其他任何一个不等于零的系数开始.

现在来变换方程组(1),除第一个方程外消去其余所有方程中的未知量 x_1.为此,只要从第二个方程的两边分别减去第一个方程两边和数 $\frac{a_{21}}{a_{11}}$ 相乘后所得出的结果,再从第三个方程的两边减去第一个方程两边和数 $\frac{a_{31}}{a_{11}}$ 相乘后所得出的结果,诸如此类.

我们应用这个方法得到一个有 s 个方程 n 个未知量的新方程组

$$\begin{cases} a_{11}x_1+a_{12}x_2+a_{13}x_3+\cdots+a_{1n}x_n=b_1 \\ a'_{22}x_2+a'_{23}x_3+\cdots+a'_{2n}x_n=b'_2 \\ a'_{32}x_2+a'_{33}x_3+\cdots+a'_{3n}x_n=b'_3 \\ \quad\vdots \\ a'_{s2}x_2+a'_{s3}x_3+\cdots+a'_{sn}x_n=b'_s \end{cases} \tag{5}$$

它的新系数 a'_{ij} 和新常数项 b'_j 可分别由原方程(1)的系数和常数项所表出,但是没有必要把这些表示式明确写出.

我们已经知道,方程组(5)是和(1)相抵的.现在来变换方程组(5).在这里我们并不变动第一个方程,只是变动方程组(5)的一部分,就是除了第一个方程的其他所有的方程.很明显的,我们可以假设在这些方程中,不出现左边系数全为零的方程.因为如果有左边系数全等于零而右边常数项也全等于零的方程,那么可以把这些方程除去;如果有左边系数全等于零而右边常数项不全等于零的方程,那么我们已经可以断定原方程组是矛盾的.这样一来,在系数 a'_{ij} 中有一个不等于零;为了说得明确一些,设 $a'_{22}\neq 0$.现在来变换方程组(5),从第三个方程开始,顺次把每个方程的两边减去第二个方程和数

$$\frac{a'_{32}}{a'_{22}},\frac{a'_{42}}{a'_{22}},\cdots,\frac{a'_{s2}}{a'_{22}}$$

的对应乘积.这样一来,除前两个方程外,其余所有方程中的未知量 x_2 都完全消去了.我们得到一组和方程组(5)相抵,因而也和方程组(1)相抵的下面一组方程

$$\begin{cases} a_{11}x_1+a_{12}x_2+a_{13}x_3+\cdots+a_{1n}x_n=b_1 \\ a'_{22}x_2+a'_{23}x_3+\cdots+a'_{2n}x_n=b'_2 \\ a''_{33}x_3+\cdots+a''_{3n}x_n=b''_3 \\ \qquad\vdots \\ a''_{t3}x_3+\cdots+a''_{tn}x_n=b''_t \end{cases}$$

我们的方程组现在只含 t 个方程，$t \leqslant s$，因为有的方程可能被我们除掉了. 很明显，在消去未知量 x_1 的时候，可能已经减少了方程组里面的方程的个数. 以后我们只把这种变换用到所得方程组的部分方程上去，就是用到除第一个和第二个方程以外的所有其余方程上去.

这个依次消去未知量的方法到什么时候才停止呢？

如果我们得到这样的方程组，在这个方程组里面有一个方程，它的常数项不等于零而它的左边的系数全等于零，那么我们就知道，原方程组是矛盾的.

在相反的情形下，我们得到和原方程组(1) 相抵的下面的方程组

$$\begin{cases} a_{11}x+a_{12}x_2+\cdots+a_{1,k-1}x_{k-1}+a_{1k}x_k+\cdots+a_{1n}x_n=b_1 \\ a'_{22}x_2+\cdots+a'_{2,k-1}x_{k-1}+a'_{2k}x_k+\cdots+a'_{2n}x_n=b'_2 \\ \qquad\vdots \\ a^{(k-2)}_{k-1,k-1}x_{k-1}+a^{(k-2)}_{k-1,k}x_k+\cdots+a^{(k-2)}_{k-1,n}x_n=b^{(k-2)}_{k-1} \\ a^{(k-1)}_{kk}x_k+\cdots+a^{(k-1)}_{kk}x_n=b^{(k-1)}_k \end{cases} \tag{6}$$

在这里 $a_{11}\neq 0, a'_{22}\neq 0, \cdots, a^{(k-2)}_{k-1,k-1}\neq 0, a^{(k-1)}_{kk}\neq 0$. 还要注意，$k \leqslant s$ 和 $k \leqslant n$.

在这一情形下，方程组(1) 是相容的. 当 $k=n$ 时它是有定的，而当 $k<n$ 时它是非定的.

事实上，如果 $k=n$，那么方程组(6) 有下面的形式

$$\begin{cases} a_{11}x_1+a_{12}x_2+\cdots+a_{1n}x_n=b_1 \\ a'_{22}x_2+\cdots+a'_{2n}x_n=b'_2 \\ \qquad\vdots \\ a^{(n-1)}_{nn}x_n=b^{(n-1)}_n \end{cases} \tag{7}$$

从最后的方程，我们得出了未知量 x_n 的完全确定的值. 把这个值代到倒数第二个方程中，我们求得未知量 x_{n-1} 的唯一确定的值. 继续这样做下去，我们求出方程组(7) 的唯一的解，因而求得方程组(1) 的唯一的解，也就是说它是相容且有定的.

如果 $k<n$，那么可给“独立”未知量 $x_{k+1},\cdots,x_n$ 取任意的数值. 把它们的值取定之后，在方程组(6) 中，从下往上逐一代进去，就可完全定出未知量 x_k，$x_{k-1},\cdots,x_2,x_1$ 的值. 因为可给独立未知量取无穷多种不同的数值，所以方程组(6) 是相容而非定的，因而方程组(1) 也是相容而非定的. 很容易验证，这里所指出的方法（当独立未知量取所有可能取的值时）可以求出方程组(1) 的全部

解.

初看起来，对线性方程组使用高斯法时，还可能得到一种情形，就是在方程组(7)中，再加几个只含一个未知量 x_n 的方程. 然而在这种情形下，实际上完全不必将演算进行到最后，因为 $a_{nn}^{(n-1)} \neq 0$，所以，后面的这些方程，在从第 $n+1$ 个方程开始的全部方程中都可消去未知量 x_n.

应该指出，"三角形"式的方程组(7)和"梯形"式的方程组(6)，都是在系数 a_{11}, a'_{22} 等都不为零的假定下得出的. 在一般情形下，只要在消去未知量的过程中，适当调换未知量的序数，就能把所给方程组化成"三角形"或"梯形"式的.

综上所述，我们看出，高斯法可以应用在任何线性方程组中. 如果在演算过程中得到了所有未知量的系数等于零而常数项不等于零的方程，那么原方程组是矛盾的；如果没有遇到这种方程，那么原方程组是相容的. 在相容的情形下，如果方程组最后可变到"三角形"式的方程组(7)，那么它就是有定的；如果变到"梯形"式的方程组(6)(当 $k < n$ 时)，那么它就是非定的.

我们把上述方法用到齐次线性方程组，即常数项为零的方程组的情形. 这样的方程组永远相容，因为它具有零解 $(0,0,\cdots,0)$. 假定在所研究的方程组中，方程的个数少于未知量的个数，这个方程组就不可能变到"三角形"式，因为按高斯法演算时，方程组中方程的个数只可能减少，而不会增加. 因而它将变为"梯形"式，也就是说，它是非定的.

换句话说，如果在齐次线性方程组中，方程的个数少于未知量的个数，那么这个方程组除了零解，还有非零解，就是有几个(甚至全部)未知量的值不等于零的解. 这样的解有无穷多个.

在用高斯法实际解线性方程组时，应把这个方程组的系数，加上它的常数项作为最后一列，写成矩阵. 为了方便一些，用一条直线把常数项的列分开. 再对这个"增广"矩阵的各行来作所有的变换.

例 1 解方程组

$$\begin{cases} x_1 + 2x_2 + 5x_3 = -9 \\ x_1 - x_2 + 3x_3 = 2 \\ 3x_1 - 6x_2 - x_3 = 25 \end{cases}$$

对这个方程组的增广矩阵来作变换

$$\left(\begin{array}{ccc|c} 1 & 2 & 5 & -9 \\ 1 & -1 & 3 & 2 \\ 3 & -6 & -1 & 25 \end{array}\right) \to \left(\begin{array}{ccc|c} 1 & 2 & 5 & -9 \\ 0 & -3 & -2 & 11 \\ 0 & -12 & -16 & 52 \end{array}\right) \to \left(\begin{array}{ccc|c} 1 & 2 & 5 & -9 \\ 0 & -3 & -2 & 11 \\ 0 & 0 & -8 & 8 \end{array}\right)$$

这样，我们得出方程组

$$\begin{cases} x_1 + 2x_2 + 5x_3 = -9 \\ -3x_2 - 2x_3 = 11 \\ -8x_3 = 8 \end{cases}$$

它有唯一的解

$$x_1=2,x_2=-3,x_3=-1$$

所以原方程组是有定的.

例 2 解方程组

$$\begin{cases}x_1-5x_2-8x_3+x_4=3\\3x_1+x_2-3x_3-5x_4=1\\x_1-7x_3+2x_4=-5\\11x_2+20x_3-9x_4=2\end{cases}$$

变换这个方程组的增广矩阵

$$\left(\begin{array}{cccc|c}1&-5&-8&1&3\\3&1&-3&-5&1\\1&0&-7&2&-5\\0&11&20&-9&2\end{array}\right)\rightarrow\left(\begin{array}{cccc|c}1&-5&-8&1&3\\0&16&21&-8&-8\\0&5&1&1&-8\\0&11&20&-9&2\end{array}\right)\rightarrow$$

$$\left(\begin{array}{cccc|c}1&-5&-8&1&3\\0&-89&0&-29&160\\0&5&1&1&-8\\0&-89&0&-29&162\end{array}\right)\rightarrow\left(\begin{array}{cccc|c}1&-5&-8&1&3\\0&-89&0&-29&160\\0&5&1&1&-8\\0&0&0&0&2\end{array}\right)$$

我们得出一组含有等式 $0=2$ 的方程组,所以原方程组是矛盾的.

例 3 解方程组

$$\begin{cases}4x_1+x_2-3x_3-x_4=0\\2x_1+3x_2+x_3-5x_4=0\\x_1-2x_2-2x_3+3x_4=0\end{cases}$$

这是齐次方程组,且方程个数少于未知量个数,因此它是非定的.因为所有常数项的值全为零,所以我们只对系数矩阵施行变换

$$\begin{pmatrix}4&1&-3&-1\\2&3&1&-5\\1&-2&-2&3\end{pmatrix}\rightarrow\begin{pmatrix}0&9&5&-13\\0&7&5&-11\\1&-2&-2&3\end{pmatrix}\rightarrow\begin{pmatrix}0&2&0&-2\\0&7&5&-11\\1&-2&-2&3\end{pmatrix}$$

我们得出方程组

$$\begin{cases}2x_2-2x_4=0\\7x_2+5x_3-11x_4=0\\x_1-2x_2-2x_3+3x_4=0\end{cases}$$

可以取未知量 x_2 和 x_4 中任何一个作为独立未知量.首先,设 $x_4=\alpha$,从第一个方程得出 $x_2=\alpha$;其次,从第二个方程得出 $x_3=\frac{4}{5}\alpha$;最后,从第三个方程得出 $x_1=\frac{3}{5}\alpha$.这样一来

$$\frac{3}{5}\alpha,\alpha,\frac{4}{5}\alpha,\alpha$$

是这组方程的一般解.

§2 二阶和三阶行列式

上节解线性方程组的方法很简单,只要施行同一类型的运算,容易用计算机来完成.它的主要缺点是不能用方程组的系数和常数项来列出这组方程的相容性或有定性的条件.另外,即使对有定方程组,用这个方法也不可能求出以方程组的系数和常数项来表示出的解的公式.而在多种理论问题上,特别在几何研究上都是必需的,所以要用另外的较深入的方法来讲线性方程组的理论.一般的情形将在下一章里讨论.本章以后的内容专门讨论方程个数等于未知量个数的有定线性方程组,而且先从高等代数中已经学过的只含两个未知量和三个未知量的线性方程组开始.

假设已经给出有两个未知量的两个线性方程

$$\begin{cases}a_{11}x_1+a_{12}x_2=b_1\\ a_{21}x_1+a_{22}x_2=b_2\end{cases}\tag{1}$$

其系数构成二阶矩阵

$$\begin{pmatrix}a_{11} & a_{12}\\ a_{21} & a_{22}\end{pmatrix}\tag{2}$$

对方程组(1)用消去法,我们得出

$$(a_{11}a_{22}-a_{12}a_{21})x_1=b_1a_{22}-a_{12}b_2$$
$$(a_{11}a_{22}-a_{12}a_{21})x_2=a_{11}b_2-b_1a_{21}$$

设 $a_{11}a_{22}-a_{12}a_{21}\neq 0$,那么

$$x_1=\frac{b_1a_{22}-a_{12}b_2}{a_{11}a_{22}-a_{12}a_{21}},x_2=\frac{a_{11}b_2-b_1a_{21}}{a_{11}a_{22}-a_{12}a_{21}}\tag{3}$$

把所得未知量的值代进方程组(1)里面,容易验证数值(3)是方程组(1)的解.关于解的唯一性的问题,将在§7中再来讨论.

未知量的数值(3)的公分母可用矩阵(2)的元素简单表出:它等于主对角线上元素的乘积减去第二对角线上元素的乘积.这个数叫作矩阵(2)的行列式,或叫作二阶行列式,因为矩阵(2)是一个二阶矩阵.对于矩阵(2)的行列式的记法,我们应用下面的符号:写出矩阵(2),但用竖线来替换圆括号;这样一来

$$\begin{vmatrix}a_{11} & a_{12}\\ a_{21} & a_{22}\end{vmatrix}=a_{11}a_{22}-a_{12}a_{21}\tag{4}$$

例 1 (1) $\begin{vmatrix} 3 & 7 \\ 1 & 4 \end{vmatrix} = 3 \times 4 - 7 \times 1 = 5.$

(2) $\begin{vmatrix} 1 & -2 \\ 3 & 5 \end{vmatrix} = 1 \times 5 - (-2) \times 3 = 11.$

再一次强调,矩阵是数的阵列,而行列式是由相关方阵所完全确定的一个数.注意,乘积 $a_{11}a_{22}$ 和 $a_{12}a_{21}$ 叫作二阶行列式的项.

表示数值(3)的分子和分母有相类似的形式,也就是都可以表示为一个二阶行列式.x_1 的表示式的分子,是从矩阵(2)里面把第一列换为方程组(1)的常数项所得出的矩阵的行列式;x_2 的表示式的分子,是从矩阵(2)里面把第二列换为方程组(1)的常数项所得出的矩阵的行列式.现在我们可以把数值(3)写成下面的形式

$$x_1 = \frac{\begin{vmatrix} b_1 & a_{12} \\ b_2 & a_{22} \end{vmatrix}}{\begin{vmatrix} a_{11} & a_{12} \\ a_{21} & a_{22} \end{vmatrix}}, x_2 = \frac{\begin{vmatrix} a_{11} & b_1 \\ a_{21} & b_2 \end{vmatrix}}{\begin{vmatrix} a_{11} & a_{12} \\ a_{21} & a_{22} \end{vmatrix}} \tag{5}$$

对于含两个未知量两个方程的线性方程组的解法(叫作克莱姆法则)可以总结成这样的说法:

如果方程组(1)的系数行列式(4)不等于零,那么我们可以这样来得出方程组(1)的解:未知量的值是一个分数,用行列式(4)作它们的公分母,而未知量 $x_i(i=1,2)$ 的分子是从行列式(4)里面把第 i 列(也就是所求未知量的系数列)换为方程组(1)常数项的列所得出的行列式①.

例 2 解方程组

$$\begin{cases} 2x_1 + x_2 = 7 \\ x_1 - 3x_2 = -2 \end{cases}$$

它的系数行列式是

$$d = \begin{vmatrix} 2 & 1 \\ 1 & -3 \end{vmatrix} = -7$$

它的值不是零,可应用克莱姆法则.未知量的分子是行列式

$$d_1 = \begin{vmatrix} 7 & 1 \\ -2 & -3 \end{vmatrix} = -19, d_2 = \begin{vmatrix} 2 & 7 \\ 1 & -2 \end{vmatrix} = -11$$

这样一来,我们的方程组的解是下面的一组数

$$x_1 = \frac{d_1}{d} = \frac{19}{7}, x_2 = \frac{d_2}{d} = \frac{11}{7}$$

---

① 在这个说法里,我们为简便起见直接对"行列式"来说列的置换,而不再对"行列式所对应的矩阵"来说列的置换.同样,以后如果方便的话,我们说"行列式的行""行列式的列""它的元素""它的对角线",等等,而不再提到矩阵了.

引进二阶行列式来解含两个未知量两个方程的线性方程组,并没有什么特别简便的地方,就是不用它也没有什么困难. 但是同样的方法对于含三个未知量三个方程的线性方程组,却已经很有实用价值了. 设已给出方程组

$$\begin{cases} a_{11}x_1+a_{12}x_2+a_{13}x_3=b_1 \\ a_{21}x_1+a_{22}x_2+a_{23}x_3=b_2 \\ a_{31}x_1+a_{32}x_2+a_{33}x_3=b_3 \end{cases} \tag{6}$$

它的系数矩阵是

$$\begin{pmatrix} a_{11} & a_{12} & a_{13} \\ a_{21} & a_{22} & a_{23} \\ a_{31} & a_{32} & a_{33} \end{pmatrix} \tag{7}$$

如果我们在方程组(6)里面用数 $a_{22}a_{33}-a_{23}a_{32}$ 来乘第一式的两边,用 $a_{13}a_{32}-a_{12}a_{33}$ 来乘第二式的两边,用 $a_{12}a_{23}-a_{13}a_{22}$ 来乘第三式的两边,而后把三个方程加起来,那么容易验证 x_2 和 x_3 的系数都等于零,也就是这两个未知量同时消去了,而得出等式

$$\begin{aligned}&(a_{11}a_{22}a_{33}+a_{12}a_{23}a_{31}+a_{13}a_{21}a_{32}-a_{13}a_{22}a_{31}-a_{12}a_{21}a_{33}-a_{11}a_{23}a_{32})x_1= \\ &b_1a_{22}a_{33}+a_{12}a_{23}b_3+a_{13}b_2a_{32}-a_{13}a_{22}b_3-a_{12}b_2a_{33}-b_1a_{23}a_{32}\end{aligned} \tag{8}$$

在这个等式里面 x_1 的系数叫作对应于矩阵(7)的三阶行列式. 对于它的写法,我们应用和二阶行列式相同的符号,即

$$\begin{vmatrix} a_{11} & a_{12} & a_{13} \\ a_{21} & a_{22} & a_{23} \\ a_{31} & a_{32} & a_{33} \end{vmatrix}=a_{11}a_{22}a_{33}+a_{12}a_{23}a_{31}+a_{13}a_{21}a_{32}-a_{13}a_{22}a_{31}-a_{12}a_{21}a_{33}-a_{11}a_{23}a_{32} \tag{9}$$

虽然三阶行列式的表示式是很繁杂的,但是它由矩阵(7)的元素组成的规则却非常简单. 事实上,在表示式(9)里面,有加号的三项中有一项就是主对角线上三个元素的乘积,其他两项是位于主对角线的平行线上的元素和它对角上的元素的乘积. 在式(9)中,有减号的三个项可以类似地由第二对角线得出. 我们得出一个计算三阶行列式的方法(经过一些训练之后)可以很快求出结果,图 1 左边指出计算三阶行列式三正项的规则,右边的是计算三负项的规则.

图 1

例 3 (1) $\begin{vmatrix} 2 & 1 & 2 \\ -4 & 3 & 1 \\ 2 & 3 & 5 \end{vmatrix} = 2\times3\times5+1\times1\times2+2\times(-4)\times3-$

$2\times3\times2-1\times(-4)\times5-2\times1\times3=$

$30+2-24-12+20-6=10$

(2) $\begin{vmatrix} 1 & 0 & -5 \\ -2 & 3 & 2 \\ 1 & -2 & 0 \end{vmatrix} = 1\times3\times0+0\times2\times1+(-5)\times(-2)\times(-2)-$

$(-5)\times3\times1-0\times(-2)\times0-$

$1\times2\times(-2)=-20+15+4=-1$

等式(8) 的右边仍旧是一个三阶行列式,是从矩阵(7) 中换第一列为方程组(6) 的常数项列所得出的矩阵的行列式. 如果我们用符号 d 来记行列式(9),用符号 d_j 来记将 d 的第 j 列($j=1,2,3$) 替换为方程组(6) 的常数项列所得出的行列式,那么等式(8) 取 $dx_1=d_1$ 的形式,故当 $d\neq0$ 时,有

$$x_1=\frac{d_1}{d} \tag{10}$$

用同样的方法,分别以数 $a_{23}a_{31}-a_{21}a_{33}$,$a_{11}a_{33}-a_{13}a_{31}$,$a_{13}a_{21}-a_{11}a_{23}$ 乘方程组(6) 中的方程,我们得出 x_2 的下面的表示式(仍设 $d\neq0$)

$$x_2=\frac{d_2}{d} \tag{11}$$

最后,分别以数 $a_{21}a_{32}-a_{22}a_{31}$,$a_{12}a_{31}-a_{11}a_{32}$,$a_{11}a_{22}-a_{12}a_{21}$ 乘这些方程,我们得出 x_3 的表示式

$$x_3=\frac{d_3}{d} \tag{12}$$

把表示式(10) ~ (12) 代入方程组(6) 中(自然设想行列式 d 和所有的 d_j 都已写成它们的展开式),经过麻烦的但是读者完全会做的计算后,知道所有的方程都能成立,也就是数(10) ~ (12) 为方程组(6) 的解. 这样一来,如果含三个未知量三个方程的线性方程组的系数行列式不为零,那么这一组的解可以由克莱姆法则求出,它的说法同含两个方程的方程组的情形是很相像的. 这一论断的另一证明(不用作本段开头所说的计算) 和方程组(6) 的解(10) ~ (12) 的唯一性的证明,而且是在普遍情形下的证明,读者可在 §7 中找到.

例 4 解方程组

$$2x_1-x_2+x_3=0,3x_1+2x_2-5x_3=1,x_1+3x_2-2x_3=4$$

这个方程组的系数行列式不为零,即

$$d=\begin{vmatrix} 2 & -1 & 1 \\ 3 & 2 & -5 \\ 1 & 3 & -2 \end{vmatrix}=28$$

故可对它用克莱姆法则.未知量的分子行列式是

$$d_1=\begin{vmatrix}0 & -1 & 1\\1 & 2 & -5\\4 & 3 & -2\end{vmatrix}=13,d_2=\begin{vmatrix}2 & 0 & 1\\3 & 1 & -5\\1 & 4 & -2\end{vmatrix}=47$$

$$d_3=\begin{vmatrix}2 & -1 & 0\\3 & 2 & 1\\1 & 3 & 4\end{vmatrix}=21$$

也就是方程组的解是数

$$x_1=\frac{13}{28},x_2=\frac{47}{28},x_3=\frac{21}{28}=\frac{3}{4}$$

§3 排列和置换

为了定义和研究 n 阶行列式,我们必须引进关于有限集合的某些概念和事实.设已给由 n 个元素所组成的某一有限集合 M.可以利用前 n 个自然数 1,2,…,n 来记这些元素的序数,而且因为我们对于集合 M 中各别元素的性质并无兴趣,所以可用数 1,2,…,n 作为 M 的元素.

除了数 1,2,…,n 的标准次序,还有其他各种各样的次序.譬如,数 1,2,3,4 可以排成 3,1,2,4 或 2,4,1,3 等次序.数 1,2,…,n 的每一种按确定次序地列出,叫作 n 个数(或 n 个符号)的排列.

n 个符号的不同的排列很明显的有 $1\cdot 2\cdot \cdots \cdot n$ 种,用 $n!$ 来记这个数(读为:n 的阶乘).事实上,n 个符号的排列的一般形式是 $i_1,i_2,\cdots,i_n$,它里面的每个 i_s 都是数 1,2,…,n 里面的某一个数,而且在排列中没有两个相同的数.可以取数 1,2,…,n 的任何一个数作为 i_1,这就有了 n 个不同的取法.但如果 i_1 已经取定,那么可以取其余 $n-1$ 个数的任何一个作为 i_2,即符号 i_1 与 i_2 的不同选法有 $n(n-1)$ 种,依此类推.

这样一来,n 个符号的排列的个数当 $n=2$ 时等于 $2!=2$(它的排列是 12 和 21;当 $n\leqslant 9$ 时我们不用分点来分开排列中的符号);当 $n=3$ 时,等于 $3!=6$,当 $n=4$ 时,等于 $4!=24$.这个数随 n 的增大而很快上升,例如当 $n=5$ 时,它等于 $5!=120$;当 $n=6$ 时,是 $6!=720$;而当 $n=10$ 时,已是 3 628 800.

如果在某一个排列里面,我们把任何两个符号(不一定是相邻的)互相对调,其余的完全不动,那么很明显的得出一个新的排列.这种对排列的变换方法叫作对换.

所有 $n!$ 个对于 n 个符号的排列,可以写成一定的次序,使它从任何一个排列开始，而以后的每一个排列都能从贴近它的前一个排列经过一次对换来得出.

这个论断对于 $n=2$ 显然成立；如果要求从排列 12 开始，那么应写成 12,21 的次序；如果需要从 21 开始，那么应写成 21,12 的次序. 假设我们的论断对于 $n-1$ 已经证明，现在来对 n 证明它. 假设从下面的排列开始

$$i_1, i_2, \cdots, i_n \tag{1}$$

考察所有将 i_1 排在第一位的这 n 个符号的排列. 像这样的排列共有 $(n-1)!$ 个，从归纳法的假设，可以把这 $(n-1)!$ 个排列排成适合定理所说的次序，而且是从排列(1) 开始的，因为事实上我们所处理的是 $n-1$ 个符号的所有排列，根据归纳法的假设，所有这些排列可以从任何一个开始，写成定理所要求的次序，特别是可以从 $i_2, \cdots, i_n$ 这个排列开始. 以后，用 i_1 和其他任何一个符号对换，例如 i_2，又用归纳法的假设，可以把所有以 i_2 为首的排列写成如定理所规定的次序，依此类推. 很明显的，用这个方法可以把 n 个符号的所有的排列都写成如定理所规定的次序.

从这个定理推知，应用若干次对换，可以把 n 个符号的任何一个排列，换成这些相同符号的另一个排列.

在一个排列里面，对于任意两个数 i 和 j，如果有 $i>j$，而且 i 位于 j 的前面，那么 i,j 构成一个逆序. 有双数个逆序的排列叫作偶排列，否则叫作奇排列. 例如 $1,2,\cdots,n$ 对于任何 n 都是一个偶排列，因为它的逆序数等于零. 排列 451362 $(n=6)$ 有 8 个逆序，所以是一个偶排列. 排列 38524671$(n=8)$ 有 15 个逆序，所以是一个奇排列.

每一次对换变更排列的奇偶性.

为了证明这个重要定理，先讨论所对换的符号 i,j 是相邻的这一种情形，也就是排列的形式为 $\cdots,i,j,\cdots$，其中的点是表示那些不为这个对换所变动的符号. 经过对换后，我们的排列变为 $\cdots,j,i,\cdots$，而且在这两个排列中，符号 i,j 和其余符号所成的逆序显然是没有什么变动的. 如果 i 和 j 原先并无逆序，那么在新排列中，得出一个新的逆序，亦即增加了一个逆序数；如果原先就是逆序的，那么现在就会失去，也就是减少一个逆序数. 在这两种情形中，奇偶性都有变动.

现在设在被对换的符号 i 和 j 中间有 s 个符号，$s>0$，也就是排列的形式为

$$\cdots, i, k_1, k_2, \cdots, k_s, j, \cdots \tag{2}$$

符号 i 和 j 的对换可以从相邻符号的 $2s+1$ 次对换来得出. 这些对换是：先对调符号 i 和 k_1，再使 i(已经在符号 k_1 的原位置) 和 k_2 对调，依此类推，一直到把 i 调到 k_s 的后面. 经过这 s 次对换后，再把 i 和 j 对调，而后再将符号 j 同这些 k 一个一个对调，一直到 j 的位置落在符号 i 的原位置时为止，而这些符号 k 则仍然

处在它们原来的位置.这样一来,我们把排列的奇偶性变动了奇数次,所以排列(2)和

$$\cdots, j, k_1, k_2, \cdots, k_s, i, \cdots \tag{3}$$

有相反的奇偶性.

当 $n \geqslant 2$ 时,n 个符号的排列有一半是奇排列,一半是偶排列,即每种排列的个数都等于 $\frac{1}{2}n!$.

事实上,根据上面已经证明的结果,我们可以把 n 个符号的所有排列写成一定的次序,使其中每一个排列都可由它前面一个排列经过一次对换来得出.于是相邻的排列都与它前面一个排列有相反的奇偶性,即这些排列是这样排队的,它们奇偶相间.现在很明显可以从我们的假设 $n \geqslant 2$ 得出数 $n!$ 为一偶数,来推出我们的论断.

现在来定义一个新概念,即 n 级置换的概念.我们把由 n 个符号组成的两个排列,一个写在另一个下面,同时在两边加上括号.例如,当 $n=5$ 时

$$\begin{pmatrix} 3 & 5 & 1 & 4 & 2 \\ 5 & 2 & 3 & 4 & 1 \end{pmatrix} \tag{4}$$

在这个例子[①]中,数 3 下面放着数 5,数 5 下面放着数 2,依此类推.我们说,数 3 变为 5,数 5 变为 2,数 1 变为 3,数 4 变为 4(或者留在原位),最后,数 2 变为 1.这样一来,形式(4)的两个排列,一个写在另一个下面,确定了前五个自然数的集合对自己的一个一一映象,就是每一个自然数 1,2,3,4,5 对应于这些数中的某一个.这里,因为有五个数,即是有穷集合,所以每一个都对应于数 1,2,3,4,5 中之一,即它所"变成"的那个数.

显然,用形式(4)得出的前五个自然数的集合的一一映象,可以由用五个符号组成的另外两个排列上下对齐而得出.这些记法可由形式(4)经几次列的对换而得到.例如

$$\begin{pmatrix} 2 & 1 & 5 & 3 & 4 \\ 1 & 3 & 2 & 5 & 4 \end{pmatrix}, \begin{pmatrix} 1 & 5 & 2 & 4 & 3 \\ 3 & 2 & 1 & 4 & 5 \end{pmatrix}, \begin{pmatrix} 2 & 5 & 1 & 4 & 3 \\ 1 & 2 & 3 & 4 & 5 \end{pmatrix} \tag{5}$$

在所有这些记法中,数 3 变为数 5,数 5 变为数 2,等等.

同样地,把 n 个符号的两个排列上下并列写,确定前 n 个自然数的集合对自己的某个一一映象.前 n 个自然数的集合对自己的每一个一一映象 A,叫作一个 n 级置换,同时,每个置换 A 显然可以用上下并列写的两个排列记出

$$A = \begin{pmatrix} i_1 & i_2 & \cdots & i_n \\ \alpha_{i_1} & \alpha_{i_2} & \cdots & \alpha_{i_n} \end{pmatrix} \tag{6}$$

---

① 从表面上看来,它相似于两行五列的矩阵,但它们有完全不同的意义.

其中用 α_i 表示在置换 A 下数 $i(i=1,2,\cdots,n)$ 所变成的那个数.

置换 A 具有很多不同的形式(6) 的写法. 例如:(4) 和(5) 是同一个五级置换的不同形式的写法.

借助于几次列的对换,可以从置换 A 的一个写法变到另一个写法,同时,可以得到这样一个形式(6) 的写法,其上行或下行是 n 个符号的任给排列,特别是,所有 n 级置换,可以写为形式

$$A=\begin{pmatrix}1 & 2 & \cdots & n\\ \alpha_1 & \alpha_2 & \cdots & \alpha_n\end{pmatrix}\tag{7}$$

也就是说,上面一行是数的自然排列. 在这种写法下,不同的置换用放在下边的这个排列来区别. 因此,n 级置换的个数等于 n 个符号的排列的个数,即等于 $n!$.

幺置换

$$E=\begin{pmatrix}1 & 2 & \cdots & n\\ 1 & 2 & \cdots & n\end{pmatrix}$$

是 n 级置换的特例,在这个置换下,每个符号都不改变位置.

应该注意,在置换 A 的形式(6) 中,上行和下行有不同的作用,而且,把它们对调后,一般说来,我们得到另一个置换,例如:四级置换

$$\begin{pmatrix}2 & 1 & 4 & 3\\ 4 & 3 & 1 & 2\end{pmatrix}\text{和}\begin{pmatrix}4 & 3 & 1 & 2\\ 2 & 1 & 4 & 3\end{pmatrix}$$

是不同的,在第一个置换下,数 2 变为数 4,而在第二个置换下,数 2 变为数 3.

我们取某个 n 级置换 A 的任意形式(6) 的写法,在这个写法里面,上下行所组成的排列可能有相同的或相反的奇偶性. 我们知道,对上行和下行的对应元素同时进行几次对换可把 A 转换到任何其他的写法. 但在置换形式(6) 中,对上面一行和下面一行同时做一次对换时,这两个排列的奇偶性同时改变,所以奇偶性相同的仍然相同,相反的仍然相反. 因此,对于置换 A,无论怎样写,它的上、下行的奇偶性相同者永远相同,相反者永远相反. 前一种置换叫作偶置换,而后一种叫作奇置换. 特别地,幺置换是一个偶置换,每个对换都是奇置换.

如果写置换 A 为形式(7),也就是上面一行由偶排列 $1,2,\cdots,n$ 所组成,那么置换 A 的奇偶性是由下面一行的排列 $\alpha_1,\alpha_2,\cdots,\alpha_n$ 的奇偶性来决定的. 因此,n 级偶置换的个数等于 n 级奇置换的个数,也就是都等于 $\frac{1}{2}n!$.

可以用下面的稍加变动的方式来确定置换的奇偶性. 如果在式(6) 里面上下行的奇偶性相同,那么上下行的逆序数或同为偶数或同为奇数,也就是式(6) 上下行的逆序数的总和是一个偶数:如果式(6) 上下行的奇偶性相反,那么这两行的逆序数的总和是一个奇数. 这样一来,如果置换 A 的两行逆序总数为一

偶数,那么 A 是一个偶置换,在相反的场合,A 为奇置换.

例 1 假设给出的五级置换是

$$\begin{pmatrix} 3 & 1 & 4 & 5 & 2 \\ 2 & 5 & 4 & 3 & 1 \end{pmatrix}$$

它的上面一行有 4 个逆序,下面一行有 7 个逆序,则两行的逆序总数是 11,所以是一个奇置换.

把这个置换写成下面的形式

$$\begin{pmatrix} 1 & 2 & 3 & 4 & 5 \\ 5 & 1 & 2 & 4 & 3 \end{pmatrix}$$

上面一行的逆序数是 0,下面一行的逆序是 5,这就是说两行的逆序总数仍是一个奇数.我们看到,置换的写法虽不同,且仍然保持逆序总数的奇偶性,但不一定是同一个逆序总数.

现在我们指出和上述等价的另一个确定置换奇偶性的方式①.为了这一目的,我们给出置换的乘法定义,它本身亦是很有意义的.我们知道,n 级置换是数 $1,2,\cdots,n$ 的集合对它自己的一个一一映象.集合 $1,2,\cdots,n$ 对它自己继续做两次一一映象,其结果显然仍是这个集合对它自己的一个一一映象,也就是继续做两个 n 级置换相当于做某一个完全确定的第三个 n 级置换,叫作所给第一个置换对第二个置换的乘积.例如给出四级置换

$$A=\begin{pmatrix} 1 & 2 & 3 & 4 \\ 3 & 1 & 4 & 2 \end{pmatrix},B=\begin{pmatrix} 1 & 2 & 3 & 4 \\ 1 & 3 & 4 & 2 \end{pmatrix}$$

那么

$$AB=\begin{pmatrix} 1 & 2 & 3 & 4 \\ 4 & 1 & 2 & 3 \end{pmatrix}$$

因为在置换 A 中数 1 变为数 3 而在 B 中数 3 变为数 4,所以在 AB 中数 1 变为数 4,依此类推.

仅有同级的置换才能相乘.当 $n \geqslant 3$ 时,n 级置换的乘法是不可易的.因为对于上面所讨论的置换 A,B,乘积 BA 有下面的形式

$$BA=\begin{pmatrix} 1 & 2 & 3 & 4 \\ 3 & 4 & 2 & 1 \end{pmatrix}$$

也就是置换 BA 不同于置换 AB.当 $n \geqslant 3$ 时,对于任何 n 都可以选出这种不可易的例子,虽然对于某些置换,乘法可易律有时是适合的.

置换的乘法是可群的,也就是,任何有限多个 n 级置换,都依确定的次序(由乘法的不可易性)而有一定的乘积.事实上,设已给出置换 A,B 和 C 且设置

---

① 我们在十四章中才需要它,因此初读时可以略去这些材料.

换 A 变符号 $i_1(1 \leqslant i_1 \leqslant n)$ 为符号 i_2，置换 B 变符号 i_2 为符号 i_3，而最后置换 C 变符号 i_3 为符号 i_4. 那么置换 AB 变符号 i_1 为 i_3 而置换 BC 变符号 i_2 为 i_4，所以置换 $(AB)C$ 和 $A(BC)$ 一样的变符号 i_1 为符号 i_4.

很明显的，任何一个置换 A 对幺置换 E 的乘积，或是 E 对 A 的乘积都等于 A，即

$$AE = EA = A$$

最后，我们把和置换 A 同阶且满足

$$AA^{-1} = A^{-1}A = E$$

的置换 A^{-1} 叫作置换 A 的逆置换. 容易看出，对于置换

$$A = \begin{pmatrix} 1 & 2 & \cdots & n \\ \alpha_1 & \alpha_2 & \cdots & \alpha_n \end{pmatrix}$$

逆置换是将 A 的上、下行交换而得到的置换，即

$$A^{-1} = \begin{pmatrix} \alpha_1 & \alpha_2 & \cdots & \alpha_n \\ 1 & 2 & \cdots & n \end{pmatrix}$$

现在我们研究对幺置换的下面一行施行一次对换而得到的特殊形式的置换. 这种置换是奇置换，把它叫作对换，其形式为

$$\begin{pmatrix} \cdots & i & \cdots & j & \cdots \\ \cdots & j & \cdots & i & \cdots \end{pmatrix} \tag{8}$$

其中的点表示不变动的那些符号. 我们约定，用符号 (i,j) 表示这个对换. 把任意置换 A 写成(7) 的形式，然后把下面一行中的符号 i 与 j 对换，相当于对置换 A 右乘以置换(8)，就是说，用 (i,j) 右乘. 我们知道，n 个符号的各个排列，都可以从其中某一个排列，例如 $1,2,\cdots,n$ 接连施行对换来得出；所以每一个置换都可由对幺置换的下面一行接连施行某些对换来得出，也就是可以用形式(8) 的置换接连相乘而得出. 故可断定(删去因子 E 后)，每个置换都可表示为对换的乘积.

每一个置换都可有很多不同的方法来分解为对换的乘积. 例如常常可以加上两个相同的因子 $(i,j)(i,j)$，它的乘积是幺置换 E，也就是说彼此互相抵消. 我们给出一个不是这样容易看出的例子

$$\begin{pmatrix} 1 & 2 & 3 & 4 & 5 \\ 2 & 5 & 4 & 3 & 1 \end{pmatrix} = (12)(15)(34) = (14)(24)(45)(34)(13)$$

决定置换奇偶性的新方法的基础是下面的定理：

在表示置换为对换乘积的所有分解式中，对换个数的奇偶性都是相同的，而且和这个置换的奇偶性相同.

例如上例所讨论的置换是一个奇置换，这可以从它的逆序的计算来验证.

如果我们证明，任何 k 个对换所乘出的置换的奇偶性和数 k 的奇偶性一致，

上面所说的定理就已证明. 当 $k=1$ 时,这是真确的,因为对换是一个奇置换. 假设我们的论断对于有 $k-1$ 个因子的情形已经证明,那么它对于 k 个因子的正确性可以这样来推得:数 $k-1$ 和 k 有相反的奇偶性,而左乘一个置换(这个时候是前 $k-1$ 个因子的乘积)到对换上,相当于在这个置换的下行施行一个对换,也就变动了它的奇偶性.

把置换写成循环置换的乘积,就容易看出它的奇偶性. 在一个 n 级置换中,可能符号 $1,2,\cdots,n$ 里面有一些是不变的,其他则是变动的. 循环置换是指这样的置换,重复足够的次数后,在实际变动的符号中,每一个都可以变到其他的任何一个符号. 例如在八级置换

$$\begin{pmatrix}1 & 2 & 3 & 4 & 5 & 6 & 7 & 8\\ 1 & 8 & 6 & 4 & 5 & 2 & 7 & 3\end{pmatrix}$$

中,实际变动的符号为 2,3,6,8 而且是变 2 为 8,变 8 为 3,变 3 为 6,变 6 为 2.

每个对换都是循环置换. 同上面所说的对换的简便写法一样,对于循环置换可以用下面的写法:在圆括号里面写出所有实际变动的符号,一个接一个顺着置换所变动的符号次序来排队;可从任何一个实际变动的符号开始,而把变为这最先一个符号的那个符号看作是最后一个符号. 例如对于上例所指出的置换,可以写为

$$(2\quad 8\quad 3\quad 6)$$

循环置换中实际变动的符号的个数叫作循环置换的位数.

两个 n 级循环置换叫作独立的,如果它们没有公共的实际变动符号. 很明显,独立循环置换的乘积是可易的.

每一个置换都可以唯一分解为两两独立的循环置换的乘积. 这个论断的证明没有什么困难,我们把它略去. 实际分解时是这样的:先取任何一个实际变动符号,在它的后面写上置换中这个符号所对应的符号,继续这样进行,一直到不能再得出新符号为止. 在这一循环置换“闭合”后,假使还有实际变动符号在外面时,再任取一个来重复上面的方法,就得出第二个循环置换,依此类推.

例 2 (1) $\begin{pmatrix}1 & 2 & 3 & 4 & 5\\ 3 & 5 & 1 & 2 & 4\end{pmatrix}=(13)(254)$.

(2) $\begin{pmatrix}1 & 2 & 3 & 4 & 5 & 6 & 7 & 8\\ 5 & 2 & 8 & 7 & 6 & 1 & 4 & 3\end{pmatrix}=(156)(38)(47)$.

反过来,每一个置换,凡是已经分解为独立循环置换的乘积的,都可求出它的平常的形式(假定这个置换的级是已知的). 例如:

$(3)(1372)(45)=\begin{pmatrix}1 & 2 & 3 & 4 & 5 & 6 & 7\\ 3 & 1 & 7 & 5 & 4 & 6 & 2\end{pmatrix}$.

如果已经知道这个置换的级是 7.

设已给出一个 n 级置换，且设 s 是它的分解式里面独立循环置换的个数和置换中没有变动的符号个数的和①，差 $n-s$ 叫作这个置换的判数. 很明显的，判数亦等于这个置换的实际变动符号的个数减去分解式中独立循环置换的个数. 就上面的例 2 的(1)，(2) 和(3) 来说，它们的判数各为 3，4 和 4.

置换的奇偶性和它的判数的奇偶性一致.

事实上，每一个 k 位循环置换可以表示为下面的 $k-1$ 个对换的乘积

$$(i_1, i_2, \cdots, i_k) = (i_1, i_2)(i_1, i_3)\cdots(i_1, i_k)$$

现在假设，已经分解 A 为独立循环置换的乘积. 如果再把每一个循环置换分解为上面所说的对换的乘积，那么我们得出表示置换 A 为对换乘积的表示式. 这些对换的个数显然小于置换 A 中实际变动符号的个数，而它们的差数等于这个置换的分解式中独立循环置换的个数. 因此，置换 A 可以分解为对换的乘积，它的对换的个数等于判数，所以置换的奇偶性可以用判数的奇偶性来决定.

§4　n 阶行列式

我们要把 §2 中对于 $n=2$ 和 3 所得出的结果推广到任何一个 n 的情形上去. 为了这一目的，必须引进 n 阶行列式. 但是不可能像前面对于二阶和三阶行列式那样，用解线性方程组的方法来引进：当 n 增大时，计算将变得非常麻烦，而且对于任意 n 具体的来做，是不可能的. 我们选择另一方法：讨论我们已经知道的二阶与三阶行列式，设法找出这些行列式如何由其对应矩阵的元素来表示出的规律，再用这些规律作为 n 阶行列式的定义，然后证明对于这样定义的行列式，克莱姆法则仍然成立.

回想一下二阶和三阶行列式

$$\begin{vmatrix} a_{11} & a_{12} \\ a_{21} & a_{22} \end{vmatrix} = a_{11}a_{22} - a_{12}a_{21}$$

$$\begin{vmatrix} a_{11} & a_{12} & a_{13} \\ a_{21} & a_{22} & a_{23} \\ a_{31} & a_{32} & a_{33} \end{vmatrix} = a_{11}a_{22}a_{33} + a_{12}a_{23}a_{31} + a_{13}a_{21}a_{32} - a_{13}a_{22}a_{31} - a_{12}a_{21}a_{33} - a_{11}a_{23}a_{32}$$

我们看到，二阶行列式的每一项都是两个在不同的行和不同的列上的元素的乘积，而且所有这种形式的乘积，凡是由二阶矩阵的元素来组成的(只有两

① 在置换中不变的每一个符号，可以有一个对应的一位循环置换，例如上面所说的例 2(2) 可以写为(156)(38)(47). 但是我们以后不这样做.

个),都可用来作为行列式的项.同样地,三阶行列式的每一个项都是三个在不同的行和不同的列上的元素的乘积,而且仍然是所有这种乘积都要用来作为行列式的项.

现在假设已经给出 n 阶矩阵

$$\begin{pmatrix} a_{11} & a_{12} & \cdots & a_{1n} \\ a_{21} & a_{22} & \cdots & a_{2n} \\ \vdots & \vdots & & \vdots \\ a_{n1} & a_{n2} & \cdots & a_{nn} \end{pmatrix} \tag{1}$$

我们来看这个矩阵里面,处在不同的行和不同的列上的 n 个元素的所有可能的乘积,也就是有下面形式的乘积

$$a_{1\alpha_1} a_{2\alpha_2} \cdots a_{n\alpha_n} \tag{2}$$

它们里的足数 $\alpha_1, \alpha_2, \cdots, \alpha_n$ 是由数 $1, 2, \cdots, n$ 所组成的某一个排列.这种乘积的个数等于 n 个符号的不同排列的个数,也就是等于 $n!$.把所有这些乘积都作为对应于矩阵(1)的 n 阶行列式的项.

为了确定出行列式中的这种乘积(2)的正负号,我们看到它的足数可以组成置换

$$\begin{pmatrix} 1 & 2 & \cdots & n \\ \alpha_1 & \alpha_2 & \cdots & \alpha_n \end{pmatrix} \tag{3}$$

它将 i 变为 α_i,要是乘积(2)的因子中含有位于矩阵(1)的第 i 行和第 α_i 列的元素的话.研究二阶和三阶行列式,我们注意到在它们里面,如果项的足数构成一个偶置换,那么这个项有正号;如果构成一个奇置换,那么这个项就有负号.自然地,对于 n 阶行列式我们取同样的正、负号规律.

这样一来,我们得到下面的定义:对应于矩阵(1)的 n 阶行列式是指下面这种形式的 $n!$ 个项的代数和:用矩阵中处在不同的行和不同的列上的 n 个元素的所有可能的乘积作为我们的项,如果项的足数构成一个偶置换,那么这一项取正号,不然的话就取负号.

对于矩阵(1)的对应于 n 阶行列式的写法,同二阶和三阶行列式一样,我们用下面的记号

$$\begin{vmatrix} a_{11} & a_{12} & \cdots & a_{1n} \\ a_{21} & a_{22} & \cdots & a_{2n} \\ \vdots & \vdots & & \vdots \\ a_{n1} & a_{n2} & \cdots & a_{nn} \end{vmatrix} \tag{4}$$

n 阶行列式当 $n=2$ 和 $n=3$ 时,就变为以前所讨论的二阶和三阶行列式,而当 $n=1$ 时,也就是对应于仅含一个元素的矩阵的行列式,它等于这个元素.但是到现在为止,我们还不知道当 $n>3$ 时是否可以用 n 阶行列式来解线性方程组.

这将在§7中证明；首先必须对n阶行列式做详细的研究，特别是求出它们的计算方法，因为直接用它的定义来计算行列式就是对于不太大的n都是非常麻烦的.

现在我们来建立n阶行列式的某些简单性质，主要是关于下面两个问题之一的性质：一方面我们要找出在什么条件下行列式等于零；另一方面我们要指出矩阵的哪些变换不改变其行列式的值，或者对于行列式的值的改变是很容易估计的.

矩阵(1)的转置是指这个矩阵作如下变换：把它的行都变为列而不调动它们的前后次序，就是把矩阵(1)变为矩阵

$$\begin{pmatrix} a_{11} & a_{21} & \cdots & a_{n1} \\ a_{12} & a_{22} & \cdots & a_{n2} \\ \vdots & \vdots & & \vdots \\ a_{1n} & a_{2n} & \cdots & a_{nn} \end{pmatrix} \tag{5}$$

也就是把矩阵(1)绕主对角线旋转过来的新矩阵. 我们把对应的行列式

$$\begin{vmatrix} a_{11} & a_{21} & \cdots & a_{n1} \\ a_{12} & a_{22} & \cdots & a_{n2} \\ \vdots & \vdots & & \vdots \\ a_{1n} & a_{2n} & \cdots & a_{nn} \end{vmatrix} \tag{6}$$

叫作行列式(4)的转置.

性质1 行列式转置后它的值不变.

事实上，行列式(4)的每一项有下面的形式

$$a_{1\alpha_1}, a_{2\alpha_2}, \cdots, a_{n\alpha_n} \tag{7}$$

它们的第二个足数是由符号$1,2,\cdots,n$的某一个排列所组成的. 但项(7)的所有因子都位于行列式(6)中不同的行和不同的列上，也就是可以用项(7)作转置行列式的项. 很明显的，反过来说也是真确的，所以行列式(4)和(6)是由完全相同的一些项所组成的. 行列式(4)里项(7)的正负号是由置换

$$\begin{pmatrix} 1 & 2 & \cdots & n \\ \alpha_1 & \alpha_2 & \cdots & \alpha_n \end{pmatrix} \tag{8}$$

的奇偶性来决定的；在行列式(6)里面元素的第一个足数表示列的序数，第二个表示行的序数，所以在行列式(6)里面项(7)的对应置换是

$$\begin{pmatrix} \alpha_1 & \alpha_2 & \cdots & \alpha_n \\ 1 & 2 & \cdots & n \end{pmatrix} \tag{9}$$

置换(8)和(9)在一般的情形下是不相同的，但是很明显有相同的奇偶性，所以项(7)在两个行列式里面的正负号亦是相同的. 这样一来，行列式(4)和(6)是取相同正负号的相同的项的和，也就是说它们彼此相等.

从性质 1 推知每一个关于行列式的行的论断对于它的列亦能成立，反过来也是一样，这就是说，在行列式中（和矩阵不同）和列有相同的性质. 因此，以后只对行列式的行来叙述和证明性质 2 ～ 9；对于列的类似性质并不需要另行证明.

性质 2　如果行列式中有一行全为零，那么这个行列式等于零.

因为如果设行列式的第 i 行的元素全为零. 在行列式的每一项中必须有一个因子是第 i 行的元素，故在这里行列式所有的项都等于零.

性质 3　如果互易行列式的任何两行，那么互易前与互易后两个行列式的项完全相同，但彼此反号，也就是互易两行后行列式变号.

事实上，设在行列式(4) 中互易第 i 行和第 j 行，$i \neq j$，而不动其余各行. 我们得出行列式

$$\begin{vmatrix} a_{11} & a_{12} & \cdots & a_{1n} \\ \vdots & \vdots & & \vdots \\ a_{j1} & a_{j2} & \cdots & a_{jn} \\ \vdots & \vdots & & \vdots \\ a_{i1} & a_{i2} & \cdots & a_{in} \\ \vdots & \vdots & & \vdots \\ a_{n1} & a_{n2} & \cdots & a_{nn} \end{vmatrix} \begin{matrix} \\ \\ (i) \\ \\ (j) \\ \\ \\ \end{matrix} \tag{10}$$

(旁边括号表示行的序数). 如果

$$a_{1\alpha_1} a_{2\alpha_2} \cdots a_{n\alpha_n} \tag{11}$$

为行列式(4) 的项，那么它的所有因子都在行列式(10) 里面，而且显然仍旧都在不同的行和不同的列上. 这样一来，行列式(4) 和(10) 含有相同的项. 项(11)在行列式(4) 中对应于置换

$$\begin{pmatrix} 1 & 2 & \cdots & i & \cdots & j & \cdots & n \\ \alpha_1 & \alpha_2 & \cdots & \alpha_i & \cdots & \alpha_j & \cdots & \alpha_n \end{pmatrix} \tag{12}$$

而在行列式(10) 中对应于置换

$$\begin{pmatrix} 1 & 2 & \cdots & j & \cdots & i & \cdots & n \\ \alpha_1 & \alpha_2 & \cdots & \alpha_i & \cdots & \alpha_j & \cdots & \alpha_n \end{pmatrix} \tag{13}$$

因为例如元素 $a_{i\alpha_i}$ 现在的位置是在第 j 行，但是仍旧在第 α_i 列上. 但是置换(13)是从置换(12) 的上面一行经过一个对换所得出的，也就是有相反的奇偶性. 因此，行列式(4) 的所有各项都在行列式(10) 里面，但带有相反的正负号，也就是行列式(4) 和(10) 只有正负号的差别.

性质 4　含有两个完全相同的行的行列式等于零.

事实上，设行列式等于数 d 且设它的第 i 行和第 j 列($i \neq j$) 的对应元素彼此相等. 把这两行互易后，由性质 3，行列式等于数 $-d$. 但因互易的是相同的

行，所以行列式并没有改变，也就是有 $d=-d$，因此 $d=0$.

性质 5 如果用数 k 乘行列式某一行中所有的元素，那么就等于用数 k 乘整个行列式.

设以 k 乘第 i 行的所有的元素. 行列式的每项都含有一个且仅有一个第 i 行的元素，所以每一项都增加一个因子 k，这就等于乘原行列式以数 k.

这个性质允许我们有这样的说法：行列式中某一行的所有元素的公因子可以提到行列式符号的前面去.

性质 6 含有两个成比例的行的行列式等于零.

事实上，设行列式的第 j 行元素和第 i 行 $(i\neq j)$ 的对应元素只差一个因子 k. 提出第 j 行的公因子 k 到行列式符号的前面去，我们得出一个有两行完全相同的行列式，从性质 4 知道它应等于零.

性质 4（还有当 $n>1$ 时的性质 2）很明显是性质 6 的特例（取 $k=1$ 和 $k=0$）.

性质 7 如果 n 阶行列式中第 i 行的所有元素都可以表示为两项的和的形式

$$a_{ij}=b_j+c_j,j=1,\cdots,n$$

那么这个行列式就等于两个行列式的和，在这两个行列式中，除了第 i 行，其他各行都同原来给出的行列式中这些行相同，但在其中的一个行列式中，第 i 行的元素由 b_j 所组成，在另一行列式中由 c_j 所组成.

事实上，所给出的行列式的每一项都可表示成下面的形式

$$\begin{aligned}a_{1\alpha_1}a_{2\alpha_2}\cdots a_{i\alpha_i}\cdots a_{n\alpha_n}&=a_{1\alpha_1}a_{2\alpha_2}\cdots(b_{\alpha_i}+c_{\alpha_i})\cdots a_{n\alpha_n}=\\&a_{1\alpha_1}a_{2\alpha_2}\cdots b_{\alpha_i}\cdots a_{n\alpha_n}+a_{1\alpha_1}a_{2\alpha_2}\cdots c_{\alpha_i}\cdots a_{n\alpha_n}\end{aligned}$$

合并这些和里的第一项（取所给行列式中对应项的正负号），很明显，我们得出一个 n 阶行列式，和所给行列式的差别只有换第 i 行的元素 a_{ij} 为 b_j 这一点. 类似地，第二项建立一个行列式，它的第 i 行的元素是 c_j. 这样一来

$$\begin{vmatrix}a_{11}&a_{12}&\cdots&a_{1n}\\\vdots&\vdots&&\vdots\\b_1+c_1&b_2+c_2&\cdots&b_n+c_n\\\vdots&\vdots&&\vdots\\a_{n1}&a_{n2}&\cdots&a_{nn}\end{vmatrix}=$$

$$\begin{vmatrix}a_{11}&a_{12}&\cdots&a_{1n}\\\vdots&\vdots&&\vdots\\b_1&b_2&\cdots&b_n\\\vdots&\vdots&&\vdots\\a_{n1}&a_{n2}&\cdots&a_{nn}\end{vmatrix}+\begin{vmatrix}a_{11}&a_{12}&\cdots&a_{1n}\\\vdots&\vdots&&\vdots\\c_1&c_2&\cdots&c_n\\\vdots&\vdots&&\vdots\\a_{n1}&a_{n2}&\cdots&a_{nn}\end{vmatrix}$$

性质 7 不难推广到这样的情形：第 i 行的每一个元素不仅是两项的和，而且

是 m 项的和，$m \geqslant 2$.

我们说行列式的第 i 行是其他各行的线性组合，如果对于序数为 $j(j=1,\cdots,i-1,i+1,\cdots,n)$ 的每一行，可以指定这样的数 k_j，使得用 k_j 乘第 j 行后，除第 i 行以外，把其他这些行相加(行相加的意义是把这些行中处在每一列上的元素相加)，那么我们得出第 i 行. 系数 k_j 中有些可以等于零，也就是第 i 行实际上不一定是所有行的线性组合，可能只是其余某些行的线性组合. 特别地，如果只有一个系数 k_j 不为零，那么我们得出两行成比例的情形. 最后，如果有一行的元素全为零，那么它是其余各行的线性组合，就是所有 k_j 全为零的情形.

性质 8　如果行列式中有一行是其他各行的线性组合，那么这个行列式等于零.

例如，设第 i 行为其他 $s(1 \leqslant s \leqslant n-1)$ 个行的线性组合. 第 i 行的每一个元素都是 s 个项的和，所以应用性质 7，可以表示我们的行列式为 s 个行列式的和，在每一个行列式中，第 i 行都同其他某一行成比例. 由性质 6，所有这些行列式都等于零，故所给的原行列式亦等于零.

这一性质是性质 6 的推广，而且由 §10 中的证明，知道它是行列式等于零的最普遍的情形.

性质 9　如果在行列式中把某一行的元素加上另一行的对应元素和同一数的乘积，那么行列式的值不变.

事实上，设对行列式 d 的第 i 行加上第 j 行 $(j \neq i)$ 和数 k 的乘积，也就是在新行列式中，第 i 行的每一个元素都有 $a_{is}+ka_{js}(s=1,2,\cdots,n)$ 的形式. 故由性质 7，这一行列式等于两个行列式的和，它的第一个等于 d，而第二个里面有两行成比例，故等于零.

因为数 k 可以为负数，所以从行列式的某一行中减去另一行和某个数的乘积，这个行列式没有变动. 一般来说，如果对行列式的某一行加上其他行的线性组合，那么行列式的值不变.

我们来看一个例子. 行列式叫作反对称的，如果对于主对角线相对称的元素，彼此之间只差正负号，也就是如果对于所有的 i,j 都有 $a_{ji}=-a_{ij}$. 因此，对于所有的 i 都有 $a_{ii}=-a_{ii}=0$. 这样一来，这些行列式有下面的形式

$$d=\begin{vmatrix} 0 & a_{12} & a_{13} & \cdots & a_{1n} \\ -a_{12} & 0 & a_{23} & \cdots & a_{2n} \\ -a_{13} & -a_{23} & 0 & \cdots & a_{3n} \\ \vdots & \vdots & \vdots & & \vdots \\ -a_{1n} & -a_{2n} & -a_{3n} & \cdots & 0 \end{vmatrix}$$

用 -1 来乘这一行列式的每一行，我们得出一个转置行列式，也就是说仍等于 d，故由性质 5，得

$$(-1)^n d = d$$

当 n 为奇数时，推得：$-d=d$，就有 $d=0$. 这样一来，每一个奇数阶反对称行列式都等于零.

§5 子式和它的代数余子式

前面已经指出，直接应用定义来计算 n 阶行列式，也就是每次计算所有的 $n!$ 个项，确定出它们的正负号等，这样做起来是很麻烦的. 计算行列式有较简单的方法，它的要点是 n 阶行列式可以用较低阶的行列式来表出. 为了这一目的引进下面的概念.

设已给出 n 阶行列式 d. 取适合条件 $1 \leqslant k \leqslant n-1$ 的任何一个整数 k，且在行列式 d 中选取任意 k 行和 k 列. 处在这些行列相交处的元素，也就是属于所选定行中的某一行和所选定列中某一列的元素，很明显构成一个 k 阶矩阵. 这一矩阵的行列式叫作行列式 d 的 k 阶子式. 也可以说，行列式的 k 阶子式是从行列中划去 $n-k$ 行和 $n-k$ 列所得出的. 特别的，在行列式中去掉一行和一列后，我们得出一个 $n-1$ 阶子式；另外，一阶子式就是行列式 d 中的元素.

设在 n 阶行列式 d 中取一个 k 阶子式 M. 如果我们在该行列式中划去那些交点所在的行和列，那么就余下一个 $n-k$ 阶子式 M' 叫作子式 M 的余子式. 如果相反的，我们划去那些有元素在子式 M' 中的行列，那么很明显的，余下子式 M. 这样一来，可以把它们叫作行列式的一对互余子式. 特别的，元素 a_{ij} 和在行列式中划去第 i 行和第 j 列后所得出的 $n-1$ 阶子式组成一对互余子式.

如果 k 阶子式 M 在序数为 $i_1, i_2, \cdots, i_k$ 的行和序数为 $j_1, j_2, \cdots, j_k$ 列的位置上，那么它的余子式 M' 加上一个正负号后叫作子式 M 的代数余子式，正负号的取法是由位置在子式 M 中的行和列序数的总和，也就是和

$$s_M = i_1 + i_2 + \cdots + i_k + j_1 + j_2 + \cdots + j_k \tag{1}$$

的奇偶性来决定，对偶数取正号，对奇数取负号. 换句话说，子式 M 的代数余子式是 $(-1)^{s_M} M'$.

行列式 d 中任何一个 k 阶子式和它的代数余子式的乘积是一个代数和，它的项是由子式 M 的项乘以余子式 M' 的项再加上正负号 $(-1)^{s_M}$ 来得出的，这些项都是行列式 d 的项，而且它们在这一个和中的正负号和在行列式中的正负号完全一样.

为了证明这一定理，我们首先讨论子式 M 在行列式的左上角的情形

$$d=\left|\begin{array}{ccc|ccc} a_{11} & \cdots & a_{1k} & a_{1,k+1} & \cdots & a_{1n} \\ \vdots & M & \vdots & \vdots & & \vdots \\ a_{k1} & \cdots & a_{kk} & a_{k,k+1} & \cdots & a_{kn} \\ \hline a_{k+1,1} & \cdots & a_{k+1,k} & a_{k+1,k+1} & \cdots & a_{k+1,n} \\ \vdots & & \vdots & \vdots & M' & \vdots \\ a_{n1} & \cdots & a_{nk} & a_{n,k+1} & \cdots & a_{nn} \end{array}\right|$$

也就是M位于序数同为$1,2,\cdots,k$的行和列上的情形. 这时子式M'位于行列式的右下角，而数s_M是一个偶数，即

$$s_M=1+2+\cdots+k+1+2+\cdots+k=2(1+2+\cdots+k)$$

所以M的代数余子式就是子式M'.

取子式M的任何一项

$$a_{1\alpha_1}a_{2\alpha_2}\cdots a_{k\alpha_k} \tag{2}$$

它在M中的正负号是$(-1)^l$，其中l是置换

$$\begin{pmatrix} 1 & 2 & \cdots & k \\ \alpha_1 & \alpha_2 & \cdots & \alpha_k \end{pmatrix} \tag{3}$$

的逆序数. 子式M'的任何一个项

$$a_{k+1,\beta_{k+1}}a_{k+2,\beta_{k+2}}\cdots a_{n\beta_n} \tag{4}$$

在这个子式中有正负号$(-1)^{l'}$，其中l'是置换

$$\begin{pmatrix} k+1 & k+2 & \cdots & n \\ \beta_{k+1} & \beta_{k+2} & \cdots & \beta_n \end{pmatrix} \tag{5}$$

的逆序数. 项(2)和(4)相乘，我们得出n个元素的乘积

$$a_{1\alpha_1}a_{2\alpha_2}\cdots a_{k\alpha_k}a_{k+1,\beta_{k+1}}a_{k+2,\beta_{k+2}}\cdots a_{n\beta_n} \tag{6}$$

这些元素是在行列式不同的行和不同的列上的，所以它是行列式d的项. 在乘积MM'中，项(6)的正负号是项(2)和(4)的正负号的乘积，也就是$(-1)^l\cdot(-1)^{l'}=(-1)^{l+l'}$. 但这和项(6)在行列式中的正负号是一样的. 实际上，由这一项的足数所组成的置换

$$\begin{pmatrix} 1 & 2 & \cdots & k & k+1 & k+2 & \cdots & n \\ \alpha_1 & \alpha_2 & \cdots & \alpha_k & \beta_{k+1} & \beta_{k+2} & \cdots & \beta_n \end{pmatrix}$$

的下面一行只含有$l+l'$个逆序，因为所有α都不大于k，所有β都不小于$k+1$，对于任何一个α和任何一个β，这两个元素都不能组成一个逆序.

这就证明了我们定理的特例. 现在来讨论普遍情形，也就是讨论这样的情形：子式M位于序数为$i_1,i_2,\cdots,i_k$的行和序数为$j_1,j_2,\cdots,j_k$的列上，而且

$$i_1<i_2<\cdots<i_k, j_1<j_2<\cdots<j_k$$

调动行列式中行列的位置，把子式M移到左上角去，而且使它的余子式不变. 为了这一目的，把第i_1行和第i_1-1行互调；然后同第i_1-2行互调，继续这样

进行，直到把第 i_1 行放到第一行为止；对此我们需互调 i_1-1 次. 以后把第 i_2 行同它前面的这些行依次互调，一直到把它调到紧接着第 i_1 行的后面，也就是把它调到原行列式的第二行；在这次调动时，很容易验证，我们互调了 i_2-2 次. 同样地，把第 i_3 行移到第三行去，继续这样进行，直到把第 i_k 行调到第 k 行的地方为止. 互调行的次数是

$$(i_1-1)+(i_2-2)+\cdots+(i_k-k)=(i_1+i_2+\cdots+i_k)-(1+2+\cdots+k)$$

子式 M 已经调到新行列式的前 k 行上了. 现在再依次调动行列式的列：把第 j_1 列同它前面的这些列互调，直到把它放在第一列为止，继而将第 j_2 列调到第二列去，继续这样进行. 总共互调列的次数是

$$(j_1+j_2+\cdots+j_k)-(1+2+\cdots+k)$$

经过这些变换后，我们得出一个新的行列式 d'，在它里面子式 M 位于左上角. 因为我们每次只是互调相邻的行或列，所以含于行列式 d 的子式 M' 里面的行和列的相对位置并没有变动，因此在行列式 d' 中 M 的余子式仍然是子式 M'，而且已经位于右下角. 在上面已经证明，乘积 MM' 是行列式 d' 中某些项的和，而且各项所取的正负号也同它们在 d' 里面的正负号一样，但行列式 d' 是从行列式 d 经过

$$[(i_1+i_2+\cdots+i_k)-(1+2+\cdots+k)]+[(j_1+j_2+\cdots+j_k)-(1+2+\cdots+k)]=s_M-2(1+2+\cdots+k)$$

次行和列的对换所得出的，故从上节的结果，我们知道行列式 d' 的项和行列式 d 的对应项只差一个正负号 $(-1)^{s_M}$（偶数 $2(1+2+\cdots+k)$ 对正负号并没有影响）. 因此，乘积 $(-1)^{s_M}MM'$ 是由行列式 d 中某些项所组成的，它中各项的正负号同它们在行列式 d 中的正负号一样. 定理就已证明.

我们注意，如果子式 M 和 M' 互为余子式，那么数 s_M 和 $s_{M'}$ 有相同的奇偶性. 实际上，每一行与每一列的序数在和 $s_M+s_{M'}$ 中只出现一次，所以和 $s_M+s_{M'}$ 等于行列式的所有行和所有列的序数的总和，也就是等于偶数 $2(1+2+\cdots+n)$.

§6 行列式的计算

用上节的结果可以化 n 阶行列式的计算为某些 $n-1$ 阶行列式的计算. 首先引进下面的记号：如果 a_{ij} 是行列式 d 的元素，那么用 M_{ij} 来记它的余子式或者简单的叫作这个元素的子式，那就是在行列式中去掉第 i 行和第 j 列后所得出的 $n-1$ 阶子式. 再用 A_{ij} 来记元素 a_{ij} 的代数余子式，也就是

$$A_{ij}=(-1)^{i+j}M_{ij}$$

在上节中我们已经证明，乘积 $a_{ij}A_{ij}$ 是行列式中某些项的和，它们在和中

的正负号和在行列式 d 中的正负号相同. 很容易算出这些项的个数:它等于子式 M_{ij} 中的项数,也就是等于 $(n-1)!$.

现在选取行列式 d 中任何一个第 i 行且取这一行中每一个元素和它的代数余子式的乘积

$$a_{i1}A_{i1},a_{i2}A_{i2},\cdots,a_{in}A_{in} \tag{1}$$

行列式 d 的项不能在(1) 中两个不同的乘积中出现:在乘积 $a_{i1}A_{i1}$ 中所有的项都含有第 i 行的元素 a_{i1},所以不同于乘积 $a_{i2}A_{i2}$ 中的项,它们是含有第 i 行的元素 a_{i2} 的,依此类推.

另外,行列式的项在所有乘积(1) 中出现的总数等于

$$(n-1)!\ \cdot n=n!$$

这就是说行列式 d 的项已经全部在内. 这样一来,我们证明了行列式 d 有下面的对第 i 行的展开式

$$d=a_{i1}A_{i1}+a_{i2}A_{i2}+\cdots+a_{in}A_{in} \tag{2}$$

也就是说,行列式 d 等于它的任一行中所有的元素和它们对应的代数余子式的乘积的和. 同样的可以得出一个行列式对于任何一个列的展开式.

在展开式(2) 中换代数余子式以它的对应的带正号或负号的子式,我们化 n 阶行列式的计算为 $n-1$ 阶行列式的计算. 注意如果第 i 行的某一个元素等于零,那么很明显的它的对应子式就不必算进去. 因此,事先应用性质 9(参看§4) 变换行列式,使得在它的某一个行或列中的元素,有充分多的元素化为零,是非常有用的. 其实应用性质 9 可以把任何一个列或任何一个行中的元素除某一个外全部化为零. 事实上是这样的,如果 $a_{ik}\neq 0$,那么可以把第 i 行的任何一个元素 $a_{ij}(j\neq k)$ 化为零,只要从第 j 列减去第 k 列的 $\frac{a_{ij}}{a_{ik}}$ 倍就能得出. 这样一来,n 阶行列式的计算就化为 $n-1$ 阶行列式的计算.

例 1 计算四阶行列式

$$d=\begin{vmatrix}3 & 1 & -1 & 2\\-5 & 1 & 3 & -4\\2 & 0 & 1 & -1\\1 & -5 & 3 & -3\end{vmatrix}$$

按照它的第三行展开,利用这一行里面有零存在,得出

$$d=(-1)^{3+1}\times 2\times\begin{vmatrix}1 & -1 & 2\\1 & 3 & -4\\-5 & 3 & -3\end{vmatrix}+(-1)^{3+3}\times 1\times\begin{vmatrix}3 & 1 & 2\\-5 & 1 & -4\\1 & -5 & -3\end{vmatrix}+$$

$$(-1)^{3+4}\times(-1)\times\begin{vmatrix}3 & 1 & -1\\-5 & 1 & 3\\1 & -5 & 3\end{vmatrix}$$

计算所得出的各三阶行列式,可得

$$d=2\times16-40+48=40$$

例 2 计算五阶行列式

$$d=\begin{vmatrix}-2&5&0&-1&3\\1&0&3&7&-2\\3&-1&0&5&-5\\2&6&-4&1&2\\0&-3&-1&2&3\end{vmatrix}$$

将第五行的三倍加到第二行,再从第四行减去第五行的四倍,得出

$$d=\begin{vmatrix}-2&5&0&-1&3\\1&-9&0&13&7\\3&-1&0&5&-5\\2&18&0&-7&-10\\0&-3&-1&2&3\end{vmatrix}$$

按第三列展开这一个行列式.因在第三列中只有一个元素不等于零(行列序数的和 $5+3$ 是一个偶数),故得

$$d=(-1)\times\begin{vmatrix}-2&5&-1&3\\1&-9&13&7\\3&-1&5&-5\\2&18&-7&-10\end{vmatrix}$$

变换所得出的新行列式,将第二行的二倍加到第一行,从第三行中减去第二行的三倍,从第四行减去第二行的二倍,得

$$d=-\begin{vmatrix}0&-13&25&17\\1&-9&13&7\\0&26&-34&-26\\0&36&-33&-24\end{vmatrix}$$

以后按第一列把它展开.注意在这一列中只有一个非零元素,它的行和列序数的和是一个奇数,得

$$d=\begin{vmatrix}-13&25&17\\26&-34&-26\\36&-33&-24\end{vmatrix}$$

按照第三行来展开这个三阶行列式,得

$$d=36\times\begin{vmatrix}25&17\\-34&-26\end{vmatrix}-(-33)\times\begin{vmatrix}-13&17\\26&-26\end{vmatrix}+(-24)\times\begin{vmatrix}-13&25\\26&-34\end{vmatrix}=$$

$$36\times(-72)-(-33)\times(-104)+(-24)\times(-208)=-1\,032$$

例 3 如果在一个行列式中处于主对角线的某一边的元素全为零，那么这个行列式就等于主对角线上的元素的乘积.

对于二阶行列式，这一结论是很明显的. 我们用归纳法来证明它，也就是先假设对于 $n-1$ 阶行列式已经证明，而来讨论 n 阶行列式

$$d=\begin{vmatrix} a_{11} & a_{12} & a_{13} & \cdots & a_{1n} \\ 0 & a_{22} & a_{23} & \cdots & a_{2n} \\ \vdots & \vdots & \vdots & & \vdots \\ 0 & 0 & 0 & \cdots & a_{nn} \end{vmatrix}$$

按照它的第一列展开，得

$$d=a_{11}\cdot\begin{vmatrix} a_{22} & a_{23} & \cdots & a_{2n} \\ 0 & a_{33} & \cdots & a_{3n} \\ \vdots & \vdots & & \vdots \\ 0 & 0 & \cdots & a_{nn} \end{vmatrix}$$

但对右边的子式，可用归纳法的假设，也就是它等于乘积 $a_{22}a_{33}\cdots a_{nn}$，故

$$d=a_{11}a_{22}a_{33}\cdots a_{nn}$$

例 4 范德蒙行列式是指行列式

$$d=\begin{vmatrix} 1 & 1 & 1 & \cdots & 1 \\ a_1 & a_2 & a_3 & \cdots & a_n \\ a_1^2 & a_2^2 & a_3^2 & \cdots & a_n^2 \\ \vdots & \vdots & \vdots & & \vdots \\ a_1^{n-1} & a_2^{n-1} & a_3^{n-1} & \cdots & a_n^{n-1} \end{vmatrix}$$

证明:任何一个 n 阶范德蒙行列式等于所有可能的差 a_i-a_j 的乘积，其中 $1\leqslant j<i\leqslant n$.

事实上，当 $n=2$ 时有

$$\begin{vmatrix} 1 & 1 \\ a_1 & a_2 \end{vmatrix}=a_2-a_1$$

假设我们的结论对于 $n-1$ 阶范德蒙行列式已经证明. 用下面的方式来变换行列式 d:从第 n 行(最后一行)减去第 $n-1$ 行的 a_1 倍，再从第 $n-1$ 行减去第 $n-2$ 行的 a_1 倍，继续这样进行，最后从第二行减去第一行的 a_1 倍. 我们得出

$$d=\begin{vmatrix} 1 & 1 & 1 & \cdots & 1 \\ 0 & a_2-a_1 & a_3-a_1 & \cdots & a_n-a_1 \\ 0 & a_2^2-a_1a_2 & a_3^2-a_1a_3 & \cdots & a_n^2-a_1a_n \\ \vdots & \vdots & \vdots & & \vdots \\ 0 & a_2^{n-1}-a_1a_2^{n-2} & a_3^{n-1}-a_1a_3^{n-2} & \cdots & a_n^{n-1}-a_1a_n^{n-2} \end{vmatrix}$$

对第一列展开这一个行列式，我们得到一个 $n-1$ 阶行列式；再把它里面每一列

的公因子提到行列式的外面，它就成为

$$d=(a_2-a_1)(a_3-a_1)\cdots(a_n-a_1)\cdot\begin{vmatrix}1 & 1 & \cdots & 1\\ a_2 & a_3 & \cdots & a_n\\ a_2^2 & a_3^2 & \cdots & a_n^2\\ \vdots & \vdots & & \vdots\\ a_2^{n-2} & a_3^{n-2} & \cdots & a_n^{n-2}\end{vmatrix}$$

最后的因子是一个 $n-1$ 阶范德蒙行列式，也就是，由假设得它等于所有差 a_i-a_j 的乘积，其中 $2\leqslant j<i\leqslant n$. 用符号 $\prod$ 来记乘积，就可以写作

$$d=(a_2-a_1)(a_3-a_1)\cdots(a_n-a_1)\cdot\prod_{2\leqslant j<i\leqslant n}(a_i-a_j)=\prod_{1\leqslant j<i\leqslant n}(a_i-a_j)$$

用同样的方法可以证明行列式

$$d'=\begin{vmatrix}a_1^{n-1} & a_2^{n-1} & a_3^{n-1} & \cdots & a_n^{n-1}\\ \vdots & \vdots & \vdots & & \vdots\\ a_1^2 & a_2^2 & a_3^2 & \cdots & a_n^2\\ a_1 & a_2 & a_3 & \cdots & a_n\\ 1 & 1 & 1 & \cdots & 1\end{vmatrix}$$

等于所有可能的差 a_i-a_j 的乘积，其中 $1\leqslant i<j\leqslant n$，也就是

$$d'=\prod_{1\leqslant j<i\leqslant n}(a_i-a_j)$$

推广上面所得出的行列式对某一行或列的展开式，我们将要证明下面的定理，就是关于行列式对某些行或列的分解式.

拉普拉斯定理 设在 n 阶行列式 d 中任取 k 行(或 k 列)，其中 $1\leqslant k\leqslant n-1$. 那么含于所选定的这些行(或列)中的所有 k 阶子式和它的代数余子式的乘积的和等于行列式 d.

证明 设在行列式 d 中选取序数为 $i_1,i_2,\cdots,i_k$ 的这些行. 我们知道，位于这些行上的任何一个 k 阶子式 M 和它的代数余子式的乘积是由 d 中某一部分项所组成的，而且这些项的正负号同它们在行列式中的正负号是一样的. 如果我们能够证明，当 M 历经位于所选出的这些行上的所有 k 阶子式时，我们得出行列式中所有的项，而且没有一个项能够重复出现，定理即已证明.

设

$$a_{1\alpha_1}a_{2\alpha_2}\cdots a_{n\alpha_n}\tag{3}$$

为行列式 d 的任何一个项. 取出这个项中那些属于所选出的序数为 $i_1,i_2,\cdots,i_k$ 这些行里面的元素的乘积，这就是乘积

$$a_{i_1\alpha_{i_1}}a_{i_2\alpha_{i_2}}\cdots a_{i_k\alpha_{i_k}}\tag{4}$$

这个乘积的 k 个因子位于 k 个不同的列上，它们在序数为 $\alpha_{i_1},\alpha_{i_2},\cdots,\alpha_{i_k}$ 的列上.

因此,这些列的序数是被所给出的项(3) 所完全确定的.如果我们用 M 来记这样的 k 阶子式,它是由落在序数为 $\alpha_{i_1},\alpha_{i_2},\cdots,\alpha_{i_k}$ 的列和早已选定的序数为 i_1,i_2,…,i_k 的行的交点上那些元素所组成的,那么乘积(4) 将会成为子式 M 的一个项,而且项(3) 里面所有不在项(4) 里面出现的那些因子的乘积,必定是M的余子式里面的一个项.这样一来,原行列式的每一个项都在某一个完全确定的处在原选定那些行上的 k 阶子式和它的余子式的乘积里面出现,而且是这两个子式的乘积里面一个完全确定的项.最后,为了使我们这一个项所取的正负号,和在原行列式里面的正负号相同,我们已经知道只要把余子式换作代数余子式就可以办到.这就完全证明了我们的定理.

这个定理的证明,可以从另一方向来引入.落在所选定的这些行上的任何一个 k 阶子式M 和它的代数余子式的乘积有$k!(n-k)!$ 个项,因为 k 阶子式 M 含有$k!$ 个项,而它的代数余子式和含有$(n-k)!$ 个项的$n-k$ 阶子式只可能差一个正负号.另外,落在我们所选定的这些行上的k阶子式的个数等于从n 个数中选取 k 个的组合,也就是等于

$$\frac{n!}{k!(n-k)!}$$

我们得出的结果是所有落在选定的这些行上的 k 阶子式和它们的代数余子式的乘积的总和,因而有$n!$ 个项.这也是行列式d的项的总数.因此,如果我们证明了行列式 d 的每一个项,都在所说的子式和它们的代数余子式的乘积总和中出现,而且只出现一次,我们的定理就已得到证明.对于这项工作,读者只要把上段所说的推理重复一下(做一些简化) 就能得出.

拉普拉斯定理可以把 n 阶行列式的计算化为某些k 阶和$n-k$ 阶行列式的计算.这些新的行列式,一般的说是很多的,所以只在这样的场合,才值得应用拉普拉斯定理,如果我们可以选出k 行(或k 列) 使得在这些行(或列) 上的k 阶子式有很多是等于零的.

例 5 设已给出一个行列式,位于前面k 行和后面$n-k$ 列的交点上的元素全为零

$$d=\begin{vmatrix} a_{11} & \cdots & a_{1k} & & & \\ \vdots & & \vdots & & \mathbf{0} & \\ a_{k1} & \cdots & a_{kk} & & & \\ a_{k+1,1} & \cdots & a_{k+1,k} & a_{k+1,k+1} & \cdots & a_{k+1,n} \\ \vdots & & \vdots & \vdots & & \vdots \\ a_{n1} & \cdots & a_{nk} & a_{n,k+1} & \cdots & a_{nn} \end{vmatrix}$$

那么这个行列式等于它的两个子式的乘积

$$d=\begin{vmatrix}a_{11}&\cdots&a_{1k}\\ \vdots&&\vdots\\ a_{k1}&\cdots&a_{kk}\end{vmatrix}\cdot\begin{vmatrix}a_{k+1,k+1}&\cdots&a_{k+1,n}\\ \vdots&&\vdots\\ a_{n,k+1}&\cdots&a_{nn}\end{vmatrix}$$

对于这个结果的证明，只要把行列式 d 对前面的 k 行来展开就可以得出.

例 6 设已给出一个 $2n$ 阶行列式，位于它的左上角的 n 阶子式里面的元素完全是零. 如果用 M，M' 和 M'' 来分别记这个行列式中位于右上角、左下角和右下角的子式，也就是这个行列式可以用符号记法写作

$$d=\begin{vmatrix}0&M\\M'&M''\end{vmatrix}$$

为了证明这一个结果，把行列式对前面 n 行展开并且注意

$$s_M=(1+2+\cdots+n)+[(n+1)+(n+2)+\cdots+2n]=n+2n^2$$

也就是 s_M 和 n 有相同的奇偶性.

例 7 计算行列式

$$d=\begin{vmatrix}-4&1&2&-2&1\\0&3&0&1&-5\\2&-3&1&-3&1\\-1&-1&3&-1&0\\0&4&0&2&5\end{vmatrix}$$

对它的第一列和第三列展开(这两列里面含有好几个零)，我们得出

$$\begin{aligned}d=&(-1)^{1+3+1+3}\begin{vmatrix}-4&2\\2&1\end{vmatrix}\times\begin{vmatrix}3&1&-5\\-1&-1&0\\4&2&5\end{vmatrix}+\\&(-1)^{1+4+1+3}\begin{vmatrix}-4&2\\-1&3\end{vmatrix}\times\begin{vmatrix}3&1&-5\\-3&-3&1\\4&2&5\end{vmatrix}+\\&(-1)^{3+4+1+3}\begin{vmatrix}2&1\\-1&3\end{vmatrix}\times\begin{vmatrix}1&-2&1\\3&1&-5\\4&2&5\end{vmatrix}=\\&(-8)\times(-20)-(-10)\times(-62)-7\times 87=-1\ 069\end{aligned}$$

§ 7 克莱姆法则

用上面所讲的 n 阶行列式的理论，可以证明，这些只从与二阶和三阶行列式相类似的点引进来的行列式可以用来解线性方程组. 但是首先要对关于行列

式对行或列的展开式的关系做一个补充的注解,这个注解以后将常常用到.

对它的第 j 列来展开行列式

$$d=\begin{vmatrix} a_{11} & \cdots & a_{1j} & \cdots & a_{1n} \\ a_{21} & \cdots & a_{2j} & \cdots & a_{2n} \\ \vdots & & \vdots & & \vdots \\ a_{n1} & \cdots & a_{nj} & \cdots & a_{nn} \end{vmatrix}$$

得出

$$d=a_{1j}A_{1j}+a_{2j}A_{2j}+\cdots+a_{nj}A_{nj}$$

而后在这一个展开式里面,将第 j 列的元素换成任意 n 个数 $b_1,b_2,\cdots,b_n$,所得出的表示式

$$b_1A_{1j}+b_2A_{2j}+\cdots+b_nA_{nj}$$

显然是下面的行列式对第 j 列的展开式

$$d'=\begin{vmatrix} a_{11} & \cdots & b_1 & \cdots & a_{1n} \\ a_{21} & \cdots & b_2 & \cdots & a_{2n} \\ \vdots & & \vdots & & \vdots \\ a_{n1} & \cdots & b_n & \cdots & a_{nn} \end{vmatrix}$$

这一个行列式是从行列式 d 里面换第 j 列的元素为数 $b_1,b_2,\cdots,b_n$ 所得出来的. 事实上,变动行列式 d 的第 j 列元素,并不影响这一列元素的子式,所以也不影响它们的代数余子式.

把这个事实应用到下面的情形:取行列式 d 的第 k 列元素($k\neq j$) 作为数 $b_1,b_2,\cdots,b_n$. 经过这样处理后所得出来的行列式将含有两个相同的列(第 j 列和第 k 列),所以必须等于零. 因此这一个行列式对第 j 列的展开式等于零,也就是

$$a_{1k}A_{1j}+a_{2k}A_{2j}+\cdots+a_{nk}A_{nj}=0,j\neq k$$

这样一来,行列式里面某一列的所有元素和另外一列对应元素的代数余子式的乘积的和等于零. 自然地,对于行列式的行有同样的结果.

转移到对线性方程组的讨论,现在我们只限于方程的个数等于未知量的个数的这种方程组,也就是有下面形式的线性方程组

$$\begin{cases} a_{11}x_1+a_{12}x_2+\cdots+a_{1n}x_n=b_1 \\ a_{21}x_1+a_{22}x_2+\cdots+a_{2n}x_n=b_2 \\ \quad\vdots \\ a_{n1}x_1+a_{n2}x_2+\cdots+a_{nn}x_n=b_n \end{cases} \tag{1}$$

我们补充一个假设:在这一方程组里面未知量的系数行列式,简称为方程组的行列式,是不等于零的. 在这个假设之下,我们将证明方程组(1) 是相容的,而且还是有定的.

在§2中，当解含有三个未知量和三个方程的线性方程组时，我们用适当的因子分别来乘每一个方程，把它们相加，就能使除一个未知量外其余两个未知量的系数都等于零. 现在我们很容易说明，这种因子就是所要找出的未知量的系数在方程组的行列式中的代数余子式. 现在就要用这种方法来解线性方程组(1).

首先假设方程组(1)是相容的，而且它有一个解 $\alpha_1,\alpha_2,\cdots,\alpha_n$. 因此就有等式

$$\begin{cases} a_{11}\alpha_1+a_{12}\alpha_2+\cdots+a_{1n}\alpha_n=b_1 \\ a_{21}\alpha_1+a_{22}\alpha_2+\cdots+a_{2n}\alpha_n=b_2 \\ \vdots \\ a_{n1}\alpha_1+a_{n2}\alpha_2+\cdots+a_{nn}\alpha_n=b_n \end{cases} \tag{2}$$

设 j 是数 $1,2,\cdots,n$ 中的任何一个. 用 A_{1j} 来乘方程组(2)的第一个等式的两边，也就是用方程组的行列式 d 里面元素 a_{1j} 的代数余子式来乘它；用 A_{2j} 来乘第二个等式的两边，照这样做下去，最后用 A_{nj} 来乘最后一个等式的两边，而后分别把所有等式的左边和右边加起来，我们得出下面的方程

$$\begin{aligned} &(a_{11}A_{1j}+a_{21}A_{2j}+\cdots+a_{n1}A_{nj})\alpha_1+ \\ &(a_{12}A_{1j}+a_{22}A_{2j}+\cdots+a_{n2}A_{nj})\alpha_2+\cdots+ \\ &(a_{1j}A_{1j}+a_{2j}A_{2j}+\cdots+a_{nj}A_{nj})\alpha_j+\cdots+ \\ &(a_{1n}A_{1j}+a_{2n}A_{2j}+\cdots+a_{nn}A_{nj})\alpha_n= \\ &b_1A_{1j}+b_2A_{2j}+\cdots+b_nA_{nj} \end{aligned}$$

在这一个等式左边，α_j 的系数等于 d，而由上面的注解，其余各个 α 的系数全等于零，至于它的右边则是从行列式 d 里面把第 j 列换作方程组(1)的常数项所得出的行列式. 如果同§2一样，用 d_j 来配后一个行列式，那么我们的等式有下面的形式

$$d\alpha_j=d_j$$

因此，由于 $d\neq 0$，我们有

$$\alpha_j=\frac{d_j}{d}$$

这就证明了，如果方程组(1)是相容的，那么它就只有唯一的解

$$\alpha_1=\frac{d_1}{d},\alpha_2=\frac{d_2}{d},\cdots,\alpha_n=\frac{d_n}{d} \tag{3}$$

现在来证明，这组数(3)确实适合方程组(1)，也就是说方程组(1)是相容的. 在这里我们应用下面的常用的符号.

每一个形如 $a_1+a_2+\cdots+a_n$ 的和可以缩写为 $\sum_{i=1}^{n}a_i$. 如果讨论有两个足数

的项 a_{ij} 的和，而且 $i=1,2,\cdots,n;j=1,2,\cdots,m$，那么可以先固定第一个足数，取这些元素的和，亦即和 $\sum_{j=1}^{m}a_{ij}$，其中 $i=1,2,\cdots,n$，而后把这些和加起来，我们就得出所有元素 a_{1j} 的和，写作

$$\sum_{i=1}^{n}\sum_{j=1}^{m}a_{ij}$$

但是也可以先固定第二个足数，取这些元素的和，而后把这些和加起来. 因此

$$\sum_{i=1}^{n}\sum_{j=1}^{m}a_{ij}=\sum_{j=1}^{m}\sum_{i=1}^{n}a_{ij}$$

也就是对于二重和可以互易它的加法符号的次序.

现在把未知量的值(3) 代进方程组(1) 里面的第 i 个方程. 因为第 i 个方程的左边可以写作 $\sum_{j=1}^{n}a_{ij}x_j$ 的形式，而且 $d_j=\sum_{k=1}^{n}b_kA_{kj}$，所以我们得出

$$\sum_{j=1}^{n}a_{ij}\cdot\frac{d_j}{d}=\frac{1}{d}\sum_{j=1}^{n}a_{ij}\left(\sum_{k=1}^{n}b_kA_{kj}\right)=\frac{1}{d}\sum_{k=1}^{n}b_k\left(\sum_{j=1}^{n}a_{ij}A_{kj}\right)$$

注意在这些变换中，数 $\frac{1}{d}$ 是所有这些项的公因子，所以我们把它提到加法符号的外边来；此外，互易加法符号的次序后，因子 b_k 可以提到里边的加法符号的前面，因为它们同里边的加法符号的添数 j 无关.

我们知道，表示式 $\sum_{j=1}^{n}a_{ij}A_{kj}=a_{i1}A_{k1}+a_{i2}A_{k2}+\cdots+a_{in}A_{kn}$，当 $k=i$ 时，它等于 d，而对于所有其他的 k 都等于 0. 这样，对 k 加起来之后就只剩一项，就是 b_id，所以

$$\sum_{j=1}^{n}a_{ij}\cdot\frac{d_j}{d}=\frac{1}{d}\cdot b_id=b_i$$

这就证明了，值(3) 中的数真是方程组(1) 的解.

我们得出下面的重要结果：

含 n 个未知量 n 个方程的线性方程组的行列式如果不为零，那么就有解存在而且只有一个解. 这一个解可由值(3) 得出，也就是由克莱姆法则得出；这一法则的说法同仅含两个方程的方程组的情况是一样的(参考 §2).

例 1 解线性方程组

$$\begin{cases}2x_1+x_2-5x_3+x_4=8\\x_1-3x_2-6x_4=9\\2x_2-x_3+2x_4=-5\\x_1+4x_2-7x_3+6x_4=0\end{cases}$$

它的行列式不为零

$$d=\begin{vmatrix}2 & 1 & -5 & 1\\ 1 & -3 & 0 & -6\\ 0 & 2 & -1 & 2\\ 1 & 4 & -7 & 6\end{vmatrix}=27$$

因此,可以对它用克莱姆法则.未知量的值的分子为行列式

$$d_1=\begin{vmatrix}8 & 1 & -5 & 1\\ 9 & -3 & 0 & -6\\ -5 & 2 & -1 & 2\\ 0 & 4 & -7 & 6\end{vmatrix}=81,d_2=\begin{vmatrix}2 & 8 & -5 & 1\\ 1 & 9 & 0 & -6\\ 0 & -5 & -1 & 2\\ 1 & 0 & -7 & 6\end{vmatrix}=-108$$

$$d_3=\begin{vmatrix}2 & 1 & 8 & 1\\ 1 & -3 & 9 & -6\\ 0 & 2 & -5 & 2\\ 1 & 4 & 0 & 6\end{vmatrix}=-27,d_4=\begin{vmatrix}2 & 1 & -5 & 8\\ 1 & -3 & 0 & 9\\ 0 & 2 & -1 & -5\\ 1 & 4 & -7 & 0\end{vmatrix}=27$$

这样一来

$$x_1=3,x_2=-4,x_3=-1,x_4=1$$

是我们的方程组的解,同时又是唯一的.

对于含 n 个未知量 n 个方程的线性方程组(1) 的行列式等于零的这种情形,我们没有加以讨论.关于这种情形,我们将在第二章中来讨论,在那里有含任何多个方程和任何多个未知量的线性方程组的理论.

关于有 n 个未知量 n 个线性方程的方程组还有下面一个注解.设已给出含 n 个未知量 n 个齐次方程的线性方程组(参考 §1)

$$\begin{cases}a_{11}x_1+a_{12}x_2+\cdots+a_{1n}x_n=0\\ a_{21}x_1+a_{22}x_2+\cdots+a_{2n}x_n=0\\ \quad\vdots\\ a_{n1}x_1+a_{n2}x_2+\cdots+a_{nn}x_n=0\end{cases}\tag{4}$$

这时,所有行列式 $d_j,j=1,2,\cdots,n$,都含有一个元素全为零的列,所以都等于零.这样一来,如果方程组(4) 的行列式不为零,也就是对这一组可以应用克莱姆法则,那么方程组(4) 有唯一解

$$x_1=0,x_2=0,\cdots,x_n=0\tag{5}$$

就是平常所说的零解.因此推得下面的结果:

如果含有 n 个未知量 n 个齐次方程的线性方程组有不全为零的一组解,那么它的行列式必须等于零.

在 §12 中我们将证明,相反的,如果这组的行列式等于零,那么除对于每一个齐次线性方程组都存在的零解以外,还有其他的解存在.

例 2 对于什么样的值 k,线性方程组

$$kx_1 + x_2 = 0, x_1 + kx_2 = 0$$

可以有非零解？

这个方程组的行列式

$$\begin{vmatrix} k & 1 \\ 1 & k \end{vmatrix} = k^2 - 1$$

只在 $k = \pm 1$ 时才能等于零. 易知对于 k 的这两个值之一，方程组都有非零解存在.

克莱姆法则的主要意义是这样的，在这一法则可以应用的场合，它给出由方程组的系数所表出的，这一方程组的解的明显表示式. 但实际应用克莱姆法则就会有很麻烦的计算：对于有 n 个未知量 n 个方程的线性方程组要计算 $n+1$ 个 n 阶行列式. 我们在 §1 中所说的依次消去未知量的方法在这一点上是非常方便的，因为这个方法所需要的计算实质上相当于对一个 n 阶行列式的计算.

在各种应用中会遇到这样的线性方程组，它的系数和常数项都是实数，是某些具体量的度量结果，也就是只知有某一准确度的近似值. 对于这些方程组的解出，上面所说的方法有时是不相宜的，因为得出的结果不够准确，所以要使用各种渐近法，也就是借助于逐渐逼近未知量的方法来解所指出的线性方程组. 读者在讲近似计算理论的书籍中可以找到这些方法.

第2章 线性方程组(一般理论)

§8 n维向量空间

为了叙述线性方程组的普遍理论,以前可用来解出方程组的克莱姆法则这一工具已不够用.除了行列式和矩阵,我们要用到一个新的概念,就是多维向量空间的概念,它在很多数学分支中都有应用.

首先做一些预备说明,从解析几何课程中已经知道平面上的每一个点(对于已经给出的坐标轴)由两个坐标所确定,也就是由一组有次序的两个实数所确定;平面上每一个向量由两个分量所确定,仍然是一组有次序的两个实数.同样,三维空间的每一个点由三个坐标所确定,每一个向量由三个分量所确定.

但在几何、力学和物理中所研究的对象,三个实数往往不足以确定它们.例如讨论三维空间的球的集合.为了完全确定一个球,必须给出球心的坐标和它的半径的长度,也就是要给出一组有次序的四个实数,但是它的最后一个(半径的长)只能取正值.另外,讨论空间中刚体的不同位置.刚体的位置可以完全确定,如果知道了它的重心的坐标(也就是三个实数),

通过重心所引出的某一个固定的轴的方向(两个实数,就是三个方向余弦中的两个)以及绕这一个轴旋转的角度.这样一来,空间中的刚体是由一组有次序的六个实数所确定的.

这些例子指出,讨论 n 个实数所组成的所有可能的序列的集合是有它的需要的.这一集合,在引进它们的加法运算以及它们与数的乘法运算后(后面要仿照着对以分量来表示的三维空间的向量的运算来引进),叫作 n 维向量空间.这样一来,n 维向量空间只不过是一种代数观念,它保持三维空间中从原点引出的向量集合的某些性质.

n 个数的序列

$$\boldsymbol{\alpha}=(a_1,a_2,\cdots,a_n) \tag{1}$$

叫作 n 维向量.数 $a_i(i=1,2,\cdots,n)$ 叫作向量 $\boldsymbol{\alpha}$ 的分量.向量 $\boldsymbol{\alpha}$ 和

$$\boldsymbol{\beta}=(b_1,b_2,\cdots,b_n) \tag{2}$$

是相等的,当且仅当它们的相应分量都相等,也就是 $a_i=b_i(i=1,2,\cdots,n)$.以后我们用小写希腊字母来记向量,而用小写拉丁字母来表示数.

我们提出下面几个向量的例子:(1) 在平面上或三维空间中由原点引出的向量线段,当坐标系取定后,它们按上述定义各为二维或三维向量.(2) 有 n 个未知量的每一个线性方程的系数组成一个 n 维向量.(3) 有 n 个未知量的任何一个线性方程组的每一个解都是一个 n 维向量.(4) 如果给出一个 s 行 n 列矩阵,那么它的行都是 n 维向量,它的列都是 s 维向量.(5) 同时 s 行 n 列矩阵亦可以看作一个 sn 维向量,只要把矩阵的元素按一行接一行的次序来读出就能得到;特别是每一个 n 阶方阵都可以看作 n^2 维向量,而且很明显的,从每一个 n^2 维向量都可以用这样的方法得出某一个 n 阶矩阵.

向量(1) 和(2) 的和是指向量

$$\boldsymbol{\alpha}+\boldsymbol{\beta}=(a_1+b_1,a_2+b_2,\cdots,a_n+b_n) \tag{3}$$

它的分量为相加各向量的对应分量的和.由数的加法的可易性及可群性,知道向量的加法是可易和可群的.

零向量

$$\mathbf{0}=(0,0,\cdots,0) \tag{4}$$

有零的作用,因为

$$\boldsymbol{\alpha}+\mathbf{0}=(a_1+0,a_2+0,\cdots,a_n+0)=(a_1,a_2,\cdots,a_n)=\boldsymbol{\alpha}$$

对于零向量我们仍旧用数零的符号 $\mathbf{0}$ 来记;要辨别某一时候所说的是零还是零向量是不困难的;但读者在下节的讨论中,要记住符号"0"在不同地方的不同解释.

向量(1) 的负向量是指向量

$$-\boldsymbol{\alpha}=(-a_1,-a_2,\cdots,-a_n) \tag{5}$$

很明显的，$\boldsymbol{\alpha}+(-\boldsymbol{\alpha})=\mathbf{0}$. 现在很容易看出，对于向量的加法有逆运算——减法存在：向量(1) 和(2) 的差是向量 $\boldsymbol{\alpha}-\boldsymbol{\beta}=\boldsymbol{\alpha}+(-\boldsymbol{\beta})$，也就是

$$\boldsymbol{\alpha}-\boldsymbol{\beta}=(a_1-b_1,a_2-b_2,\cdots,a_n-b_n) \tag{6}$$

式(3) 所确定的 n 维向量的加法，是从平面上或三维空间中由平行四边形法则所确定的向量的几何加法而来的. 在几何中用到这样的向量对实数(对“纯量”) 的乘法：向量 $\boldsymbol{\alpha}$ 与数 k 相乘的意义是，当 $k>1$ 时，把 $\boldsymbol{\alpha}$ 拉长 k 倍(亦即当 $0<k<1$ 时是把 α 缩短)，而当 $k<-1$ 时，拉长 $|k|$ 倍后变它的方向为相反的方向. 用向量 $\boldsymbol{\alpha}$ 的分量来表出这一个规则，推广到一般的情形，我们得出这样的定义：

向量(1) 对数 k 的乘积是指向量

$$k\boldsymbol{\alpha}=\boldsymbol{\alpha}k=(ka_1,ka_2,\cdots,ka_n) \tag{7}$$

它的分量等于向量 $\boldsymbol{\alpha}$ 的对应分量的 k 倍.

从这一定义推得下面的这些重要性质，它的证明留给读者自己来做

$$k(\boldsymbol{\alpha}\pm\boldsymbol{\beta})=k\boldsymbol{\alpha}\pm k\boldsymbol{\beta} \tag{8}$$

$$(k\pm l)\boldsymbol{\alpha}=k\boldsymbol{\alpha}\pm l\boldsymbol{\alpha} \tag{9}$$

$$k(l\boldsymbol{\alpha})=(kl)\boldsymbol{\alpha} \tag{10}$$

$$1\cdot\boldsymbol{\alpha}=\boldsymbol{\alpha} \tag{11}$$

同样很容易验证从性质(8) ～ (11) 得出的下面这些性质

$$0\cdot\boldsymbol{\alpha}=\mathbf{0} \tag{12}$$

$$(-1)\boldsymbol{\alpha}=-\boldsymbol{\alpha} \tag{13}$$

$$k\cdot\mathbf{0}=\mathbf{0} \tag{14}$$

$$\text{如果 } k\boldsymbol{\alpha}=\mathbf{0}\text{，那么或者 } k=0\text{，或者 } \boldsymbol{\alpha}=\mathbf{0} \tag{15}$$

有实分量的所有 n 维向量的集合，在它里面有确定的向量加法运算和向量与数的乘法运算，叫作 n 维向量空间.

我们注意，在 n 维向量空间的定义中，并没有引进向量与向量的乘法. 规定向量的乘法是很容易的——例如，假设向量的乘积的分量等于它的因子里面对应分量的乘积. 但是这种乘法并没有什么现实的应用. 如在平面上或在三维空间中，由原点引出的向量线段对于固定的坐标系各构成二维和三维向量空间，这里向量的加法和向量与数的乘法，我们在前面已经指出有重要的几何意义，但是按对应分量来相乘的向量乘法就不能给出合理的几何解释.

再来讨论一个例子. 有 n 个未知量的线性方程的左边，就是表示式

$$f=a_1x_1+a_2x_2+\cdots+a_nx_n$$

叫作未知量 $x_1,x_2,\cdots,x_n$ 的线性型. 很明显，线性型 f 完全确定了由它的系数所构成的向量$(a_1,a_2,\cdots,a_n)$；反过来，每一个 n 维向量唯一地确定一个线性型. 向量的加法和向量与数的乘法可转化成线性型的对应运算，这些运算我们

在 §1 中已经讨论得很多.在这里向量按对应分量来相乘是没有什么意义的.

§9 向量的线性相关性

n 维向量空间中的向量 $\boldsymbol{\beta}$ 叫作和向量 $\boldsymbol{\alpha}$ 成比例,如果有这样的数 k 存在,使得 $\boldsymbol{\beta}=k\boldsymbol{\alpha}$(参考上节的式(7)).特别地,由等式 $\mathbf{0}=0\cdot\boldsymbol{\alpha}$,知道零向量和任何向量 $\boldsymbol{\alpha}$ 成比例.如果 $\boldsymbol{\beta}=k\boldsymbol{\alpha}$ 而且 $\boldsymbol{\beta}\neq\mathbf{0}$,那么 $k\neq 0$,因而 $\boldsymbol{\alpha}=k^{-1}\boldsymbol{\beta}$,也就是对于非零向量的成比例是对称的.

推广向量成比例的概念到下面的概念,这在 §4 中我们已经遇到过(对于矩阵的行的情形):向量 $\boldsymbol{\beta}$ 叫作向量 $\boldsymbol{\alpha}_1,\boldsymbol{\alpha}_2,\cdots,\boldsymbol{\alpha}_s$ 的线性组合,如果有这样的数 $l_1,l_2,\cdots,l_s$ 存在,使得

$$\boldsymbol{\beta}=l_1\boldsymbol{\alpha}_1+l_2\boldsymbol{\alpha}_2+\cdots+l_s\boldsymbol{\alpha}_s$$

这样一来,由向量的加法和向量与数的乘法运算的定义,知道向量 $\boldsymbol{\beta}$ 的第 j 个分量($j=1,2,\cdots,n$),等于向量 $\boldsymbol{\alpha}_1,\boldsymbol{\alpha}_2,\cdots,\boldsymbol{\alpha}_s$ 的第 j 个分量分别与 $l_1,l_2,\cdots,l_s$ 的乘积的和.

向量组

$$\boldsymbol{\alpha}_1,\boldsymbol{\alpha}_2,\cdots,\boldsymbol{\alpha}_{r-1},\boldsymbol{\alpha}_r,r\geqslant 2 \tag{1}$$

是线性相关的,如果这些向量里面,至少有一个是(1)中其余向量的线性组合,否则是线性无关的.

我们指出这个重要定义的另一形式:向量组(1)线性相关,如果有这样的数 $k_1,k_2,\cdots,k_r$ 存在,至少有一个不为零,使得下面的等式能够成立

$$k_1\boldsymbol{\alpha}_1+k_2\boldsymbol{\alpha}_2+\cdots+k_r\boldsymbol{\alpha}_r=\mathbf{0} \tag{2}$$

不难证明这两个定义是等价的.例如,设向量组(1)中向量 $\boldsymbol{\alpha}_r$ 为其余向量的线性组合

$$\boldsymbol{\alpha}_r=l_1\boldsymbol{\alpha}_1+l_2\boldsymbol{\alpha}_2+\cdots+l_{r-1}\boldsymbol{\alpha}_{r-1}$$

就推得等式

$$l_1\boldsymbol{\alpha}_1+l_2\boldsymbol{\alpha}_2+\cdots+l_{r-1}\boldsymbol{\alpha}_{r-1}-\boldsymbol{\alpha}_r=\mathbf{0}$$

这就是关系式(2)形式的等式,其中 $k_i=l_i(i=1,2,\cdots,r-1)$ 而 $k_r=-1$,也就是 $k_r\neq 0$.反过来设向量组(1)有关系式(2),而且在它里面,例如 $k_r\neq 0$.那么

$$\boldsymbol{\alpha}_r=\left(-\frac{k_1}{k_r}\right)\boldsymbol{\alpha}_1+\left(-\frac{k_2}{k_r}\right)\boldsymbol{\alpha}_2+\cdots+\left(-\frac{k_{r-1}}{k_r}\right)\boldsymbol{\alpha}_{r-1}$$

这就是向量 $\boldsymbol{\alpha}_r$ 为向量 $\boldsymbol{\alpha}_1,\boldsymbol{\alpha}_2,\cdots,\boldsymbol{\alpha}_{r-1}$ 的线性组合.

例 向量组

$$\boldsymbol{\alpha}_1=(5,2,1),\boldsymbol{\alpha}_2=(-1,3,3),\boldsymbol{\alpha}_3=(9,7,5),\boldsymbol{\alpha}_4=(3,8,7)$$

线性相关，因为在这些向量之间，有关系式

$$4\boldsymbol{\alpha}_1-\boldsymbol{\alpha}_2-3\boldsymbol{\alpha}_3+2\boldsymbol{\alpha}_4=\mathbf{0}$$

存在. 在这一个关系式里面，所有的系数都不等于零. 但在这些向量之间还有其他的线性关系，其中有某些系数等于零，例如

$$2\boldsymbol{\alpha}_1+\boldsymbol{\alpha}_2-\boldsymbol{\alpha}_3=\mathbf{0},3\boldsymbol{\alpha}_2+\boldsymbol{\alpha}_3-2\boldsymbol{\alpha}_4=\mathbf{0}$$

上面所说的第二个线性相关性的定义可以用到 $r=1$ 的情形，也就是对于这样的组，只含有一个向量 $\boldsymbol{\alpha}$：这一组当且仅当 $\boldsymbol{\alpha}=\mathbf{0}$ 时才是线性相关的. 因为如果 $\boldsymbol{\alpha}=\mathbf{0}$，那么例如 $k=1$ 时就得出 $k\boldsymbol{\alpha}=\mathbf{0}$. 反过来，如果 $k\boldsymbol{\alpha}=\mathbf{0}$ 而 $k\neq 0$，那么必定有 $\boldsymbol{\alpha}=\mathbf{0}$.

注意线性相关概念的下面的性质：

如果在向量组(1) 中有一部分向量线性相关，那么向量组(1) 亦必线性相关.

因为如果假设向量组(1) 中的向量 $\boldsymbol{\alpha}_1,\boldsymbol{\alpha}_2,\cdots,\boldsymbol{\alpha}_s$，其中 $s<r$，有关系式

$$k_1\boldsymbol{\alpha}_1+k_2\boldsymbol{\alpha}_2+\cdots+k_s\boldsymbol{\alpha}_s=\mathbf{0}$$

它的系数不全为零. 就得出关系式

$$k_1\boldsymbol{\alpha}_1+k_2\boldsymbol{\alpha}_2+\cdots+k_s\boldsymbol{\alpha}_s+0\cdot\boldsymbol{\alpha}_{s+1}+\cdots+0\cdot\boldsymbol{\alpha}_r=\mathbf{0}$$

这就是说向量组(1) 线性相关.

从这一性质，可知含有两个相等向量的，或一般含两个成比例向量的每一个向量组都是线性相关的. 又每一个含有零向量的向量组亦是线性相关的. 注意，现在所证明的性质可以给出这样的说法：如果向量组(1) 线性无关，那么它的每一个部分的向量组都是线性无关的.

这里发生了这样的问题：n 维向量的线性无关组可以包含多少个向量，特别地，是否存在含有任意多个向量的线性无关组？为了解决这个问题，我们研究 n 维向量空间中的所谓单位向量

$$\begin{cases}\boldsymbol{\varepsilon}_1=(1,0,0,\cdots,0)\\ \boldsymbol{\varepsilon}_2=(0,1,0,\cdots,0)\\ \quad\vdots\\ \boldsymbol{\varepsilon}_n=(0,0,0,\cdots,1)\end{cases}\tag{3}$$

单位向量组是线性无关的：如果

$$k_1\boldsymbol{\varepsilon}_1+k_2\boldsymbol{\varepsilon}_2+\cdots+k_n\boldsymbol{\varepsilon}_n=(k_1,k_2,\cdots,k_n)=\mathbf{0}$$

那么 $k_i=0(i=1,2,\cdots,n)$，因为零向量的各个分量都等于零，而相等向量的对应分量相等.

于是，我们就在 n 维向量空间中找出了由 n 个向量组成的线性无关组. 下面可以看到，在这个空间中，实际上存在着无穷多个不同的这种组.

另外，我们来证明下述定理：

n 维向量空间中任意 s 个向量，当 $s>n$ 时构成一个线性相关组.

事实上，设给出了向量

$$\begin{aligned}\boldsymbol{\alpha}_1&=(a_{11},a_{12},\cdots,a_{1n})\\ \boldsymbol{\alpha}_2&=(a_{21},a_{22},\cdots,a_{2n})\\ &\vdots\\ \boldsymbol{\alpha}_s&=(a_{s1},a_{s2},\cdots,a_{sn})\end{aligned}$$

我们需要选出不全为零的数 $k_1,k_2,\cdots,k_s$，使

$$k_1\boldsymbol{\alpha}_1+k_2\boldsymbol{\alpha}_2+\cdots+k_s\boldsymbol{\alpha}_s=\mathbf{0} \tag{4}$$

把式(4) 化为分量间的对应等式后，我们得到

$$\begin{cases}a_{11}k_1+a_{21}k_2+\cdots+a_{s1}k_s=0\\ a_{12}k_1+a_{22}k_2+\cdots+a_{s2}k_s=0\\ \quad\vdots\\ a_{1n}k_1+a_{2n}k_2+\cdots+a_{sn}k_s=0\end{cases} \tag{5}$$

然而，等式(5) 构成了 s 个未知量 $k_1,k_2,\cdots,k_s$ 的 n 个方程的齐次线性方程组. 这里，方程的个数少于未知量的个数，在 §1 中已经证明，这个方程组有非零解. 这样一来，可以选出不全为零的满足式(4) 要求的数 $k_1,k_2,\cdots,k_s$，定理已经证明了. 我们称线性无关的 n 维向量组

$$\boldsymbol{\alpha}_1,\boldsymbol{\alpha}_2,\cdots,\boldsymbol{\alpha}_r \tag{6}$$

为极大线性无关组，如果在这组里再添加任意 n 维向量 $\boldsymbol{\beta}$ 就得到线性相关的组. 因为在联系向量 $\boldsymbol{\alpha}_1,\boldsymbol{\alpha}_2,\cdots,\boldsymbol{\alpha}_r,\boldsymbol{\beta}$ 的任何线性关系中，$\boldsymbol{\beta}$ 的系数不能为零(否则向量组(6) 就线性相关了)，故向量 $\boldsymbol{\beta}$ 可经向量组(6) 线性表出. 因此，当且仅当向量组(6) 的向量线性无关，而任何 n 维向量 $\boldsymbol{\beta}$ 是它们的线性组合时，向量组(6) 是极大线性无关组.

从上面所得到的结果推出，在 n 维空间中，每一由 n 个向量构成的线性无关组是极大线性无关组，而且这个空间的任何极大线性无关组不能有多于 n 个的向量.

n 维向量的任何线性无关组至少包含在一个极大线性无关组中. 事实上，如果所给向量组不是极大线性无关组，那么可以添加一个向量，使新得到的向量组仍然是线性无关的. 如果这个新向量组也不是极大无关组，那么又可以添加一个向量，依此类推. 然而，这个过程不能无限继续. 因为任何由 $n+1$ 个向量所组成的 n 维向量组都是线性相关的.

因为任何只含一个非零向量的向量组是线性无关的，所以我们知道，任一非零向量含于某一极大线性无关组中，因此，在 n 维向量空间中存在着无穷多个不同的极大线性无关组.

这里产生了这样的问题：在这个空间中是否存在着由少于 n 个向量所构成

的极大线性无关组？或者是否每一极大线性无关组必定含有 n 个向量？回答这一重要问题之前，我们先做下面一些研究.

如果向量 $\boldsymbol{\beta}$ 是向量

$$\boldsymbol{\alpha}_1,\boldsymbol{\alpha}_2,\cdots,\boldsymbol{\alpha}_r \tag{7}$$

的线性组合，那么常常说：$\boldsymbol{\beta}$ 可由向量组(7) 线性表出. 很明显的，如果向量 $\boldsymbol{\beta}$ 可由这一组的某一部分向量线性表出，那么它就可由向量组(7) 线性表出，这只要把向量组中其余向量的系数取作零. 推广这一说法，我们说向量组

$$\boldsymbol{\beta}_1,\boldsymbol{\beta}_2,\cdots,\boldsymbol{\beta}_s \tag{8}$$

可由向量组(7) 线性表出，如果每一个向量 $\boldsymbol{\beta}_i(i=1,2,\cdots,s)$ 都是向量组(7) 的线性组合.

证明这一概念的递推性：如果方程组(8) 可由方程组(7) 线性表出，而向量组

$$\boldsymbol{\gamma}_1,\boldsymbol{\gamma}_2,\cdots,\boldsymbol{\gamma}_t \tag{9}$$

可由向量组(8) 线性表出，那么向量组(9) 可由向量组(7) 线性表出.

事实上

$$\boldsymbol{\gamma}_j=\sum_{i=1}^{s} l_{ji}\boldsymbol{\beta}_i,j=1,2,\cdots,t \tag{10}$$

而 $\boldsymbol{\beta}_i=\sum\limits_{m=1}^{r} k_{im}\boldsymbol{\alpha}_m(i=1,2,\cdots,s)$. 把这些表示式代进式(10) 里面，得出

$$\boldsymbol{\gamma}_j=\sum_{i=1}^{s} l_{ji}\Big(\sum_{m=1}^{r} k_{im}\boldsymbol{\alpha}_m\Big)=\sum_{m=1}^{r}\Big(\sum_{i=1}^{s} l_{ji}k_{im}\Big)\boldsymbol{\alpha}_m$$

这就是说，每一个向量 $\boldsymbol{\gamma}_j(j=1,2,\cdots,t)$ 都是向量组(7) 的线性组合.

两组向量是相抵的，如果每一组都可由另一组线性表出. 从刚才证明的向量组彼此线性表出的递推性，可知向量组相抵的概念也有递推性，这就是下面的论断：如果两组向量相抵，而且某一组向量可由这两组向量中的某一组线性表出，那么它也可由另一组线性表出.

不能认为，如果两组相抵向量中的某一组线性无关，那么另一组也线性无关. 但若这两组向量都线性无关，那么它们里面的向量个数要有一定的关系. 首先证明下面的定理，由于它在以后的作用，并使引用时方便一些，我们把它叫作基本定理.

设在 n 维向量空间中给出了两组向量：

(Ⅰ)$\boldsymbol{\alpha}_1,\boldsymbol{\alpha}_2,\cdots,\boldsymbol{\alpha}_r$.

(Ⅱ)$\boldsymbol{\beta}_1,\boldsymbol{\beta}_2,\cdots,\boldsymbol{\beta}_s$.

第一组线性无关，且可由第二组线性表出. 那么第一组中向量的个数不能大于第二组中向量的个数，也就是 $r\leqslant s$.

事实上，设 $r>s$. 根据已知条件，(Ⅰ) 中每一个向量都可由(Ⅱ) 中向量线

性表出

$$\begin{cases}\boldsymbol{\alpha}_1=a_{11}\boldsymbol{\beta}_1+a_{12}\boldsymbol{\beta}_2+\cdots+a_{1s}\boldsymbol{\beta}_s\\ \boldsymbol{\alpha}_2=a_{21}\boldsymbol{\beta}_1+a_{22}\boldsymbol{\beta}_2+\cdots+a_{2s}\boldsymbol{\beta}_s\\ \quad\vdots\\ \boldsymbol{\alpha}_r=a_{r1}\boldsymbol{\beta}_1+a_{r2}\boldsymbol{\beta}_2+\cdots+a_{rs}\boldsymbol{\beta}_s\end{cases}\tag{11}$$

这些线性表示式的系数构成 r 个 s 维向量

$$\boldsymbol{\gamma}_1=(a_{11},a_{12},\cdots,a_{1s})$$
$$\boldsymbol{\gamma}_2=(a_{21},a_{22},\cdots,a_{2s})$$
$$\vdots$$
$$\boldsymbol{\gamma}_r=(a_{r1},a_{r2},\cdots,a_{rs})$$

因为 $r>s$，所以这些向量是线性相关的，也就是说

$$k_1\boldsymbol{\gamma}_1+k_2\boldsymbol{\gamma}_2+\cdots+k_r\boldsymbol{\gamma}_r=\mathbf{0}$$

它的系数 $k_1,k_2,\cdots,k_r$ 不全等于零. 由此得到分量间的等式

$$\sum_{i=1}^{r}k_ia_{ij}=0,j=1,2,\cdots,s\tag{12}$$

现在来讨论向量组(Ⅰ)的下列线性组合

$$k_1\boldsymbol{\alpha}_1+k_2\boldsymbol{\alpha}_2+\cdots+k_r\boldsymbol{\alpha}_r$$

或者更简单地记为 $\sum_{i=1}^{r}k_i\boldsymbol{\alpha}_i$. 利用式(11)和(12)，我们得到

$$\sum_{i=1}^{r}k_i\boldsymbol{\alpha}_i=\sum_{i=1}^{r}k_i\left(\sum_{j=1}^{s}a_{ij}\boldsymbol{\beta}_j\right)=\sum_{j=1}^{s}\left(\sum_{i=1}^{r}k_ia_{ij}\right)\boldsymbol{\beta}_j=\mathbf{0}$$

但是这和向量组(1)的线性无关性矛盾.

从这里证明的基本定理推得下面的结果：

任何两个相抵的线性无关的向量组含有同样多的向量.

n 维向量的任何两个极大线性无关组显然是相抵的. 因而，它们由同样多的向量组成，但是我们已经知道，存在着由 n 个向量组成的这种组，所以最后得到前面提出的问题的答案：n 维向量空间的极大线性无关组由 n 个向量组成.

从这一结果还可推得下面的论断：

如果在已经给出的线性相关向量组中，给出两个极大线性无关组，也就是这样的部分组，不可能加上我们的向量组中的一个向量后使它仍然线性无关，那么这两个部分组含有相同数目的向量.

事实上，如果在向量组

$$\boldsymbol{\alpha}_1,\boldsymbol{\alpha}_2,\cdots,\boldsymbol{\alpha}_r\tag{13}$$

中，部分组

$$\boldsymbol{\alpha}_1,\boldsymbol{\alpha}_2,\cdots,\boldsymbol{\alpha}_s,s<r\tag{14}$$

是极大线性无关的，那么每一个向量 $\boldsymbol{\alpha}_{s+1},\cdots,\boldsymbol{\alpha}_r$ 都可由部分组(14) 线性表出. 另外，部分组(14) 中任一向量 $\boldsymbol{\alpha}_i$ 可由向量组(13) 线性表出：只要把向量 $\boldsymbol{\alpha}_i$ 本身的系数取为 1，而把其余向量的系数取作零就行. 现在容易看出，向量组(13) 和部分组(14) 相抵，故知向量组(13) 和它的任一极大线性无关部分组相抵. 因此，所有这些部分组彼此相抵. 这就是说，它们既然都是线性无关的，所以都含有相同个数的向量.

在已知向量组中，任何一个极大线性无关部分组中向量的个数叫作这组向量的秩. 应用这个概念我们还要推出基本定理的一个推论.

设已给出两组 n 维向量

$$\boldsymbol{\alpha}_1,\boldsymbol{\alpha}_2,\cdots,\boldsymbol{\alpha}_r \tag{15}$$

和

$$\boldsymbol{\beta}_1,\boldsymbol{\beta}_2,\cdots,\boldsymbol{\beta}_s \tag{16}$$

它们不一定线性无关，而且向量组(15) 的秩等于数 k，向量组(16) 的秩等于数 l. 如果第一组可由第二组线性表出，那么 $k \leqslant l$. 如果这两组相抵，那么 $k = l$.

事实上，设

$$\boldsymbol{\alpha}_{i_1},\boldsymbol{\alpha}_{i_2},\cdots,\boldsymbol{\alpha}_{i_k} \tag{17}$$

和

$$\boldsymbol{\beta}_{j_1},\boldsymbol{\beta}_{j_2},\cdots,\boldsymbol{\beta}_{j_l} \tag{18}$$

各为向量组(15) 和(16) 中的极大线性无关组. 那么向量组(15) 和(17) 彼此相抵，向量组(16) 和(18) 亦彼此相抵. 向量组(15) 可由(16) 线性表示，现在推知向量组(17) 也可由(16) 线性表出，故可由它的相抵(18) 表出，以后只要利用(17) 的线性无关性及基本定理，就可以得出第一个论断的证明. 至于第二个论断的证明可以直接从前一论断推出.

§10　矩阵的秩

如果给出了某个 n 维向量组，自然就产生了它是否线性相关的问题. 不要以为在每一个具体情形中这个问题都是容易解决的：从表面上看来，对于向量组

$$\boldsymbol{\alpha}=(2,-5,1,-1),\boldsymbol{\beta}=(1,3,6,5),\boldsymbol{\gamma}=(-1,4,1,2)$$

很难断定它的线性相关性，虽然实际上这些向量适合关系式

$$7\boldsymbol{\alpha}-3\boldsymbol{\beta}+11\boldsymbol{\gamma}=\mathbf{0}$$

§1 给出了一个解决这个问题的方法，因为我们已经知道所给向量的分量，那么把所求线性关系的系数看作未知量，我们就得到齐次线性方程组，且会

用高斯法去解它.在本节要指出研究这个问题的另一途径,同时还能更接近我们的主要目的 —— 解任何一个线性方程组.

设已给出 s 行 n 列矩阵

$$\boldsymbol{A}=\begin{pmatrix} a_{11} & a_{12} & \cdots & a_{1n} \\ a_{21} & a_{22} & \cdots & a_{2n} \\ \vdots & \vdots & & \vdots \\ a_{s1} & a_{s2} & \cdots & a_{sn} \end{pmatrix}$$

其中 s 和 n 两个数彼此无关.这个矩阵中的列都可以看作 s 维向量,一般说,它们可能是线性相关的.这组列的秩,也就是矩阵 $\boldsymbol{A}$ 的极大线性无关列的列数(更准确地说,是这组列的任何一个极大线性无关部分组中列的个数),叫作这一个矩阵的秩.

自然,矩阵 $\boldsymbol{A}$ 的各行也同样可以看作是 n 维向量.事实上,矩阵中这组行的秩正好等于它的列的秩,也就是等于矩阵的秩.对于这个意外的论断将在以后来证明,这里我们还要指出矩阵秩的定义的另一说法,同时给出它的一个实际计算方法.

首先推广子式概念到长方形的矩阵上.在矩阵 $\boldsymbol{A}$ 中任意取 k 个行和 k 个列,$k \leqslant \min\{s,n\}$.位于这些行列相交处的元素构成一个 k 阶方阵,它的行列式叫作矩阵 $\boldsymbol{A}$ 的 k 阶子式.还有,我们所关心的是矩阵 $\boldsymbol{A}$ 的那些不为零的子式的阶数,特别是这些阶数的最大值.对此下面的注解很值得注意:如果矩阵 $\boldsymbol{A}$ 的所有 k 阶子式都等于零,那么它的所有更高阶的子式也都等于零.事实上,用拉普拉斯定理,对于任意 k 行展开每一个 $k+j$ 阶子式,$k<k+j\leqslant \min\{s,n\}$,我们把它表示为 k 阶子式的线性组合,这就证明了它必定要等于零.

现在来证明关于矩阵的秩的下列定理:

矩阵 $\boldsymbol{A}$ 中不为零的子式的阶数最大值,等于这个矩阵的秩.

设矩阵 $\boldsymbol{A}$ 中不为零的子式的阶数的最大值等于 r.不失证明的一般性,可以假设位于矩阵左上角的 r 阶子式不为零,$D\neq 0$.

$$\boldsymbol{A}=\begin{pmatrix} \boxed{\begin{matrix} a_{11} & \cdots & a_{1r} \\ \vdots & D & \vdots \\ a_{r1} & \cdots & a_{rr} \end{matrix}} & \begin{matrix} a_{1,r+1} & \cdots & a_{1n} \\ \vdots & & \vdots \\ a_{r,r+1} & \cdots & a_{rn} \end{matrix} \\ \begin{matrix} a_{r+1,1} & \cdots & a_{r+1,r} \\ \vdots & & \vdots \\ a_{s1} & \cdots & a_{sr} \end{matrix} & \begin{matrix} a_{r+1,r+1} & \cdots & a_{r+1,n} \\ \vdots & & \vdots \\ a_{s,r+1} & \cdots & a_{sn} \end{matrix} \end{pmatrix}$$

那么矩阵 $\boldsymbol{A}$ 的前 r 个列线性无关:因为如果在它们之间有线性相关性,那么在子式 D 中某一列为其他诸列的线性组合,从这一列中减去这个线性组合后,它的元素就全化为零,因此 D 就要等于零.

现在证明矩阵 $\boldsymbol{A}$ 的每一个第 l 列 $(r < l \leqslant n)$ 都是前 r 个列的线性组合. 取任何一个 $i(1 \leqslant i \leqslant s)$，组成 $r+1$ 阶辅助行列式

$$\Delta_i = \begin{vmatrix} a_{11} & \cdots & a_{1r} & a_{1l} \\ \vdots & & \vdots & \vdots \\ a_{r1} & \cdots & a_{rr} & a_{rl} \\ a_{i1} & \cdots & a_{ir} & a_{il} \end{vmatrix}$$

它是从子式 D 加上第 i 行和第 l 列的元素所得出的“加边”行列式. 对于任何一个 i，行列式 Δi 都等于零. 因为如果 $i > r$，那么 Δ_i 为矩阵 $\boldsymbol{A}$ 的一个 $r+1$ 阶子式，由数 r 的选法知道 Δ_i 等于零. 如果 $i \leqslant r$，那么 Δ_i 不是矩阵 $\boldsymbol{A}$ 的子式，因为它不能从矩阵 $\boldsymbol{A}$ 中划去某些行列来得出；但是现在行列式 Δ_i 含有两个相同的行，所以仍等于零.

讨论行列式 Δ_i 最后一行的元素的代数余子式. 明显地，子式 D 是元素 a_{il} 的代数余子式. 如果 $1 \leqslant j \leqslant r$，那么 Δ_i 中元素 a_{ij} 的代数余子式是数

$$A_j = (-1)^{(r+1)+j} \begin{vmatrix} a_{11} & \cdots & a_{1,j-1} & a_{1,j+1} & \cdots & a_{1r} & a_{1l} \\ \vdots & & \vdots & \vdots & \vdots & & \vdots \\ a_{r1} & \cdots & a_{r,j-1} & a_{r,j+1} & \cdots & a_{rr} & a_{rl} \end{vmatrix}$$

它同 i 无关，故可用 A_j 来记它. 这样一来，把行列式 Δ_i 对它的最后一行展开，而且因为 $\Delta_i = 0$，这个展开式等于零. 我们得出

$$a_{i1}A_1 + a_{i2}A_2 + \cdots + a_{ir}A_r + a_{il}D = 0$$

故由 $D \neq 0$，得出

$$a_{il} = -\frac{A_1}{D}a_{i1} - \frac{A_2}{D}a_{i2} - \cdots - \frac{A_r}{D}a_{ir}$$

这个等式对于所有 $i(i=1,2,\cdots,s)$ 都成立，因为它的系数和 i 无关，因此，我们知道矩阵 $\boldsymbol{A}$ 的所有第 l 列都是它的前 r 列各取系数 $-\frac{A_1}{D}, -\frac{A_2}{D}, \cdots, -\frac{A_r}{D}$ 的总和.

这样一来，在矩阵 $\boldsymbol{A}$ 的列里面已经得到一组由 r 列构成的极大线性无关组. 这就证明了矩阵 $\boldsymbol{A}$ 的秩等于 r，即证明了关于秩的定理.

这一定理给出了实际计算矩阵的秩的方法，所以解决了关于已给向量组是否有线性相关性的问题：可用所给出的向量作列组成矩阵，算出这一个矩阵的秩，我们就得出这一组向量的极大线性无关组中所含的向量个数.

从秩的定理来求出矩阵的秩的方法，虽然只要计算这一个矩阵的有限个子式，但常是一个很大的数目. 下面的注解可以简化这一方法的计算手续. 如果读者再看一遍关于秩的定理的证明，就会注意到我们并没有用到矩阵 $\boldsymbol{A}$ 中所有 $r+1$ 阶子式都等于零这一事实——实际上只用到那些不为零的 r 阶子式 D 的

$r+1$ 阶加边子式(也就是完全含有 D 的子式)，所以只从这些子式等于零就推知矩阵 $\boldsymbol{A}$ 的列的极大线性无关组所含列数等于 r. 此后就得出这一矩阵的所有 $r+1$ 阶子式都等于零的结果. 我们得到下面的矩阵的秩的计算规则：

计算矩阵的秩要从低阶子式转到高阶子式. 如果已经求得一个 k 阶子式 D 不为零，那么只要计算 D 的 $k+1$ 阶加边子式：如果所有这些子式都等于零，那么矩阵的秩等于 k.

例 1　求下面的矩阵的秩

$$\boldsymbol{A}=\begin{pmatrix}2&-4&3&1&0\\1&-2&1&-4&2\\0&1&-1&3&1\\4&-7&4&-4&5\end{pmatrix}$$

位于这个矩阵左上角的二阶子式等于零. 但在矩阵中，含有不为零的二阶子式，例如

$$d=\begin{vmatrix}-4&3\\-2&1\end{vmatrix}\neq 0$$

子式 d 的三阶加边子式

$$d'=\begin{vmatrix}2&-4&3\\1&-2&1\\0&1&-1\end{vmatrix}$$

不为零，$d'=1$，但是 d' 的两个四阶加边子式都等于零

$$\begin{vmatrix}2&-4&3&1\\1&-2&1&-4\\0&1&-1&3\\4&-7&4&-4\end{vmatrix}=0,\quad\begin{vmatrix}2&-4&3&0\\1&-2&1&2\\0&1&-1&1\\4&-7&4&5\end{vmatrix}=0$$

这样一来，矩阵 $\boldsymbol{A}$ 的秩等于 3.

例 2　求出下面的向量组的极大线性无关组

$$\boldsymbol{\alpha}_1=(2,-2,-4)^{\mathrm{T}},\boldsymbol{\alpha}_2=(1,9,3)^{\mathrm{T}}$$
$$\boldsymbol{\alpha}_3=(-2,-4,1)^{\mathrm{T}},\boldsymbol{\alpha}_4=(3,7,-1)^{\mathrm{T}}$$

用所给出的向量作列建立矩阵

$$\begin{pmatrix}2&1&-2&3\\-2&9&-4&7\\-4&3&1&-1\end{pmatrix}$$

这一个矩阵的秩等于 2：位于左上角的二阶子式不为零，而它的两个三阶加边子式都等于 0. 故知向量 $\boldsymbol{\alpha}_1,\boldsymbol{\alpha}_2$ 是所给向量组中的极大线性无关组.

作为关于矩阵的秩的定理的推论，我们来证明前面已经提出的论断：

每一个矩阵的极大线性无关行的行数都等于它的极大线性无关列的列数，也就是等于这一个矩阵的秩.

为了证明这一定理我们要转置矩阵，也就是将它的行列互易而不改变它们的序数. 转置后，矩阵的不为零的子式的最大阶数并没有改变，因为转置不能改变行列式的值，而把原矩阵中每一个子式转置后都含在新矩阵里面，反过来也是一样. 故知新矩阵的秩等于原矩阵的秩；同时等于新矩阵的极大线性无关列的列数，就是原矩阵的极大线性无关行的行数.

例 3 在 §8 中我们已经引进了 n 个未知量的线性型的概念，而且确定了线性型的加法和它与数的乘法. 从这个定义知道所有线性相关性的概念和它的一切性质，都可以转移到线性型上面去.

设给出一组线性型

$$\begin{aligned} f_1 &= x_1 + 2x_2 + x_3 + 3x_4 \\ f_2 &= 4x_1 - x_2 - 5x_3 - 6x_4 \\ f_3 &= x_1 - 3x_2 - 4x_3 - 7x_4 \\ f_4 &= 2x_1 + x_2 - x_3 \end{aligned}$$

算出它的极大线性无关组.

用这些型的系数建立矩阵

$$\begin{pmatrix} 1 & 2 & 1 & 3 \\ 4 & -1 & -5 & -6 \\ 1 & -3 & -4 & -7 \\ 2 & 1 & -1 & 0 \end{pmatrix}$$

且求出它的秩. 位于左上角的二阶子式不为零，而很容易得知它的所有四个三阶加边子式全等于零. 故知矩阵的前两行线性无关，而第三行和第四行是它们的线性组合. 因此，f_1，f_2 即为所求的极大线性无关组.

我们还要指出关于矩阵的秩的定理的一个重要推论.

n 阶行列式等于零的充分必要条件是在它的这些行间存在线性相关性.

论断的充分性已在 §4 中证明(性质 8). 现在假设所给出的 n 阶行列式等于零，换句话说，给出一个 n 阶方阵，它的唯一的最大阶子式等于零. 故知这一个矩阵中不为零的子式的最大阶数小于 n，也就是它的秩小于 n，故由上面的推论，这个矩阵的行是线性相关的.

很明显，在刚才的推论的说法里面，可代行以行列式的列.

对于矩阵的秩的计算，还有一个和关于矩阵秩的定理无关且不需要计算行列式的方法存在. 但是这只用于这样的情形，如果我们只要知道它的秩而并不需要知道哪些列(或行) 构成它的极大线性无关组. 现在来说明这一方法.

矩阵 $\boldsymbol{A}$ 的初等变换是指这一矩阵的下面的变换：

(1) 互易两行或两列的位置.

(2) 用任何一个不为零的数来乘任何一个行(或列).

(3) 对某一行(或列) 加以其他行(或列) 和某一个数的乘积.

易知初等变换不改变矩阵的秩.事实上,如果应用这些变换,例如将其用到矩阵的列上,那么把这些列看作向量组,就得出一个相抵的向量组.我们只要对变换(3) 来证明,因为对于变换(1) 和(2) 都是很明显的.设在第 i 列上加上数 k 和第 j 列的乘积.如果在变换前矩阵的列为向量

$$\boldsymbol{\alpha}_1,\cdots,\boldsymbol{\alpha}_i,\cdots,\boldsymbol{\alpha}_j,\cdots,\boldsymbol{\alpha}_n \tag{1}$$

那么在变换后,矩阵的列为向量

$$\boldsymbol{\alpha}_1,\cdots,\boldsymbol{\alpha}_i'=\boldsymbol{\alpha}_i+k\boldsymbol{\alpha}_j,\cdots,\boldsymbol{\alpha}_j,\cdots,\boldsymbol{\alpha}_n \tag{2}$$

向量组(2) 经向量组(1) 线性表出,而等式

$$\boldsymbol{\alpha}_i=\boldsymbol{\alpha}_i'-k\boldsymbol{\alpha}_j$$

证明向量组(1) 亦可经向量组(2) 线性表出.故这两组是相抵的,因此,它们的极大线性无关组中所含的向量个数是相同的.

这样一来,在计算矩阵的秩的时候,可以利用这些初等变换的某一组合来先行化简.

我们说 s 行 n 列矩阵有对角型,如果除了元素 $a_{11},a_{22},\cdots,a_{rr}$(其中 $0\leqslant r\leqslant \min\{s,n\}$) 等于单位数,所有其他元素都等于零.这一个矩阵的秩显然等于 r.

每一个矩阵可经初等变换化到对角型上去.

事实上,设已给出矩阵

$$\boldsymbol{A}=\begin{pmatrix} a_{11} & \cdots & a_{1n} \\ \vdots & & \vdots \\ a_{s1} & \cdots & a_{sn} \end{pmatrix}$$

如果它的所有元素都等于零,那么它已经成为对角型.如果有一个元素不等于零,那么互易行和互易列后可以使元素 a_{11} 不为零.再用 a_{11}^{-1} 来乘第一行,我们化元素 a_{11} 为单位数.如果我们从第 j 列($j>1$),减去第一列和 a_{1j} 的乘积,那么元素 a_{1j} 变为零.从第二列起,施行这一变换到所有的列上,同样对行来做,我们化原矩阵为下面的形式

$$\boldsymbol{A}'=\begin{pmatrix} 1 & 0 & \cdots & 0 \\ 0 & a_{22}' & \cdots & a_{2n}' \\ \vdots & \vdots & & \vdots \\ 0 & a_{s2}' & \cdots & a_{sn}' \end{pmatrix}$$

对右下角的矩阵施行同样的变换,继续这样做下去,在有限次之后,我们得出一个对角型矩阵.它的秩和原矩阵 $\boldsymbol{A}$ 的秩相同.

这样一来,为了求出矩阵的秩,可以用初等变换把这个矩阵化为对角型,而

后计算含于最后的对角型中的单位数的个数.

例 4 求出下面的矩阵的秩

$$A=\begin{pmatrix}0 & 2 & -4\\ -1 & -4 & 5\\ 3 & 1 & 7\\ 0 & 5 & -10\\ 2 & 3 & 0\end{pmatrix}$$

互易这个矩阵的第一列和第二列,而后用数$\frac{1}{2}$来乘第一行,我们得出矩阵

$$\begin{pmatrix}1 & 0 & -2\\ -4 & -1 & 5\\ 1 & 3 & 7\\ 5 & 0 & -10\\ 3 & 2 & 0\end{pmatrix}$$

用第一列的两倍加到第三列上,而后用新的第一行的适当倍数加到其余各行上,我们得出矩阵

$$\begin{pmatrix}1 & 0 & 0\\ 0 & -1 & -3\\ 0 & 3 & 9\\ 0 & 0 & 0\\ 0 & 2 & 6\end{pmatrix}$$

最后,用 -1 来乘第二行,从第三列减去第二列的三倍,而后用新的第二行的适当倍数加到第三和第五行上,我们得出所求的对角型

$$\begin{pmatrix}1 & 0 & 0\\ 0 & 1 & 0\\ 0 & 0 & 0\\ 0 & 0 & 0\\ 0 & 0 & 0\end{pmatrix}$$

这样一来,矩阵 A 的秩等于 2.

在第十三章,我们将再次遇到初等变换和矩阵的对角型,但是那些矩阵的元素将不是数而是多项式.

§11 线性方程组

我们转到任意线性方程组的研究,并不假设这一组方程的个数等于未知量的个数.而且我们的结果可以应用到这样的情形(在 §7 中所没有讨论过的):虽然方程的个数等于未知量的个数,但是它的行列式却等于零.

设已给出线性方程组

$$\begin{cases} a_{11}x_1 + a_{12}x_2 + \cdots + a_{1n}x_n = b_1 \\ a_{21}x_1 + a_{22}x_2 + \cdots + a_{2n}x_n = b_2 \\ \qquad \vdots \\ a_{s1}x_1 + a_{s2}x_2 + \cdots + a_{sn}x_n = b_s \end{cases} \tag{1}$$

在 §1 中我们已经知道，首先需要解决关于这一组方程的相容性问题. 为了这一目的，取它的系数矩阵 $\boldsymbol{A}$，和在 $\boldsymbol{A}$ 中加上一列常数项所得出的“增广”矩阵 $\bar{\boldsymbol{A}}$

$$\boldsymbol{A} = \begin{pmatrix} a_{11} & a_{12} & \cdots & a_{1n} \\ a_{21} & a_{22} & \cdots & a_{2n} \\ \vdots & \vdots & & \vdots \\ a_{s1} & a_{s2} & \cdots & a_{sn} \end{pmatrix}, \bar{\boldsymbol{A}} = \begin{pmatrix} a_{11} & a_{12} & \cdots & a_{1n} & b_1 \\ a_{21} & a_{22} & \cdots & a_{2n} & b_2 \\ \vdots & \vdots & & \vdots & \vdots \\ a_{s1} & a_{s2} & \cdots & a_{sn} & b_s \end{pmatrix}$$

而且计算出这些矩阵的秩. 易知矩阵 $\bar{\boldsymbol{A}}$ 的秩或等于矩阵 $\boldsymbol{A}$ 的秩，或者比后者大一的秩. 事实上，取矩阵 $\boldsymbol{A}$ 的列的某一个极大线性无关组. 它亦是矩阵 $\bar{\boldsymbol{A}}$ 里面的线性无关组. 如果它保持极大的性质，也就是常数项列可经它们线性表出，那么矩阵 $\boldsymbol{A}$ 和 $\bar{\boldsymbol{A}}$ 的秩相等；在相反的情形，合并这一组列和常数项列，我们得出矩阵 $\bar{\boldsymbol{A}}$ 的列的线性无关组，很明显它是极大的.

下面的定理完全解决了关于线性方程组的相容性问题.

克罗内克－卡佩利定理　线性方程组(1) 当且仅当它的增广矩阵 $\bar{\boldsymbol{A}}$ 的秩等于矩阵 $\boldsymbol{A}$ 的秩时，才能相容.

证明　(1) 设方程组(1) 相容且设 $k_1, k_2, \cdots, k_n$ 是它的一个解. 用这些数来代替方程组(1) 中那些未知量，我们得出 s 个恒等式，它们证明矩阵 $\bar{\boldsymbol{A}}$ 的最后一列是其余各列分别取系数 $k_1, k_2, \cdots, k_n$ 的和，矩阵 $\bar{\boldsymbol{A}}$ 的其余各列都在矩阵 $\boldsymbol{A}$ 中，因而可经矩阵 $\boldsymbol{A}$ 的各列线性表出. 反过来，矩阵 $\boldsymbol{A}$ 和 $\bar{\boldsymbol{A}}$ 的列彼此相抵，所以由 §9 末的证明知道这两组 s 维向量的秩相同；换句话说，矩阵 $\boldsymbol{A}$ 和 $\bar{\boldsymbol{A}}$ 的秩相等.

(2) 现在设已给出的矩阵 $\boldsymbol{A}$ 和 $\bar{\boldsymbol{A}}$ 有相同的秩. 那么矩阵 $\boldsymbol{A}$ 的列的任何一个极大线性无关组都是矩阵 $\bar{\boldsymbol{A}}$ 的极大线性无关组. 这样一来，矩阵 $\bar{\boldsymbol{A}}$ 的最后一列可以经这些极大线性无关组线性表出，因此可以经矩阵 $\boldsymbol{A}$ 的那些列线性表出. 故有一组系数 $k_1, k_2, \cdots, k_n$ 存在，使得矩阵 $\boldsymbol{A}$ 的列取这些系数的和等于常数项组成的列，因此数 $k_1, k_2, \cdots, k_n$ 为方程组(1) 的解. 这样一来，从矩阵 $\boldsymbol{A}$ 和 $\bar{\boldsymbol{A}}$ 的秩的一致性推知方程组(1) 的相容性.

定理已经完全证明. 当它用到具体的实例时，必须首先计算矩阵 $\boldsymbol{A}$ 的秩，为此要求出这个矩阵的一个不为零的子式，使它的所有加边子式都等于零，设这个子式为 M. 此后要计算矩阵 $\bar{\boldsymbol{A}}$ 的所有不在 $\boldsymbol{A}$ 中的 M 的加边子式(亦称为方程组(1) 的特征行列式). 如果它们都等于零，那么矩阵 $\bar{\boldsymbol{A}}$ 的秩等于矩阵 $\boldsymbol{A}$ 的秩而与方程组(1) 相容，相反的，方程组(1) 是不相容的. 这样一来，克罗内克－卡佩利定理可以有这样的说法：线性方程组(1) 当且仅当其特征行列式全等于零时，才能相容.

现在假设，方程组(1) 相容. 根据用来得出这组相容性的克罗内克 — 卡佩利定理，可断定有解存在；但是它没有给出具体找出这一组所有解的方法. 现在我们就来讲这个问题.

设矩阵 $\mathbf{A}$ 的秩为 r. 在上节中已经证明矩阵 $\mathbf{A}$ 中极大线性无关行的行数等于 r. 为了方便起见，设矩阵 $\mathbf{A}$ 的前 r 行线性无关，而其余那些行都是它们的线性组合，那么矩阵 $\overline{\mathbf{A}}$ 的前 r 行也线性无关：因为从它们的线性相关性将要得出矩阵 $\mathbf{A}$ 的前 r 行的线性相关性(回忆一下向量的加法定义). 再从矩阵 $\mathbf{A}$ 和 $\overline{\mathbf{A}}$ 的等秩性，知矩阵 $\overline{\mathbf{A}}$ 的前 r 行构成它的一个极大线性无关组，也就是这个矩阵的每一个行都是它们的线性组合.

因此，方程组(1) 的每一个方程都可表示为前 r 个方程和某些系数的和，所以前 r 个方程的任何一个公共解都适合方程组(1) 的所有方程. 所以只要求出下面这个方程组的所有解

$$\begin{cases}a_{11}x_1+a_{12}x_2+\cdots+a_{1n}x_n=b_1\\a_{21}x_1+a_{22}x_2+\cdots+a_{2n}x_n=b_2\\\quad\vdots\\a_{r1}x_1+a_{r2}x_2+\cdots+a_{rn}x_n=b_r\end{cases}\tag{2}$$

因为方程组(2) 中方程的未知量的系数所组成的行是线性无关的，也就是它的系数矩阵的秩为 r，所以 $r\leqslant n$，而且这一个矩阵中至少有一个 r 阶子式不等于零. 如果 $r=n$，那么方程组(2) 是一组方程个数等于未知量个数的线性方程组，而且它的行列式不等于零，这就是说，方程组(2)(从而方程组(1)) 只有唯一解，就是用克莱姆法则所计算出来的解.

现在设 $r<n$，且为确定起见，可设由前 r 个未知量的系数所组成的 r 阶子式不为零. 把方程组(2) 中所有含未知量 $x_{r+1},\cdots,x_n$ 的项都移到右边去，且选取某些数 $c_{r+1},\cdots,c_n$ 为这些未知量的值. 我们得出对于 r 个未知量 $x_1,x_2,\cdots,x_r$ 的 r 个方程

$$\begin{cases}a_{11}x_1+a_{12}x_2+\cdots+a_{1r}x_r=b_1-a_{1,r+1}c_{r+1}-\cdots-a_{1n}c_n\\a_{21}x_1+a_{22}x_2+\cdots+a_{2r}x_r=b_2-a_{2,r+1}c_{r+1}-\cdots-a_{2n}c_n\\\quad\vdots\\a_{r1}x_1+a_{r2}x_2+\cdots+a_{rr}x_r=b_r-a_{r,r+1}c_{r+1}-\cdots-a_{rn}c_n\end{cases}\tag{3}$$

对这一方程组用克莱姆法则，就得出唯一解 $c_1,c_2,\cdots,c_r$. 很明显，$c_1,c_2,\cdots,c_r$，$c_{r+1},\cdots,c_n$ 这一组可以为方程组(2) 的解. 因为未知量 $x_{r+1},\cdots,x_n$ 有时叫作独立未知量，所取的数值 $c_{r+1},\cdots,c_n$ 是任意选取的，所以从这一方法可得方程组(2) 的无穷多个不同的解.

另外,方程组(2) 的每一个解都可以用这一方法得出:如果给出了方程组(2) 的某一个解 $c_1,c_2,\cdots,c_n$,那么可以取 $c_{r+1},\cdots,c_n$ 作为独立未知量的值. 这里数 $c_1,c_2,\cdots,c_r$ 要满足方程组(3),所以构成这一组的由克莱姆法则得出的唯一解.

合并上面所说的结果,得下面的解任意线性方程组的规则.

设已给出相容线性方程组(1) 且设它的系数矩阵 $\boldsymbol{A}$ 的秩为 r. 在 $\boldsymbol{A}$ 中选取 r 个线性无关行,且在方程组(1) 中只取系数在选定的行里面的那些方程. 在这些方程中,左边只放这样的 r 个未知量,使它们的系数行列式不为零,而把其余的独立的未知量都移到右边去. 给独立未知量以任意的数值且用克莱姆法则算出其余那些未知量的值,我们就得出方程组(1) 的所有解.

我们还要重述一下下面的结果:

方程组(1) 当且仅当矩阵 $\boldsymbol{A}$ 的秩等于未知量的个数时,才只有唯一的解.

例 1　解方程组

$$\begin{cases}5x_1-x_2+2x_3+x_4=7\\2x_1+x_2+4x_3-2x_4=1\\x_1-3x_2-6x_3+5x_4=0\end{cases}$$

它的系数矩阵的秩等于 2:位于这一个矩阵左上角的二阶子式不为零,而它的两个三阶加边子式都等于零,因为

$$\begin{vmatrix}5&-1&7\\2&1&1\\1&-3&0\end{vmatrix}=-35\neq 0$$

知道它的增广矩阵的秩等于 3,所以这组方程是矛盾的.

例 2　解方程组

$$\begin{cases}7x_1+3x_2=2\\x_1-2x_2=-3\\4x_1+9x_2=11\end{cases}$$

它的系数矩阵的秩等于 2,也就是等于未知量的个数,同时它的增广矩阵的秩亦等于 2. 这样一来,方程组是相容的且只有唯一解. 前两个方程的左边线性无关,解这两个方程,我们得出未知量的值

$$x_1=-\frac{5}{17},x_2=\frac{23}{17}$$

易知这个解适合第三个方程.

例 3　解方程组

$$\begin{cases}x_1+x_2-2x_3-x_4+x_5=1\\3x_1-x_2+x_3+4x_4+3x_5=4\\x_1+5x_2-9x_3-8x_4+x_5=0\end{cases}$$

这组方程是相容的，因为增广矩阵的秩和系数矩阵的秩都等于 2. 第一个方程和第三个方程的左边线性无关，因为未知量 x_1 和 x_2 的系数所构成的二阶子式不为零. 解这两个方程的方程组，用 x_3, x_4, x_5 作独立未知量，移到方程的右边去，而且假设它们已经取定某些数值. 用克莱姆法则，我们得出

$$x_1 = \frac{5}{4} + \frac{1}{4}x_3 - \frac{3}{4}x_4 - x_5$$

$$x_2 = -\frac{1}{4} + \frac{7}{4}x_3 + \frac{7}{4}x_4$$

这些等式确定所给出的方程组的一般解：给独立未知量以任意一组数值，我们就得到这个方程组的所有解. 例如向量$(2,5,3,0,0)$，$(3,5,2,1,-2)$，$\left(0,-\frac{1}{4},-1,1,\frac{1}{4}\right)$ 等都是这个方程组的解. 另外，将 x_1 和 x_2 的一般解代到方程组的任何一个方程，例如代到以前略去没有用的第二个方程中，我们得出一个恒等式.

例 4　解方程组

$$\begin{cases}4x_1 + x_2 - 2x_3 + x_4 = 3 \\ x_1 - 2x_2 - x_3 + 2x_4 = 2 \\ 2x_1 + 5x_2 - x_4 = -1 \\ 3x_1 + 3x_2 - x_3 - 3x_4 = 1\end{cases}$$

虽然方程的个数等于未知量的个数，但是它的行列式等于零，所以不能直接应用克莱姆法则. 系数矩阵的秩等于 3，而在这一个矩阵中位于右上角的三阶子式不为零. 增广矩阵的秩亦等于 3，所以方程组相容. 只讨论前三个方程而且用 x_1 作独立未知量，我们得出一般解

$$x_2 = -\frac{1}{5} - \frac{2}{5}x_1, x_3 = -\frac{8}{5} + \frac{9}{5}x_1, x_4 = 0$$

例 5　设已给出的方程组是由有 n 个未知量的 $n+1$ 个线性方程所构成的. 这一组的增广矩阵 $\bar{\mathbf{A}}$ 是一个 $n+1$ 阶矩阵. 如果它是一个相容的方程组，那么由克罗内克－卡佩利定理，矩阵 $\bar{\mathbf{A}}$ 的行列式必须等于零.

如设已给方程组为

$$\begin{cases}x_1 - 8x_2 = 3 \\ 2x_1 + x_2 = 1 \\ 4x_1 + 7x_2 = -4\end{cases}$$

这一方程组的系数和常数项所组成的行列式不为零

$$\begin{vmatrix}1 & -8 & 3 \\ 2 & 1 & 1 \\ 4 & 7 & -4\end{vmatrix} = -77$$

所以这组方程是矛盾的.

它的逆定理一般说来是不真的:由矩阵 $\bar{\boldsymbol{A}}$ 的行列式等于零不能推知矩阵 $\boldsymbol{A}$ 和 $\bar{\boldsymbol{A}}$ 等秩.

§12 齐次线性方程组

应用上节的结果到齐次线性方程组

$$\begin{cases} a_{11}x_1+a_{12}x_2+\cdots+a_{1n}x_n=0\\ a_{21}x_1+a_{22}x_2+\cdots+a_{2n}x_n=0\\ \quad\vdots\\ a_{s1}x_1+a_{s2}x_2+\cdots+a_{sn}x_n=0 \end{cases} \tag{1}$$

由克罗内克一卡佩利定理推知这个方程组是永远相容的.因为附加上一个元素全为零的列不能升高矩阵的秩,而且很明显的直接推知方程组(1)有零解 $(0,0,\cdots,0)$.

设方程组(1)的系数矩阵 $\boldsymbol{A}$ 有秩 r.如果 $r=n$,那么零解是方程组(1)的唯一解;当 $r<n$ 时,方程组(1)还有非零解,而所有这些解可用对于任意方程组所用的同样方法来求出.特别是有 n 个未知量 n 个方程的齐次线性方程组,当且仅当它的系数行列式等于零时,才有非零解①.事实上,这个行列式等于零相当于说矩阵 $\boldsymbol{A}$ 的秩小于 n.另外,如果在齐次线性方程组中,方程的个数小于未知量的个数,那么这一组一定有非零解,因为在这一情形下,矩阵的秩不能等于未知量的个数.

特别地,讨论有 n 个未知量 $n-1$ 个方程的齐次线性方程组,且设这些方程的左边是线性无关的.设

$$\boldsymbol{A}=\begin{pmatrix} a_{11} & a_{12} & \cdots & a_{1n}\\ a_{21} & a_{22} & \cdots & a_{2n}\\ \vdots & \vdots & & \vdots\\ a_{n-1,1} & a_{n-1,2} & \cdots & a_{n-1,n} \end{pmatrix}$$

为这一组方程的系数矩阵;用 M_i 来记在矩阵 $\boldsymbol{A}$ 中划去第 i 列 $(i=1,2,\cdots,n)$,所得出的 $n-1$ 阶子式.那么方程组的一个解是下面的一组数

$$M_1,-M_2,M_3,-M_4,\cdots,(-1)^{n-1}M_n \tag{2}$$

而每一个其他解都同它成比例.

① 在§7中已经证明了这个论断的一半.

因为从已经给出的条件,知矩阵$\boldsymbol{A}$的秩等于$n-1$,所以至少有一个子式M_i不等于零,假设它是M_n. 在我们的方程组中,取x_n作独立未知量,且在每一个方程中把它移到右边去,我们得出

$$
\begin{gathered}
a_{11}x_1+a_{12}x_2+\cdots+a_{1,n-1}x_{n-1}=-a_{1n}x_n\\
a_{21}x_1+a_{22}x_2+\cdots+a_{2,n-1}x_{n-1}=-a_{2n}x_n\\
\vdots\\
a_{n-1,1}x_1+a_{n-1,2}x_2+\cdots+a_{n-1,n-1}x_{n-1}=-a_{n-1,n}x_n
\end{gathered}
$$

然后用克莱姆法则,我们得出所给出的方程组的一般解,稍经变换就知道它的形式是

$$x_i=(-1)^{n-i}\frac{M_i}{M_n}x_n,i=1,2,\cdots,n-1 \tag{3}$$

取$x_n=(-1)^{n-1}M_n$,得出:$x_i=(-1)^{2n-i-1}M_i(i=1,2,\cdots,n-1)$,又由差$(2n-i-1)-(i-1)=2n-2i$是一个偶数,得$x_i=(-1)^{i-1}M_i$,即(2)这一组数确实是我们方程组的解. 这组方程的任何其他解都可以由式(3)给未知量x_n以其他数值来得出,所以它和(2)成比例. 在$M_n=0$,而至少有一个子式$M_i(1\leqslant i\leqslant n-1)$不为零这一情形,很明显的我们所讨论的论断仍旧是正确的.

齐次线性方程组的解有下面的性质. 如果向量$\boldsymbol{\beta}=(b_1,b_2,\cdots,b_n)$是方程组(1)的解,那么对于任何一个数$k$,向量$k\boldsymbol{\beta}=(kb_1,kb_2,\cdots,kb_n)$亦是这一组的解,只要直接代进方程组(1)里面的任何一个方程就能验知这是正确的. 还有,如果向量$\boldsymbol{\gamma}=(c_1,c_2,\cdots,c_n)$亦为方程组(1)的一个解,那么这一组有解

$$\boldsymbol{\beta}+\boldsymbol{\gamma}=(b_1+c_1,b_2+c_2,\cdots,b_n+c_n)$$

$$\sum_{j=1}^{n}a_{ij}(b_j+c_j)=\sum_{j=1}^{n}a_{ij}b_j+\sum_{j=1}^{n}a_{ij}c_j=0,i=1,2,\cdots,s$$

所以一般的说,齐次方程组(1)的解的每一个线性组合都是这一组的解. 注意,对于非齐次方程组,也就是常数项不全为零的线性方程组,不能有对应的论断:非齐次线性方程组的两个解的和,这一组解和不为1的数的乘积,都不再是这一组的解.

在§9中我们知道,每一个含有多于n个向量的n维向量组都是线性相关的. 已知齐次线性方程组(1)的解是n维向量,故如方程组(1)有许多解时可在它里面选取一个仅含有限个向量的极大线性无关组,极大的意义是说方程组(1)的其他每一个解都是所选出组中向量的线性组合. 齐次线性方程组(1)的解的每一个极大线性无关组都叫作它的基础解系.

再重说一次,如方程组(1)有基础解系存在,那么n维向量为方程组(1)的解的充分必要条件是:它是一个已经给出的基础解系中向量的线性组合.

很明显,只有在方程组(1)有非零解时,才能有基础解系存在,而且此时方

程组(1) 可能有许多不同的基础解系. 但是所有这些基础解系都是相抵的:任何一个基础解系的每一个向量都可以经其他任何一个基础解系线性表出,它们所含的解的个数是一样的.

下面的定理是正确的:

如果齐次线性方程组(1) 的系数矩阵的秩 r 小于未知量的个数 n,那么方程组(1) 的每个基础解系由 $n-r$ 个解组成.

为了证明,我们指出 $n-r$ 是方程组(1) 中独立未知量的个数,且设未知量 $x_{r+1},x_{r+2},\cdots,x_n$ 是独立的. 讨论下面的任意异于零的 $n-r$ 阶行列式 d

$$d=\begin{vmatrix} c_{1,r+1} & c_{1,r+2} & \cdots & c_{1n} \\ c_{2,r+1} & c_{2,r+2} & \cdots & c_{2n} \\ \vdots & \vdots & & \vdots \\ c_{n-r,r+1} & c_{n-r,r+2} & \cdots & c_{n-r,n} \end{vmatrix}$$

取这个行列式的第 i 行元素为独立未知量($1\leqslant i\leqslant n-r$),如我们所知,得到未知量 $x_1,x_2,\cdots,x_r$ 的唯一确定的值,即是说,方程组(1) 的完全确定的解,我们把这些解记为向量形式

$$\boldsymbol{\alpha}_i=(c_{i1},c_{i2},\cdots,c_{ir},c_{i,r+1},c_{i,r+2},\cdots,c_{in})$$

我们得到的向量组 $\boldsymbol{\alpha}_1,\boldsymbol{\alpha}_2,\cdots,\boldsymbol{\alpha}_{n-r}$ 是方程组(1) 的基础解系. 事实上,这个向量组是线性无关的,因为以这些向量为行所组成的矩阵有异于零的 $n-r$ 阶子式 d. 另外,设

$$\boldsymbol{\beta}=(b_1,b_2,\cdots,b_r,b_{r+1},b_{r+2},\cdots,b_n)$$

是方程组(1) 的任意解,我们证明向量 $\boldsymbol{\beta}$ 可由 $\boldsymbol{\alpha}_1,\boldsymbol{\alpha}_2,\cdots,\boldsymbol{\alpha}_{n-r}$ 线性表出.

我们把行列式 d 的行看作 $n-r$ 维向量,用 $\boldsymbol{\alpha}'_i(i=1,2,\cdots,n-r)$ 来记它的第 i 行. 又设

$$\boldsymbol{\beta}'=(b_{r+1},b_{r+2},\cdots,b_n)$$

诸向量 $\boldsymbol{\alpha}'_i(i=1,2,\cdots,n-r)$ 线性无关,因为 $d\neq 0$. 然而 $n-r$ 维向量组

$$\boldsymbol{\alpha}'_1,\boldsymbol{\alpha}'_2,\cdots,\boldsymbol{\alpha}'_{n-r},\boldsymbol{\beta}'$$

线性相关,因为在这个组中向量的个数大于它的维数. 因而存在这样的数 k_1, $k_2,\cdots,k_{n-r}$,使得

$$\boldsymbol{\beta}'=k_1\boldsymbol{\alpha}'_1+k_2\boldsymbol{\alpha}'_2+\cdots+k_{n-r}\boldsymbol{\alpha}'_{n-r} \tag{4}$$

现在研究 n 维向量

$$\boldsymbol{\delta}=k_1\boldsymbol{\alpha}_1+k_2\boldsymbol{\alpha}_2+\cdots+k_{n-r}\boldsymbol{\alpha}_{n-r}-\boldsymbol{\beta}$$

向量 $\boldsymbol{\delta}$ 是齐次方程组(1) 的解的线性组合,所以本身也是这个方程组的解. 由式(4) 推出,在解 $\boldsymbol{\delta}$ 中所有独立未知量的值等于零. 然而在方程组(1) 中独立未知量为零时的解只有零解. 这样一来,$\boldsymbol{\delta}=\mathbf{0}$,即是说

$$\boldsymbol{\beta}=k_1\boldsymbol{\alpha}_1+k_2\boldsymbol{\alpha}_2+\cdots+k_{n-r}\boldsymbol{\alpha}_{n-r}$$

定理已经证明.

我们注意,由上述证明可以断定,当取各种可能的异于零的 $n-r$ 阶行列式作为 d 时,我们得到齐次方程组(1) 的全部基础解系.

例 给出一组齐次线性方程

$$\begin{cases}3x_1+x_2-8x_3+2x_4+x_5=0\\2x_1-2x_2-3x_3-7x_4+2x_5=0\\x_1+11x_2-12x_3+34x_4-5x_5=0\\x_1-5x_2+2x_3-16x_4+3x_5=0\end{cases}$$

它的系数矩阵的秩等于 2,未知量的个数等于 5,所以这个方程组的每一个基础解系都是由三个解所组成的. 解这一方程组,只需解出它的前两个线性无关的方程,而且用 x_3,x_4,x_5 来作为我们的独立未知量,我们得出普遍解

$$x_1=\frac{19}{8}x_3+\frac{3}{8}x_4-\frac{1}{2}x_5$$

$$x_2=\frac{7}{8}x_3-\frac{25}{8}x_4+\frac{1}{2}x_5$$

再取下面的三个线性无关的三维向量:(1,0,0),(0,1,0),(0,0,1). 用它们的每一个的分量作为独立未知量的值代到普遍解里面,而且把 x_1 和 x_2 的值计算出来,我们得出所给出的方程组的下面的基础解系

$$\boldsymbol{\alpha}_1=\left(\frac{19}{8},\frac{7}{8},1,0,0\right),\boldsymbol{\alpha}_2=\left(\frac{3}{8},-\frac{25}{8},0,1,0\right)$$

$$\boldsymbol{\alpha}_3=\left(-\frac{1}{2},\frac{1}{2},0,0,1\right)$$

在本节结束时,我们来讨论在齐次和非齐次线性方程组间所存在的关系. 设给出非齐次线性方程组

$$\begin{cases}a_{11}x_1+a_{12}x_2+\cdots+a_{1n}x_n=b_1\\a_{21}x_1+a_{22}x_2+\cdots+a_{2n}x_n=b_2\\\quad\vdots\\a_{s1}x_1+a_{s2}x_2+\cdots+a_{sn}x_n=b_s\end{cases}\tag{5}$$

在方程组(5) 中换常数项为零所得出的齐次线性方程组

$$\begin{cases}a_{11}x_1+a_{12}x_2+\cdots+a_{1n}x_n=0\\a_{21}x_1+a_{22}x_2+\cdots+a_{2n}x_n=0\\\quad\vdots\\a_{s1}x_1+a_{s2}x_2+\cdots+a_{sn}x_n=0\end{cases}\tag{6}$$

叫作方程组(5) 的导出组. 下面的两个定理证明了,在方程组(5) 和(6) 的解之间有密切关系存在.

Ⅰ. 方程组(5) 的任何一个解和它的导出方程组(6) 的任何一个解的和仍

然是方程组(5)的一个解.

事实上,设 $c_1, c_2, \cdots, c_n$ 为方程组(5)的解,$d_1, d_2, \cdots, d_n$ 为方程组(6)的解.取方程组(5)的任何一个方程,例如第 k 个方程,用数

$$c_1 + d_1, c_2 + d_2, \cdots, c_n + d_n$$

来代它的未知量,我们得出

$$\sum_{j=1}^{n} a_{kj}(c_j + d_j) = \sum_{j=1}^{n} a_{kj} c_j + \sum_{j=1}^{n} a_{kj} d_j = b_k + 0 = b_k$$

Ⅱ.方程组(5)的任何两个解的差都是它的导出方程组(6)的解.

事实上.设 $c_1, c_2, \cdots, c_n$ 和 $c'_1, c'_2, \cdots, c'_n$ 为方程组(5)的两个解.取方程组(6)中的任何一个方程,例如第 k 个方程,且用数

$$c_1 - c'_1, c_2 - c'_2, \cdots, c_n - c'_n$$

来代它的未知量,我们得出

$$\sum_{j=1}^{n} a_{kj}(c_j - c'_j) = \sum_{j=1}^{n} a_{kj} c_j - \sum_{j=1}^{n} a_{kj} c'_j = b_k - b_k = 0$$

从这些定理推知,求出非齐次线性方程组(5)的一个解,把它加到它的导出方程组(6)的每一个解上,我们得出方程组(5)的所有解.

矩阵代数

第3章

§13 矩阵的乘法

在上一章里,矩阵这一概念已经用来作为研究线性方程组的主要辅助工具.这个概念的许多其他应用使它成为一个很大的独立理论的对象,它的主要部分超出本课程范围.我们现在来讨论这个理论的基础,从所有给定阶数的方阵的集合出发,有目的地定出两个代数运算——加法和乘法.我们首先定出矩阵的乘法,矩阵加法将在 §15 中引入.

从解析几何的课程中,已知将平面上直角坐标系的轴旋转角 α 后,点的坐标有下面的变换

$$x = x'\cos\alpha - y'\sin\alpha$$
$$y = x'\sin\alpha + y'\cos\alpha$$

其中 x, y 是点的旧坐标,x', y' 是它的新坐标;这样一来,x 和 y 经 x' 和 y' 用某些数值系数来线性表出.在许多其他的场合亦常遇到未知量(或变量)的代换,把旧未知量用新未知量来线性表出,这种未知量的代换平常叫作线性变换(或线性置换).因此我们有这样的定义:

未知量的线性变换是指这样的从 n 个未知量组 $x_1,x_2,\cdots,x_n$,转移到 n 个未知量组 $y_1,y_2,\cdots,y_n$,使旧未知量用新未知量来线性表出,而它们的系数是一些已知的数值

$$\begin{cases} x_1=a_{11}y_1+a_{12}y_2+\cdots+a_{1n}y_n \\ x_2=a_{21}y_1+a_{22}y_2+\cdots+a_{2n}y_n \\ \quad\vdots \\ x_n=a_{n1}y_1+a_{n2}y_2+\cdots+a_{nn}y_n \end{cases} \tag{1}$$

线性变换(1) 被它的系数矩阵

$$\boldsymbol{A}=\begin{pmatrix} a_{11} & a_{12} & \cdots & a_{1n} \\ a_{21} & a_{22} & \cdots & a_{2n} \\ \vdots & \vdots & & \vdots \\ a_{n1} & a_{n2} & \cdots & a_{nn} \end{pmatrix}$$

所完全确定,因为有同一矩阵的两个线性变换,彼此之间至多只是未知量的记号有所不同,但是对于这些记号,我们完全可以随便选择. 反过来,给定了任何一个 n 阶矩阵,我们立即可写出这一矩阵为系数矩阵的线性变换,这样一来,在 n 个未知量的线性变换和 n 阶方阵之间有一个一一对应关系,所以关于线性变换的每一个概念和这些变换的每一个性质,都应有对应于矩阵的类似概念和性质.

讨论关于连接施行两个线性变换的问题. 设在线性变换(1) 之后再施行线性变换

$$\begin{cases} y_1=b_{11}z_1+b_{12}z_2+\cdots+b_{1n}z_n \\ y_2=b_{21}z_1+b_{22}z_2+\cdots+b_{2n}z_n \\ \quad\vdots \\ y_n=b_{n1}z_1+b_{n2}z_2+\cdots+b_{nn}z_n \end{cases} \tag{2}$$

变未知量组 $y_1,y_2,\cdots,y_n$ 为 $z_1,z_2,\cdots,z_n$,而且用 $\boldsymbol{B}$ 来记这一个变换的矩阵. 将变换(2) 中 $y_1,y_2,\cdots,y_n$ 的表示式代进(1) 里面去,我们得到未知量 $x_1,x_2,\cdots,x_n$ 经未知量 $z_1,z_2,\cdots,z_n$ 表出的线性表示式. 这样一来,接连施行未知量的两个线性变换的结果仍然是一个线性变换.

例 1 接连施行线性变换

$$x_1=3y_1-y_2,\ y_1=z_1+z_2$$
$$x_2=y_1+5y_2,\ y_2=4z_1+2z_2$$

的结果是线性变换

$$x_1=3(z_1+z_2)-(4z_1+2z_2)=-z_1+z_2$$
$$x_2=(z_1+z_2)+5(4z_1+2z_2)=21z_1+11z_2$$

用 $\boldsymbol{C}$ 来记连接施行变换(1) 和(2) 后所得出的线性变换的规律,现在来求

出它的元素 $c_{ik}(i,k=1,2,\cdots,n)$ 以矩阵 **A** 和 **B** 的元素来表出的表示式. 把变换(1) 和(2) 写成下面的形式

$$x_i=\sum_{j=1}^{n}a_{ij}y_j,i=1,2,\cdots,n$$

$$y_j=\sum_{k=1}^{n}b_{jk}z_k,j=1,2,\cdots,n$$

我们得出

$$x_i=\sum_{j=1}^{n}a_{ij}\left(\sum_{k=1}^{n}b_{jk}z_k\right)=\sum_{k=1}^{n}\left(\sum_{j=1}^{n}a_{ij}b_{jk}\right)z_k,i=1,2,\cdots,n$$

这样一来,在 x_i 的表示式中 z_k 的系数,亦就是矩阵 **C** 的元素 c_{ik},有下面的形式

$$c_{ik}=\sum_{j=1}^{n}a_{ij}b_{jk}=a_{i1}b_{1k}+a_{i2}b_{2k}+\cdots+a_{in}b_{nk} \tag{3}$$

矩阵 **C** 中位于第 i 行第 k 列的元素等于矩阵 **A** 中第 i 行的元素和矩阵 **B** 中第 k 列的对应元素的乘积的和.

不必讨论矩阵各为 **A** 和 **B** 的线性变换,式(3) 本身给出矩阵 **C** 的元素经矩阵 **A** 和 **B** 的元素所表出的表示式,使我们能从给定了的矩阵 **A** 和 **B** 即刻写出矩阵 **C**. 这样,每一对 n 阶方阵建立一个对应的唯一确定的第三个矩阵. 因此我们在所有 n 阶方阵集合中确定了一个代数运算,叫作矩阵的乘法,而矩阵 **C** 是矩阵 **A** 对矩阵 **B** 的乘积

$$\boldsymbol{C}=\boldsymbol{AB}$$

再来说一遍线性变换和矩阵的乘法之间的关系:

接连施行两个矩阵为 **A** 和 **B** 的线性变换的结果,得出一个未知量的线性变换,它的系数矩阵是矩阵 **AB**.

例 2

(1) $\begin{pmatrix}4&9\\-1&3\end{pmatrix}\begin{pmatrix}1&-3\\-2&1\end{pmatrix}=$

$$\begin{pmatrix}4\times1+9\times(-2)&4\times(-3)+9\times1\\(-1)\times1+3\times(-2)&(-1)\times(-3)+3\times1\end{pmatrix}=\begin{pmatrix}-14&-3\\-7&6\end{pmatrix}.$$

(2) $\begin{bmatrix}2&0&1\\-2&3&2\\4&-1&5\end{bmatrix}\begin{bmatrix}-3&1&0\\0&2&1\\0&-1&3\end{bmatrix}=\begin{bmatrix}-6&1&3\\6&2&9\\-12&-3&14\end{bmatrix}.$

(3) $\begin{pmatrix}7&2\\1&1\end{pmatrix}^2=\begin{pmatrix}7&2\\1&1\end{pmatrix}\begin{pmatrix}7&2\\1&1\end{pmatrix}=\begin{pmatrix}51&16\\8&3\end{pmatrix}.$

(4) 求出接连施行线性变换

$$x_1=5y_1-y_2+3y_3$$

$$x_2=y_1-2y_2$$

$$x_3 = 7y_2 - y_3$$

和

$$y_1 = 2z_1 + z_3$$
$$y_2 = z_2 - 5z_3$$
$$y_3 = 2z_2$$

的结果.

乘出他们的矩阵,得

$$\begin{pmatrix} 5 & -1 & 3 \\ 1 & -2 & 0 \\ 0 & 7 & -1 \end{pmatrix}\begin{pmatrix} 2 & 0 & 1 \\ 0 & 1 & -5 \\ 0 & 2 & 0 \end{pmatrix} = \begin{pmatrix} 10 & 5 & 10 \\ 2 & -2 & 11 \\ 0 & 5 & -35 \end{pmatrix}$$

故所求线性变换是

$$x_1 = 10z_1 + 5z_2 + 10z_3$$
$$x_2 = 2z_1 - 2z_2 + 11z_3$$
$$x_3 = 5z_2 - 35z_3$$

取刚才所讨论的矩阵相乘的例子中的一个,例如(2),求出同是这两个矩阵但取相反次序的乘积

$$\begin{pmatrix} -3 & 1 & 0 \\ 0 & 2 & 1 \\ 0 & -1 & 3 \end{pmatrix}\begin{pmatrix} 2 & 0 & 1 \\ -2 & 3 & 2 \\ 4 & -1 & 5 \end{pmatrix} = \begin{pmatrix} -8 & 3 & -1 \\ 0 & 5 & 9 \\ 14 & -6 & 13 \end{pmatrix}$$

我们看到矩阵的乘积和它的因子的次序有关,就是矩阵的乘法是不可易的. 这是想象得到的,在从上面式(3)得出的矩阵 $\boldsymbol{C}$ 的定义里面,矩阵 $\boldsymbol{A}$ 和 $\boldsymbol{B}$ 的作用是不一样的:在 $\boldsymbol{A}$ 中取行而在 $\boldsymbol{B}$ 中取列.

从 $n=2$ 开始,对于任何 n 都可举出 n 阶不可易矩阵的例子,也就是它们的乘积和因子的次序有关(例 1 的二阶矩阵是不可易的). 另外,两个给定了的矩阵有时是可易的,例如下面的乘积

$$\begin{pmatrix} 7 & -12 \\ -4 & 7 \end{pmatrix}\begin{pmatrix} 26 & 45 \\ 15 & 26 \end{pmatrix} = \begin{pmatrix} 26 & 45 \\ 15 & 26 \end{pmatrix}\begin{pmatrix} 7 & -12 \\ -4 & 7 \end{pmatrix} = \begin{pmatrix} 2 & 3 \\ 1 & 2 \end{pmatrix}$$

矩阵的乘法是可群的. 因此,对任意有限多个 n 阶矩阵,取一定的次序(因为乘法是不可易的),有唯一确定的乘积.

设已给出任意三个 n 阶矩阵 $\boldsymbol{A}$, $\boldsymbol{B}$ 和 $\boldsymbol{C}$. 用下面的缩写方法来写出它们,只指明它们的元素的普遍形式: $\boldsymbol{A}=(a_{ij})$, $\boldsymbol{B}=(b_{ij})$, $\boldsymbol{C}=(c_{ij})$. 再引进下面的记法

$$\boldsymbol{AB} = \boldsymbol{U} = (u_{ij}), \boldsymbol{BC} = \boldsymbol{V} = (v_{ij})$$
$$(\boldsymbol{AB})\boldsymbol{C} = \boldsymbol{S} = (s_{ij}), \boldsymbol{A}(\boldsymbol{BC}) = \boldsymbol{T} = (t_{ij})$$

我们应当证明等式 $(\boldsymbol{AB})\boldsymbol{C} = \boldsymbol{A}(\boldsymbol{BC})$,也就是 $\boldsymbol{S} = \boldsymbol{T}$ 成立. 但是

$$u_{il} = \sum_{k=1}^{n} a_{ik}b_{kl}, v_{kj} = \sum_{l=1}^{n} b_{kl}c_{lj}$$

所以从等式 $\boldsymbol{S}=\boldsymbol{UC},\boldsymbol{T}=\boldsymbol{AV}$,得出

$$s_{ij}=\sum_{l=1}^{n}u_{il}c_{lj}=\sum_{l=1}^{n}\sum_{k=1}^{n}a_{ik}b_{kl}c_{lj}$$

$$t_{ij}=\sum_{k=1}^{n}a_{ik}v_{kj}=\sum_{k=1}^{n}\sum_{l=1}^{n}a_{ik}b_{kl}c_{lj}$$

就是 $s_{ij}=t_{ij},i,j=1,2,\cdots,n$.

还有,要研究矩阵相乘的性质,就要引导出它们的行列式,我们约定简写矩阵 $\boldsymbol{A}$ 的行列式为 $|\boldsymbol{A}|$. 如果读者在上面所讨论的每一个例子里面,计算出这些矩阵的行列式并且比较这些行列式的乘积和所给出的矩阵的乘积的行列式,那就会发现很有趣的规律性,可表示为下面的很重要的关于行列式的乘法定理:

一些 n 阶矩阵的乘积的行列式等于这些矩阵的行列式的乘积.

对于这个定理只要证明两个矩阵的情形就够了. 设已给出 n 阶矩阵 $\boldsymbol{A}=(a_{ij})$ 和 $\boldsymbol{B}=(b_{ij})$ 且设 $\boldsymbol{AB}=\boldsymbol{C}=(c_{ij})$. 组成下面的 $2n$ 阶辅助行列式Δ:它的左上角由矩阵 $\boldsymbol{A}$ 所组成,右下角为矩阵 $\boldsymbol{B}$,右上角全为零元素,左下角的主对角线上的元素全为 -1 而其他元素全为零,即行列式 Δ 有下面的形式

$$\Delta=\begin{vmatrix} a_{11} & a_{12} & \cdots & a_{1n} & 0 & 0 & \cdots & 0 \\ a_{21} & a_{22} & \cdots & a_{2n} & 0 & 0 & \cdots & 0 \\ \vdots & \vdots & & \vdots & \vdots & \vdots & & \vdots \\ a_{n1} & a_{n2} & \cdots & a_{nn} & 0 & 0 & \cdots & 0 \\ -1 & 0 & \cdots & 0 & b_{11} & b_{12} & \cdots & b_{1n} \\ 0 & -1 & \cdots & 0 & b_{21} & b_{22} & \cdots & b_{2n} \\ \vdots & \vdots & & \vdots & \vdots & \vdots & & \vdots \\ 0 & 0 & \cdots & -1 & b_{n1} & b_{n2} & \cdots & b_{nn} \end{vmatrix}$$

应用拉普拉斯定理到行列式 Δ—— 照前 n 行展开 —— 得到下面的等式

$$\Delta=|\boldsymbol{A}|\cdot|\boldsymbol{B}| \tag{4}$$

另外,试行变换行列式 Δ 而不变它的值,使得所有元素 $b_{ij}(i,j=1,2,\cdots,n)$ 都换为零. 为了这一目的在行列式 Δ 的第 $n+1$ 列加上第一列的 b_{11} 倍,第二列的 b_{21} 倍,继续这样做下去,最后加上第 n 列的b_{n1} 倍. 而后在行列式 Δ 第$n+2$ 列加上第一列的 b_{12} 倍,第二列的 b_{22} 倍,依此类推. 一般的,在行列式 Δ 的第 $n+j$ 列,其中 $j=1,2,\cdots,n$,加上前 n 列各取系数为 $b_{1j},b_{2j},\cdots,b_{nj}$ 的线性组合.

易知这些变换不变行列式的值而把原来的 b_{ij} 都化为零. 同时位于行列式右上角的零变成下面的这些数:在行列式的第 i 行和第$n+j$ 列的交点上的元素 $(i,j=1,2,\cdots,n)$,现在是 $a_{i1}b_{1j}+a_{i2}b_{2j}+\cdots+a_{in}b_{nj}$,从式(3) 知道它等于矩阵 $\boldsymbol{C}=\boldsymbol{AB}$ 中的元素 c_{ij}. 因此现在在行列式的右上角的是矩阵 $\boldsymbol{C}$

$$\Delta=\begin{vmatrix} a_{11} & a_{12} & \cdots & a_{1n} & c_{11} & c_{12} & \cdots & c_{1n} \\ a_{21} & a_{22} & \cdots & a_{2n} & c_{21} & c_{22} & \cdots & c_{2n} \\ \vdots & \vdots & & \vdots & \vdots & \vdots & & \vdots \\ a_{n1} & a_{n2} & \cdots & a_{nn} & c_{n1} & c_{n2} & \cdots & c_{nn} \\ -1 & 0 & \cdots & 0 & 0 & 0 & \cdots & 0 \\ 0 & -1 & \cdots & 0 & 0 & 0 & \cdots & 0 \\ 0 & 0 & \cdots & -1 & 0 & 0 & \cdots & 0 \end{vmatrix}$$

再用一次拉普拉斯定理，按后 n 列展开这个行列式. 子式 $|\boldsymbol{C}|$ 的余子式等于$(-1)^n$，又因为子式 $|\boldsymbol{C}|$ 的位置在序数为 $1,2,\cdots,n$ 的行，序数为 $n+1,n+2,\cdots,2n$ 的列上，于是

$$1+2+\cdots+n+(n+1)+(n+2)+\cdots+2n=2n^2+n$$

那么

$$\Delta=(-1)^{2n^2+n}(-1)^n\ |\boldsymbol{C}|=(-1)^{2(n^2+n)}\ |\boldsymbol{C}|$$

所以由于 $2(n^2+n)$ 是一个偶数，知道

$$\Delta=|\boldsymbol{C}| \tag{5}$$

最后，从式(4) 和(5) 推得所要证明的等式

$$|\boldsymbol{C}|=|\boldsymbol{A}|\cdot|\boldsymbol{B}|$$

关于行列式相乘的定理的证明，可以不必用到拉普拉斯定理. 有一个这样的证明，读者将在 §16 的末尾找到.

§14 逆 矩 阵

方阵叫作降秩的(或异方阵)，如果它的行列式等于零；叫作满秩的(或非异的)，如果它的行列式不等于零. 对应的把未知量的线性变换叫作降秩的或满秩的，由它的系数行列式等于零或不等于零来确定. 从上节末尾所证明的定理，推得下面的论断：

矩阵的乘积，即使只有其中一个因子是降秩的，结果也是一个降秩矩阵.

任何满秩矩阵的乘积仍然是一个满秩矩阵.

故从矩阵的相乘和接连施行线性变换之间的关系，得出下面的论断：要使接连施行一些线性变换的结果是一个满秩变换，其充分必要条件是所有施行的变换都是满秩的.

在矩阵乘法中，幺矩阵

$$\boldsymbol{E}=\begin{pmatrix}1 & 0 & \cdots & 0\\0 & 1 & \cdots & 0\\\vdots & \vdots & & \vdots\\0 & 0 & \cdots & 1\end{pmatrix}$$

有幺元素的作用，而且它和任何同阶矩阵 $\boldsymbol{A}$ 都是可易的

$$\boldsymbol{AE}=\boldsymbol{EA}=\boldsymbol{A} \tag{1}$$

证明这一等式，可直接应用矩阵的乘法规则，或根据幺矩阵对应于未知量的线性幺变换

$$\begin{gathered}x_1=y_1\\x_2=y_2\\\vdots\\x_n=y_n\end{gathered}$$

而无论将这一变换施行在任何另一个线性变换的前面或后面，很明显的都不会变动那一个线性变换.

应该注意，矩阵 $\boldsymbol{E}$ 是唯一的对任意矩阵 $\boldsymbol{A}$ 都满足条件(1) 的矩阵. 事实上，如果还存在有这一性质的矩阵 $\boldsymbol{E}'$，那么有

$$\boldsymbol{EE}'=\boldsymbol{E}',\boldsymbol{E}'\boldsymbol{E}=\boldsymbol{E}$$

故 $\boldsymbol{E}=\boldsymbol{E}'$.

关于已知矩阵 $\boldsymbol{A}$ 的逆矩阵的存在问题较为复杂. 从矩阵乘法的不可易性，我们暂时提出右逆矩阵的名称，这就是指这样的矩阵 $\boldsymbol{A}^{-1}$，使它右乘矩阵 $\boldsymbol{A}$ 就得出幺矩阵

$$\boldsymbol{AA}^{-1}=\boldsymbol{E} \tag{2}$$

如果矩阵 $\boldsymbol{A}$ 是降秩的，那么 $\boldsymbol{A}^{-1}$ 的存在会得出下面的矛盾结果：我们已经知道等式(2) 的左边的乘积是一个降秩矩阵，但是同时它的右边的矩阵 $\boldsymbol{E}$ 是满秩的，因为它的行列式等于 1. 这样一来，降秩矩阵不能有右逆矩阵. 同样的可以证明它不能有左逆矩阵，所以对于降秩矩阵不能有逆矩阵存在.

转向满秩矩阵的情形，首先引进下面的辅助概念. 设已给出 n 阶矩阵

$$\boldsymbol{A}=\begin{pmatrix}a_{11} & a_{12} & \cdots & a_{1n}\\a_{21} & a_{22} & \cdots & a_{2n}\\\vdots & \vdots & & \vdots\\a_{n1} & a_{n2} & \cdots & a_{nn}\end{pmatrix}$$

矩阵

$$\boldsymbol{A}^*=\begin{pmatrix}A_{11} & A_{12} & \cdots & A_{1n}\\A_{21} & A_{22} & \cdots & A_{2n}\\\vdots & \vdots & & \vdots\\A_{n1} & A_{n2} & \cdots & A_{nn}\end{pmatrix}$$

叫作矩阵 $\boldsymbol{A}$ 的附加矩阵(或倒置矩阵),它是由矩阵 $\boldsymbol{A}$ 的元素的代数余子式所组成的,而元素 a_{ij} 的代数余子式位置在它的第 j 行和第 i 列相交的地方.

求出乘积 $\boldsymbol{AA}^*$ 和 $\boldsymbol{A}^*\boldsymbol{A}$. 利用已知的 §6 中关于行列式对行或列的展开式和 §7 中关于任何一个行(或列)的元素和另外一个行(或列)的对应元素的代数余子式的乘积的和的定理,并且用 d 来记矩阵 $\boldsymbol{A}$ 的行列式

$$d=|\boldsymbol{A}|$$

我们得出下面的等式

$$\boldsymbol{AA}^*=\boldsymbol{A}^*\boldsymbol{A}=\begin{pmatrix} d & 0 & \cdots & 0 \\ 0 & d & \cdots & 0 \\ \vdots & \vdots & & \vdots \\ 0 & 0 & \cdots & d \end{pmatrix} \tag{3}$$

故可推知,如果矩阵是满秩的,那么它的附加矩阵 $\boldsymbol{A}^*$ 亦是满秩的,而且矩阵 $\boldsymbol{A}^*$ 的行列式 d^* 等于矩阵 $\boldsymbol{A}$ 的行列式 d 的 $n-1$ 次乘幂.

事实上,把等式(3) 变为行列式间的等式,我们得出

$$dd^*=d^n$$

所以从 $d\neq 0$,知道

$$d^*=d^{n-1}①$$

现在很容易证明对于每一个满秩矩阵 $\boldsymbol{A}$ 都有逆矩阵存在,而且要找出它的形式. 首先注意,如果我们所讨论的两个矩阵的乘积 $\boldsymbol{AB}$ 中,某一个因子(例如 $\boldsymbol{B}$) 的所有元素,都用同一数 d 来除,那么乘积 $\boldsymbol{AB}$ 中所有的元素都要被这同一数来除:为了证明,只要想一下矩阵的乘法定义就能得出. 这样一来,如果

$$d=|\boldsymbol{A}|\neq 0$$

那么由等式(3) 推知,$\boldsymbol{A}$ 的逆矩阵是从它的附加矩阵 $\boldsymbol{A}^*$ 用数 d 来除它的所有元素所得出的矩阵

$$\boldsymbol{A}^{-1}=\begin{pmatrix} \frac{A_{11}}{d} & \frac{A_{21}}{d} & \cdots & \frac{A_{n1}}{d} \\ \frac{A_{12}}{d} & \frac{A_{22}}{d} & \cdots & \frac{A_{n2}}{d} \\ \vdots & \vdots & & \vdots \\ \frac{A_{1n}}{d} & \frac{A_{2n}}{d} & \cdots & \frac{A_{nn}}{d} \end{pmatrix}$$

实际上,由等式(3) 推得等式

$$\boldsymbol{AA}^{-1}=\boldsymbol{A}^{-1}\boldsymbol{A}=\boldsymbol{E} \tag{4}$$

① 容易证明,如果矩阵 $\boldsymbol{A}$ 是降秩的,那么它的附加矩阵 $\boldsymbol{A}^*$ 也是降秩的,并且其秩不超过 1.

再来提醒一次，矩阵 $\boldsymbol{A}^{-1}$ 中第 i 行的元素是行列式 $|\boldsymbol{A}|$ 中第 i 列元素的代数余子式被 $d=|\boldsymbol{A}|$ 所除的商.

容易证明，矩阵 $\boldsymbol{A}^{-1}$ 是唯一的对于已知矩阵 $\boldsymbol{A}$ 满足条件(4) 的矩阵. 事实上，如果还有矩阵 $\boldsymbol{C}$ 使得

$$\boldsymbol{AC}=\boldsymbol{CA}=\boldsymbol{E}$$

那么

$$\boldsymbol{CAA}^{-1}=\boldsymbol{C}(\boldsymbol{AA}^{-1})=\boldsymbol{CE}=\boldsymbol{C}$$

$$\boldsymbol{CAA}^{-1}=(\boldsymbol{CA})\boldsymbol{A}^{-1}=\boldsymbol{EA}^{-1}=\boldsymbol{A}^{-1}$$

故得 $\boldsymbol{C}=\boldsymbol{A}^{-1}$.

由条件(4) 和关于行列式的乘法定理推知，矩阵 $\boldsymbol{A}^{-1}$ 的行列式等于 $\dfrac{1}{|\boldsymbol{A}|}$，所以这个矩阵亦是满秩的. 它的逆矩阵就是矩阵 $\boldsymbol{A}$.

现在如果给定了 n 阶方阵 $\boldsymbol{A}$ 和 $\boldsymbol{B}$，$\boldsymbol{A}$ 是满秩的而 $\boldsymbol{B}$ 是任意的，那么我们可以用 $\boldsymbol{A}$ 来右除或左除 $\boldsymbol{B}$，也就是解矩阵方程

$$\boldsymbol{AX}=\boldsymbol{B},\boldsymbol{YA}=\boldsymbol{B} \tag{5}$$

从矩阵乘法的可群性，对此只要取

$$\boldsymbol{X}=\boldsymbol{A}^{-1}\boldsymbol{B},\boldsymbol{Y}=\boldsymbol{BA}^{-1}$$

而且由矩阵乘法的不可易性，知道方程(5) 的解一般是不相同的.

例 1 (1) 给出矩阵

$$\boldsymbol{A}=\begin{pmatrix}3 & -1 & 0\\ -2 & 1 & 1\\ 2 & -1 & 4\end{pmatrix}$$

它的行列式 $|\boldsymbol{A}|=5$，所以逆矩阵 $\boldsymbol{A}^{-1}$ 存在，而且

$$\boldsymbol{A}^{-1}=\begin{pmatrix}1 & \frac{4}{5} & -\frac{1}{5}\\ 2 & \frac{12}{5} & -\frac{3}{5}\\ 0 & \frac{1}{5} & \frac{1}{5}\end{pmatrix}$$

(2) 给出矩阵

$$\boldsymbol{A}=\begin{pmatrix}3 & 2\\ 4 & 3\end{pmatrix},\boldsymbol{B}=\begin{pmatrix}-1 & 7\\ 3 & 5\end{pmatrix}$$

矩阵 $\boldsymbol{A}$ 是满秩的而且

$$\boldsymbol{A}^{-1}=\begin{pmatrix}3 & -2\\ -4 & 3\end{pmatrix}$$

所以方程 $\boldsymbol{AX}=\boldsymbol{B},\boldsymbol{YA}=\boldsymbol{B}$ 的解是矩阵

$$X=\begin{pmatrix}3 & -2\\ -4 & 3\end{pmatrix}\begin{pmatrix}-1 & 7\\ 3 & 5\end{pmatrix}=\begin{pmatrix}-9 & 11\\ 13 & -13\end{pmatrix}$$

$$Y=\begin{pmatrix}-1 & 7\\ 3 & 5\end{pmatrix}\begin{pmatrix}3 & -2\\ -4 & 3\end{pmatrix}=\begin{pmatrix}-31 & 23\\ -11 & 9\end{pmatrix}$$

长方矩阵的乘法 上节中虽然只对同阶方阵给出矩阵的乘法定义，但可推广到长方矩阵 $\boldsymbol{A}$ 和 $\boldsymbol{B}$ 的情形，如果上节中式(3)是能应用的，也就是，如果矩阵 $\boldsymbol{A}$ 中每一行所含的元素个数等于矩阵 $\boldsymbol{B}$ 中每一列所含的元素个数. 换句话说，如果矩阵 $\boldsymbol{A}$ 的列数等于矩阵 $\boldsymbol{B}$ 的行数，长方矩阵 $\boldsymbol{A}$ 和 $\boldsymbol{B}$ 就有乘积，而且矩阵 $\boldsymbol{AB}$ 的行数等于矩阵 $\boldsymbol{A}$ 的行数，矩阵 $\boldsymbol{AB}$ 的列数等于矩阵 $\boldsymbol{B}$ 的列数.

例 2 (1) $\begin{pmatrix}5 & -1 & 3 & 1\\ 2 & 0 & -1 & 4\end{pmatrix}\begin{pmatrix}-1 & 3 & 0\\ -2 & 1 & 1\\ 3 & 0 & -2\\ 4 & 1 & 2\end{pmatrix}=\begin{pmatrix}10 & 15 & -5\\ 11 & 10 & 10\end{pmatrix}$.

(2) $\begin{pmatrix}0 & -3 & 1\\ 2 & 1 & 5\\ -4 & 0 & -2\end{pmatrix}\begin{pmatrix}3\\ -2\\ 2\end{pmatrix}=\begin{pmatrix}8\\ 14\\ -16\end{pmatrix}$.

(3) $(5\quad 1\quad 0\quad -3)\begin{pmatrix}2 & 0\\ 1 & -4\\ 3 & 1\\ 0 & -1\end{pmatrix}=(11\quad -1)$.

长方矩阵的乘法也可以跟未知量的接连做线性变换结合起来，不过这些线性变换的未知量的个数不再保持一样多了.

很容易验证，几乎是逐字不易的重复以前对于方阵的证明，对于长方矩阵的乘法，可群律仍然成立.

现在我们可以应用长方矩阵的乘法和逆矩阵的性质来重新推出克莱姆法则，不需要作§7中所述的繁复的计算. 设已给出有 n 个未知量 n 个方程的线性方程组

$$\begin{cases}a_{11}x_1+a_{12}x_2+\cdots+a_{1n}x_n=b_1\\ a_{21}x_1+a_{22}x_2+\cdots+a_{2n}x_n=b_2\\ \quad\vdots\\ a_{n1}x_1+a_{n2}x_2+\cdots+a_{nn}x_n=b_n\end{cases}\tag{6}$$

而且它的行列式不为零. 用 $\boldsymbol{A}$ 来记方程组(6)的系数矩阵，它是满秩的，因为已经假设 $d=|\boldsymbol{A}|\neq 0$. 用 $\boldsymbol{X}$ 来记未知量的列，$\boldsymbol{B}$ 记方程组(6)常数项的列，就是

$$X=\begin{pmatrix}x_1\\x_2\\\vdots\\x_n\end{pmatrix},B=\begin{pmatrix}b_1\\b_2\\\vdots\\b_n\end{pmatrix}$$

乘积$\boldsymbol{AX}$是有意义的，因为矩阵$\boldsymbol{A}$的列数等于矩阵$\boldsymbol{X}$的行数，而且这一个乘积就是由方程组(6)的左边所构成的列. 这样一来方程组(6)可写为一个矩阵方程

$$\boldsymbol{AX}=\boldsymbol{B} \tag{7}$$

因为方阵$\boldsymbol{A}$是满秩的，所以有逆矩阵$\boldsymbol{A}^{-1}$存在. 用$\boldsymbol{A}^{-1}$来左乘方程(7)的两边，我们得出

$$\boldsymbol{X}=\boldsymbol{A}^{-1}\boldsymbol{B} \tag{8}$$

等号右边的乘积是一个单列矩阵，它的第j个元素等于矩阵$\boldsymbol{A}^{-1}$中第j行元素和矩阵$\boldsymbol{B}$的对应元素的乘积的和，也就是等于数

$$\frac{A_{1j}}{d}b_1+\frac{A_{2j}}{d}b_2+\cdots+\frac{A_{nj}}{d}b_n=\frac{1}{d}(A_{1j}b_1+A_{2j}b_2+\cdots+A_{nj}b_n)$$

但右边括号中是从行列式d中换第j列为列$\boldsymbol{B}$所得出的行列式d_j对第j列的展开式. 所以式(8)相当于§7中的式(3)，即由克莱姆法则所得出的方程组(6)的解的表示式.

还要证明，所得出的未知量的值确实是方程组(6)的解. 对此只要把表示式(8)代入矩阵方程(7)，很明显的化为恒等式$\boldsymbol{B}=\boldsymbol{B}$.

关于矩阵乘积的秩　从行列式的乘法定理，知道在方阵的乘积里面如果有一个因子是降秩的，那么这个乘积亦是降秩的，虽然降秩方阵还有各种不同的秩. 注意在乘积的秩和它的因子的秩间没有完全确定的相关性存在，下面的例子就是一种说明

$$\begin{pmatrix}2&0\\0&0\end{pmatrix}\begin{pmatrix}3&0\\0&0\end{pmatrix}=\begin{pmatrix}6&0\\0&0\end{pmatrix}$$

$$\begin{pmatrix}2&0\\0&0\end{pmatrix}\begin{pmatrix}0&0\\0&3\end{pmatrix}=\begin{pmatrix}0&0\\0&0\end{pmatrix}$$

在这两种情形里面，因子的秩都等于1，但是它们的一个乘积有秩1而另外一个的秩是0. 但是不只是对于方阵，就是对于长方矩阵来说，下面的定理都是正确的.

矩阵乘积的秩不能超过它的每一个因子的秩.

对于这一定理只要证明有两个因子的这种情形就已足够. 设已给出矩阵$\boldsymbol{A}$和$\boldsymbol{B}$且设乘积$\boldsymbol{AB}$是有意义的，设$\boldsymbol{AB}=\boldsymbol{C}$. 看一下§13中给出矩阵$\boldsymbol{C}$中元素的表示式的公式(3). 在这个公式里，给定$k$而取所有可能的$i(i=1,2,\cdots)$，我们知道矩阵$\boldsymbol{C}$的第$k$列是矩阵$\boldsymbol{A}$的所有列取某些系数（就是系数$b_{1k},b_{2k},\cdots$）所得出

的和. 这就证明了,矩阵 $\boldsymbol{C}$ 的这组列由矩阵 $\boldsymbol{A}$ 的那些列线性表出,故从 §9 中所已证明的,知第一组的秩小于或等于第二组的秩;换句话说,矩阵 $\boldsymbol{C}$ 的秩不大于矩阵 $\boldsymbol{A}$ 的秩. 另外,在 §13 的公式(3)中,给定 i 而取所有可能的 k,就能推知矩阵 $\boldsymbol{C}$ 的第 i 行是矩阵 $\boldsymbol{B}$ 的行的线性组合,故同上面一样,我们知道 $\boldsymbol{C}$ 的秩不能超过 $\boldsymbol{B}$ 的秩.

对于有一个因子为满秩方阵的情形,我们有下面的确定的结果:

用满秩方阵 $\boldsymbol{Q}$ 来左乘或右乘任何一个矩阵 $\boldsymbol{A}$,它的乘积的秩等于矩阵 $\boldsymbol{A}$ 的秩.

例如,设

$$\boldsymbol{AQ}=\boldsymbol{C} \tag{9}$$

从上面所说的定理知道矩阵 $\boldsymbol{C}$ 的秩不能超过矩阵 $\boldsymbol{A}$ 的秩. 但用 $\boldsymbol{Q}^{-1}$ 来右乘等式(9),我们得到等式

$$\boldsymbol{A}=\boldsymbol{C}\boldsymbol{Q}^{-1}$$

所以仍旧从上面所说的定理,知道矩阵 $\boldsymbol{A}$ 的秩不能超过矩阵 $\boldsymbol{C}$ 的秩. 结合这两个结果,就说明了矩阵 $\boldsymbol{A}$ 和 $\boldsymbol{C}$ 的秩相等.

§15 矩阵的加法和数对矩阵的乘法

对于 n 阶方阵有下面的加法定义:

两个 n 阶方阵 $\boldsymbol{A}=(a_{ij})$ 和 $\boldsymbol{B}=(b_{ij})$ 的和 $\boldsymbol{A}+\boldsymbol{B}$ 是指矩阵 $\boldsymbol{C}=(c_{ij})$,它的每一个元素都等于矩阵 $\boldsymbol{A}$ 和 $\boldsymbol{B}$ 中对应元素的和

$$c_{ij}=a_{ij}+b_{ij}\text{①}$$

由我们的定义,矩阵加法很明显的是可易和可群的. 它的逆运算 —— 减法 —— 是存在的,而且矩阵 $\boldsymbol{A}$ 和 $\boldsymbol{B}$ 的差是这两个矩阵中对应元素的差所构成的矩阵. 全为零元素所组成的零矩阵有零元素的作用,以后用 $\boldsymbol{0}$ 来记这一个矩阵;零矩阵和数零不至于有混淆的危险.

方阵的加法和 §13 中所规定的乘法适合分配律.

事实上,设已给出三个 n 阶矩阵,$\boldsymbol{A}=(a_{ij})$,$\boldsymbol{B}=(b_{ij})$,$\boldsymbol{C}=(c_{ij})$,那么对于任何 i 和 j,很明显的都有等式

$$\sum_{s=1}^{n}(a_{is}+b_{is})c_{sj}=\sum_{s=1}^{n}a_{is}c_{sj}+\sum_{s=1}^{n}b_{is}c_{sj}$$

① 当然我们也可以很自然的用两个矩阵的对应元素相乘来作为矩阵乘法的定义. 但是这种不同于 §13 中所定义的乘法,没有多少用处.

但这一个等式的左边是位于矩阵$(\boldsymbol{A}+\boldsymbol{B})\boldsymbol{C}$的第$i$行第$j$列上的元素，而右边是位于矩阵$\boldsymbol{AC}+\boldsymbol{BC}$的对应位置上的元素. 这就证明了等式

$$(\boldsymbol{A}+\boldsymbol{B})\boldsymbol{C}=\boldsymbol{AC}+\boldsymbol{BC}$$

等式$\boldsymbol{C}(\boldsymbol{A}+\boldsymbol{B})=\boldsymbol{CA}+\boldsymbol{CB}$可以用同样的方法来证明 —— 显然，由于矩阵乘法的不可易性，这两个分配律都需要证明.

下面引进数对矩阵的乘法的定义.

数k与方阵$\boldsymbol{A}=(a_{ij})$的乘积$k\boldsymbol{A}$是指矩阵$\boldsymbol{A}'=(a'_{ij})$，它是用$k$来乘矩阵$\boldsymbol{A}$中所有的元素所得出的

$$a'_{ij}=ka_{ij}$$

在上节中我们已经遇到过数与矩阵相乘的一个例子：如果矩阵$\boldsymbol{A}$是满秩的，而且$|\boldsymbol{A}|=d$，那么它的逆矩阵$\boldsymbol{A}^{-1}$和附加矩阵$\boldsymbol{A}^*$有下面的等式关系

$$\boldsymbol{A}^{-1}=d^{-1}\boldsymbol{A}^*$$

我们已经知道，每一个n阶方阵可以看作是一个n^2维向量，而且这个在矩阵和向量之间的对应是一个一一对应. 这里所定义的矩阵加法和数对矩阵的乘法就变做向量的加法和数对向量的乘法. 这样一来，全部n阶方阵可以看作是一个n^2维向量空间.

因此我们可推得下面这些等式的正确性(这里$\boldsymbol{A}$,$\boldsymbol{B}$是n阶矩阵，k,l是任意的数，1是单位数)

$$k(\boldsymbol{A}+\boldsymbol{B})=k\boldsymbol{A}+k\boldsymbol{B} \tag{1}$$

$$(k+l)\boldsymbol{A}=k\boldsymbol{A}+l\boldsymbol{A} \tag{2}$$

$$k(l\boldsymbol{A})=(kl)\boldsymbol{A} \tag{3}$$

$$1\cdot\boldsymbol{A}=\boldsymbol{A} \tag{4}$$

性质(1)和(2)是数对矩阵的乘法和矩阵的加法之间的关系. 同时，在数对矩阵的乘法和矩阵对矩阵的乘法之间有很重要的关系，就是

$$(k\boldsymbol{A})\boldsymbol{B}=\boldsymbol{A}(k\boldsymbol{B})=k(\boldsymbol{AB}) \tag{5}$$

也就是，如果在矩阵的乘积中，用数k来乘它的一个因子，那就等于用数k来乘这个乘积.

事实上，设已给出矩阵$\boldsymbol{A}=(a_{ij})$和$\boldsymbol{B}=(b_{ij})$以及数k. 那么对于任何i和j都有

$$\sum_{s=1}^{n}(ka_{is})b_{sj}=k\sum_{s=1}^{n}a_{is}b_{sj}$$

但是这一个等式的左边等于矩阵$(k\boldsymbol{A})\boldsymbol{B}$中位于第$i$行和第$j$列的元素，右边是矩阵$k(\boldsymbol{AB})$中在对应位置上的元素. 这就证明了等式

$$(k\boldsymbol{A})\boldsymbol{B}=k(\boldsymbol{AB})$$

等式$\boldsymbol{A}(k\boldsymbol{B})=k(\boldsymbol{AB})$可以用同样的方法来证明.

利用数对矩阵的乘法运算可以引进矩阵的新记法. 用 $\boldsymbol{E}_{ij}$ 来记这样的矩阵，位于第 i 行和第 j 列相交处的元素为 1，而其元素全为零. 取 $i=1,2,\cdots,n$ 和 $j=1,2,\cdots,n$，我们得出 n^2 个这样的矩阵 $\boldsymbol{E}_{ij}$，很容易验证他们之间有下面的乘法表

$$\boldsymbol{E}_{is}\boldsymbol{E}_{sj}=\boldsymbol{E}_{ij},\boldsymbol{E}_{is}\boldsymbol{E}_{tj}=\boldsymbol{0},\text{如果 } s\neq t$$

矩阵 $k\boldsymbol{E}_{ij}$ 和矩阵 $\boldsymbol{E}_{ij}$ 所不同的只是在它的第 i 行和第 j 列相交处的元素是数 k. 利用这些关系和矩阵的加法定义，对于任何方阵 $\boldsymbol{A}$ 我们得出下面的写法

$$\boldsymbol{A}=\begin{pmatrix} a_{11} & a_{12} & \cdots & a_{1n} \\ a_{21} & a_{22} & \cdots & a_{2n} \\ \vdots & \vdots & & \vdots \\ a_{n1} & a_{n2} & \cdots & a_{nn} \end{pmatrix}=\sum_{i=1}^{n}\sum_{j=1}^{n}a_{ij}\boldsymbol{E}_{ij} \tag{6}$$

并且矩阵 $\boldsymbol{A}$ 显然只具有一个形式(6) 的写法.

由数对矩阵的乘法定义，矩阵 $k\boldsymbol{E}$，其中 $\boldsymbol{E}$ 为幺矩阵，有下面的形式

$$k\boldsymbol{E}=\begin{pmatrix} k & & & \boldsymbol{0} \\ & k & & \\ & & \ddots & \\ \boldsymbol{0} & & & k \end{pmatrix}$$

也就是，在主对角线上的元素全为同一的数 k，而不在主对角线上的元素全为零. 这样的矩阵叫作纯矩阵.

由矩阵加法定义推得等式

$$k\boldsymbol{E}+l\boldsymbol{E}=(k+l)\boldsymbol{E} \tag{7}$$

另外，应用矩阵乘法定义或由等式(5)，得出

$$k\boldsymbol{E}\cdot l\boldsymbol{E}=(kl)\boldsymbol{E} \tag{8}$$

数 k 和矩阵 $\boldsymbol{A}$ 相乘可以用矩阵 $\boldsymbol{A}$ 和纯矩阵 $k\boldsymbol{E}$ 相乘的意义来表示. 因为由等式(5)，得

$$(k\boldsymbol{E})\boldsymbol{A}=\boldsymbol{A}(k\boldsymbol{E})=k(\boldsymbol{AE})=k\boldsymbol{A}$$

故可推知，每一个纯矩阵同任何一个矩阵 $\boldsymbol{A}$ 都是可易的. 这是很重要的，纯矩阵是有这种性质的唯一的矩阵.

如果某一个 n 阶矩阵 $\boldsymbol{C}=(c_{ij})$ 和每一个同阶的矩阵可易，那么矩阵 $\boldsymbol{C}$ 是一个纯矩阵.

事实上，设 $i\neq j$，我们来看所规定的乘积 $\boldsymbol{CE}_{ij}$ 和 $\boldsymbol{E}_{ij}\boldsymbol{C}$ 间的相等关系(参考上面所说的矩阵 $\boldsymbol{E}_{ij}$ 的定义). 易知，矩阵 $\boldsymbol{CE}_{ij}$ 中除第 j 列外其余元素全为零，而第 j 列和矩阵 $\boldsymbol{C}$ 的第 i 列一致；特别是在矩阵 $\boldsymbol{CE}_{ij}$ 的第 i 行和第 j 列相交地方的元素为 c_{ii}. 同理，矩阵 $\boldsymbol{E}_{ij}\boldsymbol{C}$ 中除第 i 行外其余元素全为零，而第 i 行和矩阵 $\boldsymbol{C}$ 的第 j 行一致；位于矩阵 $\boldsymbol{E}_{ij}\boldsymbol{C}$ 的第 i 行和第 j 列相交地方的元素为 c_{jj}. 利用等式 $\boldsymbol{CE}_{ij}=\boldsymbol{E}_{ij}\boldsymbol{C}$，我们得出 $c_{ii}=c_{jj}$(因为它们是落在相等矩阵的相同的地方)，也就

是矩阵$\boldsymbol{C}$中主对角线上的元素都是相等的. 另外，在矩阵$\boldsymbol{CE}_{ij}$中第j行和第j列相交地方的元素为c_{ji}；但在矩阵$\boldsymbol{E}_{ij}\boldsymbol{C}$的同一地方是一个零元素(因为$i\neq j$)，所以$c_{ji}=0$，也就是矩阵$\boldsymbol{C}$中在主对角线以外的元素全为零，定理就已证明.

§16* 行列式理论的公理构成[①]

n阶行列式是被已经给出的n阶方阵所唯一确定的数，§4中所提出的这一概念的定义指出行列式经所给矩阵的元素的表出规则. 但这一定义可以用公理的构成来代替它. 换句话说，可以从§4和§6中所建立的行列式的性质，指出有实数值的唯一的矩阵函数含有这些性质，将是它的行列式.

这种样子的最简单的定义是应用行列式对行的展开式来构成的. 讨论任意阶方阵，且设每一个这样的矩阵$\boldsymbol{M}$对应于数$d_{\boldsymbol{M}}$，而且适合下面的这些条件：

(1) 如果$\boldsymbol{M}$是一阶矩阵，也就是仅由一个元素a所组成的，那么$d_{\boldsymbol{M}}=a$.

(2) 如果n阶矩阵$\boldsymbol{M}$的第一行是由元素$a_{11},a_{12},\cdots,a_{1n}$所构成，且用$\boldsymbol{M}_i$ $(i=1,2,\cdots,n)$来记由$\boldsymbol{M}$划去第一行和第i列后所得出的$n-1$阶矩阵，则

$$d_{\boldsymbol{M}}=a_{11}d_{\boldsymbol{M}_1}-a_{12}d_{\boldsymbol{M}_2}+a_{13}d_{\boldsymbol{M}_3}-\cdots+(-1)^{n-1}a_{1n}d_{\boldsymbol{M}_n}$$

那么对于每一个矩阵$\boldsymbol{M}$，数$d_{\boldsymbol{M}}$等于这一个矩阵的行列式. 读者可对n施行归纳法且应用§6的结果来证明这一个论断.

更有趣味的是行列式定义的另一些公理构成，只同一个已经给出的阶数n有关，且只用到§4中所建立的行列式的某些最简单的性质. 我们现在开始讨论一个这样的定义.

设每一个n阶方阵$\boldsymbol{M}$对应于数$d_{\boldsymbol{M}}$，而且适合下面的这些条件：

① 如果用数k来乘矩阵$\boldsymbol{M}$的任何一个行，那么新矩阵所对应的数为$d_{\boldsymbol{M}}$和k的乘积.

② 如果把矩阵$\boldsymbol{M}$的任何一个行加到这一个矩阵的另一个行上去，数$d_{\boldsymbol{M}}$并没有改变.

③ 如果$\boldsymbol{E}$是幺矩阵，那么$d_{\boldsymbol{E}}=1$.

我们来证明，对于任何一个矩阵$\boldsymbol{M}$，数$d_{\boldsymbol{M}}$都等于这一个矩阵的行列式.

首先从条件①～③，推出某些类似于行列式的各个性质的，数$d_{\boldsymbol{M}}$的性质如下：

(1) 如果矩阵$\boldsymbol{M}$有一个全为零所构成的行，那么$d_{\boldsymbol{M}}=0$.

事实上，用数0来乘由零所构成的行，矩阵并没有变动，但从条件①，要用

① 本书中标“*”的章节为选学资料.

数 0 来乘 $d_{\boldsymbol{M}}$. 所以

$$d_{\boldsymbol{M}}=0\cdot d_{\boldsymbol{M}}=0$$

(2) 数 $d_{\boldsymbol{M}}$ 并没有改变，如果对矩阵 $\boldsymbol{M}$ 的第 i 行加上它的第 j 行($j\neq i$) 和数 k 的乘积.

如果 $k=0$，那就没有什么可证的. 如果 $k\neq 0$，那么用 k 来乘第 j 行后得出矩阵 $\boldsymbol{M}'$，由条件 ①，$d_{\boldsymbol{M}'}=kd_{\boldsymbol{M}}$. 然后对矩阵 $\boldsymbol{M}'$ 的第 i 行加上它的第 j 行得出矩阵 $\boldsymbol{M}''$，而且由条件 ②，$d_{\boldsymbol{M}''}=d_{\boldsymbol{M}'}$. 最后，用数 k^{-1} 来乘矩阵 $\boldsymbol{M}''$ 的第 j 行. 我们得到矩阵 $\boldsymbol{M}'''$，它就是从 $\boldsymbol{M}$ 经过上述变换而得出的矩阵，而且

$$d_{\boldsymbol{M}'''}=k^{-1}d_{\boldsymbol{M}''}=k^{-1}d_{\boldsymbol{M}'}=k^{-1}\cdot kd_{\boldsymbol{M}}=d_{\boldsymbol{M}}$$

(3) 如果矩阵 $\boldsymbol{M}$ 的行线性相关，那么 $d_{\boldsymbol{M}}=0$.

其实，如果它的某一行，例如第 i 行，是其他各行的线性组合，那么应用几次性质(2)，可使第 i 行的元素全变为零. 性质(2) 不改变数 d_M，故由条件 ①，知 $d_{\boldsymbol{M}}=0$.

(4) 如果矩阵 $\boldsymbol{M}$ 的第 i 行是两个向量 $\boldsymbol{\beta}$ 和 $\boldsymbol{\gamma}$ 的和，而且矩阵 $\boldsymbol{M}'$ 和 $\boldsymbol{M}''$ 是由矩阵 $\boldsymbol{M}$ 各换它的第 i 行为向量 $\boldsymbol{\beta}$ 和 $\boldsymbol{\gamma}$ 后所得出的，那么

$$d_{\boldsymbol{M}}=d_{\boldsymbol{M}'}+d_{\boldsymbol{M}''}$$

事实上，设 $\boldsymbol{S}$ 是矩阵 $\boldsymbol{M}$ 中除去第 i 行后其余各行的向量组. 如果在 $\boldsymbol{S}$ 中有线性相关性存在，那么每一个矩阵 $\boldsymbol{M},\boldsymbol{M}'$ 和 $\boldsymbol{M}''$ 的行都线性相关，故由性质(3)，$d_{\boldsymbol{M}}=d_{\boldsymbol{M}'}=d_{\boldsymbol{M}''}=0$，因此，在这一情形所要证明的性质是真确的. 如果由 $n-1$ 个向量所组成的 $\boldsymbol{S}$ 线性无关，那么由 §9 中的结果，可以增添某一向量 $\boldsymbol{\alpha}$ 使得它们成为 n 维向量空间的极大线性无关组. 向量 $\boldsymbol{\beta}$ 和 $\boldsymbol{\gamma}$ 都可经这一个组线性表出. 设在这些表示式中，向量 $\boldsymbol{\alpha}$ 的系数分别为 k 和 l；那么在向量 $\boldsymbol{\beta}+\boldsymbol{\gamma}$，也就是矩阵 $\boldsymbol{M}$ 的第 i 行的表示式中，向量 $\boldsymbol{\alpha}$ 的系数是 $k+l$. 现在可以这样变换矩阵 $\boldsymbol{M},\boldsymbol{M}'$ 和 $\boldsymbol{M}''$，从它们的第 i 行减去其他各行的某些线性组合后，使得它们的第 i 行各为 $(k+l)\boldsymbol{\alpha}, k\boldsymbol{\alpha}$ 和 $l\boldsymbol{\alpha}$. 用 $\boldsymbol{M}^0$ 来记由矩阵 $\boldsymbol{M}$ 把第 i 行换为向量 $\boldsymbol{\alpha}$ 后所得出的矩阵，那么由性质(2) 和条件 ①，我们得到等式

$$d_{\boldsymbol{M}}=(k+l)d_{\boldsymbol{M}^0},\ d_{\boldsymbol{M}'}=kd_{\boldsymbol{M}^0},\ d_{\boldsymbol{M}''}=ld_{\boldsymbol{M}^0}$$

这就证明了性质(4).

(5) 如果矩阵 $\overline{\boldsymbol{M}}$ 是从矩阵 $\boldsymbol{M}$ 对换两行所得出的，那么 $d_{\overline{\boldsymbol{M}}}=-d_{\boldsymbol{M}}$.

事实上，设在矩阵 $\boldsymbol{M}$ 中互换第 i 行和第 j 行. 这可以从下面的一连串的变换来得到：首先对矩阵 $\boldsymbol{M}$ 的第 i 行加上它的第 j 行来得出矩阵 $\boldsymbol{M}'$，那么由条件 ② 知 $d_{\boldsymbol{M}'}=d_{\boldsymbol{M}}$. 再从矩阵 $\boldsymbol{M}'$ 的第 j 行减去它的第 i 行得出矩阵 $\boldsymbol{M}''$，由性质(2) 对于它们有 $d_{\boldsymbol{M}''}=d_{\boldsymbol{M}'}$；矩阵 $\boldsymbol{M}''$ 的第 j 行与矩阵 $\boldsymbol{M}$ 的第 i 行只差正负号. 现在对矩阵 $\boldsymbol{M}''$ 的第 i 行加上它的第 j 行. 由条件 ②，对于经过这一变换所得出的矩阵 $\boldsymbol{M}'''$ 有 $d_{\boldsymbol{M}'''}=d_{\boldsymbol{M}''}$，而且这一个矩阵的第 i 行和矩阵 $\boldsymbol{M}$ 的第 j 行相同. 最后，用数 -1

来乘矩阵 $\boldsymbol{M}'''$ 的第 j 行，我们得到所需要的矩阵 $\overline{\boldsymbol{M}}$. 故由条件 ① 得

$$d_{\overline{M}}=-d_{M'''}=-d_M$$

(6) 如果矩阵 $\boldsymbol{M}'$ 是由矩阵 $\boldsymbol{M}$ 调动行的次序所得出的，矩阵 $\boldsymbol{M}'$ 的第 i 行 $(i=1,2,\cdots,n)$ 为矩阵 $\boldsymbol{M}$ 的第 α_i 行，那么

$$d_{M'}=\pm d_M$$

它的正负号是这样决定的，当置换

$$\begin{pmatrix}1 & 2 & \cdots & n\\ \alpha_1 & \alpha_2 & \cdots & \alpha_n\end{pmatrix}$$

为偶置换时，我们取正号，为奇置换时取负号.

事实上，矩阵 $\boldsymbol{M}'$ 可以从矩阵 $\boldsymbol{M}$ 经过某些次两行对换所得出，故可应用性质(5)，由 §3 已知这些对换个数的奇偶性和上面所指出的置换的奇偶性是一致的.

现在来讨论矩阵 $\boldsymbol{M}=(a_{ij})$，$\boldsymbol{N}=(b_{ij})$ 以及按照 §13 的意义所确定的它们的乘积 $\boldsymbol{Q}=\boldsymbol{MN}$. 求数 d_Q. 我们知道矩阵 $\boldsymbol{Q}$ 的每一个第 i 行都是矩阵 $\boldsymbol{N}$ 的所有行各取系数 $a_{i1},a_{i2},\cdots,a_{in}$ 的总和(参考 §14). 把矩阵 $\boldsymbol{Q}$ 的所有的行，换做经矩阵 $\boldsymbol{N}$ 的行所表出的表示式，且重复应用性质(4). 我们得出，数 d_Q 等于数 d_T 的和，其中 $\boldsymbol{T}$ 取下面的形式的所有可能的矩阵：矩阵 $\boldsymbol{T}$ 的第 i 行，$i=1,2,\cdots,n$ 等于矩阵 $\boldsymbol{N}$ 的第 α_i 行和数 $a_{i\alpha_i}$ 的乘积. 这个时候，由性质(3)，在所讨论的全部矩阵 $\boldsymbol{T}$ 中，可以除去有足数 i 和 j 存在使得 $i\neq j$ 而 $\alpha_i=\alpha_j$ 的那些矩阵；换句话说，只剩下这样的矩阵 $\boldsymbol{T}$，它的足数 $\alpha_1,\alpha_2,\cdots,\alpha_n$ 是数 $1,2,\cdots,n$ 的一个排列. 由条件 ① 和性质(6) 知道这些矩阵的数 d_T 有下面的形式

$$d_T=\pm a_{1\alpha_1}a_{2\alpha_2}\cdots a_{n\alpha_n}d_N$$

它的正负号是由它的足数的置换的奇偶性来决定的. 这样就得到了数 d_Q 的表示式：把所有 d_T 形式的项的公因子 d_N 提到括号外面去，在括号里面，很明显的按照 §4 中所给予的定义，是矩阵 $\boldsymbol{M}$ 的行列式 $|\boldsymbol{M}|$，也就是

$$d_Q=|\boldsymbol{M}|\cdot d_N \tag{*}$$

如果我们现在取幺矩阵 $\boldsymbol{E}$ 作为矩阵 $\boldsymbol{N}$，那么 $\boldsymbol{Q}=\boldsymbol{M}$，且由条件 ③，得 $d_N=d_E=1$，就是对于任何矩阵 $\boldsymbol{M}$ 都有等式

$$d_M=|\boldsymbol{M}|$$

这就是所要证明的结果. 同时没有用拉普拉斯定理，再一次证明了关于行列式的乘法定理：对此只要在等式(*)中把数 d_Q 和 d_N 换做它们的对应矩阵的行列式就能得出.

结束这些公理的讨论，我们来证明条件 ① ～ ③ 的无关性，也就是证明这些条件里面任何一个都不能由其余两个推出.

为了证明条件 ③ 的无关性，设对每一个 n 阶矩阵 $\boldsymbol{M}$ 都有 $d_M=0$. 条件 ① 与

② 显然适合,但是条件 ③ 不符合.

为了证明条件 ② 的无关性,设对每一个矩阵 $\boldsymbol{M}$,数 $d_{\boldsymbol{M}}$ 都等于这一个矩阵中位于主对角线上的这些元素的乘积.条件 ① 和 ③ 是适合的,但条件 ② 不再适合.

最后,为了证明条件 ① 的无关性,设对每一个矩阵 $\boldsymbol{M}$ 都有 $d_{\boldsymbol{M}}=1$.条件 ② 和 ③ 在这里是适合的,但条件 ① 不适合.

复　数

第4章

§17　复　数　系

在初等代数里，我们曾经几次扩大了数的范围. 初学代数的学生必须熟悉算术里的正整数和正分数. 代数实际上是从引进负数开始的，也就是从构成第一个重要数系——由所有正负整数及零构成的整数系以及更广泛的由全部正负整数及分数构成的有理数系开始的.

在引进无理数后，我们又进一步扩大了数的范围，得出一种包含所有有理数和无理数的数系，叫作实数系. 严格的构成实数系的工作通常是在大学的数学分析课程里进行. 然而对于我们说来，不论在前几章或者在今后，读者在中学代数课程里所掌握的实数知识就已足够了.

在初等代数里，最后把实数系扩大到复数系，但是读者对这个数系的了解远不如实数系，虽然实际上它有很多极好的特性. 在本章中将再次对复数做必要的、较为完整的讨论.

复数的引进是与下面的问题相联系的. 我们已经知道实数对于解任意实系数二次方程是不够的. 最简单的没有实根的二次方程是

$$x^2+1=0 \tag{1}$$

我们现在要研究这个方程.在我们面前的问题是这样的:必须把实数扩展为这样的数系,使得方程(1)在它里面有根.

取平面上的点来构造这一新的数系.回想一下用直线上的点来表示实数的方法(它是依据这样一个事实,如果已经给出直线上的原点和单位长后,直线上每一点都有一个对应横坐标,于是在全部实数的集合和直线上所有点的集合之间得出了一个一一对应),这个表示法系统地运用到各个数学部门,以至我们习惯于不把实数和它所表示的点视为不同的东西.

于是,我们想定义出一个可用平面上的全部点来表示的数系.目前,我们还没有引进平面上点的加法和乘法,所以我们有权选择点的运算的定义,只要使新数系具有所需要的一切性质.初看起来,这些定义,尤其是乘法,是很不自然的.但是在第十章中将证明,不论用怎样的其他定义,即使初看起来比较自然,都不能使我们达到目的,也就是不能建立实数系的一个扩展数系,使其含有方程(1)的根.

设在平面上取一直角坐标系.约定用符号 $\alpha,\beta,\gamma,\cdots$ 来记平面上的点,且用 (a,b) 来表示横坐标为 a,纵坐标为 b 的点 α,也就是采用解析几何的写法,$\alpha=(a,b)$.如果给出了点 $\alpha=(a,b)$ 和 $\beta=(c,d)$,那么这两点的和是指横坐标为 $a+c$,纵坐标为 $b+d$ 的点,也就是

$$(a,b)+(c,d)=(a+c,b+d) \tag{2}$$

点 $\alpha=(a,b)$ 和 $\beta=(c,d)$ 的乘积是指横坐标为 $ac-bd$,纵坐标为 $ad+bc$ 的点,也就是

$$(a,b)(c,d)=(ac-bd,ad+bc) \tag{3}$$

这些方法在整个平面上的点的集合内确定了两个代数运算.现在来证明,这些运算具有在实数系和有理数系的运算所具有的性质:即两个运算的可群律和可易律,以及联系两个运算的分配律,并且有逆运算——减法和除法(除数不为零)存在.

加法的可易性和可群性是很明显的(确切一点说,可以从实数加法的对应性质推出),因为平面上点的相加就是分别把它们的横坐标和纵坐标加起来.从点 α 和 β 的乘积的对称情况可以得出乘法的可易性.乘法的可群性可由下面这些等式证明

$$[(a,b)(c,d)(e,f)]=(ac-bd,ad+bc)(e,f)=$$
$$(ace-bde-adf-bcf,acf-bdf+ade+bce)$$
$$(a,b)[(c,d)(e,f)]=(a,b)(ce-df,cf+de)=$$
$$(ace-adf-bcf-bde,acf+ade+bce-bdf)$$

分配定律可以从下面的两个等式推出

$$[(a,b)+(c,d)](e,f)=(a+c,b+d)(e,f)=$$
$$(ae+ce-bf-df,af+cf+be+de)$$
$$(a,b)(e,f)+(c,d)(e,f)=(ae-bf,af+be)+(ce-df,cf+de)=$$
$$(ae-bf+ce-df,af+be+cf+de)$$

讨论关于逆运算的问题.如果给出了点 $\alpha=(a,b)$ 和 $\beta=(c,d)$,那么他们的差将是这样的点 (x,y),使得

$$(c,d)+(x,y)=(a,b)$$

因此,从式(2) 知道有

$$c+x=a,d+y=b$$

这样一来,点 $\alpha=(a,b)$ 和 $\beta=(c,d)$ 的差为点

$$\alpha-\beta=(a-c,b-d) \tag{4}$$

而且它是唯一确定的.特别的,可以用原点(0,0) 为零元素,而对于点 $\alpha(a,b)$ 的负元素为

$$-\alpha=(-a,-b) \tag{5}$$

再设所给出的点是 $\alpha=(a,b)$ 和 $\beta=(c,d)$,而且点 β 不为零,也就是说在两个坐标 c,d 中至少有一个不为零,因而 $c^2+d^2\neq 0$.用 β 来除 α 所得出的商应该是这样的点 (x,y),使得 $(c,d)(x,y)=(a,b)$.因此,从式(3) 知道有

$$cx-dy=a$$
$$dx+cy=b$$

解出这一组方程,我们得到

$$x=\frac{ac+bd}{c^2+d^2},y=\frac{bc-ad}{c^2+d^2}$$

这样一来,当 $\beta\neq 0$ 时,商 $\frac{\alpha}{\beta}$ 是存在的而且可以唯一的表示为

$$\frac{\alpha}{\beta}=\left(\frac{ac+bd}{c^2+d^2},\frac{bc-cd}{c^2+d^2}\right) \tag{6}$$

现在假设 $\beta=\alpha$,我们得出关于点的乘法的幺元素,就是点(1,0),它落在横坐标轴上,位置在原点右边,和原点的距离是单位长 1.再在式(6) 中,设 $\alpha=(1,0)$,当 $\beta\neq 0$ 时,我们得出对于 β 的逆元素

$$\beta^{-1}=\left(\frac{c}{c^2+d^2},\frac{-d}{c^2+d^2}\right) \tag{7}$$

这样一来,我们构成了一个数系,它用平面上的点来表示,而它们的运算是用式(2) 和(3) 来决定的.这个数系叫作复数系.我们来证明,复数系是实数系的扩展数系.为了这一个目的,我们来讨论位置在横坐标轴上的点,也就是 $(a,0)$ 形的点.使点 $(a,0)$ 和实数 a 相对应,很明显的,我们得出所讨论的点的集合和全部实数的集合之间的一个一一对应.对于这些点应用式(2) 和(3),可得等

式

$$(a,0)+(b,0)=(a+b,0)$$

$$(a,0)\cdot(b,0)=(ab,0)$$

也就是,点$(a,0)$的相加和相乘是同它们的对应实数的加法和乘法一致的.这样一来,位置在横坐标轴上的点的集合是复数系的子系,而且它和平常的实数系在直线上的点的表示没有什么不同.这就允许我们不必区分点$(a,0)$和实数a,也就是常可假设$(a,0)=a$.特别的,复数系的零元素$(0,0)$和幺元素$(1,0)$就是平常的实数0和1.

现在应当证明,复数含有方程(1)的根,也就是含有这样的元素,它的平方等于实数-1.例如,位置在纵坐标轴上,在原点的上方距离为单位长的点$(0,1)$就是这样元素.事实上,从式(3)可以得出

$$(0,1)\cdot(0,1)=(-1,0)=-1$$

约定以符号i来记这一个点,就得$\mathrm{i}^2=-1$.

最后,我们来证明,对于我们作出的数系可以得到复数的通常记法.为此,我们首先求出实数b和元素i的乘积

$$b\mathrm{i}=(b,0)\cdot(0,1)=(0,b)$$

故知,这就是位置在纵坐标轴上它的纵坐标为b的点,而且所有纵坐标轴上的点都可以表示为这样的乘积,现在如果(a,b)为任何一点,那么从等式

$$(a,b)=(a,0)+(0,b)$$

得出

$$(a,b)=a+b\mathrm{i}$$

也就是引到了平常的复数写法.很明显的必须了解表示式$a+b\mathrm{i}$中的和与积,是我们构成的复数系中所确定的运算.

现在,当建立了复数后,读者不难验证,本书前面各章的全部理论——行列式理论、线性方程组理论、向量的线性相关性理论以及矩阵运算的理论都可以不受任何限制地转移到复数的情形,而不仅限于实数的情形.

最后,我们指出,建立复数系的过程暗示了以下的问题:能不能确定三维空间中点的加法和乘法,使得这些点的总体成为含有复数系和实数系的数系?这个问题超出了本书的范围,我们只指出,它的答案是否定的.

另外,注意以上确定的复数的加法,实质上与平面上由坐标原点引出的向量的加法相一致(参看下节).很自然的提出了这样的问题:是否在某个n维实向量空间中可以确定向量的乘法,使得这个空间对于这个乘法和通常的向量加法来说,是包含实数系的数系?可以证明,如果要这个运算满足有理数系、实数系、复数系中的运算所具有的全部性质,是不能办到的.如果不要求乘法的可易性,那么在四维空间中可以确定这种运算,同时把这个数系称为四元数系.在八

维空间中类似的做法也是可能的，即可得出所谓凯莱数系，同时，在这里不仅应当除去乘法可易性，而且连它的可群性也要除去.

§18 继续研究复数

根据历史的传统我们把复数i叫作虚单位数，而把$b\mathrm{i}$形的数叫作纯虚数，虽然这些数的真实性对于我们已经是没有可以怀疑的了，而且我们已经指出可以用平面上的点——纵坐标轴上的点——来表出这些数. 写复数α为$\alpha=a+b\mathrm{i}$的形式时，数a叫作α的实数部分，而$b\mathrm{i}$为它的虚数部分. 用§17中所说的方法使点和复数相同的那个平面叫作复平面. 这一个平面上的横坐标轴叫作实轴，因为它上面的点是表示实数的，对应的把复平面上的纵坐标轴叫作虚轴.

对于复数的加、减、乘、除，可以写为$a+b\mathrm{i}$的形式，按照上节的式(2)(4)(3)和(6)来做

$$(a+b\mathrm{i})+(c+d\mathrm{i})=(a+c)+(b+d)\mathrm{i}$$

$$(a+b\mathrm{i})-(c+d\mathrm{i})=(a-c)+(b-d)\mathrm{i}$$

$$(a+b\mathrm{i})(c+d\mathrm{i})=(ac-bd)+(ad+bc)\mathrm{i}$$

$$\frac{a+b\mathrm{i}}{c+d\mathrm{i}}=\frac{ac+bd}{c^2+d^2}+\frac{bc-ad}{c^2+d^2}\mathrm{i}$$

现在我们可以说，复数相加时，只要把它们的实数部分和虚数部分分别加起来，对于减法也有同样的规划. 对于乘法和除法的公式，这样的叙述过于复杂，我们不再用文字来给出它的说法. 最后一个公式不必记忆，只是要记住，把分母的虚数部分变号后同乘原有分数的分子和分母就行. 事实上

$$\frac{a+b\mathrm{i}}{c+d\mathrm{i}}=\frac{(a+b\mathrm{i})(c-d\mathrm{i})}{(c+d\mathrm{i})(c-d\mathrm{i})}=\frac{(ac+bd)+(bc-ad)\mathrm{i}}{c^2+d^2}=\frac{ac+bd}{c^2+d^2}+\frac{bc-ad}{c^2+d^2}\mathrm{i}$$

例

(1) $(2+5\mathrm{i})+(1-7\mathrm{i})=(2+1)+(5-7)\mathrm{i}=3-2\mathrm{i}$.

(2) $(3-9\mathrm{i})-(7+\mathrm{i})=(3-7)+(-9-1)\mathrm{i}=-4-10\mathrm{i}$.

(3) $(1+2\mathrm{i})(3-\mathrm{i})=[1\times3-2\times(-1)]+[1\times(-1)+2\times3]\mathrm{i}=5+5\mathrm{i}$.

(4) $\dfrac{23+\mathrm{i}}{3+\mathrm{i}}=\dfrac{(23+\mathrm{i})(3-\mathrm{i})}{(3+\mathrm{i})(3-\mathrm{i})}=\dfrac{70-20\mathrm{i}}{10}=7-2\mathrm{i}$.

复数既可用平面上的点来表示，自然使我们想到要找出复数运算的几何意义. 对于加法这样的说明很容易得出. 假设给出数$\alpha=a+b\mathrm{i}$，$\beta=c+d\mathrm{i}$. 自原点到点(a,b)和(c,d)作两条连线，且以它们为边作平行四边形(图1). 平行四边形的第四顶点很明显的是点$(a+c,b+d)$. 这样一来，知道复数的几何加法适合平行四边形规则，也就是从原点所引出的向量加法. 再者，数$\alpha=a+b\mathrm{i}$的负数是

复平面上对于原点来说点 α 对称的点(图 2). 故不难得出减法的几何意义.

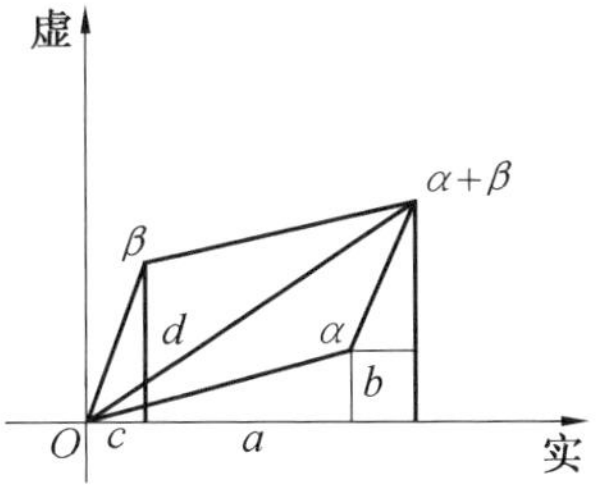

图 1

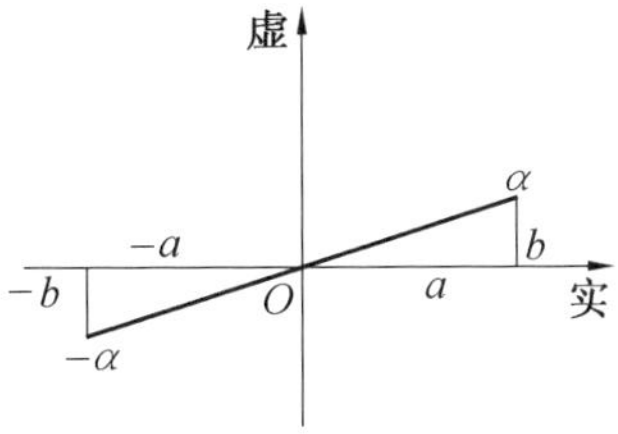

图 2

对于复数的乘除的几何意义,在引进复数的一种新的写法以后,就能很明显的得出. 写 $\alpha=a+b\mathrm{i}$ 的形式时用到这一个数的对应点的笛卡儿坐标. 但是点在平面上的位置也可以用它的极坐标来确定:从原点到这一点的距离 r 和从横坐标轴的正向一直到从原点到这一点的方向间所夹的角 φ(图 3).

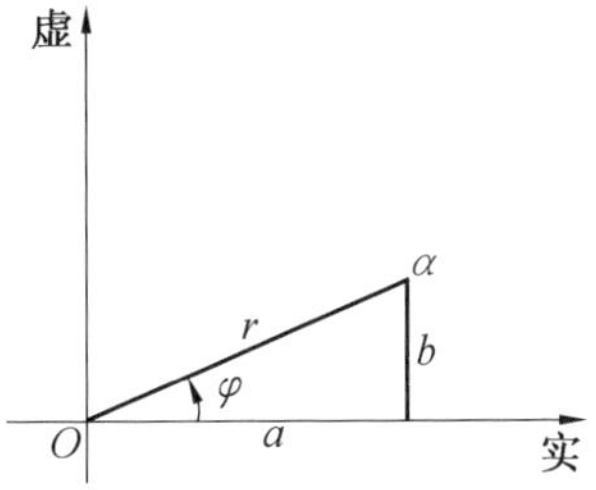

图 3

数 r 是非负的实数,而且只对于点 O 它才等于零. 对位于实轴上的 α,也就是 α 为一实数时,数 r 是 α 的绝对值,所以对于任何一个复数 α,有时也把 r 叫作数 α 的绝对值,但更常用的是把 r 叫作数 α 的模. 用 $|\alpha|$ 来记它.

角 φ 叫作数 α 的辐角且用 $\arg\alpha$ 来记它①,角 φ 可以取任何一个实数值,正的或者是负的,而且正角的方向是逆时针的方向,但如两角彼此之间只差 2π 或 2π 的整数倍,那么它们在平面上的对应点彼此重合.

这样一来,复数 α 的辐角有无穷多个值,彼此之间只差 2π 的整数倍. 从两个已经给出它们的模和辐角的相等复数,可以得出这样的结论,它们的辐角相差一个 2π 的整数倍,但是它们的模相等. 只有对于数零,辐角是不定的,但这个数由等式 $|0|=0$ 所完全确定.

复数的辐角是实数的正负号的很自然的推广. 事实上,正实数的辐角等于 0,负实数的辐角等于 π. 在实轴上,从原点仅能引出两个方向,故可用两个符号 $+$ 和 $-$ 来区别它们,至于在复平面上从点 O 所引出的方向是无穷多的,所以用它们同正向实轴所成的角来区别.

在点的笛卡儿坐标和极坐标之间有下列关系存在,对于平面上任何地方的点都能成立

① 我们没有用平常点的极坐标的名称——动径和极角.

$$a = r\cos\varphi, b = r\sin\varphi \tag{1}$$

故有

$$r = +\sqrt{a^2 + b^2} \tag{2}$$

应用式(1) 到任一复数 $\alpha = a + b\mathrm{i}$

$$\alpha = a + b\mathrm{i} = r\cos\varphi + (r\sin\varphi)\mathrm{i}$$

或

$$\alpha = r(\cos\varphi + \mathrm{i}\sin\varphi) \tag{3}$$

反过来,设数 $\alpha = a + b\mathrm{i}$ 可以写为 $\alpha = r_0(\cos\varphi_0 + \mathrm{i}\sin\varphi_0)$ 的形式,其中 r_0 与 φ_0 为某两个实数,而且 $r_0 \geqslant 0$. 那么 $r_0\cos\varphi_0 = a, r_0\sin\varphi_0 = b$,故 $r_0 = +\sqrt{a^2 + b^2}$,也就是,由式(2) 得出 $r_0 = |\alpha|$. 因此利用式(1),得出 $\cos\varphi_0 = \cos\varphi$,$\sin\varphi_0 = \sin\varphi$,也就是,$\varphi_0 = \arg\alpha$. 这样一来,每一个复数 α 都可以唯一地写为式(3) 的形式,其中 $r = |\alpha|, \varphi = \arg\alpha$(再者,如果不算 2π 的倍数,很明显的,辐角 φ 是唯一确定的). 数 α 的这一种写法叫作三角形式,是以后常常要用到的.

数

$$\alpha = 3\left(\cos\frac{\pi}{4} + \mathrm{i}\sin\frac{\pi}{4}\right), \beta = \cos\frac{19}{3}\pi + \mathrm{i}\sin\frac{19}{3}\pi$$

和

$$\gamma = \sqrt{3}\left[\cos\left(-\frac{\pi}{7}\right) + \mathrm{i}\sin\left(-\frac{\pi}{7}\right)\right]$$

都是以三角形式给出的. 这里 $|\alpha| = 3$, $|\beta| = 1$, $|\gamma| = \sqrt{3}$; $\arg\alpha = \frac{\pi}{4}$, $\arg\beta = \frac{19}{3}\pi$, $\arg\gamma = -\frac{\pi}{7}$(或 $\arg\beta = \frac{\pi}{3}$, $\arg\gamma = \frac{13}{7}\pi$).

另外,复数

$$\alpha' = (-2)\left(\cos\frac{\pi}{5} + \mathrm{i}\sin\frac{\pi}{5}\right), \beta' = 3\left(\cos\frac{2}{3}\pi - \mathrm{i}\sin\frac{2}{3}\pi\right)$$

$$\gamma' = 2\left(\cos\frac{\pi}{3} + \mathrm{i}\sin\frac{3}{4}\pi\right), \delta' = \sin\frac{3}{4}\pi + \mathrm{i}\cos\frac{3}{4}\pi$$

的写法虽然很像式(3) 的写法,但都不是三角形式. 这些数的三角形式的写法是这样的

$$\alpha' = 2\left(\cos\frac{6}{5}\pi + \mathrm{i}\sin\frac{6}{5}\pi\right), \beta' = 3\left(\cos\frac{4}{3}\pi + \mathrm{i}\sin\frac{4}{3}\pi\right)$$

$$\delta' = \cos\frac{7}{4}\pi + \mathrm{i}\sin\frac{7}{4}\pi$$

要找数 γ' 的三角形式就遇到了困难,这在化复数的平常写法为三角形式或化三角形式为平常的写法时几乎是常常遇到的:除了不多的情况,从给出的角的余弦和正弦的数值来求出角的确定值,或从给出的角来写出它的正弦和余弦的

确定值,都是不可能的.

设已给出复数 α 和 β 的三角形式:$\alpha = r(\cos\varphi + i\sin\varphi)$,$\beta = r'(\cos\varphi' + i\sin\varphi')$. 乘出这些数

$$\alpha\beta = [r(\cos\varphi + i\sin\varphi)]\cdot[r'(\cos\varphi' + i\sin\varphi')] =$$
$$rr'(\cos\varphi\cos\varphi' + i\cos\varphi\sin\varphi' + i\sin\varphi\cos\varphi' - \sin\varphi\sin\varphi')$$

或

$$\alpha\beta = rr'[\cos(\varphi + \varphi') + i\sin(\varphi + \varphi')] \tag{4}$$

我们已经得出乘积 $\alpha\beta$ 的三角形式写法,而且 $|\alpha\beta| = rr'$,或

$$|\alpha\beta| = |\alpha||\beta| \tag{5}$$

也就是,复数乘积的模等于它的因子的模的乘积,还有 $\arg(\alpha\beta) = \varphi + \varphi'$,或

$$\arg(\alpha\beta) = \arg\alpha + \arg\beta \tag{6}$$

也就是,复数乘积的辐角等于它的因子的辐角的和①. 这一个等式显然可以推广到任何多有限个因子的情形. 应用式(5) 到实数的情形,给出熟知的这些数的绝对值的性质,且易证式(6) 化为实数乘法的正负号规则.

对于商我们有类似的规则. 如果假设 $\alpha = r(\cos\varphi + i\sin\varphi)$,$\beta = r'(\cos\varphi' + i\sin\varphi')$,而且 $\beta \neq 0$,也就是 $r' \neq 0$. 那么

$$\frac{\alpha}{\beta} = \frac{r(\cos\varphi + i\sin\varphi)}{r'(\cos\varphi' + i\sin\varphi')} = \frac{r(\cos\varphi + i\sin\varphi)(\cos\varphi' - i\sin\varphi')}{r'(\cos^2\varphi' + \sin^2\varphi')} =$$
$$\frac{r}{r'}(\cos\varphi\cos\varphi' + i\sin\varphi\cos\varphi' - i\cos\varphi\sin\varphi' + \sin\varphi\sin\varphi')$$

或

$$\frac{\alpha}{\beta} = \frac{r}{r'}[\cos(\varphi - \varphi') + i\sin(\varphi - \varphi')] \tag{7}$$

故得 $\left|\frac{\alpha}{\beta}\right| = \frac{r}{r'}$ 或

$$\left|\frac{\alpha}{\beta}\right| = \frac{|\alpha|}{|\beta|} \tag{8}$$

也就是两个复数的商的模等于用除数的模来除被除数的模所得出的商,还有,$\arg\left(\frac{\alpha}{\beta}\right) = \varphi - \varphi'$ 或

$$\arg\left(\frac{\alpha}{\beta}\right) = \arg\alpha - \arg\beta \tag{9}$$

也就是两个复数的商的辐角等于从它的被除数的辐角减去除数的辐角所得出的差.

---

① 注意这一个等式是不算 2π 的整数倍的.

现在不难弄明白乘除的几何意义.事实上,由式(5)和(6),数α与数$\beta=r'(\cos\varphi'+\mathrm{i}\sin\varphi')$的乘积所表示的点,是从$O$到$\alpha$引一向量(图4),把它从逆时针方向转$\varphi'=\arg\beta$角度,再把这一向量拉长$r'=|\beta|$倍(当$0\leqslant r'<1$时,很明显的不是拉长而是缩小)而得出的点.还有,从式(7)知道,当$\alpha=r(\cos\varphi+\mathrm{i}\sin\varphi)\neq 0$时

$$\alpha^{-1}=r^{-1}[\cos(-\varphi)+\mathrm{i}\sin(-\varphi)] \tag{10}$$

也就是$|\alpha^{-1}|=|\alpha|^{-1}$,$\arg(\alpha^{-1})=-\arg\alpha$.这样一来,如果在原点到$\alpha$的这段射线上,取点$\alpha'$使得它和原点的距离为$r^{-1}$,再对于实轴取$\alpha'$的对称点,我们就得出$\alpha^{-1}$(图5)[①].

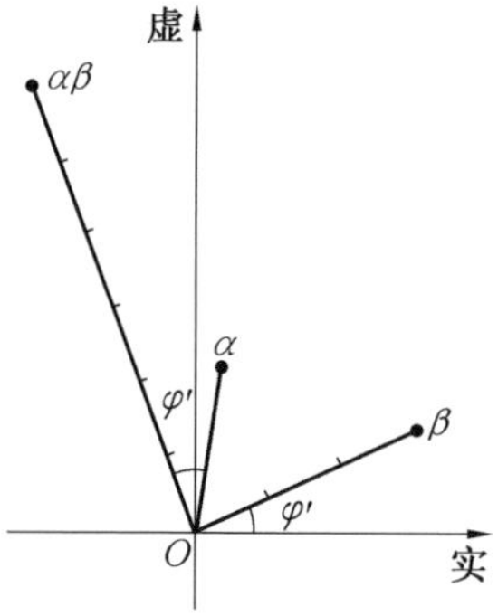

图 4

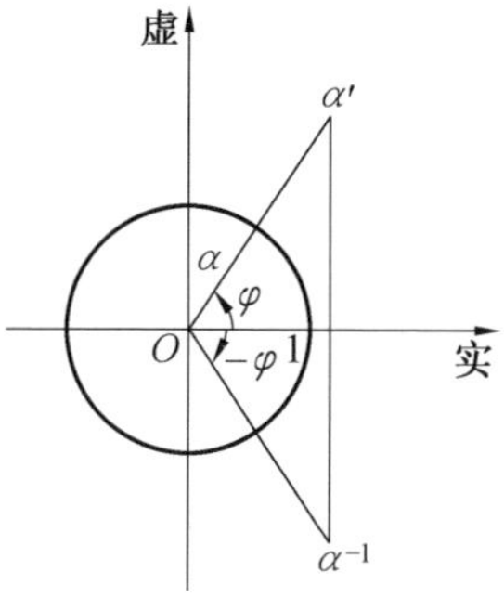

图 5

写成三角形式的复数的和与差,不能用类似式(4)与(7)的式子表示出.但对和的模可以得出下面的重要不等式

$$|\alpha|-|\beta|\leqslant|\alpha+\beta|\leqslant|\alpha|+|\beta| \tag{11}$$

也就是两个复数的和的模小于或等于它们的模的和,但大于或等于它们的模的差.不等式(11)可从熟知的初等几何中关于三角形的边长定理推出,因为我们已知$|\alpha+\beta|$等于边为$|\alpha|$和$|\beta|$的平行四边形的对角线.特殊情形的讨论,让读者自己来做,这就是点α,β和0同在一条直线上的情形.仅在这个不等式(11)里面才能有相等关系.

在不等式(11)中,利用$\alpha-\beta=\alpha+(-\beta)$和

$$|-\beta|=|\beta| \tag{12}$$

(这一等式可从数$-\beta$的几何意义得出),可推出不等式

$$|\alpha|-|\beta|\leqslant|\alpha-\beta|\leqslant|\alpha|+|\beta| \tag{13}$$

---

① 当且仅当$|\alpha'|=|\alpha|$时,才有$|\alpha|=1$,也就是点α在单位圆的圆周上.如果α在单位圆内,那么α'就在单位圆外,反过来也是对的.还有,从这一方法很明显的我们得出复平面上所有在单位圆外的点和原点以外的所有在单位圆内的点之间的一个一一对应.

也就是对于模的差有同模的和相像的不等式.

不等式(11)也可用下面的方法来得出.设$\alpha = r(\cos\varphi + \mathrm{i}\sin\varphi)$,$\beta = r'(\cos\varphi' + \mathrm{i}\sin\varphi')$,且设数$\alpha+\beta$的三角形式为$\alpha+\beta = R(\cos\psi + \mathrm{i}\sin\psi)$.分别把它们的实数部分和虚数部分加起来,得

$$r\cos\varphi + r'\cos\varphi' = R\cos\psi$$
$$r\sin\varphi + r'\sin\varphi' = R\sin\psi$$

用$\cos\psi$来同乘前一等式的两边,用$\sin\psi$来同乘后一等式的两边以后,把它们相加,得

$$r(\cos\varphi\cos\psi + \sin\varphi\sin\psi) + r'(\cos\varphi'\cos\psi + \sin\varphi'\sin\psi) = R(\cos^2\psi + \sin^2\psi)$$

这就是

$$r\cos(\varphi-\psi) + r'\cos(\varphi'-\psi) = R$$

所以从余弦的绝对值不能大于1,得出不等式$r + r' \geqslant R$,也就是$|\alpha| + |\beta| \geqslant |\alpha+\beta|$.另外,$\alpha = (\alpha+\beta) - \beta = (\alpha+\beta) + (-\beta)$.故从所证明的结果和式(12),有

$$|\alpha| \leqslant |\alpha+\beta| + |-\beta| = |\alpha+\beta| + |\beta|$$

因此$|\alpha| - |\beta| \leqslant |\alpha+\beta|$.

我们注意,对于复数来说,“大于”和“小于”的概念是没有什么意义的,因为这些数和实数不同,它们不是位置在一条直线上的点有自然的前后次序,而是一个平面上的.所以在复数(不是它们的模)之间不能用不等号来连接.

共轭数 设已给出复数$\alpha = a + b\mathrm{i}$.和α比较起来,只有虚数部分正负号不同的数$a - b\mathrm{i}$叫作α的共轭数,用$\bar{\alpha}$来记它.

回想一下,在讨论复数的除法时候,我们曾经用到共轭数,虽然那时候没有引进这一个名称.

同$\bar{\alpha}$共轭的数很明显的是α,也就是α和$\bar{\alpha}$可以说成一对共轭数.实数,也只有实数,是自己同自己共轭的.

从几何意义上讲,共轭数是对于实轴对称的点(图6).故有等式

$$|\bar{\alpha}| = |\alpha|, \arg\bar{\alpha} = -\arg\alpha \tag{14}$$

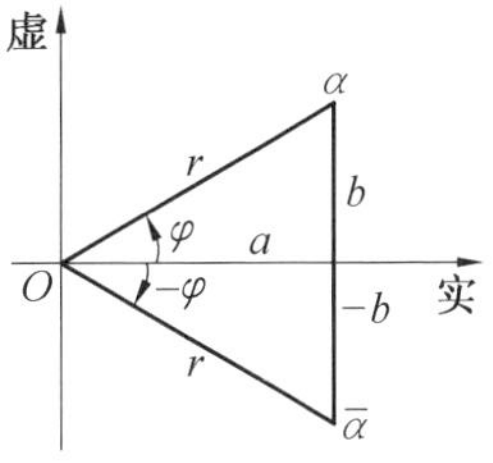

图 6

共轭复数的积与和都是实数.事实上

$$\begin{cases}\alpha + \bar{\alpha} = 2a \\ \alpha\bar{\alpha} = a^2 + b^2 = |\alpha|^2\end{cases} \tag{15}$$

后一等式证明当$\alpha \neq 0$时,数$\alpha\bar{\alpha}$是正的.现在所证明的性质对§24所得出的定理有决定性作用.

等式

$$(a-bi)+(c-di)=(a+c)-(b+d)i$$

说明两数的和的共轭数等于它们的共轭数的和

$$\overline{\alpha+\beta}=\bar{\alpha}+\bar{\beta} \tag{16}$$

同理,从等式

$$(a-bi)(c-di)=(ac-bd)-(ad+bc)i$$

推知,积的共轭数等于它的因子的共轭数的积

$$\overline{\alpha\beta}=\bar{\alpha}\cdot\bar{\beta} \tag{17}$$

直接验算就可以证明下面的公式是正确的

$$\overline{\alpha-\beta}=\bar{\alpha}-\bar{\beta} \tag{18}$$

$$\overline{\left(\frac{\alpha}{\beta}\right)}=\frac{\bar{\alpha}}{\bar{\beta}} \tag{19}$$

我们来证明下面的论断:如果数 α 由复数 $\beta_1,\beta_2,\cdots,\beta_n$ 经若干次加、减、乘、除而表出,那么在这个表示式中,将每个 β_k 换为其共轭数后,我们得到 α 的共轭数. 特别地,如果 α 是实数,那么把每个 β_k 换为其共轭数后,仍得出 α.

我们对 n 取归纳法来证明,因为 $n=2$ 时,可由公式(16) ~ (19) 推出这一论断.

设数 α 是由数 $\beta_1,\beta_2,\cdots,\beta_n$ 来表示的,而这些 β 不一定都不相同. 在这个表示式中,按某个确定的次序来应用加法、减法、乘法和除法. 最后一步,是对于以数 $\beta_1,\beta_2,\cdots,\beta_k(1\leqslant k\leqslant n-1)$ 所表示出的数 γ_1 和以数 $\beta_{k+1},\cdots,\beta_n$ 所表示出的数 γ_2 来进行这些运算中的某一个运算. 从归纳法的假设,把数 $\beta_1,\beta_2,\cdots,\beta_k$ 换做他们的共轭数后,就等于把 γ_1 换做 $\bar{\gamma}_1$,而把数 $\beta_{k+1},\cdots,\beta_n$ 换做他们的共轭数后,也就等于把 γ_2 换做 $\bar{\gamma}_2$. 但是应用公式(16) ~ (19) 中的某一个,我们把 γ_1 和 γ_2 换做 $\bar{\gamma}_1$ 和 $\bar{\gamma}_2$ 后,就把数 α 换成了 $\bar{\alpha}$.

§ 19 复数的方根

现在讲复数的乘方和求复数的方根问题. 对于数 $\alpha=a+bi$ 的正整数 n 次幂,只要对表示式 $(a+bi)^n$ 先应用牛顿二项式定理(这一定理对复数也能成立,因为它的证明只依据分配律),而后应用等式 $i^2=-1,i^3=-i,i^4=1$ 以及由此推得的普遍式

$$i^{4k}=1,i^{4k+1}=i,i^{4k+2}=-1,i^{4k+3}=-i$$

如果数 α 用三角形式给出,那么对于正整数 n,从上节的式(4) 推得下面的公式,叫作棣莫弗公式

$$[r(\cos\varphi+\mathrm{i}\sin\varphi)]^n=r^n(\cos n\varphi+\mathrm{i}\sin n\varphi) \tag{1}$$

也就是说复数乘幂的模等于它的模的同次乘幂，而乘出后的辐角等于原来辐角的幂次倍. 式(1) 对于负整数也能成立. 因为由 $\alpha^{-n}=(\alpha^{-1})^n$，只要应用棣莫弗公式到数 α^{-1} 就能证明，至于它的三角形式见上节的式(10).

例 1 (1) $\mathrm{i}^{37}=\mathrm{i}, \mathrm{i}^{122}=-1$.

(2) $(2+5\mathrm{i})^3=2^3+3\times2^2\times5\mathrm{i}+3\times2\times5^2\mathrm{i}^2+5^3\mathrm{i}^3=8+60\mathrm{i}-150-125\mathrm{i}=-142-65\mathrm{i}$.

(3) $\left[\sqrt{2}\left(\cos\frac{\pi}{4}+\mathrm{i}\sin\frac{\pi}{4}\right)\right]^4=(\sqrt{2})^4(\cos\pi+\mathrm{i}\sin\pi)=-4$.

(4) $\left[3\left(\cos\frac{\pi}{5}+\mathrm{i}\sin\frac{\pi}{5}\right)\right]^{-3}=3^{-3}\left[\cos\left(-\frac{3}{5}\pi\right)+\mathrm{i}\sin\left(-\frac{3}{5}\pi\right)\right]=\frac{1}{27}\left(\cos\frac{7}{5}\pi+\mathrm{i}\sin\frac{7}{5}\pi\right)$.

应用棣莫弗公式的特殊情形，也就是用等式

$$(\cos\varphi+\mathrm{i}\sin\varphi)^n=\cos n\varphi+\mathrm{i}\sin n\varphi$$

很容易得出关于正弦和余弦的一些多倍角公式. 事实上，利用二项式定理来展开这个等式的左边以后，再把两边的实数和虚数部分分别列出等式，我们得出

$$\cos\varphi=\cos^n\varphi-\binom{n}{2}\cos^{n-2}\varphi\cdot\sin^2\varphi+\binom{n}{4}\cos^{n-4}\varphi\cdot\sin^4\varphi-\cdots$$

$$\sin n\varphi=\binom{n}{1}\cos^{n-1}\varphi\cdot\sin\varphi-\binom{n}{3}\cos^{n-3}\varphi\cdot\sin^3\varphi+\binom{n}{5}\cos^{n-5}\varphi\cdot\sin^5\varphi-\cdots$$

这里的 $\binom{n}{k}$ 是平常对于二项式展开后系数的记法

$$\binom{n}{k}=\frac{n(n-1)(n-2)\cdots(n-k+1)}{1\times2\times3\times\cdots\times k}$$

当 $n=2$ 的时候，我们得出已知的公式

$$\cos 2\varphi=\cos^2\varphi-\sin^2\varphi$$

$$\sin 2\varphi=2\cos\varphi\sin\varphi$$

而在 $n=3$ 的时候，我们得到公式

$$\cos 3\varphi=\cos^3\varphi-3\cos\varphi\sin^2\varphi$$

$$\sin 3\varphi=3\cos^2\varphi\sin\varphi-\sin^3\varphi$$

求出复数的方根是有很多困难的. 先来求出数 $\alpha=a+b\mathrm{i}$ 的平方根. 现在我们不知道是不是有这样的复数，它的平方等于 α. 先假设这样的数 $u+v\mathrm{i}$ 是存在的，亦即用平常的符号，可以写作

$$\sqrt{a+b\mathrm{i}}=u+v\mathrm{i}$$

由等式

$$(u+v\mathrm{i})^2=a+b\mathrm{i}$$

得

$$u^2-v^2=a,2uv=b \tag{2}$$

将式(2) 中每个等式的两边平方后,再把它们相加,得

$$(u^2-v^2)^2+4u^2v^2=(u^2+v^2)^2=a^2+b^2$$

故

$$u^2+v^2=+\sqrt{a^2+b^2}$$

因为 u 和 v 是实数,它们的平方和是正的,所以在上式中取正号. 从这一等式和等式(2) 的第一式可得

$$u^2=\frac{1}{2}(a+\sqrt{a^2+b^2})$$

$$v^2=\frac{1}{2}(-a+\sqrt{a^2+b^2})$$

开方后我们得出 u 的两个互相反号的值,对于 v 亦是如此. 所有这些值都是实数,因为对于任何 a,b,方根里面的数都是正的. 对于 u 和 v 的值并不是任意组合的,因为由等式(2) 的第二式,积 uv 必须和 b 同号. 这只给出 u 和 v 的值的两种可能组合,也就是有两个 $u+v\mathrm{i}$ 形的数可以为数 α 的平方根的值,这两个数彼此反号. 初等的但是麻烦的验算(把所得出的数分别对于 $b>0$ 和 $b<0$ 这两个情形来平方) 证明,我们所求出的实数是数 α 的平方根的值. 这样一来,复数开平方是永远可能的而且可以得两个彼此反号的根.

特别的,现在可以求出负实数的平方根,而且这个根的值都是纯虚数. 事实上,如果 $a<0$ 和 $b=0$,那么$\sqrt{a^2+b^2}=-a$,因为这一个方根是正的,所以$u^2=\frac{1}{2}(a-a)=0$,就得出 $u=0$,因此$\sqrt{a}=\pm v\mathrm{i}$.

例 2　设 $\alpha=21-20\mathrm{i}$. 那么$\sqrt{a^2+b^2}=\sqrt{441+440}=29$. 所以

$$u^2=\frac{1}{2}(21+19)=25,v^2=\frac{1}{2}(-21+29)=4$$

因此,$u=\pm5,v=\pm2$. 因为 b 为负数,u 与 v 必须反号,所以

$$\sqrt{21-20\mathrm{i}}=\pm(5-2\mathrm{i})$$

要想求出形为 $a+b\mathrm{i}$ 的复数的高于二次的方根会遇到不可克服的困难. 如果我们想用同上面类似的方法来求出数 $a+b\mathrm{i}$ 的三次根,那么要解出某些三次辅助方程,现在我们还不能解,以后在 §38 中我们才知道怎样来求出复数的三次根. 另外,常可用三角形式来求出任何次根,现在我们来彻底解决这一个问

题.

假使要求出数 $\alpha=r(\cos\varphi+\mathrm{i}\sin\varphi)$ 的 n 次根. 首先假设有根 $\rho(\cos\theta+\mathrm{i}\sin\theta)$ 存在,也就是

$$[\rho(\cos\theta+\mathrm{i}\sin\theta)]^n=r(\cos\varphi+\mathrm{i}\sin\varphi) \tag{3}$$

那么由棣莫弗公式得 $\rho^n=r$,亦就是 $\rho=\sqrt[n]{r}$,它的右边是正实数 r 的一个唯一确定的 n 次正根. 另外,等式(3) 的左边的辐角是 $n\theta$. 但不能断定 $n\theta$ 等于 φ,因为它们可以相差一个 2π 的整数倍. 故 $n\theta=\varphi+2k\pi$,里面的 k 是整数,因此

$$\theta=\frac{\varphi+2k\pi}{n}$$

反过来,如果我们取数 $\sqrt[n]{r}\left(\cos\frac{\varphi+2k\pi}{n}+\mathrm{i}\sin\frac{\varphi+2k\pi}{n}\right)$,那么对于任何整数 k,无论是正的或负的,这一个数的 n 次方等于 α. 这样一来

$$\sqrt[n]{r(\cos\varphi+\mathrm{i}\sin\varphi)}=\sqrt[n]{r}\left(\cos\frac{\varphi+2k\pi}{n}+\mathrm{i}\sin\frac{\varphi+2k\pi}{n}\right) \tag{4}$$

给 k 以不同的值,我们不一定得出所求根的不同的值. 其实,当

$$k=0,1,2,\cdots,n-1 \tag{5}$$

时,我们得出 n 个根,它们都不相同,因为对 k 增加一个单位数,辐角增加 $\frac{2\pi}{n}$. 现在设 k 是任何整数. 如果 $k=nq+r, 0\leqslant r\leqslant n-1$. 那么

$$\frac{\varphi+2k\pi}{n}=\frac{\varphi+2(nq+r)\pi}{n}=\frac{\varphi+2r\pi}{n}+2q\pi$$

就是说对于我们的这一个 k 所得出的辐角的值,和 $k=r$ 时所得出的辐角的值只差一个 2π 的倍数,所以我们得到的值和 k 等于 r 时的根的值相同,也就是这个根落在(5) 里面.

这样一来,求出复数 α 的 n 次根常是可能的而且是有 n 个不同的值. 所有的根都排列在用原点作圆心,$\sqrt[n]{|\alpha|}$ 作半径的圆周上而且把圆周分为 n 等分.

特别的,实数 a 的 n 次根亦有 n 个不同的值,它们里面有两个、一个或全无实根,是随 a 的正负号和 n 的奇偶性来决定的.

例 3

$$(1)\beta=\sqrt[3]{2\left(\cos\frac{3}{4}\pi+\mathrm{i}\sin\frac{3}{4}\pi\right)}=\sqrt[3]{2}\left(\cos\frac{\frac{3}{4}\pi+2k\pi}{3}+\mathrm{i}\sin\frac{\frac{3}{4}\pi+2k\pi}{3}\right)$$

$$k=0:\beta_0=\sqrt[3]{2}\left(\cos\frac{\pi}{4}+\mathrm{i}\sin\frac{\pi}{4}\right)$$

$$k=1:\beta_1=\sqrt[3]{2}\left(\cos\frac{11}{12}\pi+\mathrm{i}\sin\frac{11}{12}\pi\right)$$

$$k=2:\beta_2=\sqrt[3]{2}\left(\cos\frac{19}{12}\pi+\mathrm{i}\sin\frac{19}{12}\pi\right)$$

$$(2)\beta=\sqrt{\mathrm{i}}=\sqrt{\cos\frac{\pi}{2}+\mathrm{i}\sin\frac{\pi}{2}}=\cos\frac{\frac{\pi}{2}+2k\pi}{2}+\mathrm{i}\sin\frac{\frac{\pi}{2}+2k\pi}{2}$$

$$\beta_0=\cos\frac{\pi}{4}+\mathrm{i}\sin\frac{\pi}{4}=\frac{\sqrt{2}}{2}+\mathrm{i}\frac{\sqrt{2}}{2}$$

$$\beta_1=\cos\frac{5}{4}\pi+\mathrm{i}\sin\frac{5}{4}\pi=-\beta_0$$

$$(3)\beta=\sqrt[3]{-8}=\sqrt[3]{8(\cos\pi+\mathrm{i}\sin\pi)}=2\left(\cos\frac{\pi+2k\pi}{3}+\mathrm{i}\sin\frac{\pi+2k\pi}{3}\right)$$

$$\beta_0=2\left(\cos\frac{\pi}{3}+\mathrm{i}\sin\frac{\pi}{3}\right)=1+\mathrm{i}\sqrt{3}$$

$$\beta_1=2(\cos\pi+\mathrm{i}\sin\pi)=-2$$

$$\beta_2=2\left(\cos\frac{5\pi}{3}+\mathrm{i}\sin\frac{5\pi}{3}\right)=1-\mathrm{i}\sqrt{3}$$

单位根　特别重要的情形是求数 1 的 n 次根. 这个根有 n 个值，所有这些值，我们叫作 n 次单位根，从等式 $1=\cos 0+\mathrm{i}\sin 0$ 和公式(4)，知道它们是

$$\sqrt[n]{1}=\cos\frac{2k\pi}{n}+\mathrm{i}\sin\frac{2k\pi}{n},k=0,1,\cdots,n-1 \tag{6}$$

从式(6)，知道如果 n 是偶数，那么在 $k=0$ 和 $\frac{n}{2}$ 时得 n 次单位根的实值，如 n 为奇数，那么只在 $k=0$ 时才能得出实值. 在复平面上，n 次单位根排列在单位圆的圆周上而且把圆周分为 n 等分，其中有一个分点是数 1. 因此，n 次单位根中那些不是实数的值的位置是对实轴对称的，也就是说两两共轭.

二次单位根有两个值 1 和 -1，四次单位根有四个值 $1,-1,\mathrm{i}$ 和 $-\mathrm{i}$. 记住三次单位根的值，以后很有用处. 由式(6)，这些数是 $\cos\frac{2k\pi}{3}+\mathrm{i}\sin\frac{2k\pi}{3}$，它里面的 $k=0,1,2$，也就是，除 1 以外，是共轭数

$$\begin{cases}\varepsilon_1=\cos\frac{2\pi}{3}+\mathrm{i}\sin\frac{2\pi}{3}=-\frac{1}{2}+\mathrm{i}\frac{\sqrt{3}}{2}\\ \varepsilon_2=\cos\frac{4\pi}{3}+\mathrm{i}\sin\frac{4\pi}{3}=-\frac{1}{2}-\mathrm{i}\frac{\sqrt{3}}{2}\end{cases} \tag{7}$$

复数 α 的 n 次根的所有值，都可以从它的某一个值乘上所有的 n 次单位根来得出. 因为如果假设 β 是数 α 的 n 次根的某一个值，也就是 $\beta^n=\alpha$，而 ε 为任何一个 n 次单位根，也就是 $\varepsilon^n=1$. 那么 $(\beta\varepsilon)^n=\beta^n\varepsilon^n=\alpha$，也就是 $\beta\varepsilon$ 是 $\sqrt[n]{\alpha}$ 的一个值. 用 n 次单位根的每一个值来乘 β，我们得出 α 的 n 次根的 n 个不同的值，也就是这个根所有的值.

例如数 -8 的立方根有一个值 -2. 从式(7)，知道其他两个根是 $-2\varepsilon_1=1-$

$i\sqrt{3}$ 和 $-2\varepsilon_2=1+i\sqrt{3}$(参考例 3(3)).

例如$\sqrt[4]{81}$ 有四个值:$3,-3,3i,-3i$.

两个 n 次单位根的乘积仍然是一个 n 次单位根.因为如果 $\varepsilon^n=1$ 和 $\eta^n=1$,那么$(\varepsilon\eta)^n=\varepsilon^n\eta^n=1$.还有,$n$ 次单位根的倒数仍然是一个 n 次单位根.事实上,设 $\varepsilon^n=1$.那么从 $\varepsilon\cdot\varepsilon^{-1}=1$ 得出 $\varepsilon^n\cdot(\varepsilon^{-1})^n=1$,也就是$(\varepsilon^{-1})^n=1$.普遍的说,$n$ 次单位根的任何次乘方都是 n 次单位根.

对于 k 的任何倍数 l,每一个 k 次单位根必定也是 l 次单位根.所以如果我们来讨论所有 n 次单位根,对于 n 的除数 n' 来说,其中有些单位根是 n' 次单位根.但是对于每一个 n,都有这样的 n 次单位根存在,它不是一个低次的单位根.这样的根叫作 n 次原单位根.它们的存在可以从式(6)推出:如果以 ε_k 记对应于值 k 的根值(如 $\varepsilon_0=1$),那么,从棣莫弗公式(1)得

$$\varepsilon_1^k=\varepsilon_k$$

故数 ε_1 的小于 n 的每一个乘方都不能等于 1,也就是 $\varepsilon_1=\cos\frac{2\pi}{n}+i\sin\frac{2\pi}{n}$ 是一个原单位根.

当且仅当 n 次单位根 ε 的那些乘方 $\varepsilon^k(k=0,1,\cdots,n-1)$ 都不相等,也就是从那些乘方可得出所有的 n 次单位根时,ε 才是 n 次原单位根.

事实上,设 ε 的那些乘方各不相同,很明显的 ε 是一个 n 次原单位根.反过来,如果在 $0\leqslant k<l<\leqslant n-1$ 时,$\varepsilon^k=\varepsilon^l$,那么 $\varepsilon^{l-k}=1$,也就是从不等式 $1\leqslant l-k\leqslant n-1$,知道 ε 不是一个原根.

上面求出的数 ε_1,一般的说并不是唯一的 n 次原单位根.下面的定理决定所有的 n 次原单位根.

如果 ε 是一个 n 次原单位根,那么当且仅当 k 和 n 互质时,ε^k 才是 n 次原单位根.

事实上,设 d 是 k 和 n 的最大公约数.如果 $d>1$ 而且有 $k=dk'$,$n=dn'$,那么

$$(\varepsilon^k)^{n'}=\varepsilon^{kn'}=\varepsilon^{k'n}=(\varepsilon^n)^{k'}=1$$

就是说根 ε^k 是一个 n' 次单位根.

另外,设 $d=1$ 且同时设数 ε^k 是 m 次单位根,$1\leqslant m<n$.那么

$$(\varepsilon^k)^m=\varepsilon^{km}=1$$

因为数 ε 是 n 次原单位根,就是说只在它的方次是 n 的倍数时才能等于 1,所以数 km 是 n 的倍数.但因 $1\leqslant m<n$,故可推知 k 和 n 不能互质,和假设冲突.

这样一来,n 次原单位根的个数,等于比 n 小而且和 n 互质的正整数的个数.平常用 $\varphi(n)$ 来记这一个数,在任何数论的书中都可以找得到.

如果 p 是一个质数,那么除 1 以外所有 p 次单位根都是原单位根.另外,在四次单位根里面,只有 i 和 $-i$ 是原单位根,而 1 和 -1 都不是原单位根.

多项式和它的根

第5章

§ 20　多项式的运算

在初等代数里，从只含一个未知量的一个一次方程开始，进而讨论有两个未知量两个一次方程的方程组和有三个未知量三个一次方程的方程组. 本书前两章中的内容，特别是行列式论和线性方程组的理论就是这一方向的直接的发展. 初等代数的另一个方向，是从一个未知量的一次方程进而讨论仍为一个未知量的任意二次方程，而后到某些特殊类型的三次和四次方程的讨论. 这一方向形成高等代数的一个很丰富的分支，即对一个未知量的任何 n 次方程的研究. 本章及本书后面若干章的内容都属于这一有古老历史的代数分支.

n 次(其中 n 为某一正整数) 方程的一般形式是

$$a_0x^n + a_1x^{n-1} + \cdots + a_{n-1}x + a_n = 0 \tag{1}$$

我们把这一方程的系数 $a_0, a_1, \cdots, a_{n-1}, a_n$ 看作任意的数，而且首项系数 a_0 必须不等于零.

如果写出了方程(1)，那么常常想要求出它的解. 换句话说，要求出未知量 x 的这样的值使它适合这一个方程，也就是用这个值来代未知量，而且施行方程中所指出的运算后方程(1) 的左边变为零.

但是更有意义的是把解方程(1) 的工作换为更普遍地研究这一方程的左边. 式(1) 的左边

$$a_0x^n + a_1x^{n-1} + \cdots + a_{n-1}x + a_n \tag{2}$$

叫作未知量 x 的 n 次多项式. 对于这一名词,必须明确地了解,现在的多项式是只指式(2) 形式的表示式,也就是只有某些数值系数的未知量 x 的非负整数次幂的和,而不是初等代数中所说的任何单项式的和. 特别是那些含有未知量 x 的负数幂或分数幂的,例如 $2x^2-\frac{1}{x}+3, ax^{-3}+bx^{-2}+cx^{-1}+d+ex+fx^2$,或 $x^{\frac{1}{2}}+1$, 我们不把它们算作多项式. 我们应用符号 $f(x), g(x), \phi(x)$ 等,作为多项式的缩写.

只有在未知量的同次乘幂的系数都相等的情况下,我们把两个多项式 $f(x)$ 和 $g(x)$ 视为相等(或恒等): $f(x)=g(x)$. 特别是,凡至少有一个系数不等于零的多项式,都不能等于零,所以用在 n 次方程(1) 的写法中的等号和现在的多项式相等的定义毫无关系. 写在多项式之间的"=" 号,以后常表示为这些多项式恒等的意义.

于是,应该把 n 次多项式(2) 看作由系数 $a_0, a_1, \cdots, a_n$ 所完全确定的某个表达形式. 这些话的确切意义在后面的第十章中有更多的阐述. 我们指出,除多项式按未知量 x 的降幂排列的形式(2) 外,由重新排列多项式的各项而得到的其他写法也是允许的,例如,可按未知量的升幂排列.

当然,也可以从数学分析的观点来看多项式(2),也就是把多项式看作复变量 x 的复函数. 然而应该考虑到,如果某两个函数的值在变量 x 的任何值下都相等,这两个函数才算作相等. 很明显,在上面所指出的形式代数意义下相等的两个多项式,作为 x 的函数也是相等的. 但逆命题要在 §24 中才证明. 在那以后,数值系数多项式的概念的代数和函数论的观点事实上等价了,但暂时我们应该每次都指出,多项式的概念是指哪一种意义. 在本节和下两节,我们将把多项式看作形式代数的表达式.

很明显,任何自然数 n 的 n 次多项式都是存在的. 在研究各种各样多项式时,除了一次、二次、三次多项式外,还可能遇到零次多项式,即不等于零的复数. 数 0 也算作多项式,它是唯一的没有定出次数的多项式.

现在我们给出复系数多项式的加法和乘法运算的定义. 这些运算和读者在初等代数中所熟知的,实系数多项式的运算是一样的.

如果给出了复系数多项式 $f(x)$ 和 $g(x)$,为了方便起见,照 x 的升幂写出

$$f(x)=a_0+a_1x+\cdots+a_{n-1}x^{n-1}+a_nx^n, a_n\neq 0$$

$$g(x)=b_0+b_1x+\cdots+b_{s-1}x^{s-1}+b_sx^s, b_s\neq 0$$

且设,例如,$n\geqslant s$,那么它们的和是指多项式

$$f(x)+g(x)=c_0+c_1x+\cdots+c_{n-1}x^{n-1}+c_nx^n$$

它的系数是多项式 $f(x)$ 和 $g(x)$ 中同次未知量的系数的和,也就是

$$c_i=a_i+b_i, i=0,1,\cdots,n \tag{3}$$

而当 $n > s$ 时，系数 $b_{s+1}, b_{s+2}, \cdots, b_n$ 都为零. 如果 $n > s$，和的次数等于 n，但当 $n = s$ 时可能得出小于 n 的次数，就是在 $b_n = -a_n$ 的情形.

多项式 $f(x)$ 和 $g(x)$ 的乘积是指多项式

$$f(x) \cdot g(x) = d_0 + d_1 x + \cdots + d_{n+s-1} x^{n+s-1} + d_{n+s} x^{n+s}$$

它的系数是这样确定的

$$d_i = \sum_{k+l=i} a_k b_l, i = 0, 1, \cdots, n+s-1, n+s \tag{4}$$

也就是，系数 d_i 是多项式 $f(x)$ 和 $g(x)$ 的所有足数的和等于 i 的系数彼此相乘后所得出的全部乘积的和；特别是 $d_0 = a_0 b_0, d_1 = a_0 b_1 + a_1 b_0, \cdots, d_{n+s} = a_n b_s$. 从最后的等式推知 $d_{n+s} \neq 0$，所以两个多项式的乘积的次数等于这两个多项式的次数的和.

由此得出结论：不等于零的多项式的乘积，永远不会为零.

我们所引进的多项式的运算，有些什么性质呢？加法的可易性和可群性可以从数的加法的性质直接推出，因为我们是对未知量的每个乘幂的系数来分别相加的. 减法是可以施行的：被视为多项式的数零有零元素的作用，而对上面所写出的 $f(x)$，负元素是多项式

$$-f(x) = -a_0 - a_1 x - \cdots - a_{n-1} x^{n-1} - a_n x^n$$

乘法可易性可从数的乘法的可易性推出，因在多项式的乘法定义中，多项式 $f(x)$ 和 $g(x)$ 的系数在运算过程中是有同等地位的. 乘法的可群性可以用下面的方法来证明：如果除了上面所写出的多项式 $f(x)$ 和 $g(x)$ 外，再给出多项式

$$h(x) = c_0 + c_1 x + \cdots + c_{t-1} x^{t-1} + c_t x^t, c_t \neq 0$$

那么在乘积 $[f(x)g(x)]h(x)$ 中，$x^i (i = 0, 1, \cdots, n+s+t)$ 的系数是数

$$\sum_{j+m=i} \Big(\sum_{k+l=j} a_k b_l \Big) c_m = \sum_{k+l+m=i} a_k b_l c_m$$

而在乘积 $f(x)[g(x)h(x)]$ 中，等于元素

$$\sum_{k+j=i} ak \Big(\sum_{l+m=j} b_l c_m \Big) = \sum_{k+l+m=i} a_k b_l c_m$$

最后，分配律的正确性可以从下面的等式推出

$$\sum_{k+l=i} (a_k + b_k) c_l = \sum_{k+l=i} a_k c_l + \sum_{k+l=i} b_k c_l$$

因为这一个等式的左边是多项式 $[f(x) + g(x)]h(x)$ 中 x^i 的系数，而右边是多项式 $f(x)h(x) + g(x)h(x)$ 中未知量的同一幂次的系数.

我们注意，在多项式乘法中，作为零次多项式的数 1，起了幺元素的作用. 当且仅当 $f(x)$ 是零次多项式时，才有逆多项式 $f^{-1}(x)$，使得

$$f(x) f^{-1}(x) = 1 \tag{5}$$

实际上，如果 $f(x)$ 是不等于零的数 a，那么逆多项式是数 a^{-1}，当 $f(x)$ 的

次数 $n \geqslant 1$ 时,如果 $f^{-1}(x)$ 存在,那么等式(5) 左边的次数不低于 n,但右边却是一个零次多项式.

由此得出结论:多项式乘法的逆运算 —— 除法是不存在的. 在这一点上,所有复系数多项式的体系类似于全部整数系. 这个类似还表现在:对于多项式,也像整数一样,存在带余除法. 读者在初等代数中已经熟知实系数多项式的带余除法,但因为现在我们研究的是复系数多项式,就应该再次引入所有与此有关的公式并进行证明.

对于任何两个多项式 $f(x)$ 和 $g(x)$,可以找到这样的多项式 $q(x)$ 和 $r(x)$,使得

$$f(x) = g(x)q(x) + r(x) \tag{6}$$

而且 $r(x)$ 如果不是零,它的次数就低于 $g(x)$ 的次数. 适合这些条件的多项式 $q(x)$ 和 $r(x)$ 是唯一确定的.

首先证明定理的后一半. 设还有多项式 $\overline{q}(x)$ 和 $\overline{r}(x)$ 存在,且适合等式

$$f(x) = g(x)\overline{q}(x) + \overline{r}(x) \tag{7}$$

且 $\overline{r}(x)$ 的次数也低于 $g(x)$ 的次数. 从等式(6) 和(7) 的右边彼此相等得到

$$g(x)[q(x) - \overline{q}(x)] = \overline{r}(x) - r(x)$$

这个等式的右边如果不是零,其次数就低于 $g(x)$ 的次数,当 $q(x) - \overline{q}(x)$ 和 $\overline{q}(x) \neq 0$ 时,等式左边的次数将大于或等于 $g(x)$ 的次数. 故必须 $q(x) - \overline{q}(x) = 0$,也就是 $q(x) = \overline{q}(x)$,因此知道 $r(x) = \overline{r}(x)$,这就是所要证明的.

现在来证明定理的前一半. 设多项式 $f(x)$ 和 $g(x)$ 的次数各为 n 和 s. 如果 $n < s$,那么可取 $q(x) = 0$, $r(x) = f(x)$. 如果 $n \geqslant s$,那么,我们运用在初等代数中对按降幂排列的实系数多项式施行除法一样的方法来降低未知量的次数. 设

$$f(x) = a_0x^n + a_1x^{n-1} + \cdots + a_{n-1}x + a_n, a_0 \neq 0$$
$$g(x) = b_0x^s + b_1x^{s-1} + \cdots + b_{s-1}x + b_s, b_0 \neq 0$$

取

$$f(x) - \frac{a_0}{b_0}x^{n-s}g(x) = f_1(x) \tag{8}$$

我们就得出一个次数小于 n 的多项式. 用 n_1 来记它的次数,且用 a_{10} 来记多项式 $f_1(x)$ 的首项系数. 再者,如果还有 $n_1 \geqslant s$,那么取

$$f_1(x) - \frac{a_{10}}{b_0}x^{n_1-s}g(x) = f_2(x) \tag{8_1}$$

就用 n_2 来记它的次数,用 a_{20} 来记多项式 $f_2(x)$ 的首项系数,继续取

$$f_2(x) - \frac{a_{20}}{b_0}x^{n_2-s}g(x) = f_3(x) \tag{8_2}$$

依此类推.

因为多项式 $f_1(x), f_2(x), \cdots$ 的次数逐渐降低,$n > n_1 > n_2 > \cdots$,所以在

进行有限次之后将达到这样的多项式 $f_k(x)$

$$f_{k-1}(x)-\frac{a_{k-1,0}}{b_0}x^{n_{k-1}-s}g(x)=f_k(x) \tag{8_{k-1}}$$

它的次数 n_k 就小于 s，到这里我们就要停止进行. 现在把等式(8)，(8_1)，…，(8_{k-1}) 加起来，我们得出

$$f(x)-\left(\frac{a_0}{b_0}x^{n-s}+\frac{a_{10}}{b_0}x^{n_1-s}+\cdots+\frac{a_{k-1,0}}{b_0}x^{n_{k-1}-s}\right)g(x)=f_k(x)$$

也就是多项式

$$q(x)=\frac{a_0}{b_0}x^{n-s}+\frac{a_{10}}{b_0}x^{n_1-s}+\cdots+\frac{a_{k-1,0}}{b_0}x^{n_{k-1}-s}$$

$$r(x)=f_k(x)$$

确实适合等式(6)，而且 $r(x)$ 的次数低于 $g(x)$ 的次数.

我们指出，多项式 $q(x)$ 叫作用 $g(x)$ 除 $f(x)$ 的商式，而 $r(x)$ 叫作余式.

由带余除法的研究易知：如果 $f(x)$ 是实系数多项式，那么，所有多项式 $f_1(x)$，$f(x)$，… 的系数以及商式 $q(x)$ 和余式 $r(x)$ 的系数都是实数.

§21　因式，最大公因式

设给出了非零的复系数多项式 $f(x)$ 和 $\varphi(x)$. 如果用 $\varphi(x)$ 去除 $f(x)$ 的余式为零，即如一般所说，$\varphi(x)$ 除尽(或整除)$f(x)$，那么多项式 $\varphi(x)$ 叫作多项式 $f(x)$ 的因式.

当且仅当有多项式 $\psi(x)$ 存在，且

$$f(x)=\varphi(x)\psi(x) \tag{1}$$

时，多项式 $\varphi(x)$ 是多项式 $f(x)$ 的因式.

事实上，如果 $\varphi(x)$ 是 $f(x)$ 的因式，那么，应取 $\varphi(x)$ 除 $f(x)$ 的商作为 $\psi(x)$；反之，设有满足等式(1) 的多项式 $\psi(x)$ 存在，由上节证明的，满足等式

$$f(x)=\varphi(x)q(x)+r(x)$$

且因为 $r(x)$ 的次数低于 $\varphi(x)$ 的次数及多项式 $q(x)$ 和 $r(x)$ 的唯一性，在我们的情形可得，$\varphi(x)$ 除 $f(x)$ 的商等于 $\psi(x)$，而余式为零.

显然，如果等式(1) 成立，那么 $\psi(x)$ 也是 $f(x)$ 的因式，且 $\varphi(x)$ 的次数不高于 $f(x)$ 的次数.

我们注意，如果多项式 $f(x)$ 和它的因式 $\varphi(x)$ 的系数是有理数或实数，那么，相应地，多项式 $\psi(x)$ 的系数同样是有理数或实数，因为用除法就可求出它们. 但是有理系数或实系数多项式不一定相应地有有理系数或实系数因式. 例如

$$x^2+1=(x+\mathrm{i})(x-\mathrm{i})$$

我们将指出多项式可除性的一些基本性质,这在以后有很多用处.

Ⅰ.如果 $f(x)$ 被 $g(x)$ 所除尽,而 $g(x)$ 被 $h(x)$ 所除尽,那么 $f(x)$ 将被 $h(x)$ 所除尽.

事实上,由条件得出 $f(x)=g(x)\varphi(x)$ 和 $g(x)=h(x)\psi(x)$,故有 $f(x)=h(x)[\psi(x)\varphi(x)]$.

Ⅱ.如果 $f(x)$ 和 $g(x)$ 都被 $\varphi(x)$ 所除尽,那么它们的和与差也都被 $\varphi(x)$ 所除尽.

事实上,由等式 $f(x)=\varphi(x)\psi(x)$ 和 $g(x)=\varphi(x)\chi(x)$ 推得 $f(x)\pm g(x)=\varphi(x)[\psi(x)\pm\chi(x)]$.

Ⅲ.如果 $f(x)$ 被 $\varphi(x)$ 所除尽,那么 $f(x)$ 和任一多项式 $g(x)$ 的乘积也被 $\varphi(x)$ 所除尽.

事实上,如果 $f(x)=\varphi(x)\psi(x)$,那么 $f(x)g(x)=\varphi(x)[\psi(x)g(x)]$.

从 Ⅱ 与 Ⅲ 推得下面的性质:

Ⅳ.如果每一个多项式 $f_1(x),f_2(x),\cdots,f_k(x)$ 都被 $\varphi(x)$ 所除尽,那么 $\varphi(x)$ 将除尽多项式

$$f_1(x)g_1(x)+f_2(x)g_2(x)+\cdots+f_k(x)g_k(x)$$

其中 $g_1(x),g_2(x),\cdots,g_k(x)$ 是任意多项式.

Ⅴ.每一个多项式 $f(x)$ 都可被任何一个零次多项式所除尽.

事实上,如果 $f(x)=a_0x^n+a_1x^{n-1}+\cdots+a_n$,而 c 为任何一个不等于零的常数,也就是任何一个零次多项式,那么

$$f(x)=c\left(\frac{a_0}{c}x^n+\frac{a_1}{c}x^{n-1}+\cdots+\frac{a_n}{c}\right)$$

Ⅵ.如果 $f(x)$ 被 $\varphi(x)$ 所除尽,那么 $f(x)$ 也被 $c\varphi(x)$ 所除尽,其中 c 是不为零的任何一个数.

事实上,由等式 $f(x)=\varphi(x)\psi(x)$ 得出等式 $f(x)=[c\varphi(x)]\cdot[c^{-1}\psi(x)]$.

Ⅶ.和 $f(x)$ 同次且能除尽 $f(x)$ 的多项式有 $cf(x),c\neq 0$,而且只有 $cf(x)$.

事实上,$f(x)=c^{-1}[cf(x)]$,也就是 $f(x)$ 被 $cf(x)$ 所除尽.另外,如果 $f(x)$ 被 $\varphi(x)$ 所除尽,而且 $f(x)$ 的次数和 $\varphi(x)$ 的次数一样,那么 $\varphi(x)$ 除 $f(x)$ 所得出的商式的次数必须等于零,也就是 $f(x)=d\varphi(x),d\neq 0$,故 $\varphi(x)=d^{-1}f(x)$.

因此得出下面的性质:

Ⅷ.多项式 $f(x)$ 和 $g(x)$ 可彼此互相除尽的充分必要条件是 $g(x)=cf(x),c\neq 0$.

最后，由 Ⅷ 和 Ⅰ 推得性质：

Ⅸ. 除尽 $f(x)$ 和 $cf(x)$，$c \neq 0$ 的某一个的多项式，必除尽它们的另一个.

最大公因式　设已给任意两个多项式 $f(x)$ 和 $g(x)$. 如果多项式 $\varphi(x)$ 同时是 $f(x)$ 和 $g(x)$ 的因式，就称它为这两个多项式的公因式. 从上述性质 Ⅴ 可知，每个零次多项式都是 $f(x)$ 和 $g(x)$ 的公因式，如果这两个多项式没有其他公因式，那么，它们叫作互质.

在一般情形下，多项式 $f(x)$ 和 $g(x)$ 可能含有 x 的公因式，我们要引进这些多项式的最大公因式的概念.

用多项式 $f(x)$ 和 $g(x)$ 的公因式中次数最高者做它们的最大公因式的定义是不大合适的. 一方面，到现在为止，我们还不知道 $f(x)$ 和 $g(x)$ 是否含有许多不同的次数最高的公因式，彼此之间不仅只有零次因子的差别(也就是说，这一定义的确定性不够). 另一方面，读者在初等代数中已遇到过求整数的最大公约数的问题. 并且知道，整数 12 和 18 的最大公约数 6，不仅是这两个数的公约数中的最大数，而且为其他任何一个公约数所除尽. 事实上，12 和 18 的其他公约数是 $1,2,3,-1,-2,-3,-6$.

因此，我们对多项式的最大公因式给出这样的定义：

多项式 $f(x)$ 和 $g(x)$ 的最大公因式是指这样的多项式 $d(x)$，它是 $f(x)$ 和 $g(x)$ 的公因式，同时又被它们的其他任何公因式所除尽. 我们用符号 $(f(x), g(x))$ 来记多项式 $f(x)$ 和 $g(x)$ 的最大公因式.

这个定义尚未解决下列问题：对于任何多项式 $f(x)$ 和 $g(x)$ 是否都有最大公因式存在. 现在我们来给这个问题一个肯定答复. 同时给出了实际求所给多项式的最大公因式的方法. 自然此处不能硬搬平常求整数的最大公约数的方法，因为到现在为止还不能同分解整数一样分解多项式为质因子的乘积. 但是对于整数，有另一种方法，叫作辗转相除法或欧几里得算法，这一方法是完全可以运用到多项式这一情形上来的.

对于多项式的欧几里得算法有下面的说法. 设已给出多项式 $f(x)$ 和 $g(x)$. 用 $g(x)$ 来除 $f(x)$，一般的说，得出某一个余式 $r_1(x)$. 再用 $r_1(x)$ 来除 $g(x)$ 得出余式 $r_2(x)$，而后用 $r_2(x)$ 来除 $r_1(x)$，照这样进行. 因为余式的次数每次降低，所以在这一连串的除法中，一定会达到可以整除的情形，因而这一工作就会停止. 能除尽前一余式 $r_{k-1}(x)$ 的余式 $r_k(x)$，就是多项式 $f(x)$ 和 $g(x)$ 的最大公因式.

为了证明，我们先将上段所说的写为下面的一连串等式

$$\begin{cases} f(x)=g(x)q_1(x)+r_1(x) \\ g(x)=r_1(x)q_2(x)+r_2(x) \\ r_1(x)=r_2(x)q_3(x)+r_3(x) \\ \quad\vdots \\ r_{k-3}(x)=r_{k-2}(x)q_{k-1}(x)+r_{k-1}(x) \\ r_{k-2}(x)=r_{k-1}(x)q_k(x)+r_k(x) \\ r_{k-1}(x)=r_k(x)q_{k+1}(x) \end{cases} \tag{2}$$

最后一个等式证明了 $r_k(x)$ 为 $r_{k-1}(x)$ 的因式. 故知倒数第二等式的右边两项都为 $r_k(x)$ 所除尽,因此 $r_k(x)$ 为 $r_{k-1}(x)$ 的因式. 再用同样的方法往上推,我们逐步得出 $r_k(x)$ 为 $r_{k-2}(x)$ 的因式. 再用同样的方法往上推,我们逐步得出 $r_k(x)$ 为 $r_{k-3}(x),\cdots,r_2(x),r_1(x)$ 的因式. 故由第二等式,知 $r_k(x)$ 为 $g(x)$ 的因式,再由第一等式知道它是 $f(x)$ 的因式. 这样一来,$r_k(x)$ 是 $f(x)$ 和 $g(x)$ 的公因式.

现在取多项式 $f(x)$ 和 $g(x)$ 的任何一个公因式 $\varphi(x)$. 因为等式(2)中第一个等式的左边和右边的第一项都被 $\varphi(x)$ 所除尽,所以 $\varphi(x)$ 也能除尽 $r_1(x)$. 转移到第二个和以后的这些等式,用同样的方法,我们知道 $\varphi(x)$ 除尽多项式 $r_2(x),r_3(x),\cdots$. 最后,如果已经证明,$r_{k-2}(x)$ 和 $r_{k-1}(x)$ 都被 $\varphi(x)$ 所除尽,那么从倒数第二等式得知 $r_k(x)$ 亦被 $\varphi(x)$ 所除尽. 这样一来,$r_k(x)$ 确实就是 $f(x)$ 和 $g(x)$ 的最大公因式.

这就证明了,对于任何两个多项式都有最大公因式存在,而且已经得出计算它的方法. 这个方法表明,如果多项式 $f(x)$ 和 $g(x)$ 的系数都是有理数(或实数),那么相应地,他们的最大公因式的系数也是有理数(或实数). 他们还可以有系数不全为有理数(或实数)的公因式. 例如,有理系数多项式

$$f(x)=x^3-3x^2-2x+6,\ g(x)=x^3+x^2-2x-2$$

以有理系数多项式 x^2-2 为最大公因式,但它们有系数不全为有理数的公因式 $x-\sqrt{2}$.

如果 $d(x)$ 是多项式 $f(x)$ 和 $g(x)$ 的最大公因式,那么,由上面所证明的性质 Ⅷ 和 Ⅸ,也可以取多项式 $cd(x)$ 为这两个多项式的最大公因式,其中 c 为不等于零的任意数. 换句话说,两个多项式的最大公因式只有在不算零次因子时才是确定的. 因此可以约定,两个不全为零的多项式的最大公因式的首项系数永远算作 1. 利用这一约定,可以说:两个多项式互质的充分必要条件是它们的最大公因式为 1. 事实上,可以取任何不为零的数作为两个互质多项式的最大公因式,但用它的倒数来相乘后,就得到 1.

例 1　求出下面多项式的最大公因式

$$f(x)=x^4+3x^3-x^2-4x-3$$

$$g(x)=3x^3+10x^2+2x-3$$

对有整系数的多项式施行欧几里得算法，为了避免出现分数系数，我们可以对被除式乘上或从除式中约去任何一个不为零的数，而且不仅在每一除法的开始时可以这样做，在任何一次除法的过程中都可以这样做. 这自然会歪曲了商(或者说引起商的改变)，但对我们所关心的余式却只有零次因式的差别，这在求出最大公因式时是许可的.

事先用 3 来乘 $f(x)$ 而后用 $g(x)$ 来除它

$$\begin{array}{r|l}
3x^4+9x^3-3x^2-12x-9 & 3x^3+10x^2+2x-3 \\
\underline{3x^4+10x^3+2x^2-3x} & \overline{x+1} \\
-x^3-5x^2-9x-9 & \\
(\text{乘以}-3) & \\
3x^3+15x^2+27x+27 & \\
\underline{3x^3+10x^2+2x-3} & \\
5x^2+25x+30 &
\end{array}$$

这样一来，约去 5 后得出第一个余式 $r_1(x)=x^2+5x+6$. 用它来除多项式 $g(x)$

$$\begin{array}{r|l}
3x^3+10x^2+2x-3 & x^2+5x+6 \\
\underline{3x^3+15x^2+18x} & \overline{3x-5} \\
-5x^2-16x-3 & \\
\underline{-5x^2-25x-30} & \\
9x+27 &
\end{array}$$

故在约去 9 后，得出第二个余式 $r_2(x)=x+3$. 因为

$$r_1(x)=r_2(x)(x+2)$$

所以 $r_2(x)$ 是最后的余式，它可以除尽它的前一个余式. 这样一来，它就是所要找出的最大公因式

$$(f(x),g(x))=x+3$$

用欧几里得算法可证明下面的定理：

如果 $d(x)$ 是多项式 $f(x)$ 和 $g(x)$ 的最大公因式，那么可以求得这样的多项式 $u(x)$ 和 $v(x)$，使得

$$f(x)u(x)+g(x)v(x)=d(x) \tag{3}$$

如果多项式 $f(x)$ 和 $g(x)$ 的次数都大于零，我们还可以使 $u(x)$ 的次数小于 $g(x)$ 的次数，$v(x)$ 的次数小于 $f(x)$ 的次数.

可以用等式(2) 来证明. 如果我们用 $r_k(x)=d(x)$ 且令 $u_1(x)=1$，$v_1(x)=-q_k(x)$，那么从等式(2) 的倒数第二式，得出

$$d(x)=r_{k-2}(x)u_1(x)+r_{k-1}(x)v_1(x)$$

用等式(2)中 $r_{k-1}(x)$ 经 $r_{k-3}(x)$ 和 $r_{k-2}(x)$ 所表示出的式子代到上面的等式，得

$$d(x)=r_{k-3}(x)u_2(x)+r_{k-2}(x)v_2(x)$$

很明显的，其中 $u_2(x)=v_1(x)$，$v_2(x)=u_1(x)-v_1(x)q_{k-1}(x)$. 按等式(2)继续这样往上推，最后得出所要证明的等式(3).

为了证明定理中所说的第二个论断，假定已经求出了适合等式(3)的多项式 $u(x)$ 和 $v(x)$，而且例如 $u(x)$ 的次数大于或等于 $g(x)$ 的次数. 用 $g(x)$ 来除 $u(x)$

$$u(x)=g(x)q(x)+r(x)$$

其中 $r(x)$ 的次数小于 $g(x)$ 的次数. 把这个表示式代入等式(3)中，我们得出等式

$$f(x)r(x)+g(x)[v(x)+f(x)q(x)]=d(x)$$

在 $f(x)$ 后面的这个因式的次数已经小于 $g(x)$ 的次数. 方括号中多项式的次数也必小于 $f(x)$ 的次数，否则等号左边第二项的次数将不小于乘积 $f(x)g(x)$ 的次数，而左边第一项的次数小于这一乘积的次数，故整个左边的次数将大于或等于 $g(x)f(x)$ 的次数，这和 $d(x)$(由假设)很明显的有较小的次数发生矛盾.

我们的定理已经证明. 同时我们还推知，如果多项式 $f(x)$ 和 $g(x)$ 有有理系数或实系数，那么，适合等式(3)的多项式 $u(x)$ 和 $v(x)$ 的系数也必相应的为有理数或实数.

例 2　取

$$f(x)=x^3-x^2+3x-10,\ g(x)=x^3+6x^2-9x-14$$

求出适合等式(3)的多项式 $u(x)$ 和 $v(x)$.

对这两个多项式施行欧几里得运算，而且现在不许在施行除法时歪曲商式，因为我们要利用这些商式来求出多项式 $u(x)$ 和 $v(x)$. 我们得出这样的一组等式

$$f(x)=g(x)(-7x^2+12x+4)$$

$$g(x)=(-7x^2+12x+4)\left(-\frac{1}{7}x-\frac{54}{49}\right)+\frac{235}{49}(x-2)$$

$$-7x^2+12x+4=(x-2)(-7x-2)$$

故知 $(f(x),g(x))=x-2$，而有

$$u(x)=\frac{7}{235}x+\frac{54}{235},\ v(x)=-\frac{7}{235}x-\frac{5}{235}$$

把上述定理的证明，用到互质的多项式，我们得出这样的结果：

多项式 $f(x)$ 和 $g(x)$ 互质的充分必要条件，是可以求得多项式 $u(x)$ 和 $v(x)$，适合等式

$$f(x)u(x)+g(x)v(x)=1 \tag{4}$$

从这一结果，可以证明一些简单的，但是很重要的关于互质多项式的定理：

（i）如果 $f(x)$ 和 $\varphi(x)$ 互质，同时也和 $\psi(x)$ 互质，那么 $f(x)$ 和它们的乘积互质.

事实上，由等式(4) 有这样的多项式 $u(x)$ 和 $v(x)$ 存在，使得

$$f(x)u(x)+\varphi(x)v(x)=1$$

用 $\psi(x)$ 来乘这一个等式，得出

$$f(x)[u(x)\psi(x)]+[\varphi(x)\psi(x)]v(x)=\psi(x)$$

故知 $f(x)$ 和 $\varphi(x)\psi(x)$ 的每一个公因式都是 $\psi(x)$ 的因式；但由条件有 $(f(x),\psi(x))=1$，故 $f(x)$ 和 $\varphi(x)\psi(x)$ 必须互质.

（ii）如果 $\varphi(x)$ 除尽多项式 $f(x)$ 和 $g(x)$ 的乘积，而 $f(x)$ 和 $\varphi(x)$ 互质，那么 $\varphi(x)$ 一定除尽 $g(x)$.

事实上，用 $g(x)$ 来乘等式

$$f(x)u(x)+\varphi(x)v(x)=1$$

我们得出

$$[f(x)g(x)]u(x)+\varphi(x)[v(x)g(x)]=g(x)$$

左边两项都被 $\varphi(x)$ 所除尽，故 $\varphi(x)$ 必是 $g(x)$ 的因式.

（iii）如果多项式 $f(x)$ 被 $\varphi(x)$ 所除尽，亦被 $\psi(x)$ 所除尽，而 $\varphi(x)$ 和 $\psi(x)$ 互质，那么 $f(x)$ 可被它们的乘积所除尽.

事实上，$f(x)=\varphi(x)\overline{\varphi}(x)$，而等式右边的乘积被 $\psi(x)$ 所除尽. 故由（ii），$\overline{\varphi}(x)$ 被 $\psi(x)$ 所除尽，$\overline{\varphi}(x)=\psi(x)\overline{\psi}(x)$，因此 $f(x)=[\varphi(x)\psi(x)]\overline{\psi}(x)$.

最大公因式的定义可以推广到任何一组有限个多项式的情形：多项式 $f_1(x),f_2(x),\cdots,f_s(x)$ 的最大公因式是指这些多项式的这样的公因式，它可以被这些多项式的其他任何公因式所除尽. 从下面的定理可以推知任何一组有限个多项式的最大公因式是存在的，同时得出了它的计算方法：

多项式 $f_1(x),f_2(x),\cdots,f_s(x)$ 的最大公因式，等于多项式 $f_s(x)$ 和多项式 $f_1(x),f_2(x),\cdots,f_{s-1}(x)$ 的最大公因式.

事实上，当 $s=2$ 时定理很明显是成立的. 我们假定它对于 $s-1$ 个多项式是真确的，也就是，假定已经证明了多项式 $f_1(x),f_2(x),\cdots,f_{s-1}(x)$ 的最大公因式 $d(x)$ 是存在的. 用 $\overline{d}(x)$ 来记多项式 $d(x)$ 和 $f_s(x)$ 的最大公因式. 它显然是所有已经给出的这些多项式的公因式. 另外，这些多项式的其他任何一个公因式都除尽 $d(x)$ 与 $f_s(x)$，故也除尽 $\overline{d}(x)$.

特别的，多项式组 $f_1(x),f_2(x),\cdots,f_s(x)$ 叫作互质，如果这些多项式的公因式只有零次多项式，也就是如果它们的最大公因式等于1. 如果 $s>2$，那么这些多项式不一定两两互质. 例如多项式组

$$f(x)=x^3-7x^2+7x+15,g(x)=x^2-2-20,h(x)=x^3+x^2-12x$$

是互质的,则有

$$(f(x),g(x))=x-5,(f(x),h(x))=x-3$$

$$(g(x),h(x))=x+4$$

读者不难将上面的定理(ⅰ)~(ⅲ)推广到任意有限多个多项式的情形.

§22　多项式的根

在 §20 中,我们已经讨论过多项式的值,那时是以函数论的观点来讨论多项式的. 我们回忆一下定义.

如果

$$f(x)=a_0x^n+a_1x^{n-1}+\cdots+a_n \tag{1}$$

是某个多项式,而 c 为某一个数,那么在 $f(x)$ 的表示式(1) 中,用数 c 来代未知量 x 并依次完成所指出的运算后所得到的数

$$f(x)=a_0c^n+a_1c^{n-1}+\cdots+a_n$$

叫作多项式 $f(x)$ 当 $x=c$ 时的值.

同时易知,如果

$$\varphi(x)=f(x)+g(x),\psi(x)=f(x)g(x)$$

那么

$$\varphi(c)=f(c)+g(c),\psi(c)=f(c)g(c)$$

换句话说,在 §20 中定义的多项式的加法和乘法,按照函数论的观点,化为函数的加法和乘法,即理解为这些函数的对应值的加法和乘法.

如果 $f(c)=0$,也就是在用数 c 代它的未知量时,多项式 $f(x)$ 化为零,那么把 c 叫作多项式 $f(x)$ 的根(或叫作方程 $f(x)=0$ 的根). 现在要证明,这一概念和多项式的可除性理论有密切关系,这一理论是前面那些节里面所研究的课题.

如果我们用任何一次多项式(或如以后所称的线性多项式)来除多项式 $f(x)$,那么余式或者是某一个零次多项式,或者为零,也就是在每一场合都是某一个数 r. 在以 $x-c$ 形多项式来除其他多项式时,由下面的定理可以不必实际去除即可求得它的余式.

用线性多项式 $x-c$ 来除 $f(x)$ 所得出的余式,等于当 $x=c$ 时多项式 $f(x)$ 的值 $f(c)$.

事实上,设

$$f(x)=(x-c)q(x)+r$$

取 $x=c$ 时这一个等式的两边的值,我们得出

$$f(c)=(c-c)q(c)+r=r$$

定理就已证明.

故可推得这样特别重要的推论：

当用仅当 $x-c$ 除尽 $f(x)$ 时，数 c 才是多项式 $f(x)$ 的根.

如果 $f(x)$ 被某一个一次多项式 $ax+b$ 所除尽，那么显然也能被多项式 $x-\left(-\frac{b}{a}\right)$ 所除尽，也就是被 $x-c$ 形的多项式所除尽. 这样一来，求出多项式 $f(x)$ 的根相当于求出它的线性因式.

从上面的说明，对于用线性二项式 $x-c$ 来除多项式 $f(x)$ 有下面的有趣味的方法，它比一般的多项式的带余除法简单得多. 这个方法叫作霍耐方法. 设

$$f(x)=a_0x^n+a_1x^{n-1}+a_2x^{n-2}+\cdots+a^n \tag{2}$$

且设

$$f(x)=(x-c)q(x)+r \tag{3}$$

其中

$$q(x)=b_0x^{n-1}+b_1x^{n-2}+b_2x^{n-3}+\cdots+b_{n-1}$$

比较式(3) 中 x 的同次项的系数，得出

$$a_0=b_0$$
$$a_1=b_1-cb_0$$
$$a_2=b_2-cb_1$$
$$\vdots$$
$$a_{n-1}=b_{n-1}-cb_{n-2}$$
$$a_n=r-cb_{n-1}$$

故得，$b_0=a_0$，$b_k=cb_{k-1}+a_k(k=1,2,\cdots,n-1)$ 也就是系数 b_k 是由其前一系数 b_{k-1} 和 c 的乘积再加上它的对应系数 a_k 所得出的. 最后，$r=cb_{n-1}+a_n$，就是余式 r，即 $f(c)$，可以用这一法则得出. 这样一来，商式和余式的系数都可像下例那样用列表的方法来依次得出：

1. 用 $x-3$ 除 $f(x)=2x^5-x^4-3x^3+x-3$.

建立下面的表，在横线上顺次是多项式 $f(x)$ 的系数，在它的线下是商式的系数，最后一个是余数，而左下角是在所给的例中的 c 的值

	2	-1	-3	0	1	-3
3	2,	$3\times2-1=5$,	$3\times5-3=12$,	$3\times12+0=36$,	$3\times36+1=109$,	$3\times109-3=324$

这样一来，所求的商式为

$$q(x)=2x^4+5x^3+12x^2+36x+109$$

而余式 $r=f(3)=324$.

2. 用 $x+1$ 除 $f(x)=x^4-8x^3+x^2+4x-9$.

$$\begin{array}{r|rrrrr} & 1 & -8 & 1 & 4 & -9 \\ \hline -1 & 1 & -9 & 10 & -6 & -3 \end{array}$$

故商式为

$$q(x)=x^3-9x^2+10x-6$$

而余式 $r=f(-1)=-3$.

这些例子指出,如果已经给出了一个多项式的未知量的值,那么用所说方法可迅速算出这个多项式的对应值.

重根 如果 c 是 $f(x)$ 的根,即 $f(c)=0$,那么,我们已经知道 $x-c$ 能除尽 $f(x)$. 也可能有这种情形:不仅线性二项式 $x-c$ 的一次乘幂能除尽 $f(x)$,而且它的更高次乘幂也能除尽 $f(x)$. 在任何情形下,一定可以找出这样一个自然数 k,使 $(x-c)^k$ 能除尽 $f(x)$ 而 $(x-c)^{k+1}$ 不能除尽 $f(x)$. 故

$$f(x)=(x-c)^k\varphi(x)$$

其中多项式 $\varphi(x)$ 已经不能被 $(x-c)$ 除尽,即数 c 不是 $\varphi(x)$ 的根. 数 k 称为多项式 $f(x)$ 的根 c 的重数,而 c 叫作这个多项式的 k 重根. 如果 k 等于 1,就称 c 为单根.

重根的概念和多项式导式的概念有密切联系. 然而,我们是在研究任意复系数多项式,因此不能直接应用数学分析中的导数概念. 以下将讨论与分析多项式导式的定义.

设给出了任意复系数的 n 次多项式

$$f(x)=a_0x^n+a_1x^{n-1}+\cdots+a_{n-1}x+a_n$$

它的导式(或一阶导式)是指 $n-1$ 次多项式

$$f'(x)=na_0x^{n-1}+(n-1)a_1x^{n-2}+\cdots+2a_{n-2}x+a_{n-1}$$

一阶导式的导式称为多项式 $f(x)$ 的二阶导式,且记为 $f''(x)$,依此类推. 显然

$$f^{(n)}(x)=n!\ a_0$$

故 $f^{(n+1)}(x)=0$,即 n 次多项式的 $n+1$ 阶导式等于零.

在复系数多项式的情形下,我们不能利用导数的性质. 应该只利用上面所给导式的定义而重新证明这些性质.

现在要讲通常称为和与积的微分公式的下列性质

$$(f(x)+g(x))'=f'(x)+g'(x) \tag{4}$$

$$(f(x)\cdot g(x))'=f(x)g'(x)+f'(x)g(x) \tag{5}$$

取任意多项式作为 $f(x)$ 和 $g(x)$ 并运用上面给出的导式的定义,经直接计算就不难验证这些公式,把这一工作留给读者去做.

公式(5) 容易推广到任意有限多个因式的乘积的情形. 所以用一般公式可以推出乘幂的导式的公式

$$(f^k(x))'=kf^{k-1}(x)f'(x) \tag{6}$$

我们的目的是要证明下述定理：

如果数 c 是多项式 $f(x)$ 的 k 重根，那么在 $k>1$ 时，它是这个多项式的一阶导式的 $k-1$ 重根，如果 $k=1$，那么 c 不是 $f'(x)$ 的根.

事实上，设

$$f(x)=(x-c)^k\varphi(x),k\geqslant 1 \tag{7}$$

其中 $\varphi(x)$ 已经不能被 $x-c$ 除尽. 微分等式(7) 得到

$$f'(x)=(x-c)^k\varphi'(x)+k(x-c)^{k-1}\varphi(x)=$$
$$(x-c)^{k-1}[(x-c)\varphi'(x)+k\varphi(x)]$$

方括号中的第一项能被 $x-c$ 除尽，而第二项不能被 $x-c$ 除尽，因此，整个和式不能被 $x-c$ 除尽. 因为以 $(x-c)^{k-1}$ 除 $f'(x)$ 的商是唯一确定的，所以知 $(x-c)^{k-1}$ 是二项式 $x-c$ 的乘幂中，能除尽 $f'(x)$ 的次数最高者，这就是所要证明的.

重复应用这一定理，我们得到，多项式 $f(x)$ 的 k 重根是这个多项式的 s 阶导式 $k\geqslant s$ 的 $k-s$ 重根，特别的，它不是 $f(x)$ 的 k 阶导式的根.

§23 基本定理

在上节研究多项式的根时，我们没有提出任一多项式是否有根的问题. 大家知道，没有实根的实系数多项式是存在的，x^2+1 就是这样的一个多项式. 研究任意复系数多项式时，是否可以期望存在着甚至在复数域中也没有根的多项式. 如果是这样，那么复数就还应该扩大. 然而，事实上有下面的复数代数基本定理：

每个次数不低于 1 的数值系数多项式至少有一个根，一般是复数根.

这个定理是整个数学的最巨大成果之一，在各个科学领域中都有它的用处. 特别是，全部数值系数多项式的进一步理论都以它为基础，所以这个定理以前(现在有时也这样) 被称为“高等代数的基本定理”. 但是，实际上这个基本定理不是纯代数的. 它的各种证明(在 18 世纪末，高斯首先证明这个定理以后，还出现了很多种证明) 都或多或少地必须用到实数和复数的所谓拓扑性质，也就是与连续性有关的性质. 在以下所讲的证明中，复系数多项式 $f(x)$ 将作为复变数 x 的复函数看待. 这样一来，x 可取任意复数值，通常引用 §17 中引进复数的方法，我们说，变量 x 在复平面上变动. 函数 $f(x)$ 的值也是复数，可以把这些值表示在第二个复平面上，好像在讨论实变量的实函数时把自变数的值表示在一个轴(横轴) 上，把函数的值表示在另一个轴(纵轴) 上一样.

读者在数学分析中已经知道连续实变函数的定义，只要把绝对值换成模，就可以把连续实变函数的定义翻译成连续复变函数的定义.

复变数 x 的复函数 $f(x)$ 叫作在点 x_0 连续,如果对于每一个正实数 ε 都可以选取这样的正实数 δ,使得对于所有的模符合不等式 $|h|<\delta$ 的复数 h,都能符合不等式

$$|f(x_0+h)-f(x_0)|<\varepsilon$$

函数 $f(x)$ 叫作连续的,如果它在所有的点 x_0,也就是在全部复平面上,都是连续的.

多项式 $f(x)$ 是复变数 x 的连续函数.

这个定理的证明,可以像数学分析中那样进行,也就是说,先证明两个连续函数的和与乘积仍然是一个连续函数,并指出等于一个复常数的函数是连续的. 这里我们用另一种方法来证明它.

现在先证明这个定理的一个特殊情形,就是多项式 $f(x)$ 的常数项等于零的情形,而且只证明 $f(x)$ 在点 $x_0=0$ 连续. 换句话说,证明下面的引理(写 h 为 x):

引理 1 如果多项式 $f(x)$ 的常数项等于零

$$f(x)=a_0x^n+a_1x^{n-1}+\cdots+a_{n-1}x$$

也就是 $f(0)=0$,那么对于每一个 $\varepsilon>0$ 可以选取这样的 $\delta>0$,使得对于所有 x,它的模 $|x|<\delta$,都有 $|f(x)|<\varepsilon$.

事实上,设

$$A=\max\{|a_0|,|a_1|,\cdots,|a_{n-1}|\}$$

已经给出了数 ε. 我们来证明,如果取数 δ 为

$$\delta=\frac{\varepsilon}{A+\varepsilon} \tag{1}$$

那么它就适合所要求的条件.

其实

$$|f(x)|\leqslant|a_0||x|^n+|a_1||x|^{n-1}+\cdots+|a_{n-1}||x|\leqslant A(|x|^n+|x|^{n-1}+\cdots+|x|)$$

也就是

$$|f(x)|\leqslant A\frac{|x|-|x|^{n+1}}{1-|x|}$$

因为 $|x|<\delta$,且由式(1) 知 $\delta<1$,所以

$$\frac{|x|-|x|^{n+1}}{1-|x|}<\frac{|x|}{1-|x|}$$

因此

$$|f(x)|<\frac{A|x|}{1-|x|}<\frac{A\delta}{1-\delta}=\frac{A\dfrac{\varepsilon}{A+\varepsilon}}{1-\dfrac{\varepsilon}{A+\varepsilon}}=\varepsilon$$

这就是所要证明的.

现在来推出下面的公式,设已给出任意一个复系数多项式

$$f(x)=a_0x^n+a_1x^{n-1}+\cdots+a_{n-1}x+a_n$$

用 $x+h$ 代替其中的 x,其中 h 为第二未知量.用二项式定理展开它右边的每一个乘幂 $(x+h)^k(k\leqslant n)$,且按照 h 的同次幂集项,读者不难验证,得出等式

$$f(x+h)=f(x)+hf'(x)+\frac{h^2}{2!}f''(x)+\cdots+\frac{h^n}{n!}f^{(n)}(x)$$

也就是有了泰勒公式,它给出了 $f(x+h)$ 对"增量"h 的幂展开式.

现在来证明任何一个多项式 $f(x)$ 在任何一个点 x_0 的连续性.由泰勒公式

$$f(x_0+h)-f(x_0)=c_1h+c_2h^2+\cdots+c_nh^n=\varphi(h)$$

其中

$$c_1=f'(x_0),c_2=\frac{1}{2!}f''(x_0),\cdots,c_n=\frac{1}{n!}f^{(n)}(x_0)$$

未知量 h 的多项式 $\varphi(h)$ 是没有常数项的多项式,故由引理1,对于每一个 $\varepsilon>0$ 可以选取这样的 $\delta>0$,使得当 $|h|<\delta$ 时,有 $|\varphi(h)|<\varepsilon$,也就是

$$|f(x_0+h)-f(x_0)|<\varepsilon$$

这就是我们所要证明的结果.

从不等式

$$||f(x_0+h)|-|f(x_0)||\leqslant|f(x_0+h)-f(x_0)|$$

(参考 §18 的式(13)),和刚才证明的多项式的连续性,可推得多项式 $f(x)$ 的模 $|f(x)|$ 的连续性.这个模很明显的是复变数 x 的非负实函数.

现在来证明下面的引理,我们将用它来证明基本定理.

关于首项模的引理.如果给出 n 次多项式

$$f(x)=a_0x^n+a_1x^{n-1}+a_2x^{n-2}+\cdots+a_n$$

它的系数为任何复数,而 k 为任何一个正实数,那么对于未知量 x 的模为足够大的值,可以使不等式

$$|a_0x^n|>k|a_1x^{n-1}+a_2x^{n-2}+\cdots+a_n| \tag{2}$$

成立,也就是首项模大于其余各项和的模的任一固定倍数.

事实上,设 A 为系数 $a_1,a_2,\cdots,a_n$ 的模的最大数

$$A=\max\{|a_1|,|a_2|,\cdots,|a_n|\}$$

那么(参考 §18 中复数的积与和的模的性质)

$$\begin{aligned}|a_1x^{n-1}+a_2x^{n-2}+\cdots+a_n|&\leqslant|a_1||x|^{n-1}+|a_2||x|^{n-2}+\cdots+|a_n|\\&\leqslant A(|x|^{n-1}+|x|^{n-2}+\cdots+1)=A\frac{|x|^n-1}{|x|-1}\end{aligned}$$

假设 $|x|>1$,我们得出

$$\frac{|x|^n-1}{|x|-1}<\frac{|x|^n}{|x|-1}$$

故有

$$|a_1x^{n-1}+a_2x^{n-2}+\cdots+a_n|<A\frac{|x|^n}{|x|-1}$$

这样一来,不等式(2) 就能成立,如果 x 除了满足条件 $|x|>1$ 外,也满足不等式

$$kA\frac{|x|^n}{|x|-1}\leqslant|a_0x^n|=|a_0||x|^n$$

也就是

$$|x|\geqslant\frac{kA}{|a_0|}+1 \tag{3}$$

因为不等式(3) 的右边大于 1,所以可断定,对于适合这一不等式的 x 的值,都能使不等式(2) 成立,我们的引理就已证明.

关于多项式模的增大引理. 对于每一个次数不低于 1 次的复系数多项式 $f(x)$ 和每个任意大的正实数 M,都可以选取这样的正实数 N,使得当 $|x|>N$ 时,有 $f(x)>M$.

设

$$f(x)=a_0x^n+a_1x^{n-1}+\cdots+a_n$$

由 §18 的式(11),有

$$|f(x)|=|a_0x^n+(a_1x^{n-1}+\cdots+a_n)|\geqslant|a_0x^n|-|a_1x^{n-1}+\cdots+a_n| \tag{4}$$

应用关于首项的模的引理,取 $k=2$:有这样的数 N_1 存在,使得当 $|x|>N_1$ 时,有

$$|a_0x^n|>2|a_1x^{n-1}+\cdots+a_n|$$

故

$$|a_1x^{n-1}+\cdots+a_n|<\frac{1}{2}|a_0x^n|$$

也就是,由不等式(4)

$$|f(x)|>|a_0x^n|-\frac{1}{2}|a_0x^n|=\frac{1}{2}|a_0x^n|$$

当

$$|x|>N_2=\sqrt[n]{\frac{2M}{|a_0|}}$$

时,上面的不等式的右边就大于 M. 这样一来,当 $|x|>N=\max\{N_1,N_2\}$ 时,有 $|f(x)|>M$.

这个引理的意义可以用下面的几何解释来说明,这在本节中将重复用到. 假设在复平面的任意点 x_0 对这个平面引条垂直线段,它的长(对于已给的单位

长来说）等于多项式 $f(x)$ 在这一点的值的模，也就是等于 $|f(x_0)|$. 由上面所证明的多项式模的连续性，知道这些垂直线段的端点构成一个位置在复平面上方的连续曲面. 本引理证明了，当 $|x_0|$ 增大时，曲面离开复平面更远，远离的情况当然完全不需要是单调的. 图 1 表示过 O 且垂直于复平面的平面在这个曲面上截出的曲线.

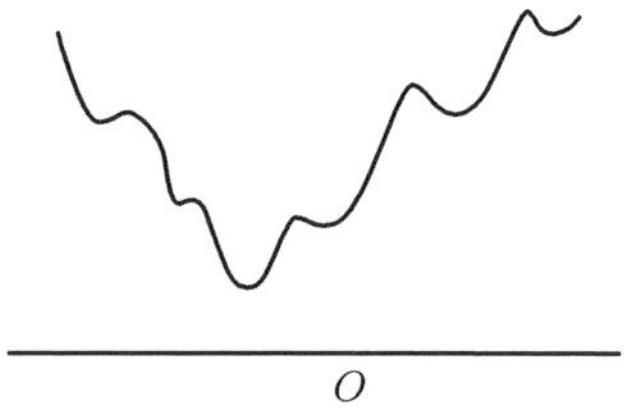

图 1

下面的引理对于定理的证明起主要的作用：

达朗贝尔引理　如果当 $x=x_0$ 时，$n(n\geqslant 1)$ 次复系数多项式 $f(x)$ 不为零，就是 $f(x_0)\neq 0$，因而 $|f(x_0)|>0$，那么可以求得这样的增量 h，一般是一个复数，使得

$$|f(x_0+h)|<|f(x_0)|$$

如果增量 h 是任意的，由泰勒公式有

$$f(x_0+h)=f(x_0)+hf'(x_0)+\frac{h^2}{2!}f''(x_0)+\cdots+\frac{h^n}{n!}f^{(n)}(x_0)$$

由条件，x_0 不是 $f(x)$ 的根. 但有时这个数可能是 $f'(x)$ 的根，也可能是某些更高阶导式的根. 设 k 阶导式$(k\geqslant 1)$ 是第一个不以 x_0 做它的根的导式，也就是

$$f'(x_0)=f''(x_0)=\cdots=f^{(k-1)}(x_0)=0,f^{(k)}(x_0)\neq 0$$

这种 k 是存在的，因为如果 a_0 为多项式 $f(x)$ 的首项系数，那么

$$f^{(n)}(x_0)=n!\ a_0\neq 0$$

这样一来

$$f(x_0+h)=f(x_0)+\frac{h^k}{k!}f^{(k)}(x_0)+\frac{h^{k+1}}{(k+1)!}f^{(k+1)}(x_0)+\cdots+\frac{h^n}{n!}f^{(n)}(x_0)$$

可能在数 $f^{(k+1)}(x_0),\cdots,f^{(n-1)}(x_0)$ 里面，有些等于零，但是这没有什么关系.

用 $f(x_0)$（由条件知道它不为零）来除这个等式的两边，且引进符号

$$c_j=\frac{f^{(j)}(x_0)}{j!\ f(x_0)},j=k,k+1,\cdots,n$$

得出

$$\frac{f(x_0+h)}{f(x_0)}=1+c_kh^k+c_{k+1}h^{k+1}+\cdots+c_nh^n$$

或由 $c_k\neq 0$

$$\frac{f(x_0+h)}{f(x_0)}=(1+c_kh^k)+c_kh^k\left(\frac{c_{k+1}}{c_k}h+\cdots+\frac{c_n}{c_k}h^{n-k}\right)$$

取它们的模，得出

$$\left|\frac{f(x_0+h)}{f(x_0)}\right|\leqslant|1+c_kh^k|+|c_kh^k|\left|\frac{c_{k+1}}{c_k}h+\cdots+\frac{c_n}{c_k}h^{n-k}\right| \tag{5}$$

到这里为止，我们对于增量 h 并没有加以任何限制. 现在我们要选取 h，而且是分别对它的模和辐角来选取. 对于 h 的模要照下面的样子来选取. 因为

$$\frac{c_{k+1}}{c_k}h+\cdots+\frac{c_n}{c_k}h^{n-k}$$

是 h 的(没有常数项的) 多项式，所以由引理 1$\left(取\ \varepsilon=\frac{1}{2}\right)$，可以求出这样的 δ_1，使得当 $|h|<\delta_1$ 时，有

$$\left|\frac{c_{k+1}}{c_k}h+\cdots+\frac{c_n}{c_k}h^{n-k}\right| \tag{6}$$

另外，当

$$|h|<\delta_2=\sqrt[k]{|c_k|^{-1}}$$

时，有

$$|c_kh^k|<1 \tag{7}$$

选取 h 的模使它符合不等式

$$|h|<\min\{\delta_1,\delta_2\} \tag{8}$$

那么由式(6)，不等式(5) 变为一个没有等号的不等式

$$\left|\frac{f(x_0+h)}{f(x_0)}\right|<|1+c_kh^k|+\frac{1}{2}|c_kh^k| \tag{9}$$

条件(7) 我们在下面才用到.

对于 h 的辐角的选取，要使数 c_kh^k 为一个负实数. 换句话说

$$\arg(c_kh^k)=\arg c_k+k\arg h=\pi$$

故

$$\arg h=\frac{\pi-\arg c_k}{k} \tag{10}$$

对于这样选出来的 h，数 c_kh^k 和它的绝对值反号

$$c_kh^k=-|c_kh^k|$$

所以，应用不等式(7)，得出

$$|1+c_kh^k|=|1-|c_kh^h||=1-|c_kh^k|$$

这样一来，对于这样选出的符合条件(8) 和(10) 的 h，不等式(9) 化为

$$\left|\frac{f(x_0+h)}{f(x_0)}\right|<1-|c_kh^k|+\frac{1}{2}|c_kh^k|=1-\frac{1}{2}|c_kh^k|$$

也就有

$$\left|\frac{f(x_0+h)}{f(x_0)}\right|=\frac{|f(x_0+h)|}{|f(x_0)|}<1$$

故得

$$|f(x_0+h)|<|f(x_0)|$$

这就证明了达朗贝尔引理.

利用上面所给出的几何解释，可以照下面的样子来说明达朗贝尔引理. 给出了 $|f(x_0)|>0$. 这就是说从复平面上点 x_0 所引出的垂直线段的长不为零. 此时，由达朗贝尔引理，可以求得这样的点 $x_1=x_0+h$，使得 $|f(x_1)|<|f(x_0)|$，也就是点 x_1 上的垂直线段短于点 x_0 上的垂直线段，因此，表示垂直线段端点的曲面在这一个新点较接近于复平面. 在引理的证明中，知 h 的模可以任意小，也就是可以选取点 x_1 任意接近点 x_0，但以后并不应用这一个注解.

多项式 $f(x)$ 的根显然是这样的复数(也就是复平面上的点)，就是表示垂直线段端点的曲面和复平面的交点. 只从达朗贝尔引理，不能证明这种点的存在. 事实上，应用这一引理，只能求出这样的无穷点列 $x_0,x_1,x_2,\cdots$，使得

$$|f(x_0)|>|f(x_1)|>|f(x_2)|>\cdots \tag{11}$$

但不能因此得出有这样的点 $\overline{x}$ 存在，使得 $f(\overline{x})=0$. 因为逐渐减小的正实数序列(11) 不一定趋于零.

进一步的研究将基于一个复变函数论的定理，它是读者在数学分析中所已经知道的魏尔斯特拉斯定理的推广. 它是关于复变数的实函数的，也就是只取实数值的复变数函数，例如多项式的模就是这样. 在这个定理中，为了叙述的简便起见，我们将说到闭圆 E，这是指复平面上的包含它的全部边界点的圆.

如果复变数 x 的实函数 $g(x)$ 在闭圆 E 内连续，那么在圆 E 中有这样的点 x_0 存在，使得对于 E 中所有的 x，都有不等式 $g(x)\geqslant g(x_0)$. 故点 x_0 是 $g(x)$ 在圆 E 中的极小点.

这一定理的证明可在复变数函数论的课本中找到.

现在只就函数 $g(x)$ 在圆 E 的所有点上都是非负的情形 —— 也只有这一情形是我们现在所关心的 —— 按照上述方式解释这个定理的几何意义：在圆 E 的每一个点 x_0 引垂直线段使它的长为 $g(x_0)$. 这些垂线的端点构成连续曲面的一部分，而且由于圆 E 是闭的，对于这一片曲面有极小点存在，在几何上是足够明显的. 当然我们不用这一个解释来代替定理的证明.

现在可以回来证明基本定理. 设已给出 n 次多项式 $f(x)(n\geqslant 1)$，如果它的常数项为 a_n，那么很明显的有 $f(0)=a_n$. 应用关于多项式模的增大引理，取 $M=|f(0)|=|a_n|$. 知道有这样的 N 存在，当 $|x|>N$ 时，有 $|f(x)|>|f(0)|$. 其次，对任何一个选定的闭圆 E，显然可将上述魏尔斯特拉斯定理应用到函数 $|f(x)|$ 上去. 我们把用原点做圆心，N 做半径的圆作为 E. 设点 x_0 是区间 E 中 $|f(x)|$ 的极小点，因此特别的有 $|f(x_0)|\leqslant|f(0)|$.

易知，x_0 事实上是 $|f(x)|$ 在全部复平面上的极小点：如果点 x' 位于 E 的外面，那么 $|x'|>N$，故有

$$|f(x')|>|f(0)|\geqslant|f(x_0)|$$

因此，得出 $f(x_0)=0$，也就是 x_0 是 $f(x)$ 的根：如果 $f(x_0)\neq 0$，那么根据达朗

贝尔引理,就有这样的点 x_1 存在,使得 $|f(x_1)|<|f(x_0)|$,但是这和点 x_0 所确定的性质不合.

我们还将在 §55 引入基本定理的另一证明.

§24 基本定理的推论

设已知任意复系数 n 次多项式($n\geqslant 1$)

$$f(x)=a_0x^n+a_1x^{n-1}+\cdots+a_{n-1}x+a_n \tag{1}$$

我们重新把它作为完全由其系数所确定的形式的代数表达式.据上节所证明的关于根的存在的基本定理,可以断定 $f(x)$ 有实根或复根 α_1.故多项式 $f(x)$ 有分解式

$$f(x)=(x-\alpha_1)\varphi(x)$$

多项式 $\varphi(x)$ 的系数也是实数或复数,故 $\varphi(x)$ 有根 α_2,由此

$$f(x)=(x-\alpha_1)(x-\alpha_2)\psi(x)$$

继续这样进行有限次后,我们得到分 n 次多项式为 n 个线性因式的乘积的分解式

$$f(x)=a_0(x-\alpha_1)(x-\alpha_2)\cdots(x-\alpha_n) \tag{2}$$

系数 a_0 是这样得出来的:若在表达式(2)的右边有某个系数 b,则在打开括号之后,多项式 $f(x)$ 的首项就有 bx^n 的形式,由式(1)知它是 a_0x^n,故 $b=a_0$.

如果不算因式的次序,那么对于多项式 $f(x)$,分解式(2)是唯一确定的.

事实上,假设还有一个分解式

$$f(x)=a_0(x-\beta_1)(x-\beta_2)\cdots(x-\beta_n) \tag{3}$$

从式(2)和(3)得出等式

$$(x-\alpha_1)(x-\alpha_2)\cdots(x-\alpha_n)=(x-\beta_1)(x-\beta_2)\cdots(x-\beta_n) \tag{4}$$

如果根 α_i 和所有的 $\beta_j(j=1,2,\cdots,n)$,都不相同,那么在式(4)中换未知量为 α_i 后,我们得出它的左边等于零而右边是一个不等于零的数.这样一来,每一个根 α_i 一定等于某一个 β_j,反过来也是对的.

但是我们还没有证明分解式(2)和(3)是重合的.事实上,在根 $\alpha_i(i=1,2,\cdots,n)$ 中,可能有些是彼此相等的.例如,设在这些根 α_i 中有 s 个等于 α_1,在根 $\beta_j(j=1,2,\cdots,n)$ 中,有 t 个等于 α_1.我们要证明 $s=t$.

因为多项式的乘积的次数等于它的因式的次数总和,所以两个不为零的多项式的乘积不可能等于零.因此推知,如果多项式的两个乘积彼此相等,那么可以在两边约去公因式:如果

$$f(x)\varphi(x)=g(x)\varphi(x)$$

而且 $\varphi(x)\neq 0$,那么从

$$[f(x)-g(x)]\varphi(x)=0$$

得出

$$f(x)-g(x)=0$$

也就是

$$f(x)=g(x)$$

现在对等式(4)应用这一结果.例如 $s>t$,那么在等式(4)的两边约去因式 $(x-\alpha_1)^t$,我们得到一个等式,在它的左边还含有因式 $x-\alpha_1$,而在右边不含 $x-\alpha_1$.但在上面已经证明,这样将会得出矛盾的结果.这样一来,对于多项式 $f(x)$ 的分解式(2)的唯一性就已证明.

合并相同的因式,可以把分解式(2)写成下面的形状

$$f(x)=a_0(x-\alpha_1)^{k_1}(x-\alpha_2)^{k_2}\cdots(x-\alpha_l)^{k_l} \tag{5}$$

其中

$$k_1+k_2+\cdots+k_l=n$$

在这里,我们假设根 $\alpha_1,\alpha_2,\cdots,\alpha_l$ 中没有彼此相等的.

让我们来证明,式(5)中的 $k_i(i=1,2,\cdots,l)$ 是多项式 $f(x)$ 的根 α_i 的重数.事实上,如果这个重数等于 s_i,那么 $k_i\leqslant s_i$.但若 $k_i<s_i$,由 $f(x)$ 的重根的定义,存在分解式

$$f(x)=(x-\alpha_i)^{s_i}\varphi(x)$$

在这个分解式中,把因子 $\varphi(x)$ 代为其线性因子分解式,我们又得到了把 $f(x)$ 分解为线性因子的分解式,它显然不同于分解式(2),也就是得到了和上面证明的分解式的唯一性相矛盾的结果.

这样一来,我们证明了下面的重要结果:

每个 $n(n\geqslant 1)$ 次任意数值系数多项式有 n 个根,其中每个 k 重根要算作 k 个根.

必须指出,我们的定理对于 $n=0$ 也是正确的,因为零次多项式显然没有根,这个定理仅对多项式0不能用,0是没有次数的,并且对于 x 的任何值,它都等于零.我们利用刚才的结果来证明下面的定理:

如果多项式 $f(x)$ 和 $g(x)$ 的次数不超过 n,对于多于 n 个不同的 x 值,它们是相等的,那么 $f(x)=g(x)$.

事实上,在这些假设下,多项式 $f(x)-g(x)$ 的根的个数多于 n 个,而其次数不超过 n,所以等式 $f(x)-g(x)=0$ 必须成立.

这样一来,因为有无穷多个不同的数,所以可断定,对于任意两个不同的多项式 $f(x)$ 和 $g(x)$,都能找到未知量 x 的值 c,使 $f(c)\neq g(c)$.这些数 c 不仅可在复数中找到,而且在实数、有理数中,以至在整数中都可以找到.

于是,具有不同的数值系数的两个多项式,即使未知量 x 的次数相同,也是

两个不同的复变函数. 最后,这证明了,在 §20 中指出的数值系数多项式相等的两个定义 —— 形式代数和函数论的定义 —— 是等价的.

由上面证明的定理可以断定,次数不大于 n 的多项式被未知量的多于 n 个任意不同的值和它们的对应值所完全确定. 多项式的这些值是否可以任意给呢? 假设是对于未知量的 $n+1$ 个不同值给出了多项式的对应值,那么,回答是肯定的:永远存在不超过 n 次的多项式,它在未知量的 $n+1$ 个给定的不同值下取预先给定的值.

事实上,设需要构成一个次数不高于 n 的多项式,使得对于未知量的不同值 $\alpha_1,\alpha_2,\cdots,\alpha_{n+1}$,它取对应的值 $c_1,c_2,\cdots,c_{n+1}$. 这个多项式就是

$$f(x)=\sum_{i=1}^{n+1}\frac{c_i(x-\alpha_1)\cdots(x-\alpha_{i-1})(x-\alpha_{i+1})\cdots(x-\alpha_{n+1})}{(\alpha_i-\alpha_1)\cdots(\alpha_i-\alpha_{i-1})(\alpha_i-\alpha_{i+1})\cdots(\alpha_i-\alpha_{n+1})} \qquad (6)$$

事实上,它的次数不高于 n 次,而 $f(\alpha_i)$ 的值等于 c_i.

公式(6) 称为拉格朗日内插公式. 内插法的名称是这样来的,利用这个公式,知道多项式在 $n+1$ 点的值,就可以计算它在其他各点的值.

韦达公式 设已知首项系数为 1 的 n 次多项式 $f(x)$

$$f(x)=x^n+a_1x^{n-1}+\cdots+a_{n-1}x+a_n \qquad (7)$$

且设 $\alpha_1,\alpha_2,\cdots,\alpha_n$ 为其根①,这时 $f(x)$ 有下面的分解式

$$f(x)=(x-\alpha_1)(x-\alpha_2)\cdots(x-\alpha_n)$$

展开右边的括号,而后合并同类项,比较所得到的系数和式(7) 的系数,我们得出下面这些等式,叫作韦达公式,这些等式把多项式的系数用根来表示

$$\begin{aligned}
a_1&=-(\alpha_1+\alpha_2+\cdots+\alpha_n)\\
a_2&=\alpha_1\alpha_2+\alpha_1\alpha_3+\cdots+\alpha_1\alpha_n+\alpha_2\alpha_3+\cdots+\alpha_{n-1}\alpha_n\\
a_3&=-(\alpha_1\alpha_2\alpha_3+\alpha_1\alpha_2\alpha_4+\cdots+\alpha_{n-2}\alpha_{n-1}\alpha_n)\\
&\vdots\\
a_{n-1}&=(-1)^{n-1}(\alpha_1\alpha_2\cdots\alpha_{n-1}+\alpha_1\alpha_2\cdots\alpha_{n-2}\alpha_n+\cdots+\alpha_2\alpha_3\cdots\alpha_n)\\
a_n&=(-1)^n\alpha_1\alpha_2\cdots\alpha_n
\end{aligned}$$

这样一来,第 k 个等式的右边是所有可能的 k 个根的乘积之和($k=1,2,\cdots,n$),正负号是由 k 是偶数或奇数来决定的.

当 $n=2$ 时,这个公式变为初等代数中所熟知的二次多项式的根与系数的关系. 当 $n=3$ 时,也就是对于三次多项式,这个公式变形为

$$a_1=-(\alpha_1+\alpha_2+\alpha_3),\ a_2=\alpha_1\alpha_2+\alpha_1\alpha_3+\alpha_2\alpha_3$$

$$a_3=-\alpha_1\alpha_2\alpha_3$$

已经给出多项式的根时,用韦达公式很容易写出这个多项式. 例如,求一个

① 对于 k 重根需重复写 k 个.

有单根为 5，－2，和二重根为 3 的四次多项式 $f(x)$. 我们有

$$a_1=-(5-2+3+3)=-9$$

$$a_2=5\times(-2)+5\times3+5\times3+(-2)\times3+(-2)\times3+3\times3=17$$

$$a_3=-[5\times(-2)\times3+5\times(-2)\times3+5\times3\times3+(-2)\times3\times3]=33$$

$$a_4=5\times(-2)\times3\times3=-90$$

故

$$f(x)=x^4-9x^3+17x^2+33x-90$$

如果多项式 $f(x)$ 的首项系数 a_0 不为 1，那么应用韦达公式时要首先用 a_0 来除所有系数，这并不改变多项式的根. 这样一来，在这一情形下，韦达公式给出所有系数对首项系数的比值的表示式.

实系数多项式 现在将由基本定理推出关于实系数多项式的某些结论. 主要的是基于这些结论显示出基本定理的重要性，这在前面我们曾经提到过.

设实系数多项式

$$f(x)=a_0x^n+a_1x^{n-1}+\cdots+a_{n-1}x+a_n$$

有复数根 α，也就是

$$a_0\alpha^n+a_1\alpha^{n-1}+\cdots+a_{n-1}\alpha+a_n=0$$

我们知道，如果把等式中所有的数都换为它们的共轭数，等号还成立. 但所有系数 $a_0,a_1,\cdots,a_{n-1},a_n$ 和右边的 0，都是实数，经代换后并没有改变，我们得到等式

$$a_0\overline{\alpha}^n+a_1\overline{\alpha}^{n-1}+\cdots+a_{n-1}\overline{\alpha}+a_n=0$$

也就是

$$f(\overline{\alpha})=0$$

这样一来，如果实系数多项式 $f(x)$ 有复数（不是实数）根 α，那么共轭数 $\overline{\alpha}$ 亦为 $f(x)$ 的根.

故多项式 $f(x)$ 为二次三项式

$$\varphi(x)=(x-\alpha)(x-\overline{\alpha})=x^2-(\alpha+\overline{\alpha})x+\alpha\overline{\alpha} \tag{8}$$

所除尽，由 §18 知，它的系数都是实数. 利用这些，我们来证明，多项式 $f(x)$ 的根 α 和 $\overline{\alpha}$ 有相同的重数.

事实上，设这些根的重数各为 k 和 l，且 $k>l$. 这时 $f(x)$ 被多项式 $\varphi(x)$ 的 l 次乘幂所除尽

$$f(x)=\varphi^l(x)q(x)$$

多项式 $q(x)$ 是两个实系数多项式的商，因而也是实系数的，但这和上面的证明相矛盾，因为数 α 是它的 $k-l$ 重根，而数 $\overline{\alpha}$ 却不是它的根. 由此推出 $k=l$.

这样一来，现在可以说任何实系数多项式的复根是共轭成对的. 从这里以及上面证明的分解式(2) 的唯一性推出下面的重要结果：

任何实系数多项式可以表示为其首项系数 a_0 和某些实系数多项式的乘

积，这些多项式或者是对应于其实根的 $x-\alpha$ 型的线性多项式，或者是对应于共轭复根的式(8) 型的二次多项式，且若不算因子的次序，则这个表示法是唯一的.

需要再强调一下，首项系数为1的实系数多项式中，只有 $x-\alpha$ 型线性多项式和式(8) 型二次多项式才不能分解为更低次数的因子的积，即只有这两种多项式，才是通常所说的不可约多项式.

§25* 有理分式

在数学分析中，除了我们称为多项式的有理整函数外，还研究有理分式函数. 就是两个有理整函数的商 $\frac{f(x)}{g(x)}$，其中 $g(x)\neq 0$. 对这些函数，可以像对有理数(即分子分母为整数的分数) 那样，按同样的法则来施行代数运算. 两个有理分式函数(以后简称有理分式) 的相等，也同初等算术中分数相等的意义一样. 为了确定起见，我们将研究实系数有理分式. 读者不难看出，本节的全部内容几乎可以一字不改地搬到复系数有理分式的情形去.

如果有理分式的分子分母互质，就称为既约的.

每个有理分式等于某个唯一确定的既约分式(不算分子分母的零次公因式).

实际上，任何有理分式可以用它的分子分母的最大公因式去约简，这样就得到和它相等的既约分式. 且若既约分式 $\frac{f(x)}{g(x)}$ 和 $\frac{\varphi(x)}{\psi(x)}$ 彼此相等，也就是说，若

$$f(x)\psi(x)=g(x)\varphi(x) \tag{1}$$

那么由 $f(x)$ 和 $g(x)$ 互质，按 §21 的性质(Ⅱ)，便知 $f(x)$ 可以被 $\varphi(x)$ 整除. 这样一来 $f(x)=c\varphi(x)$. 这时由式(1) 推出 $g(x)=c\psi(x)$.

如果有理分式分子的次数低于分母的次数，就称为真分式. 如果我们约定把多项式 0 算作真分式，那么有下面的定理：

任何有理分式可以唯一地表示为多项式和真分式之和的形式.

实际上，如果给出了有理分式 $\frac{f(x)}{g(x)}$. 且设用分母去除分子后，我们得到等式

$$f(x)=g(x)q(x)+r(x)$$

其中 $r(x)$ 为零或为一个次数低于 $g(x)$ 的多项式，那么容易验证

$$\frac{f(x)}{g(x)}=q(x)+\frac{r(x)}{g(x)}$$

如果又有等式

$$\frac{f(x)}{g(x)}=\bar{q}(x)+\frac{\varphi(x)}{\psi(x)}$$

其中 $\varphi(x)$ 的次数,低于 $\psi(x)$ 的次数,那么我们得出等式

$$q(x)-\bar{q}(x)=\frac{\varphi(x)}{\psi(x)}-\frac{r(x)}{g(x)}=\frac{\varphi(x)g(x)-\psi(x)r(x)}{\psi(x)g(x)}$$

因为左边是个多项式,而右边,易知它是一个真分式,所以我们得出 $q(x)-\bar{q}(x)=0$ 和

$$\frac{\varphi(x)}{\psi(x)}-\frac{r(x)}{g(x)}=0$$

今后将深入研究有理真分式,这里提醒一下,上节末曾指出,不可约实多项式只有 $x-\alpha$ 型多项式(α 是实数) 和 $x^2-(\beta+\bar{\beta})x+\beta\bar{\beta}$ 型的多项式(其中 β 和 $\bar{\beta}$ 是共轭复数),容易验证,在复数的情形下只有 $x-\alpha$ 型多项式有此性质,其中 α 是任意复数.

如果有理真分式 $\dfrac{f(x)}{g(x)}$ 的分母是不可约多项式的乘幂

$$g(x)=p^k(x),k\geqslant 1$$

而分子 $f(x)$ 的次数低于 $p(x)$ 的次数,就叫作简分式.

我们来证明下面的基本定理:

每一个真分式都可以分解为简分式的和.

定理证明如下:

首先讨论真分式 $\dfrac{f(x)}{g(x)h(x)}$,其中多项式 $g(x)$ 和 $h(x)$ 互质

$$(g(x),h(x))=1$$

从 §21 知道有这样的多项式 $\bar{u}(x)$ 和 $\bar{v}(x)$ 存在,使得

$$g(x)\bar{u}(x)+h(x)\bar{v}(x)=1$$

所以

$$g(x)[\bar{u}(x)f(x)]+h(x)[\bar{v}(x)f(x)]=f(x) \tag{2}$$

用 $h(x)$ 来除乘积 $\bar{u}(x)f(x)$,假设我们得出余式 $u(x)$,它的次数低于 $h(x)$ 的次数.那么等式(2) 可以写作下面的形状

$$g(x)u(x)+h(x)v(x)=f(x) \tag{3}$$

其中多项式 $v(x)$ 的表示式是很容易写出来的.因为乘积 $g(x)u(x)$ 的次数低于乘积 $g(x)h(x)$ 的次数,又从已知条件知,$f(x)$ 的次数也低于多项式 $g(x)h(x)$ 的次数,所以乘积 $h(x)v(x)$ 的次数低于 $g(x)h(x)$ 的次数,这就得出 $v(x)$ 的次数低于 $g(x)$ 的次数.现在从式(3) 推出等式

$$\frac{f(x)}{g(x)h(x)}=\frac{v(x)}{g(x)}+\frac{u(x)}{h(x)}$$

右边是两个真分式的和.

如果分母 $g(x),h(x)$ 中,至少有一个能再分解为互质因式的乘积,那么可

以再往下分.继续这样做下去,我们得出,每一个真分式都可以分成这样的一些真分式的和,使每一个真分式的分母都是不可约多项式的幂.说得明显一些,如果给出了真分式$\frac{f(x)}{g(x)}$,它的分母可分解为下列不可约因式的乘积

$$g(x)=p_1^{k_1}(x)p_2^{k_2}(x)\cdots p_l^{k_l}(x)$$

(很明显的,总可以使有理分式分母的首项系数等于 1) 而且在 $i\neq j$ 时,有 $p_i(x)\neq p_j(x)$,那么

$$\frac{f(x)}{g(x)}=\frac{u_1(x)}{p_1^{k_1}(x)}+\frac{u_2(x)}{p_2^{k_2}(x)}+\cdots+\frac{u_l(x)}{p_l^{k_l}(x)}$$

这个等式右边各项都是真分式.

现在我们只要讨论这样的真分式$\frac{u(x)}{p^k(x)}$,其中 $p(x)$ 是一个不可约多项式.应用带余除法,用 $p^{k-1}(x)$ 来除 $u(x)$,再用 $p^{k-2}(x)$ 来除所得出的余式,诸如此类.

我们得出下面的这些等式

$$u(x)=p^{k-1}(x)s_1(x)+u_1(x)$$
$$u_1(x)=p^{k-2}(x)s_2(x)+u_2(x)$$
$$\vdots$$
$$u_{k-2}(x)=p(x)s_{k-1}(x)+u_{k-1}(x)$$

在这里,因为由已给条件知,$u(x)$ 的次数低于 $p^k(x)$ 的次数,而且每一个余式 $u_i(x)(i=1,2,\cdots,k-1)$ 的次数都低于对应的除式 $p^{k-i}(x)$ 的次数,所以所有 $s_1(x),s_2(x),\cdots,s_{k-1}(x)$ 的次数都低于多项式 $p(x)$ 的次数.最后的余式 $u_{k-1}(x)$ 的次数也低于 $p(x)$ 的次数.从所得出的等式我们得到

$$u(x)=p^{k-1}(x)s_1(x)+p^{k-2}(x)s_2(x)+\cdots+p(x)s_{k-1}(x)+u_{k-1}(x)$$

这样,我们就得到所要找出的,表示有理分式$\frac{u(x)}{p^k(x)}$为简分式的和的表示式

$$\frac{u(x)}{p^k(x)}=\frac{u_{k-1}(x)}{p^k(x)}+\frac{s_{k-1}(x)}{p^{k-1}(x)}+\cdots+\frac{s_2(x)}{p^2(x)}+\frac{s_1(x)}{p(x)}$$

基本定理已经证明.我们还可以加上下面的唯一性定理:

把一个有理真分式分成简分式的和,它的分法是唯一的.

事实上,设有一个真分式可以有两种表示法来表为简分式的和.从这两个表示式中的某一个减去另一个后合并同类项,我们得到一个简分式的和恒等于零.假设在这个和里面的简分式的分母是某些不同的不可约多项式 $p_1(x)$, $p_2(x),\cdots,p_s(x)$ 的幂,且设多项式 $p_i(x)(i=1,2,\cdots,s)$,在这些分母中出现的最高幂次是 $p_i^{k_i}(x)$.用乘积 $p_1^{k_1-1}(x)p_2^{k_2}(x)\cdots p_s^{k_s}(x)$ 来乘所说的等式的两边.在这个和的所有项中,除一个项以外,就都化成了多项式.至于项$\frac{u(x)}{p_1^{k_1}(x)}$,变成了这样的一个分式,它的分母是 $p_1(x)$,而它的分子是乘积

$u(x)p_2^{k_2}(x)\cdots p_s^{k_s}(x)$. 因为多项式 $p_1(x)$ 是不可约的，而且分子中所有的因式都和它互质，所以分母不能除尽分子. 应用带余除法，我们就得出这样的结果，一个多项式和不等于零的真分式的和等于零. 但这是不可能的.

例 分解实真分式$\frac{f(x)}{g(x)}$为简分式的和，其中

$$f(x)=2x^4-10x^3+7x^2+4x+3$$
$$g(x)=x^5-2x^3+2x^2-3x+2$$

容易验证

$$g(x)=(x+2)(x-1)^2(x^2+1)$$

而且每一个多项式 $x+2, x-1, x^2+1$ 都是在实数域上不可约的. 从上面所说的理论，推知所求的分解式一定有下面的形状

$$\frac{f(x)}{g(x)}=\frac{A}{x+2}+\frac{B}{(x-1)^2}+\frac{C}{x-1}+\frac{Dx+E}{x^2+1} \tag{4}$$

其中 A,B,C,D,E 是所要求出的数.

从式(4) 得出等式

$$\begin{aligned} f(x)=&A(x-1)^2(x^2+1)+B(x+2)(x^2+1)+\\ &C(x+2)(x-1)(x^2+1)+Dx(x+2)(x-1)^2+\\ &E(x+2)(x-1)^2 \end{aligned} \tag{5}$$

使等式(5) 两边未知量 x 同次项系数相等，我们得出含有五个未知量 A,B,C,D,E 和五个方程的线性方程组，而且从上面的证明推知这组方程有唯一的解，但是我们用另一个方法来进行证明.

首先，在等式(5) 中取 $x=-2$，我们得到等式 $45A=135$，所以

$$A=3 \tag{6}$$

其次，在等式(5) 中取 $x=1$，我们得出 $6B=6$，也就是说

$$B=1 \tag{7}$$

再次，在等式(5) 中顺次取 $x=0$，和 $x=-1$. 应用式(6) 和(7)，我们得出方程

$$\begin{cases}-2C+2E=-2\\ -4C-4D+4E=-8\end{cases} \tag{8}$$

所以有

$$D=1 \tag{9}$$

最后，在等式(5) 中取 $x=2$. 应用式(6)(7) 和(9)，我们得出方程

$$20C+4E=-52$$

这个方程连同式(8) 的第一个方程给出

$$C=-2, E=-3$$

这样一来

$$\frac{f(x)}{g(x)}=\frac{3}{x+2}+\frac{1}{(x-1)^2}-\frac{2}{x-1}+\frac{x-3}{x^2+1}$$

第6章 二次型

§ 26 化二次型为标准形式

二次型的理论来自解析几何,也就是起源于二次曲线(和曲面)的理论. 大家知道,用坐标轴的交点做中心的二次有心平面曲线的方程有下面的形状

$$Ax^2+2Bxy+Cy^2=D \tag{1}$$

还有,我们知道,可以把坐标轴这样旋转一个 α 角,也就是将坐标 x,y 这样变为坐标 x',y'

$$\begin{cases}x=x'\cos\alpha-y'\sin\alpha\\ y=x'\sin\alpha+y'\cos\alpha\end{cases} \tag{2}$$

使对新坐标,我们的曲线方程有"标准"形状

$$A'x'^2+C'y'^2=D \tag{3}$$

在这一个方程里面,未知量乘积 $x'y'$ 的系数等于零. 很明显的,坐标变换(2)可以解释为未知量的线性变换(参考 § 13),而且是满秩的,因为它的系数行列式等于一. 应用这一变换到方程(1)的左边,便说满秩线性变换(2)将方程(1)的左边化为方程(3)的左边.

在许多应用上,需要对下述一般情形建立类似理论,就是:未知量的个数为任何 n,而系数可以是实数或任何复数.

将方程(1)左边的表示式推广,得下面的概念.

n 个未知量 $x_1, x_2, \cdots, x_n$ 的二次型 f 是指这样的和，它的每一项是某一未知量的平方或为两个不同未知量的乘积，二次型依其系数是实数或任意复数而分别叫作实二次型或复二次型.

在二次型 f 中合并同类项后，对于它的系数引进下面的记法：用 a_{ii} 来记 x_i^2 的系数，当 $i \neq j$ 时，用 $2a_{ij}$ 来记乘积 $x_i x_j$ 的系数. 但因 $x_i x_j = x_j x_i$，从而这一个乘积的系数也可用 $2a_{ji}$ 来记它，所以我们在引进记号时要先假定下面的等式是成立的

$$a_{ij} = a_{ji} \tag{4}$$

项 $2a_{ij}x_i x_j$ 现在可以写作下面的形式

$$2a_{ij}x_i x_j = a_{ij}x_i x_j + a_{ji}x_j x_i$$

而整个二次型 f 可写成所有可能的 $a_{ij}x_i x_j$ 形式的总和，这时 i 和 j 已可彼此无关地各取 1 到 n 这些值

$$f = \sum_{i=1}^{n} \sum_{j=1}^{n} a_{ij} x_i x_j \tag{5}$$

特别是当 $i = j$ 时得项 $a_{ii}x_i^2$.

由系数 a_{ij} 显然可建立一个 n 阶矩阵 $\boldsymbol{A} = (a_{ij})$，把它叫作二次型 f 的矩阵，而它的秩 r 叫作这个二次型的秩. 特别的，如果 $r = n$，也就是如果它的矩阵是满秩的，那么二次型 f 叫作满秩的. 从等式(4)知道矩阵 $\boldsymbol{A}$ 中对于主对角线对称的元素彼此相等，就是说矩阵 $\boldsymbol{A}$ 是对称的，反过来，对于任何一个 n 阶对称矩阵 $\boldsymbol{A}$ 可以得出一个完全确定的有 n 个未知量的二次型(5)，用矩阵 $\boldsymbol{A}$ 的元素做它的系数.

利用 §14 中所讲矩阵的乘法，可以把二次型(5)写成另一形式. 首先规定下面的记法. 如果已经给出方阵或一般矩阵 $\boldsymbol{A}$，那么用 $\boldsymbol{A}'$ 来记矩阵 $\boldsymbol{A}$ 经转置后所得出的矩阵. 如果矩阵 $\boldsymbol{A}$ 和 $\boldsymbol{B}$ 是可以相乘的，那么就有下面的等式

$$(\boldsymbol{AB})' = \boldsymbol{B}'\boldsymbol{A}' \tag{6}$$

就是说矩阵乘积的转置矩阵，等于它的因子的转置矩阵对换次序后的乘积.

事实上，如果乘积 $\boldsymbol{AB}$ 是有意义的，那么容易验证乘积 $\boldsymbol{B}'\boldsymbol{A}'$ 也是有意义的：矩阵 $\boldsymbol{B}'$ 的列数等于矩阵 $\boldsymbol{A}'$ 的行数. 矩阵 $(\boldsymbol{AB})'$ 的第 i 行和第 j 行上的元素，在矩阵 $\boldsymbol{AB}$ 中位于第 j 行和第 i 列上. 所以它等于矩阵 $\boldsymbol{A}$ 中第 j 行的元素和矩阵 $\boldsymbol{B}$ 中第 i 列的对应元素的乘积的和，也就是等于矩阵 $\boldsymbol{A}'$ 中第 j 列的元素和矩阵 $\boldsymbol{B}'$ 中第 i 行的对应元素的乘积的和. 这就证明了等式(6).

注意，矩阵 $\boldsymbol{A}$ 当且仅当它和它的转置矩阵重合，也就是当且仅当

$$\boldsymbol{A}' = \boldsymbol{A}$$

时，才是对称矩阵.

现在用 $\boldsymbol{X}$ 来记由未知量所构成的列

$$\boldsymbol{X}=\begin{pmatrix}x_1\\x_2\\\vdots\\x_n\end{pmatrix}$$

$\boldsymbol{X}$ 为一个 n 行单列矩阵.转置这一个矩阵,得出由一行所构成的矩阵

$$\boldsymbol{X}'=(x_1,x_2,\cdots,x_n)$$

矩阵为 $\boldsymbol{A}=(a_{ij})$ 的二次型(5) 现在可以写作下面的乘积的形式

$$f=\boldsymbol{X}'\boldsymbol{A}\boldsymbol{X} \tag{7}$$

事实上,乘积 $\boldsymbol{AX}$ 是由一个列所构成的矩阵

$$\boldsymbol{AX}=\begin{pmatrix}\sum_{j=1}^{n}a_{1j}x_j\\\sum_{j=1}^{n}a_{2j}x_j\\\vdots\\\sum_{j=1}^{n}a_{nj}x_j\end{pmatrix}$$

用 $\boldsymbol{X}'$ 来左乘这一个矩阵,我们得出一个由一行一列所组成的"矩阵",就是等式(5) 的右边.

如果对未知量 $x_1,x_2,\cdots,x_n$ 施行矩阵为 $\boldsymbol{Q}=(q_{ik})$ 的线性变换

$$x_i=\sum_{k=1}^{n}q_{ij}y_k,i=1,2,\cdots,n \tag{8}$$

二次型 f 会变成什么样子? 这里我们假设:当 f 是一个实二次型时,矩阵 $\boldsymbol{Q}=(q_{ik})$ 的元素都取实数.用 $\boldsymbol{Y}$ 来记未知量 $y_1,y_2,\cdots,y_n$ 的列,写线性变换(8) 为矩阵等式

$$\boldsymbol{X}=\boldsymbol{QY} \tag{9}$$

故由式(6) 得

$$\boldsymbol{X}'=\boldsymbol{Y}'\boldsymbol{Q}' \tag{10}$$

把式(9) 和(10) 代进式(7) 里面,得出

$$f=\boldsymbol{Y}'(\boldsymbol{Q}'\boldsymbol{AQ})\boldsymbol{Y}$$

或

$$f=\boldsymbol{Y}'\boldsymbol{BY}$$

它里面的

$$\boldsymbol{B}=\boldsymbol{Q}'\boldsymbol{AQ}$$

矩阵 $\boldsymbol{B}$ 是对称的,因为由等式(6)(很明显的它对于任何多个因子仍是真确的) 和等式 $\boldsymbol{A}'=\boldsymbol{A}$(对称矩阵 $\boldsymbol{A}$ 的等式),有

$$\boldsymbol{B}'=\boldsymbol{Q}'\boldsymbol{A}'\boldsymbol{Q}=\boldsymbol{Q}'\boldsymbol{A}\boldsymbol{Q}=\boldsymbol{B}$$

这样一来，就证明了下面的定理：

n 个未知量的矩阵为 $\boldsymbol{A}$ 的二次型，对未知量施行一个矩阵为 $\boldsymbol{Q}$ 的线性变换后，得出一个有新未知量的二次型，而且这个矩阵是乘积 $\boldsymbol{Q}'\boldsymbol{A}\boldsymbol{Q}$.

现在假设我们所施行的是满秩线性变换，它的矩阵是 $\boldsymbol{Q}$，那么 $\boldsymbol{Q}$ 和 $\boldsymbol{Q}'$ 都是满秩矩阵. 乘积 $\boldsymbol{Q}'\boldsymbol{A}\boldsymbol{Q}$ 在这一情形是矩阵 $\boldsymbol{A}$ 和满秩矩阵的乘积，故由 §14 的结果，这一乘积的秩等于矩阵 A 的秩. 这样一来，知道施行满秩线性变换后，二次型的秩并没有改变.

类似于本节开头所指出的几何问题，即化有心二次曲线的方程为标准形式(3)，现在来讨论经满秩线性变换化任何二次型为未知量的平方和的问题，也就是化为这种形式：所有不同未知量的乘积的系数都等于零. 这个特殊形式的二次型叫作标准的. 首先假设，n 个未知量 $x_1, x_2, \cdots, x_n$ 的二次型 f 已经用满秩线性变换化为标准形式

$$f=b_1y_1^2+b_2y_2^2+\cdots+b_ny_n^2 \tag{11}$$

里面的 $y_1, y_2, \cdots, y_n$ 是新未知量. 自然，系数 $b_1, b_2, \cdots, b_n$ 有的可能等于零. 我们来证明，等式(11) 中不等于零的系数的个数等于 f 的秩 r.

事实上，因为我们是经满秩线性变换化到等式(11) 去的，所以等式(11) 右边的二次型的秩亦必等于 r. 但这个二次型的矩阵有对角形

$$\begin{pmatrix} b_1 & & & \boldsymbol{0} \\ & b_2 & & \\ & & \ddots & \\ \boldsymbol{0} & & & b_n \end{pmatrix}$$

而这一个矩阵有秩 r 的条件，相当于说，它的主对角线上不为零的元素个数等于 r.

我们回来证明下面的关于二次型的基本定理.

每个二次型都可以经某个满秩线性变换化为标准形式. 如果是讨论实二次型，那么可认为这个线性变换的系数都是实数.

对于仅有一个未知量的二次型这一定理是真确的，因为每一个这样的二次型有 ax^2 的形状，就是一个标准形式. 故可对未知量的个数用归纳法来证明，就是假定对于未知量的个数小于 n 的二次型定理已经证明，而来证明对于有 n 个未知量的二次型定理是真确的.

设已给出有 n 个未知量 $x_1, x_2, \cdots, x_n$ 的二次型

$$f=\sum_{i=1}^{n}\sum_{j=1}^{n}a_{ij}x_ix_j \tag{12}$$

我们要找出这样的一个满秩线性变换，使它能从 f 分出一个未知量的平方，也

就是化 f 为这一个平方和其余未知量的二次型的和. 这是容易做到的,如果 f 的矩阵的主对角线上的那些系数 $a_{11}, a_{22}, \cdots, a_{nn}$ 里面,有不为零的数,也就是,如果在式(12) 的平方项 x_i^2 的系数中,至少有一个不为零.

例如设 $a_{11} \neq 0$. 容易验证,表示式 $a_{11}^{-1}(a_{11}x_1 + a_{12}x_2 + \cdots + a_{1n}x_n)^2$ 是一个二次型,而且含有 f 中所有含未知量 x_1 的那些项,因此差

$$f - a_{11}^{-1}(a_{11}x_1 + a_{12}x_2 + \cdots + a_{1n}x_n)^2 = g$$

是一个只含未知量 $x_2, \cdots, x_n$,而不含 x_1 的二次型. 故

$$f = a_{11}^{-1}(a_{11}x_1 + a_{12}x_2 + \cdots + a_{1n}x_n)^2 + g$$

如果我们引进记法

$$y_1 = a_{11}x_1 + a_{12}x_2 + \cdots + a_{1n}x_n, y_i = x_i, i = 2, 3, \cdots, n \tag{13}$$

那就得出

$$f = a_{11}^{-1} y_1^2 + g \tag{14}$$

里面的 g 现在是未知量 $y_2, y_3, \cdots, y_n$ 的二次型. 式(14) 就是所要找出的二次型 f 的表示式,因为它是从式(12) 经满秩线性变换所得出的,这一个变换是线性变换(13) 的逆变换,而变换(13) 的行列式为 a_{11},所以是满秩的.

如果有等式 $a_{11} = a_{22} = \cdots = a_{nn} = 0$,那么事先应当作一辅助线性变换,化 f 为这样的二次型,使得在它里面有未知量的平方项出现. 因为在式(12) 中,它的系数不能全为零 —— 否则就没有什么可证的 —— 故可设 $a_{12} \neq 0$,也就是 f 为项 $2a_{12}x_1x_2$ 和那些至少含有 $x_3, \cdots, x_n$ 中一个未知量的项的和.

现在施行线性变换

$$x_1 = z_1 - z_2, x_2 = z_1 + z_2, x_i = z_i, i = 3, \cdots, n \tag{15}$$

它是满秩的,因为它的行列式为

$$\begin{vmatrix} 1 & -1 & 0 & \cdots & 0 \\ 1 & 1 & 0 & \cdots & 0 \\ 0 & 0 & 1 & \cdots & 0 \\ \vdots & \vdots & \vdots & & \vdots \\ 0 & 0 & 0 & \cdots & 1 \end{vmatrix} = 2 \neq 0$$

这一变换的结果,把二次型的项 $2a_{12}x_1x_2$ 化为

$$2a_{12}x_1x_2 = 2a_{12}(z_1 - z_2)(z_1 + z_2) = 2a_{12}z_1^2 - 2a_{12}z_2^2$$

也就是在二次型 f 中出现了两个未知量的平方项,它们的系数不为零,而且它们不能为其他的任何项所消去,因为在其余的每一个项中至少含有一个未知量 $z_3, \cdots, z_n$. 现在我们已经得出上面所讨论的情形中的条件,也就是再经一次满秩线性变换就可以化 f 为式(14) 的形式.

为了证明定理,只要注意二次型 g 所含未知量的个数少于 n 个,由归纳法的假设,可以对未知量 $y_2, y_3, \cdots, y_n$ 作为某一个满秩线性变换而化 g 为标准形

式.这个变换可以看作所有 n 个未知量的线性变换,就是令 y_1 不变(且易知它是满秩的),而且它化式(14) 为标准形式. 这样一来,用两个或三个满秩线性变换,也可以用一个满秩线性变换,即它们的乘积,可把二次型 f 化为只含未知量的平方项的和. 这些平方项的个数,我们已经知道等于秩 r. 此外,如果 f 是一个实二次型,那么 f 的标准型和化 f 为标准型的线性变换的系数都是实数. 事实上,线性变换(13) 的逆变换和线性变换(15) 的系数都是实数.

基本定理的证明已经结束. 在这一证明中所用的方法可以用在具体的例子中来实际化二次型为标准形式. 我们只要应用证明中的方法,逐次分出平方项,来代替证明过程中所用的归纳法.

例 化下面的二次型为标准形式

$$f = 2x_1x_2 - 6x_2x_3 + 2x_3x_1 \tag{16}$$

因为在这个二次型中,缺少未知量的平方项,我们首先施行满秩线性变换

$$x_1 = y_1 - y_2, x_2 = y_1 + y_2, x_3 = y_3$$

它的矩阵是

$$\boldsymbol{A} = \begin{pmatrix} 1 & -1 & 0 \\ 1 & 1 & 0 \\ 0 & 0 & 1 \end{pmatrix}$$

经此变换后得出

$$f = 2y_1^2 - 2y_2^2 - 4y_1y_3 - 8y_2y_3$$

现在 y_1^2 的系数不为零,故可从我们的二次型中分出一个未知量的平方项. 取

$$z_1 = 2y_1 - 2y_3, z_2 = y_2, z_3 = y_3$$

也就是施行线性变换,它的逆变换有矩阵

$$\boldsymbol{B} = \begin{pmatrix} \frac{1}{2} & 0 & 1 \\ 0 & 1 & 0 \\ 0 & 0 & 1 \end{pmatrix}$$

这一个变换化 f 为

$$f = \frac{1}{2}z_1^2 - 2z_2^2 - 2z_3^2 - 8z_2z_3$$

现在我们只分出了未知量 z_1 的平方,因为在这一个二次型中还有其他两个未知量的乘积. 因 z_2^2 的系数不为零,可以对它再用一次上面所说的方法. 施行线性变换

$$t_1 = z_1, t_2 = -2z_2 - 4z_3, t_3 = z_3$$

它的逆变换的矩阵为

$$C=\begin{pmatrix}1 & 0 & 0\\ 0 & -\frac{1}{2} & -2\\ 0 & 0 & 1\end{pmatrix}$$

我们化 f 为标准形式

$$f=\frac{1}{2}t_1^2-\frac{1}{2}t_2^2+6t_3^2 \tag{17}$$

直接化式(16) 为(17) 的线性变换的矩阵为乘积

$$ABC=\begin{pmatrix}\frac{1}{2} & \frac{1}{2} & 3\\ \frac{1}{2} & -\frac{1}{2} & -1\\ 0 & 0 & 1\end{pmatrix}$$

直接代进去可以验证满秩(因为它的行列式等于 $-\frac{1}{2}$) 线性变换

$$x_1=\frac{1}{2}t_1+\frac{1}{2}t_2+3t_3$$

$$x_2=\frac{1}{2}t_1-\frac{1}{2}t_2-t_3$$

$$x_3=t_3$$

化式(16) 为(17).

化二次型为标准形式的理论构成类似于几何上有心二次曲线的理论,但并不能作为后一理论的推广.事实上,在我们的理论中允许用任何一个满秩线性变换,而化二次曲线到标准形式时要应用很特殊的式(2) 形线性变换,即平面上的一个旋转.但这一几何理论可以推广到有实系数的 n 个未知量的二次型这种情形上去.对于这一推广,叫作化二次型到主轴上去,我们将在第 8 章中来讨论它.

§27 惯性定律

从已给出的二次型化出来的标准形式不是唯一确定的:可以有各种不同的方法来化每一个二次型为标准形式.如在上节中所讨论的二次型 $f=2x_1x_2-6x_2x_3+2x_3x_1$,可以用满秩线性变换

$$x_1=t_1+3t_2+2t_3$$

$$x_2=t_1-t_2-2t_3$$

$$x_3=t_2$$

把它化为和以前所得出的不同的标准形式

$$f = 2t_1^2 + 6t_2^2 - 8t_3^2$$

从已经给出的 f 所化出的不同的标准形式有些什么公共的东西？我们发现这一问题和下面的问题有密切的关系：在什么条件之下，两个已经给出的二次型可以经满秩线性变换互相转化？但这些问题的回答，取决于所讨论的是实二次型还是复二次型.

首先设所讨论的二次型是任意的复二次型，同时允许施行的满秩线性变换的系数亦可为任何复数. 我们已经知道，每一个秩为 r 的 n 个未知量的二次型 f 都可以化为标准形式

$$f = c_1 y_1^2 + c_2 y_2^2 + \cdots + c_r y_r^2$$

里面的所有系数 $c_1, c_2, \cdots, c_r$ 都不等于零. 因为每一个复数都可以开出平方根来，故可施行满秩线性变换

$$z_i = \sqrt{c_i}\, y_i, i = 1, 2, \cdots, r$$
$$z_j = y_j, j = r+1, \cdots, n$$

它化 f 为下面的形状

$$f = z_1^2 + z_2^2 + \cdots + z_r^2 \tag{1}$$

叫作法式. 这就是系数等于 1 的 r 个未知量的平方和.

法式只同二次型 f 的秩有关，也就是所有秩为 r 的二次型都可以化为同一个式(1) 形的法式. 因此，如果 n 元未知量的二次型 f 和 g 有相同的秩 r，那么可以先化 f 为式(1) 而后化式(1) 为 g，就是有一满秩线性变换存在，可化 f 为 g. 因为没有一个满秩线性变换能够变动二次型的秩，所以我们得到下面的结果：

有两个有 n 个未知量的复二次型，当且仅当它们有相同的秩时，才可以经复系数满秩线性变换互相转化.

从这一定理不难推知，每一个有任意非零复系数的 r 个未知量的平方和，都可以当作秩为 r 的复二次型的标准形式.

如果讨论实系数二次型而且特别重要的是只许线性变换有实系数，那么情形较为复杂. 在这一情形，不是每一个二次型都能化为式(1)，因为可能要开出负数的平方根. 但是如果我们现在把系数为 $+1$ 或 -1 的某些未知量的平方和叫作法式，那就容易证明，每一个实系数二次型 f，都可经实系数满秩线性变换化为法式.

事实上，秩为 r 的有 n 个未知量的二次型 f 所化出的标准形式可以写为下面的形式(必要时可调动未知量的次序)

$$f = c_1 y_1^2 + \cdots + c_k y_k^2 - c_{k+1} y_{k+1}^2 - \cdots - c_r y_r^2, 0 \leqslant k \leqslant r$$

里面的所有 $c_1, \cdots, c_k, c_{k+1}, \cdots, c_r$ 都不为零而且是正数. 这里实系数满秩线性变换

$$z_i=\sqrt{c_i}\,y_i,i=1,2,\cdots,r;z_j=y_j,j=r+1,\cdots,n$$

化 f 为法式

$$f=z_1^2+\cdots+z_k^2-z_{k+1}^2-\cdots-z_r^2$$

这里面平方的总数,自然等于二次型的秩.

可以有各种不同的变换化二次型为法式,但是如果不管未知量的次序时,我们只得出一个法式.这就要证明下面的重要定理,叫作实二次型的惯性定律:

经实满秩线性变换化实系数二次型为法式,无论这一变换如何选择,法式中正平方的个数和负平方的个数是不变的.

事实上,设有两种方法化秩为 r 的 n 个未知量 $x_1,x_2,\cdots,x_n$ 的二次型 f 为法式

$$f=y_1^2+\cdots+y_k^2-y_{k+1}^2-\cdots-y_r^2=z_1^2+\cdots+z_l^2-z_{l+1}^2-\cdots-z_r^2 \tag{2}$$

因为从未知量 $x_1,x_2,\cdots,x_n$ 变为未知量 $y_1,y_2,\cdots,y_n$ 的是一个满秩线性变换,所以反过来,第二组未知量亦可以经第一组未知量线性表示,而且它的行列式不为零

$$y_i=\sum_{s=1}^{n}a_{is}x_s,i=1,2,\cdots,n \tag{3}$$

同理

$$z_j=\sum_{t=1}^{n}b_{jt}x_t,j=1,2,\cdots,n \tag{4}$$

而且它的系数行列式亦不为零.表示式(3)和(4)中的系数都是实数.

现在假设 $k<l$,且写出一组等式

$$y_1=0,\cdots,y_k=0,z_{l+1}=0,\cdots,z_r=0,\cdots,z_n=0 \tag{5}$$

如果把表示式(3)和(4)代到这些等式的左边,我们得出含 $n-l+k$ 个方程,n 个未知量 $x_1,x_2,\cdots,x_n$ 的齐次线性方程组.这个方程组的方程个数少于未知量的个数,故由§1我们知道这一个方程组有非零的实数解 $\alpha_1,\alpha_2,\cdots,\alpha_n$.

现在在等式(2)里面用表示式(3)和(4)来代所有的 y 和所有的 z,而后用数 $\alpha_1,\alpha_2,\cdots,\alpha_n$ 来代未知量.如果为简便起见,用 $y_i(\alpha)$ 和 $z_j(\alpha)$ 来记代换后未知量 y_i 和 z_j 的值,那么由式(5)知式(2)就变为等式

$$-y_{k+1}^2(\alpha)-\cdots-y_r^2(\alpha)=z_1^2(\alpha)+\cdots+z_l^2(\alpha) \tag{6}$$

因为在表示式(3)和(4)中,所有的系数都是实数,故在等式(6)中的所有平方数不能为负数,因此由式(6)推知所有的平方都要等于零.这样就得出等式

$$z_1(\alpha)=0,\cdots,z_l(\alpha)=0 \tag{7}$$

另外,对于所选取的数 $\alpha_1,\alpha_2,\cdots,\alpha_n$,有

$$z_{l+1}(\alpha)=0,\cdots,z_r(\alpha)=0,\cdots,z_n(\alpha)=0 \tag{8}$$

这样一来,含 n 个未知量 $x_1,x_2,\cdots,x_n$,n 个方程的齐次线性方程组

$$z_i = 0, i = 1, 2, \cdots, n$$

由式(7) 和(8)，知有非零解 $\alpha_1, \alpha_2, \cdots, \alpha_n$ 存在，也就是这一个方程组的行列式要等于零. 但是这和变换(4) 是满秩的假设冲突. 当 $l < k$ 时，我们亦得出同样的矛盾. 故必有等式 $k = l$，定理就已证明.

化已经给出的实二次型 f 为法式，在法式中正平方的个数叫作这一个二次型的正惯性指标，负平方的个数叫作负惯性指标，而正负惯性指标的差叫作二次型 f 的符号差. 很明显的，当二次型的秩已经知道后，那么刚才所说的三个数的任何一个数就完全确定了其他两个数，故在以后的叙述中，可以只提这三个数中的任何一个.

现在来证明下面的定理：

两个有 n 个未知量的实系数二次型，当且仅当它们有相同的秩和相同的符号差时，才能经实满秩线性变换彼此转化.

事实上，设 f 经满秩实变换化为二次型 g. 我们知道，这个变换不改变二次型的秩. 它也不能改变符号差，因为不然的话 f 和 g 将化为不同的法式，而 f 可化为这两个法式，和惯性定律冲突. 反过来，如果 f 和 g 是同秩和同符号差的，那么它们可以化为相同的法式，因此可以彼此转化.

如果所给出的二次型 g 是标准形式

$$g = b_1 y_1^2 + b_2 y_2^2 + \cdots + b_r y_r^2 \tag{9}$$

它的系数都是非零的实数，那么这个二次型的秩显然等于 r. 还有，若用前面的方法化这个二次型为法式，易知二次型 g 的正惯性指标等于等式(9) 的右边正系数的个数. 故由上一定理推得这样的结果：

二次型 f 有标准形式(9) 的充分必要条件是，f 的秩等于 r，而它的正惯性指标和式(9) 中的正系数个数相同.

二次型的分解　有 n 个未知量的任意两个线性型相乘

$$\varphi = a_1 x_1 + a_2 x_2 + \cdots + a_n x_n, \psi = b_1 x_1 + b_2 x_2 + \cdots + b_n x_n$$

很明显的，我们得出一个二次型. 并不是每一个二次型都可以表示为两个线性型的乘积，我们将要找出可表示的条件. 在这种情形，我们说这个二次型是可分解的.

复二次型 $f(x_1, x_2, \cdots, x_n)$ 可以分解的充分必要条件是它的秩少于或等于 2. 实二次型 $f(x_1, x_2, \cdots, x_n)$ 可以分解的充分必要条件是它的秩不大于 1，或者它的秩等于 2，但它的符号差等于零.

首先讨论线性型 φ 和 ψ 的乘积. 如果它们里面有一个是零，那么它们的乘积是一个带有零系数的二次型，也就是说，它的秩是 0. 如果线性型 φ 和 ψ 成比例

$$\psi = c\varphi$$

而且 $c\neq 0$,φ 不是零,那么可设系数 a_1 不等于零.用满秩线性变换

$$y_1=a_1x_1+\cdots+a_nx_n,\ y_i=x_i, i=2,3,\cdots,n$$

把二次型 $\varphi\psi$ 化为

$$\varphi\psi=cy_1^2$$

右边的二次型的秩等于1,所以二次型 $\varphi\psi$ 的秩也是1.最后,如果线性型 φ 和 ψ 不能成比例,例如设

$$\begin{vmatrix} a_1 & a_2 \\ b_1 & b_2 \end{vmatrix}\neq 0$$

那么线性变换

$$y_1=a_1x_1+a_2x_2+\cdots+a_nx_n$$
$$y_2=b_1x_1+b_2x_2+\cdots+b_nx_n$$
$$y_i=x_i, i=3,4,\cdots,n$$

是满秩的.它把二次型 $\varphi\psi$ 化为

$$\varphi\psi=y_1y_2$$

在右边的二次型有秩2,而且在实系数的情形,它的符号差等于0.

回到定理的充分性的证明.秩等于0的二次型,很明显的可以看作是两个线性型的乘积,其中有一个是零.其次,秩是1的二次型 $f(x_1,x_2,\cdots,x_n)$ 可以经满秩线性变换化为

$$f=cy_1^2, c\neq 0$$

也就是说,化为

$$f=(cy_1)y_1$$

因为 y_1 是 $x_1,x_2,\cdots,x_n$ 的线性表示式,所以我们可以把二次型 f 表示成两个线性型的乘积.最后,秩为2而符号差为0的实二次型 $f(x_1,x_2,\cdots,x_n)$ 可以经满秩线性变换化为

$$f=y_1^2-y_2^2$$

秩为2的任意复二次型也可以经满秩线性变换化成这样的形式.但是

$$y_1^2-y_2^2=(y_1-y_2)(y_1+y_2)$$

在右边把 y_1,y_2 经 $x_1,x_2,\cdots,x_n$ 所表出的线性表示式代进去,就得出两个线性型的乘积,定理已经证明.

§28 恒　正　型

有 n 个未知量的实系数二次型 f 叫作恒正的,如果它可以化为一个由 n 个正平方所构成的法式,也就是这一个二次型的秩和正惯性指标都等于未知量的

个数.

下面的定理告诉我们,不必化二次型为法式或标准形式,就可确定它是否为恒正型.

n 个未知量 $x_1,x_2,\cdots,x_n$ 的实系数二次型 f 为恒正型的充分必要条件,是对于未知量的每一组不全为零的实数值,f 都得出正值.

设二次型 f 是恒正的,也就是可化为法式

$$f=y_1^2+y_2^2+\cdots+y_n^2 \tag{1}$$

里面的

$$y_i=\sum_{j=1}^{n}a_{ij}x_j,i=1,2,\cdots,n \tag{2}$$

且由实系数 a_{ij} 所组成的行列式不为零.如果我们要在 f 中用任何一组不全为零的实数值来代替未知量 $x_1,x_2,\cdots,x_n$,那么可以首先把这些值代到式(2)里面,而后把所得出的所有 y_i 的值代到式(1)里面去.注意,从(2)得出的 $y_1,y_2,\cdots,y_n$ 的值,不可能全等于零,否则我们将得出有非零解的齐次线性方程组

$$\sum_{j=1}^{n}a_{ij}x_j=0,i=1,2,\cdots,n$$

然而它的行列式却不等于零.在式(1)中代入所得出的 $y_1,y_2,\cdots,y_n$ 的值,我们得出 f 的值,等于不全为零的 n 个实数的平方和,故这一值必定是一个正值.

反过来,设 f 不是恒正的,也就是它的秩或者它的正惯性指标小于 n.这就是说,在这一个二次型的法式中,至少有一个新未知量(例如 y_n)的平方,或者不出现或者在它的前面是一个负号.我们假定是经满秩线性变换(2)化到法式去的.我们来证明在这一情形,可以对于未知量 $x_1,x_2,\cdots,x_n$ 选取这样的不全为零的值,使 f 对于这一组未知量的值等于零或一个负数.例如由式(2)取 $y_1=y_2=\cdots=y_{n-1}=0,y_n=1$,用克莱姆法则解出这一方程组,就可以得出 $x_1,x_2,\cdots,x_n$ 的这样的一组值.事实上,对于未知量 $x_1,x_2,\cdots,x_n$ 的这组值,如果 y_n^2 不在 f 的法式中出现,f 就等于零,如果 y_n^2 在它的法式中有负号,那么 f 就等于-1.

刚才证明的定理,对于用到二次恒正型的地方是很有用的.但是用这一定理不能从二次型的系数来决定它是否是恒正的.为了这一目的,我们要用到另一定理,在说出这个定理和证明它之前,先引进一个辅助概念.

设已给出矩阵为 $\mathbf{A}=(a_{ij})$ 的 n 个未知量的二次型 f.位于矩阵左上角的 $1,2,\cdots,n$ 阶子式,也就是子式

$$a_{11},\begin{vmatrix}a_{11}&a_{12}\\a_{21}&a_{22}\end{vmatrix},\cdots,\begin{vmatrix}a_{11}&a_{12}&\cdots&a_{1k}\\a_{21}&a_{22}&\cdots&a_{2k}\\\vdots&\vdots&&\vdots\\a_{k1}&a_{k2}&\cdots&a_{kk}\end{vmatrix},\cdots,\begin{vmatrix}a_{11}&a_{12}&\cdots&a_{1n}\\a_{21}&a_{22}&\cdots&a_{2n}\\\vdots&\vdots&&\vdots\\a_{n1}&a_{n2}&\cdots&a_{nn}\end{vmatrix}$$

叫作二次型 f 的主子式,其中最后一个主子式显然就是矩阵 $\boldsymbol{A}$ 的行列式.

下面的定理是成立的:

有 n 个未知量的实系数二次型 f,当且仅当它的所有主子式全大于零时,才是一个恒正型.

对于 $n=1$,定理是成立的,因为在这一情形,二次型的形式为 ax^2,故当且仅当 $a>0$ 时才是恒正的.假设对于 $n-1$ 个未知量的二次型定理已经证明,现在来证明对于有 n 个未知量的二次型定理亦能成立.

首先说明下面一件事:

如果对矩阵为 $\boldsymbol{A}$ 的实系数二次型 f 施行矩阵为 $\boldsymbol{Q}$ 的实满秩线性变换,那么二次型的行列式(就是它的矩阵的行列式)不变号.

事实上,经变换后,我们得出一个矩阵为 $\boldsymbol{Q}'\boldsymbol{A}\boldsymbol{Q}$ 的二次型,而由 $|\boldsymbol{Q}'|=|\boldsymbol{Q}|$

$$|\boldsymbol{Q}'\boldsymbol{A}\boldsymbol{Q}|=|\boldsymbol{Q}'|\cdot|\boldsymbol{A}|\cdot|\boldsymbol{Q}|=|\boldsymbol{A}|\cdot|\boldsymbol{Q}|^2$$

也就是行列式 $|\boldsymbol{A}|$ 和一个正数的乘积.

现在假设已经给出二次型

$$f=\sum_{i,j=1}^{n}a_{ij}x_ix_j$$

它可以写为

$$f=\varphi(x_1,x_2,\cdots,x_{n-1})+2\sum_{i=1}^{n-1}a_{in}x_ix_n+a_{nn}x_n^2 \tag{3}$$

里面的 φ 为二次型 f 中所有不含未知量 x_n 的那些项所构成的 $n-1$ 个未知量的二次型.很明显的,φ 的主子式和 f 的最后一个主子式以外的全部主子式重合.

设二次型 f 恒正.这样二次型 φ 亦必恒正:如果有未知量 $x_1,x_2,\cdots,x_{n-1}$ 的一组不全为零的值使二次型 φ 不取正值,那么添上 $x_n=0$ 后,由式(3)我们将得出 f 的非正值,即使未知量 $x_1,x_2,\cdots,x_{n-1},x_n$ 的值不全为零.故由归纳法的假设,φ 的所有主子式,就是 f 除最后一个外的全部主子式,都是正的.至于二次型 f 的最后一个主子式,也就是矩阵 $\boldsymbol{A}$ 的行列式,可以由下面的推理知道它也是一个正数:由 f 的恒正性,知道它在经满秩线性变换后可以化为一个由 n 个正平方所构成的法式.这个法式的行列式是一个正数,故由上述说明,知道二次型 f 的行列式也是一个正数.

现在设 f 的主子式全部是正的.故知 φ 的主子式全为正数,这样从归纳法的假设,知道二次型 φ 是恒正的.因此有未知量 $x_1,x_2,\cdots,x_{n-1}$ 的满秩线性变换存在,化二次型 φ 为 $n-1$ 个新未知量 $y_1,y_2,\cdots,y_{n-1}$ 的平方和.添上 $x_n=y_n$ 后,这一线性变换可以看作所有未知量 $x_1,x_2,\cdots,x_n$ 的满秩线性变换.由式(3),知 f 经此变换后,化为

$$f=\sum_{i=1}^{n-1}y_i^2+2\sum_{i=1}^{n-1}b_{in}y_iy_n+b_{nn}y_n^2 \tag{4}$$

里面的系数 b_{in} 的确定表示式对我们是不重要的. 因为

$$y_i^2 + 2b_{in}y_iy_n = (y_i + b_{in}y_n)^2 - b_{in}^2y_n^2$$

故满秩线性变换

$$z_i = y_i + b_{in}y_n, z_n = y_n, i = 1, 2, \cdots, n-1$$

化式(4) 型的二次型 f 为标准形式

$$f = \sum_{i=1}^{n-1} z_i^2 + cz_n^2 \tag{5}$$

为了证明二次型 f 是恒正的,只要证明 c 是正数就已足够. 等式(5) 右边的二次型的行列式等于 c. 但这行列式一定是正的,因为等式(5) 的右边是从 f 经由两个满秩线性变换所得出的,而 f 的行列式,就是它的最后一个主子式,也是一个正数.

定理已经完全证明.

例 1 二次型

$$f = 5x_1^2 + x_2^2 + 5x_3^2 + 4x_1x_2 - 8x_1x_3 - 4x_2x_3$$

是恒正的,因为它的主子式

$$5, \begin{vmatrix} 5 & 2 \\ 2 & 1 \end{vmatrix} = 1, \begin{vmatrix} 5 & 2 & -4 \\ 2 & 1 & -2 \\ -4 & -2 & 5 \end{vmatrix} = 1$$

都是正的.

例 2 二次型

$$f = 3x_1^2 + x_2^2 + 5x_3^2 + 4x_1x_2 - 8x_1x_3 - 4x_2x_3$$

不是恒正的,因为它的二阶主子式是负的

$$\begin{vmatrix} 3 & 2 \\ 2 & 1 \end{vmatrix} = -1$$

注意,类似于二次恒正型我们可以引进恒负型,就是实系数满秩二次型,它的法式只含有负的未知量平方项. 降秩二次型,它的法式只是由同号的平方所组成的,叫作准恒定的. 最后,非定型是这样的二次型,它的法式同时含有正的和负的未知量平方项.

第7章 线性空间

§29 线性空间的定义,同构

在 §8 中给出的 n 维向量空间的定义,先规定 n 维向量为 n 个有序数. 对于 n 维向量引进了加法和数乘,然后导出 n 维向量空间的概念. 向量空间的第一个例子是平面或三维空间中从坐标原点引出的有向线段的全体. 但是,在几何学课本中遇到这些例子的时候,我们并不认为必须在某个确定的坐标系下用分量给出这个向量. 因为对于向量的加法和数乘,均可用几何方法来定义,而不管坐标系的选择,即平面或空间中向量的加法按平行四边形法则进行,而数 α 对向量的乘积,就是这个向量伸长 α 倍(若 α 为负,向量的方向就变为相反方向). 在一般情形下不用坐标(即不要求用有序数给出向量)来给出向量空间的定义是很合理的. 现在用公理法给出这个定义,在这个定义中,完全不涉及各别向量的特性,但要列举出向量运算应具有的性质.

假设给定了集合 V,它的元素用小写拉丁字母 $\boldsymbol{a},\boldsymbol{b},\boldsymbol{c},\cdots$ 来记[①]. 再设在集合 V 中,定义了一个加法运算,这个运算使 V 中任何一对元素 $\boldsymbol{a}$ 和 $\boldsymbol{b}$ 对应于 V 中唯一元素 $\boldsymbol{a}+\boldsymbol{b}$,称为它们的和. 还定义了实数对向量的乘法运算,即数 α 对元素 $\boldsymbol{a}$ 的乘积 $\alpha\boldsymbol{a}$ 是唯一确定并属于 V 的.

① 和第二章中不同,在本章和下章将以小写拉丁字母表示向量,小写希腊字母表示数.

如果指出的运算具有下面的公理 Ⅱ ～ Ⅷ，集合V的元素叫作向量，而V本身叫作实线性（或向量，或仿射）空间：

Ⅰ. 加法是可易的

$$\boldsymbol{a}+\boldsymbol{b}=\boldsymbol{b}+\boldsymbol{a}$$

Ⅱ. 加法是可群的

$$(\boldsymbol{a}+\boldsymbol{b})+\boldsymbol{c}=\boldsymbol{a}+(\boldsymbol{b}+\boldsymbol{c})$$

Ⅲ. 在V中有零元素$\mathbf{0}$存在，它对V中所有元素$\boldsymbol{a}$满足条件

$$\boldsymbol{a}+\mathbf{0}=\boldsymbol{a}$$

利用 Ⅰ 容易证明零元素的唯一性：如果$\mathbf{0}_1$和$\mathbf{0}_2$是两个零元素，那么

$$\mathbf{0}_1+\mathbf{0}_2=\mathbf{0}$$

$$\mathbf{0}_1+\mathbf{0}_2=\mathbf{0}_2+\mathbf{0}_1=\mathbf{0}$$

由此得$\mathbf{0}_1=\mathbf{0}_2$.

Ⅳ. 对于V中任一元素$\boldsymbol{a}$存在负元素$-\boldsymbol{a}$，它满足条件

$$\boldsymbol{a}+(-\boldsymbol{a})=\mathbf{0}$$

由 Ⅰ 和 Ⅱ 容易验证负元素的唯一性：如果$(-\boldsymbol{a})_1$和$(-\boldsymbol{a})_2$是$\boldsymbol{a}$的两个负元素，那么

$$(-\boldsymbol{a})_1+[\boldsymbol{a}+(-\boldsymbol{a})_2]=(-\boldsymbol{a})_1+\mathbf{0}=(-\boldsymbol{a})_1$$

$$[(-\boldsymbol{a})_1+\boldsymbol{a}]+(-\boldsymbol{a})_2=\mathbf{0}+(-\boldsymbol{a})_2=(-\boldsymbol{a})_2$$

由此得$(-\boldsymbol{a})_1=(-\boldsymbol{a})_2$.

从公理 Ⅰ ～ Ⅳ 可引出差$\boldsymbol{a}-\boldsymbol{b}$的存在性和唯一性，即有这样的一个元素$\boldsymbol{x}$，它满足方程

$$\boldsymbol{b}+\boldsymbol{x}=\boldsymbol{a} \tag{1}$$

实际上，可以认为

$$\boldsymbol{x}=\boldsymbol{a}-\boldsymbol{b}=\boldsymbol{a}+(-\boldsymbol{b})$$

这是因为

$$\boldsymbol{b}+[\boldsymbol{a}+(-\boldsymbol{b})]=[\boldsymbol{b}+(-\boldsymbol{b})]+\boldsymbol{a}=\mathbf{0}+\boldsymbol{a}=\boldsymbol{a}$$

如果还有一个满足方程(1)的元素$\boldsymbol{c}$，即

$$\boldsymbol{b}+\boldsymbol{c}=\boldsymbol{a}$$

那么，在等式两端加上$-\boldsymbol{b}$，就得到

$$\boldsymbol{c}=\boldsymbol{a}-\boldsymbol{b}$$

下面的公理 Ⅴ ～ Ⅳ（比较 §8）把数乘运算同加法以及数的运算联系起来，即对于V中任何元素$\boldsymbol{a}$，$\boldsymbol{b}$和任何实数α，β以及实数1，下列等式都应成立：

Ⅴ. $\alpha(\boldsymbol{a}+\boldsymbol{b})=\alpha\boldsymbol{a}+\alpha\boldsymbol{b}$.

Ⅵ. $(\alpha+\beta)\boldsymbol{a}=\alpha\boldsymbol{a}+\beta\boldsymbol{a}$.

Ⅶ. $(\alpha\beta)\boldsymbol{a}=\alpha(\beta\boldsymbol{a})$.

Ⅷ. $1\cdot \boldsymbol{a}=\boldsymbol{a}$.

我们指出这些公理的某些最简单的推论.

（ⅰ） $$\alpha\cdot \mathbf{0}=\mathbf{0}$$

实际上，对于 V 中任一元素 $\boldsymbol{a}$

$$\alpha\boldsymbol{a}=\alpha(\boldsymbol{a}+\mathbf{0})=\alpha\boldsymbol{a}+\alpha\cdot\mathbf{0}$$

即

$$\alpha\cdot\mathbf{0}=\alpha\boldsymbol{a}-\alpha\boldsymbol{a}=\alpha\boldsymbol{a}+[-(\alpha\boldsymbol{a})]=\mathbf{0}$$

（ⅱ） $$0\cdot\boldsymbol{a}=\mathbf{0}$$

其中左边是数零，而右边是 V 中零元素.

为了证明这一点，任取一数 α，那么，由

$$\alpha\boldsymbol{a}=(\alpha+0)\boldsymbol{a}=\alpha\boldsymbol{a}+0\cdot\boldsymbol{a}$$

得

$$0\cdot\boldsymbol{a}=\alpha\boldsymbol{a}-\alpha\boldsymbol{a}=\mathbf{0}$$

（ⅲ）若 $\alpha\boldsymbol{a}=\mathbf{0}$，则 $\alpha=0$.

因为如果 $\alpha\neq 0$，也就是若数 α^{-1} 存在，那么

$$\boldsymbol{a}=1\cdot\boldsymbol{a}=(\alpha^{-1}\cdot\alpha)\boldsymbol{a}=\alpha^{-1}(\alpha\boldsymbol{a})=\alpha^{-1}\cdot\mathbf{0}=\mathbf{0}$$

（ⅳ） $$\alpha(-\boldsymbol{a})=-\alpha\boldsymbol{a}$$

因为

$$\alpha\boldsymbol{a}+\alpha(-\boldsymbol{a})=\alpha[\boldsymbol{a}+(-\boldsymbol{a})]=\alpha\cdot\mathbf{0}=\mathbf{0}$$

所以元素 $\alpha(-\boldsymbol{a})$ 是 $\alpha\boldsymbol{a}$ 的负元素.

（ⅴ） $$(-\alpha)\boldsymbol{a}=-\alpha\boldsymbol{a}$$

实际上

$$\alpha\boldsymbol{a}+(-\alpha)\boldsymbol{a}=[\alpha+(-\alpha)]\boldsymbol{a}=0\cdot\boldsymbol{a}=\mathbf{0}$$

即元素 $(-\alpha)\boldsymbol{a}$ 是元素 $\alpha\boldsymbol{a}$ 的负元素.

（ⅵ） $$\alpha(\boldsymbol{a}-\boldsymbol{b})=\alpha\boldsymbol{a}-\alpha\boldsymbol{b}$$

实际上，根据 ⅳ

$$\alpha(\boldsymbol{a}-\boldsymbol{b})=\alpha[\boldsymbol{a}+(-\boldsymbol{b})]=\alpha\boldsymbol{a}+\alpha(-\boldsymbol{b})=$$
$$\alpha\boldsymbol{a}+(-\alpha\boldsymbol{b})=\alpha\boldsymbol{a}-\alpha\boldsymbol{b}$$

（ⅶ）

$$(\alpha-\beta)\boldsymbol{a}=\alpha\boldsymbol{a}-\beta\boldsymbol{a}$$

因为

$$(\alpha-\beta)\boldsymbol{a}=[\alpha+(-\beta)]\boldsymbol{a}=\alpha\boldsymbol{a}+(-\beta)\boldsymbol{a}=$$
$$\alpha\boldsymbol{a}+(-\beta\boldsymbol{a})=\alpha\boldsymbol{a}-\beta\boldsymbol{a}$$

注意，今后用到上列公理及其推论时，都不再做专门说明 .

以上给出了实线性空间的定义. 如果我们假定在集合 V 中不仅定义了实数

对向量的乘法，而且定义了复数对向量的乘法，同时保留公理 Ⅰ ～ Ⅷ，就可得出复线性空间的定义. 为了明确起见，以下只研究实线性空间，然而本章所谈到的全部内容都可逐字逐句地转移到复线性空间中去.

很容易举出实线性空间的例子来. 首先，在第二章中研究过行向量组成的 n 维实向量空间，就是这种例子. 平面上或三维空间中由坐标原点引出的有向线段的集合也是线性空间，这里，应以本节开始时指出的几何意义来理解加法和数乘运算.

所谓"无限维" 线性空间的例子也是存在的. 试研究实数的各种可能的序列，它们的形式为

$$\boldsymbol{a}=(\alpha_1,\alpha_2,\cdots,\alpha_n,\cdots)$$

对序列的运算按各分量来进行. 如果

$$\boldsymbol{b}=(\beta_1,\beta_2,\cdots,\beta_n,\cdots)$$

那么

$$\boldsymbol{a}+\boldsymbol{b}=(\alpha_1+\beta_1,\alpha_2+\beta_2,\cdots,\alpha_n+\beta_n,\cdots)$$

另外，对于任何实数 γ

$$\gamma\boldsymbol{a}=(\gamma\alpha_1,\gamma\alpha_2,\cdots,\gamma\alpha_n,\cdots)$$

公理 Ⅰ ～ Ⅷ 都能满足，于是我们得出一个实线性空间.

实变量的各种可能的实函数的集合也是无限维空间的一个例子，这里，函数的加法和数对函数的乘法按通常函数论中的意义理解，也就是说理解为对自变量的每一个值，把得出的函数值都加起来或乘上一个数.

同构 现在我们要对所有线性空间进行分类，自然，这里是指有限维的. 首先引入一个一般的概念.

在线性空间的定义中，涉及向量的运算的性质，但是完全不涉及向量本身的性质. 因此可能出现这种情况，虽然某两个已知线性空间的向量按其特性是完全不同的，但从运算性质的角度看来，这两个空间却没有差别. 确切的定义是这样的：

满足下列条件的两个实线性空间 V 和 V' 称为同构的，如果在它们的向量之间确定了一个一一对应（即是 V 中任一向量 $\boldsymbol{a}$ 对应于 V' 中的一个向量 $\boldsymbol{a}'$——向量 $\boldsymbol{a}$ 的象，同时 V 中不同的向量有不同的象，且 V' 中每个向量都是 V 中向量的象）. 而且在这个对应之下，两个向量之和的象是这两个向量之象的和

$$(\boldsymbol{a}+\boldsymbol{b})'=\boldsymbol{a}'+\boldsymbol{b}' \tag{2}$$

同时数对向量的乘积的象是同一数对此向量之象的乘积

$$(\alpha\boldsymbol{a})'=\alpha\boldsymbol{a}' \tag{3}$$

我们指出，空间 V 和 V' 之间满足条件(2) 和(3) 的一一对应称为同构对应.

例如，在平面上由原点引出的有向线段构成的空间，同构于由一对有序实

数组成的二维向量空间:如果在平面上确定了某个坐标系,并且让每个有向线段对应于其坐标所构成的一对有序数,我们就得到他们之间的同构对应.

我们来证明线性空间的同构的下述性质:在空间 V 和 V' 的同构对应下,空间 V 中零元素的象是空间 V' 的零元素.

假定 $\boldsymbol{a}$ 是 V 中的某个向量,$\boldsymbol{a}'$ 是它在 V' 中的象,那么由条件(2)

$$\boldsymbol{a}'=(\boldsymbol{a}+\boldsymbol{0})'=\boldsymbol{a}'+\boldsymbol{0}'$$

即 $\boldsymbol{0}'$ 是空间 V' 中的零元素.

§30　有限维空间,基底

读者不难看出,在 §9 中给出的有向线段线性相关的两个定义以及这两个定义的等价性的证明,都只涉及向量的运算.因而可以转移到任何线性空间的情形去.这样,在用公理法定义的线性空间中,也可以述及(如果它们存在的话)向量的线性无关组,极大线性无关组,等等.

如果线性空间 V 和 V' 是同构的,那么 V 中向量组 $\boldsymbol{a}_1,\boldsymbol{a}_2,\cdots,\boldsymbol{a}_k$ 线性相关的充分必要条件是它们在 V' 中的象 $\boldsymbol{a}_1',\boldsymbol{a}_2',\cdots,\boldsymbol{a}_k'$ 线性相关.

我们指出,如果对应 $\boldsymbol{a}\to\boldsymbol{a}'$(对于所有 V 中的 $\boldsymbol{a}$)是 V 和 V' 之间的同构对应,那么逆对应 $\boldsymbol{a}'\to\boldsymbol{a}$ 也是同构的.因此只研究 $\boldsymbol{a}_1,\boldsymbol{a}_2,\cdots,\boldsymbol{a}_k$ 是线性相关组的情形就够了.假定存在不全为零的数 $\alpha_1,\alpha_2,\cdots,\alpha_k$ 使

$$\alpha_1\boldsymbol{a}_1+\alpha_2\boldsymbol{a}_2+\cdots+\alpha_k\boldsymbol{a}_k=\boldsymbol{0}$$

我们知道,在所讨论的同构对应下,这个等式的右边的象是空间 V' 的零元素 $\boldsymbol{0}'$,取左边的象并运用几次条件(2) 和条件(3) 后.我们就得到

$$\alpha_1\boldsymbol{a}_1'+\alpha_2\boldsymbol{a}_2'+\cdots+\alpha_k\boldsymbol{a}_k'=\boldsymbol{0}'$$

即向量组 $\boldsymbol{a}_1',\boldsymbol{a}_2',\cdots,\boldsymbol{a}_k'$ 是线性相关的.

有限维空间　如果在线性空间 V 中可以找到由有限个向量构成的一个极大线性无关组,就把它叫作有限维的,而把这样的组叫作空间 V 的基底.

有限维线性空间可以有很多不同的基底.例如,在平面上的有向线段所构成的空间中,任何一对不在同一直线上的非零向量都是基底.我们注意,在有限维空间的定义中,至今还没有回答下述问题:在这个空间中是否存在由不同个数的向量组成的基底.甚至是否在某个有限维空间中存在着任意多个向量构成的基底.现在来看实际情形是怎样的?

假定线性空间 V 有由 n 个向量组成的基底

$$\boldsymbol{e}_1,\boldsymbol{e}_2,\cdots,\boldsymbol{e}_n \tag{1}$$

如果 $\boldsymbol{a}$ 是 V 中的任意向量,那么由线性无关组(1) 的极大性知道,$\boldsymbol{a}$ 可经组(1)

线性表出

$$a = \alpha_1 e_1 + \alpha_2 e_2 + \cdots + \alpha_n e_n \tag{2}$$

另外，由组(1) 的线性无关性，对于向量 a，表示式(2) 是唯一的：如果

$$a = \alpha'_1 e_1 + \alpha'_2 e_2 + \cdots + \alpha'_n e_n$$

那么

$$(\alpha_1 - \alpha'_1) e_1 + (\alpha_2 - \alpha'_2) e_2 + \cdots + (\alpha_n - \alpha'_n) e_n = \mathbf{0}$$

由此

$$\alpha_i = \alpha'_i, i = 1, 2, \cdots, n$$

这样一来，向量 a 唯一地对应于它经基底(1) 表示出的表达式(2) 中的系数行

$$(\alpha_1, \alpha_2, \cdots, \alpha_n) \tag{3}$$

或者，这也可以称为在基底(1) 下的坐标行. 反过来，任何形如式(3) 的行，即任何在第二章意义下的 n 维向量都是空间 V 的某个向量在基底(1) 下的坐标行，这个向量就是经基底(1) 写成式(2) 的向量.

这样，我们得到空间 V 的所有向量和 n 维向量空间的所有向量之间的一一对应. 现在来证明，这个对应(它自然要依赖于基底(1) 的选择) 是同构对应.

在空间 V 中除了经基底(1) 表为式(2) 的向量 a 外，我们还取这样一个向量 b，它经基底(1) 的表示式为

$$b = \beta_1 e_1 + \beta_2 e_2 + \cdots + \beta_n e_n$$

那么

$$a + b = (\alpha_1 + \beta_1) e_1 + (\alpha_2 + \beta_2) e_2 + \cdots + (\alpha_n + \beta_n) e_n$$

即向量 a 与 b 之和对应于在基底(1) 下它们的坐标行的和. 另外

$$\gamma a = (\gamma\alpha_1) e_1 + (\gamma\alpha_2) e_2 + \cdots + (\gamma\alpha_n) e_n$$

即数 γ 对向量 a 的乘积对应于这个数对向量 a 在基底(1) 下的坐标行的乘积.

由此已经证明了下述定理：

基底由 n 个向量组成的任何线性空间都同构于式(3) 构成的 n 维向量空间.

我们知道，在线性空间的同构对应下，向量的线性相关组对应于线性相关组，因此，反过来，线性无关组对应于线性无关组. 由此得出，在同构对应下，基底对应于基底.

事实上，假定在空间 V 和 V' 的同构对应下，空间 V 的基底 $e_1, e_2, \cdots, e_n$ 变成空间 V' 的向量组 $e'_1, e'_2, \cdots, e'_n$，这组向量虽然线性无关，但并非 V' 中的极大线性无关组. 那么在 V' 中可以找到这样的向量 f'，使 $e'_1, e'_2, \cdots, e'_n, f'$ 仍然线性无关. 但是，在所研究的同构下，向量 f' 是 V 中的某个向量 f 的象. 于是得出向量组 $e_1, e_2, \cdots, e_n, f$ 也应该线性无关，这和基底的定义相矛盾.

我们还知道(参看 §9),n 维行向量空间中,所有极大线性无关组由 n 个向量组成,任何 $n+1$ 个向量构成的组都是线性相关的. 并且向量的任一线性无关组都包含在某个极大线性无关组中. 利用上述的同构对应的性质,得到下列结论:

有限维线性空间 V 的所有基底都由相同个数的向量所组成. 如果这个数等于 n,就把 V 叫作 n 维线性空间,而数 n 叫作这个空间的维数.

n 维线性空间的任何 $n+1$ 个向量线性相关.

n 维线性空间的向量的任何线性无关组包含在这个空间的某个基底中.

现在,容易验证前述线性空间的例子 —— 序列空间和函数空间 —— 不是有限维空间:在这两个空间中,读者都不难找出由任意多个向量构成的线性无关组.

基底之间的关系 我们现在研究有限维线性空间. 很明显,研究 n 维线性空间实质上就是研究第二章中已引入的 n 维行向量空间. 不过,以前在这个 n 维空间中已定出了一个基底 —— 由单位向量(即有一个坐标为1而其余各个坐标等于零的向量)组成的基底,空间所有向量都是用它们在这个基底下的坐标行给出的. 而现在对我们说来,空间的各个基底都是平等的.

我们来看一看,在 n 维线性空间中可以找到多少基底,而且这些基底之间的关系又是怎样的.

假定在 n 维线性空间 V 中给出基底

$$\boldsymbol{e}_1, \boldsymbol{e}_2, \cdots, \boldsymbol{e}_n \tag{4}$$

和

$$\boldsymbol{e}'_1, \boldsymbol{e}'_2, \cdots, \boldsymbol{e}'_n \tag{5}$$

基底(5)的每一个向量正如空间 V 的所有向量一样,可由基底(4)唯一地表示为

$$\boldsymbol{e}'_i = \sum_{j=1}^{n} \tau_{ij} \boldsymbol{e}_j, i = 1, 2, \cdots, n \tag{6}$$

矩阵

$$\boldsymbol{T} = \begin{pmatrix} \tau_{11} & \cdots & \tau_{1n} \\ \vdots & & \vdots \\ \tau_{n1} & \cdots & \tau_{nn} \end{pmatrix}$$

叫作从基底(4)变到基底(5)的转换矩阵,矩阵的行是(5)中向量在基底(4)下的坐标行.

由式(6),基底(4)与(5)以及转换矩阵 $\boldsymbol{T}$ 间的关系可以写为矩阵等式

$$\begin{pmatrix} e'_1 \\ e'_2 \\ \vdots \\ e'_n \end{pmatrix} = \begin{pmatrix} \tau_{11} & \tau_{12} & \cdots & \tau_{1n} \\ \tau_{21} & \tau_{22} & \cdots & \tau_{2n} \\ \vdots & \vdots & & \vdots \\ \tau_{n1} & \tau_{n2} & \cdots & \tau_{nn} \end{pmatrix} \begin{pmatrix} e_1 \\ e_2 \\ \vdots \\ e_n \end{pmatrix} \tag{7}$$

或者，当 $\boldsymbol{e}$ 和 $\boldsymbol{e}'$ 分别表示基底(4) 和(5) 的列的写法时，可以写为

$$\boldsymbol{e}' = \boldsymbol{T}\boldsymbol{e}$$

另外，如果 $\boldsymbol{T}'$ 是从基底(5) 变到基底(4) 的转换矩阵，那么

$$\boldsymbol{e} = \boldsymbol{T}'\boldsymbol{e}'$$

由此有

$$\boldsymbol{e} = (\boldsymbol{T}'\boldsymbol{T})\boldsymbol{e}$$

$$\boldsymbol{e}' = (\boldsymbol{T}\boldsymbol{T}')\boldsymbol{e}$$

由基底 $\boldsymbol{e}$ 和 $\boldsymbol{e}'$ 的线性无关性得出

$$\boldsymbol{T}'\boldsymbol{T} = \boldsymbol{T}\boldsymbol{T}' = \boldsymbol{E}$$

由此推知

$$\boldsymbol{T}' = \boldsymbol{T}^{-1}$$

这就说明了，从一个基底到另一个基底的转换矩阵是满秩矩阵.

任何实元素的 n 阶满秩方阵都是 n 维实线性空间从一个基底变到另一个基底的转换矩阵.

事实上，假设给定了基底(4) 和 n 阶满秩矩阵 $\boldsymbol{T}$. 我们取矩阵 $\boldsymbol{T}$ 的行作为向量组(5) 在基底(4) 下的坐标行，因此等式(7) 成立. 向量组(5) 是线性无关的 —— 如果它们线性相关，矩阵 $\boldsymbol{T}$ 的行就线性相关，这与它的满秩性相矛盾. 因此由 n 个向量组成的线性无关的向量组(5) 是这个空间的基底，而矩阵 $\boldsymbol{T}$ 是由基底(4) 变到基底(5) 的转换矩阵.

我们看到，有多少个不同的 n 阶满秩方阵，就可以在 n 维线性空间中找到多少个不同的基底. 这里，由同样的向量组成的，但次序不同的两个基底，也算作是不同的.

向量的坐标变换　假定在 n 维线性空间中给出以转换矩阵 $\boldsymbol{T} = (\tau_{ij})$ 相结合的基底(4) 和(5)

$$\boldsymbol{e}' = \boldsymbol{T}\boldsymbol{e}$$

我们来找出在这两个基底下，任意向量 $\boldsymbol{a}$ 的坐标行之间的关系.

假设

$$\boldsymbol{a} = \sum_{j=1}^{n} \alpha_j \boldsymbol{e}_j \tag{8}$$

$$\boldsymbol{a} = \sum_{i=1}^{n} \alpha'_i \boldsymbol{e}'_i$$

应用式(6)得到

$$\boldsymbol{a}=\sum_{i=1}^{n}\alpha'_i\left(\sum_{j=1}^{n}\tau_{ij}\boldsymbol{e}_j\right)=\sum_{j=1}^{n}\left(\sum_{i=1}^{n}\alpha'_i\tau_{ij}\right)\boldsymbol{e}_j$$

与式(8)比较,并且应用向量经基底表出的写法的唯一性,得到

$$\alpha_j=\sum_{i=1}^{n}\alpha'_i\tau_{ij},j=1,2,\cdots,n$$

即下面的矩阵等式成立

$$(\alpha_1,\alpha_2,\cdots,\alpha_n)=(\alpha'_1,\alpha'_2,\cdots,\alpha'_n)\boldsymbol{T}$$

这样一来,向量 $\boldsymbol{a}$ 在基底 $\boldsymbol{e}$ 下的坐标行等于这个向量在基底 $\boldsymbol{e}'$ 下的坐标行右乘以从基底 $\boldsymbol{e}$ 变到基底 $\boldsymbol{e}'$ 的转换矩阵.

很明显,由此可得出等式

$$(\alpha'_1,\alpha'_2,\cdots,\alpha'_n)=(\alpha_1,\alpha_2,\cdots,\alpha_n)\boldsymbol{T}^{-1}$$

例 我们来研究基底为

$$\boldsymbol{e}_1,\boldsymbol{e}_2,\boldsymbol{e}_3 \tag{9}$$

的三维实线性空间.向量

$$\begin{cases}\boldsymbol{e}'_1=5\boldsymbol{e}_1-\boldsymbol{e}_2-2\boldsymbol{e}_3\\ \boldsymbol{e}'_2=2\boldsymbol{e}_1+3\boldsymbol{e}_2\\ \boldsymbol{e}'_3=-2\boldsymbol{e}_1+\boldsymbol{e}_2+\boldsymbol{e}_3\end{cases} \tag{10}$$

也构成这个空间的基底,同时,从基底(9)变到(10)的转换矩阵是

$$\boldsymbol{T}=\begin{pmatrix}5&-1&-2\\2&3&0\\-2&1&1\end{pmatrix}$$

由此

$$\boldsymbol{T}^{-1}=\begin{pmatrix}3&-1&6\\-2&1&-4\\8&-3&17\end{pmatrix}$$

因而向量

$$\boldsymbol{a}=\boldsymbol{e}_1+4\boldsymbol{e}_2-\boldsymbol{e}_3$$

对于基底(10)的坐标行为

$$(\alpha'_1,\alpha'_2,\alpha'_3)=(1,4,-1)\begin{pmatrix}3&-1&6\\-2&1&-4\\8&-3&17\end{pmatrix}=(-13,6,-27)$$

即

$$\boldsymbol{a}=-13\boldsymbol{e}'_1+6\boldsymbol{e}'_2-27\boldsymbol{e}'_3$$

§ 31　线性变换

在第三章中已经遇到过未知量线性变换的概念，现在引进的概念虽然有同样的名称，却有不同的性质. 但是也可以指出这两个同名概念之间的联系.

设给出了 n 维实线性空间 V_n. 我们来研究这个空间的变换，即把空间 V_n 的每个向量 $\boldsymbol{a}$ 变到这个空间的某个向量 $\boldsymbol{a}'$ 的映象. 向量 $\boldsymbol{a}'$ 称为向量 $\boldsymbol{a}$ 在所研究的变换下的象.

如果用 φ 记变换，我们约定不把向量 $\boldsymbol{a}$ 的象记为读者所熟悉的 $\varphi(\boldsymbol{a})$ 或 $\varphi\boldsymbol{a}$，而把它记为 $\boldsymbol{a}\varphi$. 这样一来

$$\boldsymbol{a}' = \boldsymbol{a}\varphi$$

线性空间 V_n 的变换为 φ，如果把任意两个向量 $\boldsymbol{a}$ 和 $\boldsymbol{b}$ 之和变为这两个向量的象之和

$$(\boldsymbol{a} + \boldsymbol{b})\varphi = \boldsymbol{a}\varphi + \boldsymbol{b}\varphi \tag{1}$$

而把任意向量 $\boldsymbol{a}$ 与 α 的乘积变为 $\boldsymbol{a}$ 的象与 α 的乘积

$$(\alpha\boldsymbol{a})\varphi = \alpha(\boldsymbol{a}\varphi) \tag{2}$$

就称变换 φ 为线性变换.

由这个定义立即推出，线性空间的线性变换，把已知向量 $\boldsymbol{a}_1, \boldsymbol{a}_2, \cdots, \boldsymbol{a}_n$ 的任意线性组合变为这些向量的象的线性组合（带有同样系数）

$$(\alpha_1\boldsymbol{a}_1 + \alpha_2\boldsymbol{a}_2 + \cdots + \alpha_k\boldsymbol{a}_k)\varphi = \alpha_1(\boldsymbol{a}_1\varphi) + \alpha_2(\boldsymbol{a}_2\varphi) + \cdots + \alpha_k(\boldsymbol{a}_k\varphi) \tag{3}$$

我们来证明下面的论断：

在线性空间 V_n 的任意线性变换 φ 下，零向量 $\mathbf{0}$ 是不变的

$$\mathbf{0}\varphi = \mathbf{0}$$

向量 $\boldsymbol{a}$ 的负向量的象是向量 $\boldsymbol{a}$ 的象的负向量

$$(-\boldsymbol{a})\varphi = -\boldsymbol{a}\varphi$$

一方面，如果 $\boldsymbol{b}$ 是任意向量，那么由式(2)

$$\mathbf{0}\varphi = (0 \cdot \boldsymbol{b})\varphi = 0 \cdot (\boldsymbol{b}\varphi) = \mathbf{0}$$

另一方面

$$(-\boldsymbol{a})\varphi = [(-1)\boldsymbol{a}]\varphi = (-1)(\boldsymbol{a}\varphi) = -\boldsymbol{a}\varphi$$

线性空间的线性变换这一概念是从解析几何中平面或三维空间的仿射变换推广而产生的. 实际上，仿射变换满足条件(1) 和(2). 平面或三维空间的向量在某条直线（或某个平面）上的投影也满足这些条件. 这样一来，例如在平面上由坐标原点引出的有向线段的二维线性空间中，把任何向量变成它在某个过坐标原点的轴上的投影的变换是线性变换.

举出线性变换的两个例子:不改变任何向量的恒等变换 ε

$$\boldsymbol{a}\varepsilon=\boldsymbol{a}$$

和把所有向量变为零向量的零变换 ω

$$\boldsymbol{a}\omega=\boldsymbol{0}$$

都是线性变换.

现在,我们可以对线性空间 V_n 的所有线性变换来进行考察.假设

$$\boldsymbol{e}_1,\boldsymbol{e}_2,\cdots,\boldsymbol{e}_n \tag{4}$$

是这个空间的基底,和以前一样,我们用 $\boldsymbol{e}$ 表示排成一列的基底(4).因为空间 V_n 的任何向量 $\boldsymbol{a}$ 可唯一地表示为基底(4)的线性组合,所以,由式(3),向量 $\boldsymbol{a}$ 的象可用向量(4)的象唯一地表出.换句话说,给定了基底(4)的各向量的象 $\boldsymbol{e}_1\varphi$, $\boldsymbol{e}_2\varphi,\cdots,\boldsymbol{e}_n\varphi$ 就可唯一地确定空间 V_n 的线性变换 φ.

对空间 V_n 的 n 个向量组成的任意有序组

$$\boldsymbol{c}_1,\boldsymbol{c}_2,\cdots,\boldsymbol{c}_n \tag{5}$$

存在这个空间的唯一线性变换 φ,使有序组(5)是基底(4)的向量在这个变换下的象

$$\boldsymbol{e}_i\varphi=\boldsymbol{c}_i,i=1,2,\cdots,n \tag{6}$$

上面已经证明了变换 φ 的唯一性,现在只需证明它的存在性.可以用下述方法来确定变换 φ:如果 $\boldsymbol{a}$ 是空间的任一向量,并且

$$\boldsymbol{a}=\sum_{i=1}^{n}\alpha_i\boldsymbol{e}_i$$

是它在基底(4)下的记法,那么令

$$\boldsymbol{a}\varphi=\sum_{i=1}^{n}\alpha_i\boldsymbol{c}_i \tag{7}$$

我们来证明这个变换是线性的.设

$$\boldsymbol{b}=\sum_{i=1}^{n}\beta_i\boldsymbol{e}_i$$

是空间的另一任意向量,那么

$$(\boldsymbol{a}+\boldsymbol{b})\varphi=\left[\sum_{i=1}^{n}(\alpha_i+\beta_i)\boldsymbol{e}_i\right]\varphi=\sum_{i=1}^{n}(\alpha_i+\beta_i)\boldsymbol{c}_i=$$
$$\sum_{i=1}^{n}\alpha_i\boldsymbol{c}_i+\sum_{i=1}^{n}\beta_i\boldsymbol{c}_i=\boldsymbol{a}\varphi+\boldsymbol{b}\varphi$$

如果 γ 是任意数,那么

$$(\gamma\boldsymbol{a})\varphi=\left[\sum_{i=1}^{n}(\gamma\alpha_i)\boldsymbol{e}_i\right]\varphi=\sum_{i=1}^{n}(\gamma\alpha_i)\boldsymbol{c}_i=\gamma\sum_{i=1}^{n}\alpha_i\boldsymbol{c}_i=\gamma(\boldsymbol{a}\varphi)$$

至于等式(6)的正确性,可由变换 φ 的定义(7)推出,因为向量 $\boldsymbol{e}_i$ 在基底(4)下的坐标,除第 i 个坐标等于 1 外,其余坐标都为零.

从而可断定，线性空间 V_n 的所有线性变换和这个空间的所有的 n 个向量的有序组(5) 成一一对应.

然而，向量 $\boldsymbol{c}_i$ 在基底(4) 下有确定的写法

$$\boldsymbol{c}_i=\sum_{j=1}^{n}\alpha_{ij}\boldsymbol{e}_j,i=1,2,\cdots,n \tag{8}$$

用向量 $\boldsymbol{c}_i$ 在基底(4) 下的坐标可以组成矩阵

$$\boldsymbol{A}=(\alpha_{ij}) \tag{9}$$

这里把向量 $\boldsymbol{c}_i$ 的坐标行取作这个矩阵的第 i 行($i=1,2,\cdots,n$). 因为，有序组(5) 是任意的，所以矩阵 $\boldsymbol{A}$ 是任意实元素 n 阶方阵.

这样一来，我们得到空间 V_n 的所有线性变换同所有 n 阶方阵之间的一一对应，这个对应自然依赖于基底(4) 的选择.

我们说，矩阵 $\boldsymbol{A}$ 给出了(在基底(4) 下) 一个线性变换 φ，或者简单地说，$\boldsymbol{A}$ 是在基底(4) 下变换 φ 的矩阵. 如果我们用 $\boldsymbol{e}\varphi$ 表示由基底(4) 的向量的象所组成的列，那么从式(6)(8) 和(9) 得到下面的矩阵等式，它充分揭示了线性变换 φ，基底 $\boldsymbol{e}$ 以及在此基底下给出线性变换 φ 的矩阵 $\boldsymbol{A}$ 三者之间的关系

$$\boldsymbol{e}\varphi=\boldsymbol{A}\boldsymbol{e} \tag{10}$$

我们来说明，已知在基底(4) 下线性变换 φ 的矩阵 $\boldsymbol{A}$，怎样根据向量 $\boldsymbol{a}$ 在此基底下的坐标，来求出它的象 $\boldsymbol{a}\varphi$ 的坐标. 如果

$$\boldsymbol{a}=\sum_{i=1}^{n}\alpha_i\boldsymbol{e}_i$$

那么有

$$\boldsymbol{a}\varphi=\sum_{i=1}^{n}\alpha_i(\boldsymbol{e}_i\varphi)$$

这等于矩阵等式

$$\boldsymbol{a}\varphi=(\alpha_1,\alpha_2,\cdots,\alpha_n)(\boldsymbol{e}\varphi)$$

利用式(10) 并考虑到当矩阵之一是由向量组成的列时对矩阵乘法的可群性是很容易验证的，我们得到

$$\boldsymbol{a}\varphi=[(\alpha_1,\alpha_2,\cdots,\alpha_n)\boldsymbol{A}]\boldsymbol{e}$$

由此推知，在基底(4) 下向量 $\boldsymbol{a}\varphi$ 的坐标行等于用线性变换的矩阵 $\boldsymbol{A}$ 右乘向量 $\boldsymbol{a}$ 的坐标行.

例 设在三维空间的基底 $\boldsymbol{e}_1,\boldsymbol{e}_2,\boldsymbol{e}_3$ 下，线性变换 φ 由矩阵

$$\boldsymbol{A}=\begin{pmatrix}-2&1&0\\1&3&2\\0&-4&1\end{pmatrix}$$

给出. 如果

$$\boldsymbol{a}=5\boldsymbol{e}_1+\boldsymbol{e}_2-2\boldsymbol{e}_3$$

那么

$$(5,1,-2)\begin{pmatrix}-2 & 1 & 0\\ 1 & 3 & 2\\ 0 & -4 & 1\end{pmatrix}=(-9,16,0)$$

就是说

$$a\varphi=-9\boldsymbol{e}_1+16\boldsymbol{e}_2$$

不同基底线性变换的矩阵之间的关系 给出线性变换的矩阵，自然要依赖于基底的选择. 我们来说明，在不同基底下给出同一线性变换的矩阵之间有什么关系.

设给定由转换矩阵 $\boldsymbol{T}$ 联系着的基底 $\boldsymbol{e}$ 和 $\boldsymbol{e}'$

$$\boldsymbol{e}'=\boldsymbol{Te} \tag{11}$$

并设线性变换 φ 在这两个基底下分别为矩阵 $\boldsymbol{A}$ 和 $\boldsymbol{A}'$ 所给定

$$\boldsymbol{e}\varphi=\boldsymbol{Ae},\boldsymbol{e}'\varphi=\boldsymbol{A}'\boldsymbol{e}' \tag{12}$$

式(12) 中第二等式由于式(11) 而化为等式

$$(\boldsymbol{Te})\varphi=\boldsymbol{A}'(\boldsymbol{Te})$$

然而

$$(\boldsymbol{Te})\varphi=\boldsymbol{T}(\boldsymbol{e}\varphi)$$

事实上，如果$(\tau_{i1},\tau_{i2},\cdots,\tau_{in})$ 是矩阵 $\boldsymbol{T}$ 的第 i 行，那么

$$(\tau_{i1}\boldsymbol{e}_1+\tau_{i2}\boldsymbol{e}_2+\cdots+\tau_{in}\boldsymbol{e}_n)\varphi=\tau_{i1}(\boldsymbol{e}_1\varphi)+\tau_{i2}(\boldsymbol{e}_2\varphi)+\cdots+\tau_{in}(\boldsymbol{e}_n\varphi)$$

这样一来，由式(12)

$$(\boldsymbol{Te})\varphi=\boldsymbol{T}(\boldsymbol{e}\varphi)=\boldsymbol{T}(\boldsymbol{Ae})=(\boldsymbol{TA})\boldsymbol{e}$$

$$\boldsymbol{A}'(\boldsymbol{Te})=(\boldsymbol{A}'\boldsymbol{T})\boldsymbol{e}$$

即

$$(\boldsymbol{TA})\boldsymbol{e}=(\boldsymbol{A}'\boldsymbol{T})\boldsymbol{e}$$

如果即使只对于某一个 $i(1\leqslant i\leqslant n)$ 来说，矩阵 $\boldsymbol{TA}$ 的第 i 行不同于矩阵 $\boldsymbol{A}'\boldsymbol{T}$ 的第 i 行，那么向量 $\boldsymbol{e}_1,\boldsymbol{e}_2,\cdots,\boldsymbol{e}_n$ 的两个不同的线性组合就要彼此相等，这和基底 $\boldsymbol{e}$ 的线性无关性相矛盾. 于是

$$\boldsymbol{TA}=\boldsymbol{A}'\boldsymbol{T}$$

因为转换矩阵 $\boldsymbol{T}$ 是满秩的，由此得出

$$\boldsymbol{A}'=\boldsymbol{TAT}^{-1},\boldsymbol{A}=\boldsymbol{T}^{-1}\boldsymbol{A}'\boldsymbol{T} \tag{13}$$

我们指出，方阵 $\boldsymbol{B}$ 和 $\boldsymbol{C}$ 满足关系

$$\boldsymbol{C}=\boldsymbol{Q}^{-1}\boldsymbol{BQ}$$

时称为相似的，其中 $\boldsymbol{Q}$ 是某一个满秩矩阵. 也可以说矩阵 $\boldsymbol{C}$ 是由矩阵 $\boldsymbol{B}$ 经矩阵 $\boldsymbol{Q}$ 变来的. 这样一来，上面证明的等式(13) 可以叙述为下面的重要定理：

在不同基底下给出的同一线性变换的矩阵彼此相似. 这里，线性变换 φ 在

基底e'下的矩阵是这个变换在基底e下的矩阵经过从基底e'变到基底e的转换矩阵变来的.

我们着重指出,若在基底e下矩阵A给出了线性变换φ,则任一相似于矩阵A的矩阵B

$$B=Q^{-1}AQ$$

也在某个基底下给出了变换φ,而这个基底正是基底e借助于转换矩阵Q^{-1}而得到的.

线性变换的运算　把空间V_n的每一个线性变换和它在固定基底下的矩阵相对比,我们已经证明所有线性变换是和所有n阶方阵一一对应的.因此自然就会想到,矩阵的加法和乘法以及数与矩阵的乘法等运算,也对应着线性变换的类似运算.

设在空间V_n中给定了线性变换φ与ψ,我们把变换$\varphi+\psi$称为这两个变换的和,它用下面的等式确定

$$a(\varphi+\psi)=a\varphi+a\psi \tag{14}$$

因而,它把任一向量a变为这个向量在变换φ和ψ下的象的和.

变换$\varphi+\psi$是线性变换.事实上,对于任意向量a和b以及任意的数α

$$\begin{aligned}(a+b)(\varphi+\psi)=&(a+b)\varphi+(a+b)\psi=\\&a\varphi+b\varphi+a\psi+b\psi=\\&a(\varphi+\psi)+b(\varphi+\psi)\end{aligned}$$

$$\begin{aligned}(\alpha a)(\varphi+\psi)=&(\alpha a)\varphi+(\alpha a)\psi=\alpha(a\varphi)+\alpha(a\psi)=\\&\alpha(a\varphi+a\psi)=\alpha[a(\varphi+\psi)]\end{aligned}$$

另外,我们称变换$\varphi\psi$为线性变换φ和ψ的积,它用下面的等式确定

$$a(\varphi\psi)=(a\varphi)\psi \tag{15}$$

即它是依次作变换φ和ψ的结果.

变换$\varphi\psi$是线性的

$$\begin{aligned}(a+b)(\varphi\psi)=&[(a+b)\varphi]\psi=(a\varphi+b\varphi)\psi=\\&(a\varphi)\psi+(b\varphi)\psi=a(\varphi\psi)+b(\varphi\psi)\end{aligned}$$

$$\begin{aligned}(\alpha a)(\varphi\psi)=&[(\alpha a)\varphi]\psi=[\alpha(a\varphi)]\psi=\alpha[(a\varphi)\psi]=\\&\alpha[a(\varphi\psi)]\end{aligned}$$

最后,我们把变换$k\varphi$称为数k对线性变换φ的积,它用下面的等式确定

$$a(k\varphi)=k(a\varphi) \tag{16}$$

即所有向量在变换φ下的象乘上数k.

变换$k\varphi$是线性的

$$\begin{aligned}(a+b)(k\varphi)=&k[(a+b)\varphi]=k(a\varphi+b\varphi)=\\&k(a\varphi)+k(b\varphi)=a(k\varphi)+b(k\varphi)\end{aligned}$$

$$(\alpha \boldsymbol{a})(k\varphi)=k[(\alpha \boldsymbol{a})\varphi]=k[\alpha(\boldsymbol{a}\varphi)]=\alpha[k(\boldsymbol{a}\varphi)]=\alpha[\boldsymbol{a}(k\varphi)]$$

设在基底 $\boldsymbol{e}_1,\boldsymbol{e}_2,\cdots,\boldsymbol{e}_n$ 下变换 φ 和 ψ 分别由矩阵 $\boldsymbol{A}=(\alpha_{ij})$ 和 $\boldsymbol{B}=(\beta_{ij})$ 给出

$$\boldsymbol{e}\varphi=\boldsymbol{A}\boldsymbol{e},\boldsymbol{e}\psi=\boldsymbol{B}\boldsymbol{e}$$

这时，由式(14)

$$\boldsymbol{e}_i(\varphi+\psi)=\boldsymbol{e}_i\varphi+\boldsymbol{e}_i\psi=\sum_{j=1}^{n}\alpha_{ij}\boldsymbol{e}_j+\sum_{j=1}^{n}\beta_{ij}\boldsymbol{e}_j=\sum_{j=1}^{n}(\alpha_{ij}+\beta_{ij})\boldsymbol{e}_j$$

即

$$\boldsymbol{e}(\varphi+\psi)=(\boldsymbol{A}+\boldsymbol{B})\boldsymbol{e}$$

这样一来，在任一基底下线性变换之和的矩阵，等于这些变换在同一基底下的矩阵之和.

由式(15)

$$\boldsymbol{e}_i(\varphi\psi)=(\boldsymbol{e}_i\varphi)\psi=\left(\sum_{j=1}^{n}\alpha_{ij}\boldsymbol{e}_j\right)\psi=\sum_{j=1}^{n}\alpha_{ij}(\boldsymbol{e}_j\psi)=$$

$$\sum_{j=1}^{n}\alpha_{ij}\left(\sum_{k=1}^{n}\beta_{jk}\boldsymbol{e}_k\right)=\sum_{j=1}^{n}\left(\sum_{k=1}^{n}\alpha_{ij}\beta_{jk}\right)\boldsymbol{e}_k$$

即

$$\boldsymbol{e}(\varphi\psi)=(\boldsymbol{A}\boldsymbol{B})\boldsymbol{e}$$

换句话说，在任一基底下线性变换之积的矩阵等于这些变换在同一基底下的矩阵之积.

最后，由式(16)

$$\boldsymbol{e}_i(k\varphi)=k(\boldsymbol{e}_i\varphi)=k\sum_{j=1}^{n}\alpha_{ij}\boldsymbol{e}_j=\sum_{j=1}^{n}(k\alpha_{ij})\boldsymbol{e}_j$$

即

$$\boldsymbol{e}(k\varphi)=(k\boldsymbol{A})\boldsymbol{e}$$

因而，在某基底下给出数 k 对线性变换 φ 之积的矩阵等于数 k 对变换在这个基底下的矩阵之积.

从这些结果推出，线性变换的运算同矩阵的运算具有同样的性质. 例如，线性变换的加法有可易性和可群性. 而乘法有可群性，但当 $n>1$ 时，它不一定是可易的. 对于线性变换有唯一的减法运算. 我们还注意，恒等变换 ε 在线性变换中起幺元素的作用，而零变换起着零元素的作用. 因为，在任意基底下变换 ε 由幺矩阵给出，而零变换 ω 由零矩阵给出.

§32* 线性子空间

线性空间 V 的线性子空间是指这样的子集 L，它本身对于 V 中所定义的向量加法运算和向量与数的乘法运算构成一个线性空间. 例如，在欧几里得三维

空间中，从原点引出的，在某一平面（或某一直线）上的所有向量的集合均构成一个线性子空间.

空间 V 的非空子集 L 是一个线性子空间，只要它适合下面这些条件：

1. 如果向量 $\boldsymbol{a}$ 和 $\boldsymbol{b}$ 属于 L，那么 L 也含有向量 $\boldsymbol{a}+\boldsymbol{b}$.

2. 如果向量 $\boldsymbol{a}$ 属于 L，那么对于任何一个数 α，L 也含有向量 $\alpha\boldsymbol{a}$.

事实上，由条件 2 知，集合 L 含有零向量：如果向量 $\boldsymbol{a}$ 属于 L，那么 L 含有向量 $0\cdot\boldsymbol{a}=\boldsymbol{0}$. 又因为对于 L 中每一向量 $\boldsymbol{a}$，L 都含有它的负向量 $-\boldsymbol{a}=(-1)\cdot\boldsymbol{a}$，所以 L 含有 L 中任何两个向量之差. 至于向量空间定义中所有其他条件，因为它们在 V 中能满足，所以在 L 中也能满足.

可以用空间 V 本身作为空间 V 的线性子空间的例子，同时，仅含一个零向量的集合也是它的线性子空间 —— 它叫作零子空间. 更有趣味的是下面的例子：在空间 V 中取任何一组有限个向量

$$\boldsymbol{a}_1,\boldsymbol{a}_2,\cdots,\boldsymbol{a}_r \tag{1}$$

且以 L 记向量组(1) 的所有线性组合的集合. 我们来证明，L 是一个线性子空间. 事实上，如果

$$\boldsymbol{b}=\alpha_1\boldsymbol{a}_1+\alpha_2\boldsymbol{a}_2+\cdots+\alpha_r\boldsymbol{a}_r$$

$$\boldsymbol{c}=\beta_1\boldsymbol{a}_1+\beta_2\boldsymbol{a}_2+\cdots+\beta_r\boldsymbol{a}_r$$

那么

$$\boldsymbol{b}+\boldsymbol{c}=(\alpha_1+\beta_1)\boldsymbol{a}_1+(\alpha_2+\beta_2)\boldsymbol{a}_2+\cdots+(\alpha_r+\beta_r)\boldsymbol{a}_r$$

这就是说，$\boldsymbol{b}+\boldsymbol{c}$ 也属于 L. 对于任意数 γ，向量

$$\gamma\boldsymbol{b}=(\gamma\alpha_1)\boldsymbol{a}_1+(\gamma\alpha_2)\boldsymbol{a}_2+\cdots+(\gamma\alpha_r)\boldsymbol{a}_r$$

也属于 L. 我们说，向量组(1) 产生这个线性子空间 L. 特别是向量组(1) 自己也是属于 L 的.

还有，有限维线性空间的每一个线性子空间都可以由一组有限个向量产生，因为如果它不是零空间，那么它必定有一个有限的基底. 线性子空间 L 的维数不大于空间 V_n 本身的维数 n，而且，只有当 $L=V_n$ 时，才等于 n. 零子空间的维数自然应算作零.

对任何一个数 $k(0<k<n)$，在空间 V_n 中都存在维数为 k 的线性子空间，任意一组 k 个线性无关的向量所产生的子空间就是这样.

设在空间 V 中已经给出线性子空间 L_1 和 L_2. 很容易验证，既属于 L_1 又属于 L_2 的向量集合 L_0，也是一个线性子空间. 我们把它叫作子空间 L_1 和 L_2 的交. 另外，V 中的那些可以表示为一个 L_1 中向量和一个 L_2 中向量的和的向量的集合 $\overline{L}$ 也是一个线性子空间，它称为子空间 L_1 与 L_2 的和. 如果子空间 $L_1,L_2,L_0,\overline{L}$ 的维数分别为 $d_1,d_2,d_0,\overline{d}$，那么就有下面的公式

$$\overline{d}=d_1+d_2-d_0 \tag{2}$$

也就是说,两个子空间之和的维数,等于这两个子空间的维数之和减去它们的交的维数.

为了证明这一结果,取子空间 L_0 的任一基底

$$\boldsymbol{a}_1,\boldsymbol{a}_2,\cdots,\boldsymbol{a}_{d_0} \tag{3}$$

把它增添成 L_1 的基底

$$\boldsymbol{a}_1,\boldsymbol{a}_2,\cdots,\boldsymbol{a}_{d_0},\boldsymbol{b}_{d_0+1},\cdots,\boldsymbol{b}_{d_1} \tag{4}$$

又增添成 L_2 的基底

$$\boldsymbol{a}_1,\boldsymbol{a}_2,\cdots,\boldsymbol{a}_{d_0},\boldsymbol{c}_{d_0+1},\cdots,\boldsymbol{c}_{d_2} \tag{5}$$

由于空间 $\overline{L}$ 的定义,易知它是由向量组

$$\boldsymbol{a}_1,\boldsymbol{a}_2,\cdots,\boldsymbol{a}_{d_0},\boldsymbol{b}_{d_0+1},\cdots,\boldsymbol{b}_{d_1},\boldsymbol{c}_{d_0+1},\cdots,\boldsymbol{c}_{d_2} \tag{6}$$

产生的.因此,如果能证明向量组(6)线性无关,那么式(2)就已证明.

假设下面的等式成立

$$\alpha_1\boldsymbol{a}_1+\alpha_2\boldsymbol{a}_2+\cdots+\alpha_{d_0}\boldsymbol{a}_{d_0}+\beta_{d_0+1}\boldsymbol{b}_{d_0+1}+\cdots+\beta_{d_1}\boldsymbol{b}_{d_1}+\gamma_{d_0+1}\boldsymbol{c}_{d_0+1}+\cdots+\gamma_{d_2}\boldsymbol{c}_{d_2}=\boldsymbol{0}$$

其中带下标的 α,β,γ 等都是一些系数.这时

$$\boldsymbol{d}=\alpha_1\boldsymbol{a}_1+\alpha_2\boldsymbol{a}_2+\cdots+\alpha_{d_0}\boldsymbol{a}_{d_0}+\beta_{d_0+1}\boldsymbol{b}_{d_0+1}+\cdots+\beta_{d_1}\boldsymbol{b}_{d_1}=-\gamma_{d_0+1}\boldsymbol{c}_{d_0+1}-\cdots-\gamma_{d_2}\boldsymbol{c}_{d_2} \tag{7}$$

这个等式的左边含在 L_1 里面,右边含在 L_2 里面,所以既等于左边又等于右边的向量 $\boldsymbol{d}$ 属于 L_0,故可用基底(3)线性表出.但等式(7)的右边说明向量 $\boldsymbol{d}$ 可以用向量 $\boldsymbol{c}_{d_0+1},\cdots,\boldsymbol{c}_{d_2}$ 线性表出.故由基底(5)的线性无关性推知,所有系数 $\gamma_{d_0+1},\cdots,\gamma_{d_2}$ 都等于零,也就是 $\boldsymbol{d}=\boldsymbol{0}$;再由组(4)的线性无关性,知所有系数 $\alpha_1,\cdots,\alpha_{d_0},\beta_{d_0+1},\cdots,\beta_{d_2}$ 也都等于零.这就证明了组(6)的线性无关性.

读者可以自己验证,我们的证明在 L_0 为零子空间,亦即 $d_0=0$ 时,仍然有效.

线性变换的值域(或取值范围)和核 设在线性空间 V_n 中给出了线性变换 φ.如果 L 是空间 V_n 的任一线性子空间,那么 L 中所有向量在变换 φ 下的象的集合 $L\varphi$ 也是线性子空间.这个论断可以从线性子空间和线性变换的定义立刻推出.特别是空间 V_n 的所有向量的象的集合 $V_n\varphi$ 是线性子空间,它称为变换 φ 的值域.

现在来讨论值域的维数,为此,我们指出,因为在不同基底下给出线性变换 φ 的各个矩阵彼此相似,因而根据 §14 末尾的定理,这些矩阵的秩相同,故可称这个数为线性变换 φ 的秩.

线性变换 φ 的值域的维数等于这个变换的秩.

事实上,设矩阵 $\boldsymbol{A}$ 在基底 $\boldsymbol{e}_1,\boldsymbol{e}_2,\cdots,\boldsymbol{e}_n$ 下给出 φ,子空间 $V_n\varphi$ 由向量

$$\boldsymbol{e}_1\varphi,\boldsymbol{e}_2\varphi,\cdots,\boldsymbol{e}_n\varphi \tag{8}$$

产生.因此,向量组(8)的极大线性无关部分组就是子空间 $V_n\varphi$ 的基底.然而,

向量组(8) 的线性无关组的向量的最多个数等于矩阵 $\boldsymbol{A}$ 中线性无关的行的最多行数,即等于这个矩阵的秩,定理于是得证.

我们知道,在线性变换 φ 下,零向量变成它自己. 因而空间 V_n 中在变换 φ 下的象为零向量的所有向量的集合 $N(\varphi)$ 是非空的,并且显然是线性子空间. 这个子空间称为变换 φ 的核,而其维数称为这个变换的零度.

对于空间 V_n 的任一线性变换 φ,这个变换的秩同零度之和等于整个空间的维数 n.

事实上,如果 r 是变换 φ 的秩,那么子空间 $V_n\varphi$ 的基底就由 r 个向量

$$\boldsymbol{a}_1,\boldsymbol{a}_2,\cdots,\boldsymbol{a}_r \tag{9}$$

所构成. 在空间 V_n 中,可以选出这样的向量

$$\boldsymbol{b}_1,\boldsymbol{b}_2,\cdots,\boldsymbol{b}_r \tag{10}$$

使得

$$\boldsymbol{b}_i\varphi=\boldsymbol{a}_i,i=1,2,\cdots,r$$

向量(10) 的选择显然不是唯一的. 如果向量(10) 的某个系数不全为零的线性组合在变换 φ 下的象为零,特别是若向量(10) 本身线性相关,那么向量(9) 就线性相关,这是和假设矛盾的. 因此,由向量(10) 产生的线性子空间 L 的维数是 r,而它同子空间 $N(\varphi)$ 之交等于零.

另外,子空间 L 与 $N(\varphi)$ 之和是整个空间 V_n. 事实上,如果 $\boldsymbol{c}$ 是空间的任一向量,那么向量 $\boldsymbol{d}=\boldsymbol{c}\varphi$ 自然属于子空间 $V_n\varphi$,于是在子空间 L 中可找出这样的向量 $\boldsymbol{b}$,使得

$$\boldsymbol{b}\varphi=\boldsymbol{d}$$

即向量 $\boldsymbol{b}$ 经向量(10) 表示出的写法与向量 $\boldsymbol{d}$ 经基底(9) 表示的写法有相同的系数. 因此

$$\boldsymbol{c}=\boldsymbol{b}+(\boldsymbol{c}-\boldsymbol{b})$$

且向量 $\boldsymbol{c}-\boldsymbol{b}$ 含于子空间 $N(\varphi)$ 中,因为

$$(\boldsymbol{c}-\boldsymbol{b})\varphi=\boldsymbol{c}\varphi-\boldsymbol{b}\varphi=\boldsymbol{d}-\boldsymbol{d}=\boldsymbol{0}$$

从这一结果和上面所证明的公式(2) 就得出定理的结论.

满秩线性变换 线性空间 V_n 中满足下列条件之一的线性变换 φ 称为满秩的. 这些等价性的性质可以从上面证明的定理立即推出:

(1) 变换 φ 的秩等于 n.

(2) 变换 φ 的值域是整个空间.

(3) 变换 φ 的零度等于零.

对于满秩线性变换, 还可以指出很多等价于上述性质的其他性质. (4) ~ (6) 就是一些例子.

(4) 空间 V_n 的不同的向量在变换 φ 下有不同的象.

事实上,如果变换 φ 具有(4) 的性质,那么,这个空间的核仅由零向量组成,即满足性质(3) 的性质. 反过来,如果向量 $\boldsymbol{a}$ 和 $\boldsymbol{b}$ 满足 $\boldsymbol{a} \neq \boldsymbol{b}$,但 $\boldsymbol{a}\varphi = \boldsymbol{b}\varphi$,那么 $\boldsymbol{a} - \boldsymbol{b} \neq \boldsymbol{0}$,但$(\boldsymbol{a} - \boldsymbol{b})\varphi = \boldsymbol{0}$,也就是说,不满足(3) 的性质.

从性质(2) 和(4) 推出:

(5) 变换 φ 是空间 V_n 在整个空间上的一一映象.

由性质(5) 得出,对于满秩变换 φ,总存在一个逆变换 φ^{-1},它把每个向量 $\boldsymbol{a}\varphi$ 变成向量 $\boldsymbol{a}$

$$(\boldsymbol{a}\varphi)\varphi^{-1} = \boldsymbol{a}$$

变换 φ^{-1} 是线性的. 因为

$$(\boldsymbol{a}\varphi + \boldsymbol{b}\varphi)\varphi^{-1} = [(\boldsymbol{a} + \boldsymbol{b})\varphi]\varphi^{-1} = \boldsymbol{a} + \boldsymbol{b}$$

$$[\alpha(\boldsymbol{a}\varphi)]\varphi^{-1} = [(\alpha\boldsymbol{a})\varphi]\varphi^{-1} = \alpha\boldsymbol{a}$$

从变换 φ^{-1} 的定义推出

$$\varphi\varphi^{-1} = \varphi^{-1}\varphi = \varepsilon \tag{11}$$

可以将等式(11) 本身看作逆变换的定义. 从这里以及上节最后的结果推出,如果满秩线性变换 φ 在某个基底下由矩阵 $\boldsymbol{A}$ 给出,由性质(1),这个矩阵是满秩的,于是变换 φ^{-1} 在这个基底下就由矩阵 $\boldsymbol{A}^{-1}$ 给出.

因而,又得到满秩线性变换的下述性质:

(6) 对于变换 φ,存在逆线性变换 φ^{-1}.

§ 33　特征根和特征值

设 $\boldsymbol{A} = (a_{ij})$ 是实元素的 n 阶方阵. 另外,设 λ 是某个未知量. 这时,矩阵 $\boldsymbol{A} - \lambda\boldsymbol{E}$ 就称为矩阵 $\boldsymbol{A}$ 的特征矩阵,其中 $\boldsymbol{E}$ 是 n 阶幺矩阵. 因为在矩阵 $\lambda\boldsymbol{E}$ 中,主对角线上的元素是 λ,而所有其余元素为零,所以

$$\boldsymbol{A} - \lambda\boldsymbol{E} = \begin{pmatrix} \alpha_{11} - \lambda & \alpha_{12} & \cdots & \alpha_{1n} \\ \alpha_{21} & \alpha_{22} - \lambda & \cdots & \alpha_{2n} \\ \vdots & \vdots & & \vdots \\ \alpha_{n1} & \alpha_{n2} & \cdots & \alpha_{nn} - \lambda \end{pmatrix}$$

矩阵 $\boldsymbol{A} - \lambda\boldsymbol{E}$ 的行列式是关于 λ 的 n 次多项式. 事实上,位于主对角线上的元素的乘积是首项为$(-1)^n\lambda^n$ 的多项式,而对于行列式的其余各项,至少有两个主对角线上的元素不是它的因子,因而这些项中,λ 的方幂不超过 $n-2$. 这个多项式的系数很容易找到,例如,λ^{n-1} 的系数等于$(-1)^{n-1}(\alpha_{11} + \alpha_{22} + \cdots + \alpha_{nn})$,而常数项是矩阵 $\boldsymbol{A}$ 的行列式.

n 次多项式 $|\boldsymbol{A} - \lambda\boldsymbol{E}|$ 称为矩阵 $\boldsymbol{A}$ 的特征多项式,而它的根称为这个矩阵的

特征根,这些根可能是实数,也可能是复数.

相似矩阵有相同的特征多项式,因而特征根也相同.

实际上,设

$$\boldsymbol{B}=\boldsymbol{Q}^{-1}\boldsymbol{A}\boldsymbol{Q}$$

这时,考虑到矩阵 $\lambda\boldsymbol{E}$ 和矩阵 $\boldsymbol{Q}$ 可易,而 $|\boldsymbol{Q}^{-1}|=|\boldsymbol{Q}|^{-1}$,我们得到

$$|\boldsymbol{B}-\lambda\boldsymbol{E}|=|\boldsymbol{Q}^{-1}\boldsymbol{A}\boldsymbol{Q}-\lambda\boldsymbol{E}|=|\boldsymbol{Q}^{-1}(\boldsymbol{A}-\lambda\boldsymbol{E})\boldsymbol{Q}|=$$
$$|\boldsymbol{Q}|^{-1}\cdot|\boldsymbol{A}-\lambda\boldsymbol{E}|\cdot|\boldsymbol{Q}|=|\boldsymbol{A}-\lambda\boldsymbol{E}|$$

这就是所要证明的.

由这个结果,再根据 §31 中证明的关于在不同基底下给出同一个线性变换的矩阵之间的关系的定理,可知虽然在不同基底下给出同一线性变换 φ 的矩阵不同,但它们有相同的特征根.因此这些特征根可以称为变换 φ 本身的特征根.这些特征根的全部称为线性变换 φ 的谱,其中每个 k 重特征根应该算作是 k 个根.

在研究线性变换时,特征根起着很大的作用,以后,读者可以在许多地方体会到这一点.现在我们来指出特征根的一个应用.

设在实线性空间 V_n 中给出了线性变换 φ.如果不等于零的向量 $\boldsymbol{b}$ 经变换 φ 变为一个正比于 $\boldsymbol{b}$ 的向量

$$\boldsymbol{b}\varphi=\lambda_0\boldsymbol{b} \tag{1}$$

其中 λ_0 是某个实数,那么向量 $\boldsymbol{b}$ 称为变换 φ 的特征向量,而数 λ_0 称为这个变换的特征值,并且说,特征向量 $\boldsymbol{b}$ 属于特征值 λ_0.

我们注意,因为 $\boldsymbol{b}\neq\boldsymbol{0}$,所以满足条件(1)的数 λ_0 对于向量 $\boldsymbol{b}$ 是唯一确定的.我们再强调一下,零向量不能算作是变换 φ 的特征向量,虽然它对于任何 λ_0 都满足条件(1).

欧几里得平面围绕坐标原点旋转一个不是 π 的倍数的角度就是一个不具有特征向量的线性变换的例子.平面的伸长是另一极端情形的例子,例如,每个从原点引出的向量都伸长 5 倍.这个变换是线性变换,并且平面的所有非零向量都是它的特征向量,它们都属于特征值 5.

线性变换 φ 的实特征根(如果它存在的话)是这个变换的特征值.

事实上,设线性变换 φ 在基底 $\boldsymbol{e}_1,\boldsymbol{e}_2,\cdots,\boldsymbol{e}_n$ 下有矩阵 $\boldsymbol{A}=(\alpha_{ij})$,并设向量

$$\boldsymbol{b}=\sum_{i=1}^{n}\beta_i\boldsymbol{e}_i$$

是变换 φ 的特征向量

$$\boldsymbol{b}\varphi=\lambda_0\boldsymbol{b} \tag{2}$$

正如在 §31 中所证明的

$$\boldsymbol{b}\varphi=[(\beta_1,\beta_2,\cdots,\beta_n)\boldsymbol{A}]\boldsymbol{e} \tag{3}$$

等式(2) 和(3) 可化为等式组

$$\begin{cases}\beta_1\alpha_{11}+\beta_2\alpha_{21}+\cdots+\beta_n\alpha_{n1}=\lambda_0\beta_1\\ \beta_1\alpha_{12}+\beta_2\alpha_{22}+\cdots+\beta_n\alpha_{n2}=\lambda_0\beta_2\\ \quad\vdots\\ \beta_1\alpha_{1n}+\beta_2\alpha_{2n}+\cdots+\beta_n\alpha_{nn}=\lambda_0\beta_n\end{cases}\tag{4}$$

因 $b\neq 0$,数 $\beta_1,\beta_2,\cdots,\beta_n$ 就不全为零,于是由式(4),齐次线性方程组

$$\begin{cases}(\alpha_{11}-\lambda_0)x_1+\alpha_{21}x_2+\cdots+\alpha_{n1}x_n=0\\ \alpha_{12}x_1+(\alpha_{22}-\lambda_0)x_2+\cdots+\alpha_{n2}x_n=0\\ \quad\vdots\\ \alpha_{1n}x_1+\alpha_{2n}x_2+\cdots+(\alpha_{nn}-\lambda_0)x_n=0\end{cases}\tag{5}$$

具有非零解,因此它的行列式等于零

$$\begin{vmatrix}\alpha_{11}-\lambda_0 & \alpha_{21} & \cdots & \alpha_{n1}\\ \alpha_{12} & \alpha_{22}-\lambda_0 & \cdots & \alpha_{n2}\\ \vdots & \vdots & & \vdots\\ \alpha_{1n} & \alpha_{2n} & \cdots & \alpha_{nn}-\lambda_0\end{vmatrix}=0\tag{6}$$

转置这个行列式,我们得到

$$|\boldsymbol{A}-\lambda_0\boldsymbol{E}|=0\tag{7}$$

即特征值 λ_0 确实就是矩阵 $\boldsymbol{A}$ 的特征根,因而也是线性变换 φ 的特征根,而且显然是实的.

倒过来说,设 λ_0 是变换 φ 的,因而也是矩阵 $\boldsymbol{A}$ 的实特征根,这时等式(7) 成立,因此,将它转置而得到的等式(6) 也成立. 由此得出,齐次线性方程组(5) 有非零解,而且是实的,因为这个组的全部系数都是实数. 如果用

$$(\beta_1,\beta_2,\cdots,\beta_n)\tag{8}$$

来表示这个解,那么等式(4) 成立. 我们用 $\boldsymbol{b}$ 来表示空间 V_n 在基底 $\boldsymbol{e}_1,\boldsymbol{e}_2,\cdots,\boldsymbol{e}_n$ 下有坐标行(8) 的向量,显然 $\boldsymbol{b}\neq\boldsymbol{0}$,这时等式(3) 成立,而从等式(4) 和(3) 就得到(2). 所以向量 $\boldsymbol{b}$ 就是变换 φ 的属于特征值 λ_0 的特征向量. 定理就证明了.

注意,如果所讨论的是复线性空间,那么就不必要求特征根是实数,这就有了定理:复线性空间的线性变换的特征根都是这个变换的特征值. 由此得出结论,在复线性空间中,任何线性变换都有特征向量.

回到所讨论的实线性空间的情形,我们注意,线性变换 φ 的属于特征值 λ_0 的特征向量的集合和齐次线性方程组(5) 的非零实数解的集合相一致. 由此得知,线性变换 φ 的属于特征值 λ_0 的特征向量的集合,再添上零向量就成为空间 V_n 的线性子空间. 事实上,由 §12 所证明的结论推出,任何 n 个未知量的齐次线性方程组的(实数) 解的集合,是空间 V_n 的线性子空间.

有单谱的线性变换 在很多情形下,需要知道所给出的线性变换 φ 是否

可以在某个基底下有对角形矩阵. 事实上，不是每个线性变换都可以用对角形矩阵给出的. 线性变换可用对角形矩阵给出的充分必要条件我们将在 §61 中讲述，现在只讲一个充分条件.

首先证明下面的辅助结果：

线性变换 φ 在基底 $\boldsymbol{e}_1,\boldsymbol{e}_2,\cdots,\boldsymbol{e}_n$ 下可用对角形矩阵给出的充分必要条件是这个基底的每个向量都是线性变换 φ 的特征向量.

事实上，等式

$$\boldsymbol{e}_i\varphi=\lambda_i\boldsymbol{e}_i$$

相当于说，在上述基底下给出变换 φ 的矩阵的第 i 行中，不在主对角线上的各个元素都等于零，而在主对角线上的元素(即第 i 个元素) 等于数 λ_i.

线性变换 φ 的属于不同特征值的特征向量 $\boldsymbol{b}_1,\boldsymbol{b}_2,\cdots,\boldsymbol{b}_k$ 构成线性无关组.

我们对 k 使用归纳法来证明这一论断，因为在 $k=1$ 时它是正确的 —— 一个非零的特征向量构成线性无关组.

设

$$\boldsymbol{b}_i\varphi=\lambda_i\boldsymbol{b}_i,i=1,2,\cdots,k$$

且

$$\lambda_i\neq\lambda_j,i\neq j$$

如果存在线性关系

$$\alpha_1\boldsymbol{b}_1+\alpha_2\boldsymbol{b}_2+\cdots+\alpha_k\boldsymbol{b}_k=\boldsymbol{0} \tag{9}$$

其中，$\alpha_1\neq 0$，那么，对等式(9) 两边作变换 φ，我们得到

$$\alpha_1\lambda_1\boldsymbol{b}_1+\alpha_2\lambda_2\boldsymbol{b}_2+\cdots+\alpha_k\lambda_k\boldsymbol{b}_k=\boldsymbol{0}$$

由这个等式减去等式(9) 和数 λ_k 的乘积，我们得到

$$\alpha_1(\lambda_1-\lambda_k)\boldsymbol{b}_1+\alpha_2(\lambda_2-\lambda_k)\boldsymbol{b}_2+\cdots+\alpha_{k-1}(\lambda_{k-1}-\lambda_k)\boldsymbol{b}_{k-1}=\boldsymbol{0}$$

因为 $\alpha_1(\lambda_1-\lambda_k)\neq 0$，这是由于向量 $\boldsymbol{b}_1,\boldsymbol{b}_2,\cdots,\boldsymbol{b}_{k-1}$ 间的线性关系.

如果线性空间 V_n 的线性变换 φ 的所有特征根都是互不相同的实数，通常称这个变换有单谱. 因此，变换 φ 有 n 个不同的特征值，故按刚才证明的定理，在空间 V_n 中，有由这个变换的特征向量组成的基底. 这样一来，每个有单谱的线性变换可以用对角形矩阵给出.

从线性变换转到它的对应矩阵，我们得到下述结果：

所有特征根是不同实数的矩阵相似于对角形矩阵，或者如通常所说，这样的矩阵可化为对角形的.

第8章 欧几里得空间

§34 欧几里得空间的定义，法正交基底

n 维线性空间的概念远不能全面地推广到平面或三维欧几里得空间的概念，当 $n>3$ 时，在 n 维线性空间中，既没有定义向量的长，也没有定义向量间的角度. 因此不可能在 $n=2$ 和 $n=3$ 时发展我们所熟知的这一丰富的几何理论，但是我们发现通过下列方法这一情况是可以改善的.

从解析几何教程知道，在平面和三维空间可以引进向量的数量积的概念. 数量积是用向量的长和它们之间的夹角来定义的，但是，我们发现向量的长和它们之间的夹角也可以用数量积来表示. 因此，借助于众所周知的平面或三维空间中向量的数量积所具有的某些性质，我们可以利用公理法来定义任意 n 维线性空间中向量的数量乘法. 在这里，考虑到把这一部分包含在高等代数内的目的，将不着手引入向量的长度和向量间夹角的定义. 对 n 维空间的几何结构感兴趣的读者，可去参阅专门的文献，首先是更完备的线性代数书籍.

注意，除本节的末尾外，在本章中所讨论的都是实数性空间.

在 n 维实线性空间 V_n 中定义了数量乘法，如果使任一对向量 $\boldsymbol{a},\boldsymbol{b}$ 与一个实数相对应，用符号 $(\boldsymbol{a},\boldsymbol{b})$ 来表示这个实数，称为 $\boldsymbol{a}$ 与 $\boldsymbol{b}$ 的数量积，并且满足下列条件（这里 $\boldsymbol{a},\boldsymbol{b},\boldsymbol{c}$ 是空间 V_n 的任意向量，α 是任一实数）

Ⅰ. $(\boldsymbol{a},\boldsymbol{b})=(\boldsymbol{b},\boldsymbol{a})$.

Ⅱ. $(\boldsymbol{a}+\boldsymbol{b},\boldsymbol{c})=(\boldsymbol{a},\boldsymbol{c})+(\boldsymbol{b},\boldsymbol{c})$.

Ⅲ. $(\alpha\boldsymbol{a},\boldsymbol{b})=\alpha(\boldsymbol{a},\boldsymbol{b})$.

Ⅳ. 若 $\boldsymbol{a}\neq\boldsymbol{0}$，则向量 $\boldsymbol{a}$ 的数量平方是正的，即

$$(\boldsymbol{a},\boldsymbol{a})>0$$

注意，在 Ⅲ 中取 $\alpha=0$，得出等式

$$(\boldsymbol{0},\boldsymbol{b})=0 \tag{1}$$

即零向量对任一向量的数量积等于零，特别是零向量的数量平方等于零.

从 Ⅱ 和 Ⅲ 立即得出下列两个向量组的线性组合的数量积公式

$$\left(\sum_{i=1}^{k}\alpha_i\boldsymbol{a}_i,\sum_{j=1}^{l}\beta_j\boldsymbol{b}_j\right)=\sum_{i=1}^{k}\sum_{j=1}^{l}\alpha_i\beta_j(\boldsymbol{a}_i,\boldsymbol{b}_j) \tag{2}$$

如果在 n 维线性空间中定义了数量乘法，那么这个空间称为 n 维欧几里得空间.

对于任一 n，在 n 维线性空间 V_n 中可以定义数量乘法，即是可以把这个空间变成欧几里得空间.

事实上，在空间 V_n 中取任一基底 $\boldsymbol{e}_1,\boldsymbol{e}_2,\cdots,\boldsymbol{e}_n$. 如果

$$\boldsymbol{a}=\sum_{i=1}^{n}\alpha_i\boldsymbol{e}_i,\boldsymbol{b}=\sum_{i=1}^{n}\beta_i\boldsymbol{e}_i$$

那么

$$(\boldsymbol{a},\boldsymbol{b})=\sum_{i=1}^{n}\alpha_i\beta_i \tag{3}$$

容易验证，它满足条件 Ⅰ ～ Ⅳ，即是等式(3) 在空间 V_n 中确定了数量乘法.

我们看到，在 n 维线性空间中，一般地说可以用很多不同的方法来给出数量乘法 —— 显然，等式(3) 依赖于基底的选择，而我们暂时还不知道，除此之外，是否还可以用另一套方法来引入数量乘法. 我们现在的目的是，考察变 n 维线性空间为欧几里得空间的所有可能的方法，并且在某种意义上证明对任一 n 都只存在一个唯一的 n 维欧几里得空间.

设任意给定一个 n 维欧几里得空间 E_n，即是在 n 维线性空间中用任何方法引进了数量乘法. 向量 $\boldsymbol{a}$ 和 $\boldsymbol{b}$ 称为正交的，如果它们的数量积等于零

$$(\boldsymbol{a},\boldsymbol{b})=0$$

从等式(1) 得知，零向量与任一向量正交，但是也可能有非零的正交向量存在.

向量组称为正交组，如果这一组中的向量两两正交.

任何非零向量的正交组线性无关.

事实上，设在 E_n 中给定了向量组 $\boldsymbol{a}_1,\boldsymbol{a}_2,\cdots,\boldsymbol{a}_k$，并且 $\boldsymbol{a}_i\neq\boldsymbol{0}(i=1,2,\cdots,k)$

$$(\boldsymbol{a}_i,\boldsymbol{a}_j)=0,i\neq j \tag{4}$$

如果

$$\alpha_1 \boldsymbol{a}_1 + \alpha_2 \boldsymbol{a}_2 + \cdots + \alpha_k \boldsymbol{a}_k = \boldsymbol{0}$$

那么，把这个等式的两边和 $\boldsymbol{a}_i(1 \leqslant i \leqslant k)$ 取数量积，由式(1)(2) 和(4) 我们得出

$$0 = (\boldsymbol{0}, \boldsymbol{a}_i) = (\alpha_1 \boldsymbol{a}_1 + \alpha_2 \boldsymbol{a}_2 + \cdots + \alpha_k \boldsymbol{a}_k, \boldsymbol{a}_i) = \alpha_1(\boldsymbol{a}_1, \boldsymbol{a}_i) + \alpha_2(\boldsymbol{a}_2, \boldsymbol{a}_i) + \cdots + \alpha_k(\boldsymbol{a}_k, \boldsymbol{a}_i) = \alpha_i(\boldsymbol{a}_i, \boldsymbol{a}_i)$$

因此由 Ⅳ$(\boldsymbol{a}_i, \boldsymbol{a}_i) > 0$，推得 $\boldsymbol{\alpha}_i = \boldsymbol{0}(i = 1, 2, \cdots, k)$，这就是所要证明的.

现在来说明正交化法，即把欧几里得空间 E_n 中由 k 个向量

$$\boldsymbol{a}_1, \boldsymbol{a}_2, \cdots, \boldsymbol{a}_k \tag{5}$$

组成的任何一个线性无关组化为正交组的某种方法. 这个正交组同样是由 k 个非零向量组成，这些向量将表示为 $\boldsymbol{b}_1, \boldsymbol{b}_2, \cdots, \boldsymbol{b}_k$.

设 $\boldsymbol{b}_1 = \boldsymbol{a}_1$，即向量组(5) 的第一个向量包含在正交组内. 其次，设

$$\boldsymbol{b}_2 = \alpha_1 \boldsymbol{b}_1 + \boldsymbol{a}_2$$

因 $\boldsymbol{b}_1 = \boldsymbol{a}_1$，而向量 $\boldsymbol{a}_1$ 和 $\boldsymbol{a}_2$ 线性无关，那么向量 $\boldsymbol{b}_2$ 对于任意的数 α_1 都不等于零向量. 我们选 α_1 这个数，使得 $\boldsymbol{b}_2$ 正交于向量 $\boldsymbol{b}_1$

$$0 = (\boldsymbol{b}_1, \boldsymbol{b}_2) = (\boldsymbol{b}_1, \alpha_1 \boldsymbol{b}_1 + \boldsymbol{a}_2) = \alpha_1(\boldsymbol{b}_1, \boldsymbol{b}_1) + (\boldsymbol{b}_1, \boldsymbol{a}_2)$$

由 Ⅳ 得出

$$\alpha_1 = -\frac{(\boldsymbol{b}_1, \boldsymbol{a}_2)}{(\boldsymbol{b}_1, \boldsymbol{b}_1)}$$

设非零向量的正交组 $\boldsymbol{b}_1, \boldsymbol{b}_2, \cdots, \boldsymbol{b}_l$ 已经构成，并设对于任何 $i(1 \leqslant i \leqslant l)$，向量 $\boldsymbol{b}_i$ 是向量 $\boldsymbol{a}_1, \boldsymbol{a}_2, \cdots, \boldsymbol{a}_i$ 的线性组合. 如果 $\boldsymbol{b}_{l+1}$ 按式

$$\boldsymbol{b}_{l+1} = \alpha_1 \boldsymbol{b}_1 + \alpha_2 \boldsymbol{b}_2 + \cdots + \alpha_l \boldsymbol{b}_l + \boldsymbol{a}_{l+1}$$

选出，那么 $\boldsymbol{b}_{l+1}$ 也是向量 $\boldsymbol{a}_1, \boldsymbol{a}_2, \cdots, \boldsymbol{a}_i(1 \leqslant i \leqslant l+1)$ 的线性组合. 这里向量 $\boldsymbol{b}_{l+1}$ 不等于零向量，因向量组(5) 线性无关，而向量 $\boldsymbol{a}_{l+1}$ 没有包含在向量 $\boldsymbol{b}_1, \boldsymbol{b}_2, \cdots, \boldsymbol{b}_l$ 的写法中. 我们这样来选择系数 $\alpha_i(i = 1, 2, \cdots, l)$，使得向量 $\boldsymbol{b}_{l+1}$ 正交于所有的向量 $\boldsymbol{b}_i(i = 1, 2, \cdots, l)$

$$0 = (\boldsymbol{b}_i, \boldsymbol{b}_{l+1}) = (\boldsymbol{b}_i, \alpha_1 \boldsymbol{b}_1 + \alpha_2 \boldsymbol{b}_2 + \cdots + \alpha_l \boldsymbol{b}_l + \boldsymbol{a}_{l+1}) = \alpha_1(\boldsymbol{b}_i, \boldsymbol{b}_1) + \alpha_2(\boldsymbol{b}_i, \boldsymbol{b}_2) + \cdots + \alpha_l(\boldsymbol{b}_i, \boldsymbol{b}_l) + (\boldsymbol{b}_i, \boldsymbol{a}_{l+1})$$

因向量 $\boldsymbol{b}_1, \boldsymbol{b}_2, \cdots, \boldsymbol{b}_l$ 相互正交，故得出

$$\alpha_i(\boldsymbol{b}_i, \boldsymbol{b}_i) + (\boldsymbol{b}_i, \boldsymbol{a}_{l+1}) = 0$$

即是

$$\alpha_i = -\frac{(\boldsymbol{b}_i, \boldsymbol{a}_{l+1})}{(\boldsymbol{b}_i, \boldsymbol{b}_i)}, i = 1, 2, \cdots, l$$

继续这样做下去，我们构成了要找的正交组 $\boldsymbol{b}_1, \boldsymbol{b}_2, \cdots, \boldsymbol{b}_k$.

对欧几里得空间 E_n 的任一基底进行正交化，我们得到了由 n 个非零向量组成的正交组，因为已经证明了这个组线性无关，即是说，我们就得到了正交基

底.利用作第一步正交化时所做出的注解,而且考虑到每个非零向量可以包含在空间的某个基底内,还可以做出下面的结论:

任何欧几里得空间具有正交基底,并且这个空间的任何非零向量都包含在某一个正交基底内.

今后,一个特殊形式的正交基底将起着重要的作用,这个形式的基底对应于解析几何中所用的笛卡儿直角坐标系.

我们把向量 $\boldsymbol{b}$ 称为法向量,如果它的数量平方等于 1

$$(\boldsymbol{b},\boldsymbol{b})=1$$

如果 $\boldsymbol{a}\neq\mathbf{0}$,$(\boldsymbol{a},\boldsymbol{a})>0$,那么化向量 $\boldsymbol{a}$ 为向量 $\boldsymbol{b}$

$$\boldsymbol{b}=\frac{1}{\sqrt{(\boldsymbol{a},\boldsymbol{a})}}\boldsymbol{a}$$

就称为向量 $\boldsymbol{a}$ 的法化.向量 $\boldsymbol{b}$ 是法向量,因为

$$(\boldsymbol{b},\boldsymbol{b})=\left(\frac{1}{\sqrt{(\boldsymbol{a},\boldsymbol{a})}}\boldsymbol{a},\frac{1}{\sqrt{(\boldsymbol{a},\boldsymbol{a})}}\boldsymbol{a}\right)=\left(\frac{1}{\sqrt{(\boldsymbol{a},\boldsymbol{a})}}\right)^{2}(\boldsymbol{a},\boldsymbol{a})=1$$

欧几里得空间 E_n 的基底 $\boldsymbol{e}_1,\boldsymbol{e}_2,\cdots,\boldsymbol{e}_n$ 是法正交基底,如果它是正交的,而它所有的向量都是法向量,即

$$(\boldsymbol{e}_i,\boldsymbol{e}_j)=0,i\neq j \tag{6}$$
$$(\boldsymbol{e}_i,\boldsymbol{e}_i)=1,i=1,2,\cdots,n$$

任何欧几里得空间都有法正交基底.

为了证明这一定理,取任一正交基底,并将它们所有的向量法化就够了.这时基底仍然是正交的,因为对于任意的 α 和 β,从 $(\boldsymbol{a},\boldsymbol{b})=0$ 得出

$$(\alpha\boldsymbol{a},\beta\boldsymbol{b})=\alpha\beta(\boldsymbol{a},\boldsymbol{b})=0$$

欧几里得空间 E_n 的基底 $\boldsymbol{e}_1,\boldsymbol{e}_2,\cdots,\boldsymbol{e}_n$ 是法正交的充分必要条件是空间中任意两个向量的数量积等于上述基底下这些向量对应坐标的乘积之和,即从

$$\boldsymbol{a}=\sum_{i=1}^{n}\alpha_i\boldsymbol{e}_i,\boldsymbol{b}=\sum_{j=1}^{n}\beta_j\boldsymbol{e}_j \tag{7}$$

得出

$$(\boldsymbol{a},\boldsymbol{b})=\sum_{i=1}^{n}\alpha_i\beta_i \tag{8}$$

事实上,如果这个基底满足等式(6),那么

$$(\boldsymbol{a},\boldsymbol{b})=\left(\sum_{i=1}^{n}\alpha_i\boldsymbol{e}_i,\sum_{j=1}^{n}\beta_j\boldsymbol{e}_j\right)=\sum_{i,j=1}^{n}\alpha_i\beta_j(\boldsymbol{e}_i,\boldsymbol{e}_j)=\sum_{i=1}^{n}\alpha_i\beta_i$$

反过来说,如果在这个基底下,对于符合等式(7) 形式的任何向量 $\boldsymbol{a}$ 和 $\boldsymbol{b}$,等式(8) 都成立,那么取这个基底的任意不同的或相同的两个向量 $\boldsymbol{e}_i$ 和 $\boldsymbol{e}_j$ 作为 $\boldsymbol{a}$ 和 $\boldsymbol{b}$,我们就从等式(8) 引出了等式(6).

把现在所得的结果和前面对于任意的 n 都存在 n 维欧氏空间的证明相比

较，可以得出下面的论断：如果在 n 维线性空间 V_n 中选择任一基底，那么可以这样给出 V_n 中的数量乘法，使在所得到的欧氏空间中，所选出的基底是一个法正交基底.

欧几里得空间的同构 欧几里得空间 E 和 E' 称为同构的，如果这两个空间的向量之间可以建立一个满足下列要求的一一对应：

(1) 这个对应是作为线性空间看待的 E 和 E' 之间的同构对应(参看 §29).

(2) 在这个对应下保持数量积不变；换句话说，如果 E 中的向量 $\boldsymbol{a}$ 和 $\boldsymbol{b}$ 对应于 E' 中的向量 $\boldsymbol{a}'$ 和 $\boldsymbol{b}'$，那么

$$(\boldsymbol{a},\boldsymbol{b})=(\boldsymbol{a}',\boldsymbol{b}') \tag{9}$$

从条件(1) 立即得出，同构的欧几里得空间具有相同的维数. 我们来证明逆命题：具有相同维数 n 的任意欧几里得空间 E 和 E' 彼此同构.

事实上，在空间 E 和 E' 中分别选出法正交基底

$$\boldsymbol{e}_1,\boldsymbol{e}_2,\cdots,\boldsymbol{e}_n \tag{10}$$

和

$$\boldsymbol{e}'_1,\boldsymbol{e}'_2,\cdots,\boldsymbol{e}'_n \tag{11}$$

使 E 中的任意向量

$$\boldsymbol{a}=\sum_{i=1}^{n}\alpha_i\boldsymbol{e}_i$$

对应于 E' 中的向量

$$\boldsymbol{a}'=\sum_{i=1}^{n}\alpha_i\boldsymbol{e}'_i$$

即 $\boldsymbol{a}'$ 在基底(11) 下的坐标和 $\boldsymbol{a}$ 在基底(10) 下的坐标相同，显然我们得到线性空间 E 和 E' 之间的同构对应，我们来证明，式(9) 也成立：如果

$$\boldsymbol{b}=\sum_{i=1}^{n}\beta_i\boldsymbol{e}_i,\boldsymbol{b}'=\sum_{i=1}^{n}\beta_i\boldsymbol{e}'_i$$

那么，由等式(8)(注意基底(10) 和(11) 是法正交的)

$$(\boldsymbol{a},\boldsymbol{b})=\sum_{i=1}^{n}\alpha_i\beta_i=(\boldsymbol{a}',\boldsymbol{b}')$$

同构的欧几里得空间自然不能认为是不同的. 因此正如“对于任意 n 存在唯一的 n 维实线性空间”这种说法的意义一样，对于任意的 n 都存在唯一的 n 维欧几里得空间.

在复线性空间的情形下，本节的概念和结果整理为下面的形式. 复线性空间称为 U 空间，如果在其中给出了数量乘法，并且一般 $(\boldsymbol{a},\boldsymbol{b})$ 是复数；同时应该满足公理 Ⅱ ～ Ⅳ(在最后一个公理的陈述中应着重指出非零向量的数量平方是正实数). 而公理 Ⅰ 用公理

Ⅰ′ $$(\boldsymbol{a},\boldsymbol{b})=\overline{(\boldsymbol{b},\boldsymbol{a})}$$

来代替，其中横线表示变为其共轭复数.

因而，数量乘法已不可交换，但是，对应于公理 Ⅱ 的等式仍然是正确的

Ⅱ′ $$(\boldsymbol{a},\boldsymbol{b}+\boldsymbol{c})=(\boldsymbol{a},\boldsymbol{b})+(\boldsymbol{a},\boldsymbol{c})$$

因为

$$(\boldsymbol{a},\boldsymbol{b}+\boldsymbol{c})=\overline{(\boldsymbol{b}+\boldsymbol{c},\boldsymbol{a})}=\overline{(\boldsymbol{b},\boldsymbol{a})+(\boldsymbol{c},\boldsymbol{a})}=\overline{(\boldsymbol{b},\boldsymbol{a})}+\overline{(\boldsymbol{c},\boldsymbol{a})}=(\boldsymbol{a},\boldsymbol{b})+(\boldsymbol{a},\boldsymbol{c})$$

Ⅲ′ $$(\boldsymbol{a},\alpha\boldsymbol{b})=\overline{\alpha}(\boldsymbol{a},\boldsymbol{b})$$

因为

$$(\boldsymbol{a},\alpha\boldsymbol{b})=\overline{(\alpha\boldsymbol{b},\boldsymbol{a})}=\overline{\alpha(\boldsymbol{b},\boldsymbol{a})}=\overline{\alpha}\,\overline{(\boldsymbol{b},\boldsymbol{a})}=\overline{\alpha}(\boldsymbol{a},\boldsymbol{b})$$

正交概念和向量的法正交组的概念可以不经任何改变地转移到 U 空间的情形. 和上面一样，可证明任何有限维 U 空间有法正交基底. 但是，这时如果 $\boldsymbol{e}_1$，$\boldsymbol{e}_2$，…，$\boldsymbol{e}_n$ 是法正交基底并且向量 $\boldsymbol{a}$ 和 $\boldsymbol{b}$ 在这个基底下有式(7) 的写法，那么

$$(\boldsymbol{a},\boldsymbol{b})=\sum_{i=1}^{n}\alpha_i\overline{\beta_i}$$

本章以后各节的结果同样可以从欧几里得空间转移到 U 空间去，但我们不这样做，而只介绍有兴趣的读者去参看有关线性代数的专门书籍.

§ 35 正交矩阵，正交变换

设给定了 n 个未知量的实线性变换

$$x_i=\sum_{k=1}^{n}q_{ik}y_k,\ i=1,2,\cdots,n \tag{1}$$

用 $\boldsymbol{Q}$ 来表示这个变换的矩阵. 这个变换把未知量 x_1，x_2，…，x_n 的平方和，即作为恒正二次型的法式的(参看 § 28) 二次型 $x_1^2+x_2^2+\cdots+x_n^2$ 变为未知量 y_1，y_2，…，y_n 的某个二次型. 这个新的二次型本身可能恰好是未知量 y_1，y_2，…，y_n 的平方和，即在用表示式(1) 代替未知量 x_1，x_2，…，x_n 后，成立恒等式

$$x_1^2+x_2^2+\cdots+x_n^2=y_1^2+y_2^2+\cdots+y_n^2 \tag{2}$$

具有这样一些特性的未知量的线性变换(1)，即使未知量的平方和保持不变的变换，称为未知量的正交变换，这个变换的矩阵 $\boldsymbol{Q}$，称为正交矩阵.

存在很多等价于上面引进的正交变换和正交矩阵的其他定义，这里指出对今后必需的一些定义来.

在 § 26 中我们知道，在完成未知量的线性变换时，二次型的矩阵的变化规律是怎样的. 把它应用于现在的情形，并注意到当二次型由所有未知量的平方和构成时，它的矩阵是幺矩阵，我们得到等式(2)，它相当于矩阵等式

$$\boldsymbol{Q}'\boldsymbol{E}\boldsymbol{Q}=\boldsymbol{E}$$

即

$$Q'Q = E \tag{3}$$

由此

$$Q' = Q^{-1} \tag{4}$$

故下面的等式也正确

$$QQ' = E \tag{5}$$

这样一来，由式(4)，正交矩阵 Q 可以定义为这样的一个矩阵，它的转置矩阵 Q' 等于其逆矩阵 Q^{-1}. 等式(3) 或(5) 同样可作为正交矩阵的定义.

因为矩阵 Q' 的列是矩阵 Q 的行，故从等式(5) 得出下面的结论：方阵 Q 是正交矩阵的充分必要条件是它的任一行的所有元素的平方和等于 1，而它的任意两个不同的行的对应元素的乘积之和等于零. 对于矩阵的列，从等式(3) 得到类似的结论.

在等式(3) 中取行列式，且由 $|Q'|=|Q|$，我们得到等式

$$|Q|^2 = 1$$

由此得出，正交矩阵的行列式等于 ± 1. 这样一来，未知量的任何正交变换是满秩. 不言而喻，这个论断是不能倒过来说的：不是每个行列式等于 ± 1 的矩阵都是正交的.

正交矩阵的逆矩阵是正交的. 事实上，对等式(4) 转置我们得到

$$(Q^{-1})' = (Q')' = Q = (Q^{-1})^{-1}$$

另外，正交矩阵的乘积本身是正交的. 事实上，如果矩阵 Q 和 R 是正交的，那么，利用等式(4) 和 §26 中等式(6) 及对于逆矩阵的类似等式，我们得到

$$(QR)' = R'Q' = R^{-1}Q^{-1} = (QR)^{-1}$$

在 §37 中将用到下面的论断：

把欧几里得空间中的一个法正交基底变为这个空间中另外任一法正交基底的矩阵是正交的.

事实上，设在空间 E_n 中给出了两个法正交基底 $e_1, e_2, \cdots, e_n$ 和 $e_1', e_2', \cdots, e_n'$ 和转换矩阵 $Q = (q_{ij})$

$$e' = Qe$$

因为基底 e 是法正交的，所以，任意两个向量特别是基底 e' 中任意两个向量的数量积，等于这两个向量在基底 e 下的对应坐标的乘积之和. 然而，因为基底 e' 是法正交的，所以 e' 中每个向量的数量平方等于 1，而 e' 中任意两个不同向量的数量积等于零. 由此，对于在基底 e 下基底 e' 的向量的坐标行，即对于矩阵 Q 的行，可以由上面等式(5) 那样来推出 Q 有正交矩阵的特性.

欧几里得空间的正交变换 现在来研究欧几里得空间线性变换的一个有趣的特殊类型，虽然这个类型我们后面并不会用到它.

欧几里得空间 E_n 的线性变换 φ 称为这个欧几里得空间的正交变换，如果它保持每个向量的数量平方不变，即对于任意向量 $\boldsymbol{a}$ 都有

$$(\boldsymbol{a}\varphi,\boldsymbol{a}\varphi)=(\boldsymbol{a},\boldsymbol{a}) \tag{6}$$

由此可以推出下面更一般的论断，它也可以作为正交变换的定义：

欧几里得空间的正交变换 φ 保持任意两个向量 $\boldsymbol{a},\boldsymbol{b}$ 的数量积不变

$$(\boldsymbol{a}\varphi,\boldsymbol{b}\varphi)=(\boldsymbol{a},\boldsymbol{b}) \tag{7}$$

事实上，由等式(6)

$$((\boldsymbol{a}+\boldsymbol{b})\varphi,(\boldsymbol{a}+\boldsymbol{b})\varphi)=(\boldsymbol{a}+\boldsymbol{b},\boldsymbol{a}+\boldsymbol{b})$$

但是

$$((\boldsymbol{a}+\boldsymbol{b})\varphi,(\boldsymbol{a}+\boldsymbol{b})\varphi)=(\boldsymbol{a}\varphi+\boldsymbol{b}\varphi,\boldsymbol{a}\varphi+\boldsymbol{b}\varphi)=$$
$$(\boldsymbol{a}\varphi,\boldsymbol{a}\varphi)+(\boldsymbol{a}\varphi,\boldsymbol{b}\varphi)+(\boldsymbol{b}\varphi,\boldsymbol{a}\varphi)+(\boldsymbol{b}\varphi,\boldsymbol{b}\varphi)$$
$$(\boldsymbol{a}+\boldsymbol{b},\boldsymbol{a}+\boldsymbol{b})=(\boldsymbol{a},\boldsymbol{a})+(\boldsymbol{a},\boldsymbol{b})+(\boldsymbol{b},\boldsymbol{a})+(\boldsymbol{b},\boldsymbol{b})$$

由此，对于 $\boldsymbol{a}$ 和 $\boldsymbol{b}$ 利用等式(6)，并考虑到数量乘法的可易性，得出

$$2(\boldsymbol{a}\varphi,\boldsymbol{b}\varphi)=2(\boldsymbol{a},\boldsymbol{b})$$

因此等式(7) 成立.

在欧几里得空间的正交变换下，任一法正交基底的所有向量的象本身组成法正交基底，反过来，如果欧几里得空间的线性变换至少把一个法正交基底仍然变为一个法正交基底，那么这个变换是正交的.

事实上，设 φ 是空间 E_n 中的正交变换，而 $\boldsymbol{e}_1,\boldsymbol{e}_2,\cdots,\boldsymbol{e}_n$ 是这个空间中的任一法正交基底，由等式(7)，从等式

$$(\boldsymbol{e}_i,\boldsymbol{e}_i)=1,i=1,2,\cdots,n$$
$$(\boldsymbol{e}_i,\boldsymbol{e}_j)=0,i\neq j$$

推出等式

$$(\boldsymbol{e}_i\varphi,\boldsymbol{e}_i\varphi)=1,i=1,2,\cdots,n$$
$$(\boldsymbol{e}_i\varphi,\boldsymbol{e}_j\varphi)=0,i\neq j$$

即向量组 $\boldsymbol{e}_1\varphi,\boldsymbol{e}_2\varphi,\cdots,\boldsymbol{e}_n\varphi$ 是法正交的，因而它是空间 E_n 中的法正交基底.

反过来，设空间 E_n 的线性变换 φ 把法正交基底 $\boldsymbol{e}_1,\boldsymbol{e}_2,\cdots,\boldsymbol{e}_n$ 仍变为法正交基底，即向量组 $\boldsymbol{e}_1\varphi,\boldsymbol{e}_2\varphi,\cdots,\boldsymbol{e}_n\varphi$ 是空间 E_n 的法正交基底. 如果

$$\boldsymbol{a}=\sum_{i=1}^{n}\alpha_i\boldsymbol{e}_i$$

是空间 E_n 的任一向量，那么

$$\boldsymbol{a}\varphi=\sum_{i=1}^{n}\alpha_i(\boldsymbol{e}_i\varphi)$$

即向量 $\boldsymbol{a}\varphi$ 在基底 $\boldsymbol{e}\varphi$ 下的坐标与向量 $\boldsymbol{a}$ 在基底 $\boldsymbol{e}$ 下的坐标相同. 然而，这两组基底是法正交的，因此任一向量的数量平方等于它在这两个基底中的任一个基底

下的坐标的平方和.这样一来

$$(\boldsymbol{a},\boldsymbol{a})=(\boldsymbol{a}\varphi,\boldsymbol{a}\varphi)=\sum_{i=1}^{n}\alpha_i^2$$

即等式(6)实际上成立.

欧几里得空间的正交变换在任何一个法正交基底下由一个正交矩阵所给出.反过来,如果欧几里得空间的线性变换至少在一个法正交基底下由正交矩阵所给出,那么这个变换是正交变换.

事实上,如果变换 φ 是正交变换,而基底 $\boldsymbol{e}_1,\boldsymbol{e}_2,\cdots,\boldsymbol{e}_n$ 是法正交的,那么向量组 $\boldsymbol{e}_1\varphi,\boldsymbol{e}_2\varphi,\cdots,\boldsymbol{e}_n\varphi$ 是法正交基底,因而变换 φ 在基底 $\boldsymbol{e}$ 下的矩阵 $\boldsymbol{A}$

$$\boldsymbol{e}\varphi=\boldsymbol{A}\boldsymbol{e} \tag{8}$$

是从法正交基底 $\boldsymbol{e}$ 变到法正交基底 $\boldsymbol{e}\varphi$ 的转换矩阵,即如上面所证明的,它是正交矩阵.

反过来,设线性变换 φ 在法正交基底 $\boldsymbol{e}_1,\boldsymbol{e}_2,\cdots,\boldsymbol{e}_n$ 下由正交矩阵 $\boldsymbol{A}$ 所给出,因而等式(8)成立.因为基底 $\boldsymbol{e}$ 是法正交的,所以,任意向量特别是组 $\boldsymbol{e}_1\varphi$, $\boldsymbol{e}_2\varphi,\cdots,\boldsymbol{e}_n\varphi$ 中的任意向量的数量积,等于这两个向量在基底 $\boldsymbol{e}$ 下对应坐标的乘积之和.又由于矩阵 $\boldsymbol{A}$ 是正交的,因此

$$(\boldsymbol{e}_i\varphi,\boldsymbol{e}_i\varphi)=1,i=1,2,\cdots,n$$

$$(\boldsymbol{e}_i\varphi,\boldsymbol{e}_j\varphi)=0,i\neq j$$

即组 $\boldsymbol{e}\varphi$ 本身是空间 E_n 的法正交基底.由此推出变换 φ 是正交的.

读者在解析几何教程中已经知道,在保持坐标原点不变的所有平面仿射变换中,旋转(包括取镜像)是唯一保持向量的数量积不变的变换.这样一来,n 维欧几里得空间的正交变换可以视为这个空间的"旋转".

显然,恒等变换是欧几里得空间的正交变换.我们所建立的正交变换和正交矩阵之间的关系,以及在 §31 中叙述的线性变换的运算和矩阵运算之间的关系,使我们可以从正交矩阵的已知特性,引出下列欧几里得空间的正交变换的特性.这些特性容易直接验证:

任何正交变换是满秩的,并且它的逆变换是正交的.

任何正交变换的乘积也是正交的.

§36 对称变换

n 维欧几里得空间的线性变换 φ 称为对称变换(或自共轭变换),如果对于这个空间中的任意向量 $\boldsymbol{a},\boldsymbol{b}$ 有等式

$$(\boldsymbol{a}\varphi,\boldsymbol{b})=(\boldsymbol{a},\boldsymbol{b}\varphi) \tag{1}$$

也就是，在数量乘法中对称变换的符号 φ 可以从一个因子移到另一个因子.

显然，恒等变换 ε 和零变换 ω 可以作为对称变换的例子. 把任意向量乘上确定的数 α 的线性变换是更一般的例子

$$\boldsymbol{a}\varphi=\alpha\boldsymbol{a}$$

实际上，在这种情况下

$$(\boldsymbol{a}\varphi,\boldsymbol{b})=(\alpha\boldsymbol{a},\boldsymbol{b})=\alpha(\boldsymbol{a},\boldsymbol{b})=(\boldsymbol{a},\alpha\boldsymbol{b})=(\boldsymbol{a},\boldsymbol{b}\varphi)$$

对称变换的作用很大，我们必须对它做细致的研究.

在任何法正交基底下，欧几里得空间的对称变换由对称矩阵所给出. 反过来，如果欧几里得空间的线性变换至少在一个法正交基底下由对称矩阵给出，那么这个变换是对称变换.

实际上，设对称变换 φ 在法正交基底 $\boldsymbol{e}_1,\boldsymbol{e}_2,\cdots,\boldsymbol{e}_n$ 下由矩阵 $\boldsymbol{A}=(\alpha_{ij})$ 给出. 注意到在法正交基底下两个向量的数量积等于这两个向量对应坐标乘积之和，我们得到

$$(\boldsymbol{e}_i\varphi,\boldsymbol{e}_j)=\left(\sum_{k=1}^{n}\alpha_{ik}\boldsymbol{e}_k,\boldsymbol{e}_j\right)=\alpha_{ij}$$

$$(\boldsymbol{e}_i,\boldsymbol{e}_j\varphi)=\left(\boldsymbol{e}_i,\sum_{k=1}^{n}\alpha_{jk}\boldsymbol{e}_k\right)=\alpha_{ji}$$

由等式(1)，这就是说，对所有的 i 与 j，都有

$$\alpha_{ij}=\alpha_{ji}$$

这样一来，矩阵 $\boldsymbol{A}$ 是对称的.

反过来，设线性变换 φ 在法正交基底 $\boldsymbol{e}_1,\boldsymbol{e}_2,\cdots,\boldsymbol{e}_n$ 下由对称矩阵 $\boldsymbol{A}=(\alpha_{ij})$ 给出，即对于所有的 i 和 j 都有

$$\alpha_{ij}=\alpha_{ji}\tag{2}$$

如果

$$\boldsymbol{b}=\sum_{i=1}^{n}\beta_i\boldsymbol{e}_i,\boldsymbol{c}=\sum_{j=1}^{n}\gamma_j\boldsymbol{e}_j$$

是空间的任意向量，那么

$$\boldsymbol{b}\varphi=\sum_{i=1}^{n}\beta_i(\boldsymbol{e}_i\varphi)=\sum_{j=1}^{n}\left(\sum_{i=1}^{n}\beta_i\alpha_{ij}\right)\boldsymbol{e}_j$$

$$\boldsymbol{c}\varphi=\sum_{j=1}^{n}\gamma_j(\boldsymbol{e}_j\varphi)=\sum_{i=1}^{n}\left(\sum_{j=1}^{n}\gamma_j\alpha_{ji}\right)\boldsymbol{e}_i$$

利用基底的法正交性，得到

$$(\boldsymbol{b}\varphi,\boldsymbol{c})=\sum_{j,i=1}^{n}\beta_i\alpha_{ij}\gamma_j$$

$$(\boldsymbol{b},\boldsymbol{c}\varphi)=\sum_{i,j=1}^{n}\beta_i\gamma_j\alpha_{ji}$$

由等式(2),最后两个等式的右边相同,所以

$$(\boldsymbol{b}\varphi,\boldsymbol{c})=(\boldsymbol{b},\boldsymbol{c}\varphi)$$

这就是所要证明的.

从得到的结果,推出对称变换的容易直接验证的下列特性:

对称变换的和及对称变换和与数的乘积仍然是对称变换.

现在我们来证明下述重要定理:

对称变换的所有特征根都是实根.

由于任何线性变换的特征根同这个线性变换在任意基底下的矩阵的特征根一致,而对称变换在法正交基底下由对称矩阵给出,所以只要证明下列论断就够了:

对称矩阵的所有特征根都是实根.

事实上,设 λ_0 是对称矩阵 $\boldsymbol{A}=(\alpha_{ij})$ 的特征根(可能是复数)

$$|\boldsymbol{A}-\lambda_0\boldsymbol{E}|=0$$

那么,复系数的齐次线性方程组

$$\sum_{j=1}^{n}\alpha_{ij}x_j=\lambda_0x_i,i=1,2,\cdots,n$$

的行列式等于零,即具有非零解 $\beta_1,\beta_2,\cdots,\beta_n$,一般说来是复数.这样一来

$$\sum_{j=1}^{n}\alpha_{ij}\beta_j=\lambda_0\beta_i,i=1,2,\cdots,n \tag{3}$$

用数 β_i 的共轭数 $\overline{\beta}_i$ 来乘等式(3)中第 i 个的两边,并且将所有得到的等式左右两边分别相加,我们得到等式

$$\sum_{i,j=1}^{n}\alpha_{ij}\beta_j\overline{\beta}_i=\lambda_0\sum_{i=1}^{n}\beta_i\overline{\beta}_i \tag{4}$$

等式(4)中 λ_0 的系数是不为零的实数,因为它是非负实数的和,而且其中至少有一个不为零,因此为了证明 λ_0 是实数,我们只要证明等式(4)的左边是实数,亦即只需证明这个复数与自己的共轭数相等就够了.这里首先利用矩阵 $\boldsymbol{A}$ 的实对称性

$$\overline{\sum_{i,j=1}^{n}\alpha_{ij}\beta_j\overline{\beta}_i}=\sum_{i,j=1}^{n}\overline{\alpha_{ij}\beta_j\overline{\beta}_i}=\sum_{i,j=1}^{n}\alpha_{ij}\overline{\beta}_j\beta_i=$$
$$\sum_{i,j=1}^{n}\alpha_{ji}\overline{\beta}_j\beta_i=\sum_{i,j=1}^{n}\alpha_{ij}\overline{\beta}_i\beta_j=\sum_{i,j=1}^{n}\alpha_{ij}\beta_j\overline{\beta}_i$$

我们指出,倒数第二个等式可以由求和指标的简单的交换而得到:以 j 代替 i,以 i 代替 j.因而定理得证.

欧几里得空间 E_n 的线性变换 φ 是对称变换的充分必要条件是:在空间 E_n 中存在由这个变换的特征向量所构成的法正交基底.

从一方面说,这个论断几乎是显然的:如果在 E_n 中存在法正交基底 $\boldsymbol{e}_1$,

$\boldsymbol{e}_2,\cdots,\boldsymbol{e}_n$，并且

$$\boldsymbol{e}_i\varphi=\lambda_i\boldsymbol{e}_i, i=1,2,\cdots,n$$

那么在基底 $\boldsymbol{e}$ 下，变换 φ 可由对角形矩阵

$$\begin{pmatrix}\lambda_1 & & & \boldsymbol{0}\\ & \lambda_2 & & \\ & & \ddots & \\ \boldsymbol{0} & & & \lambda_n\end{pmatrix}$$

给出. 然而，对角形矩阵是对称的，所以变换 φ 在法正交基底 $\boldsymbol{e}$ 下由对称矩阵给出，即为对称变换.

我们将对空间 E_n 的维数 n 使用归纳法来证明这个定理的主要的另一方面. 事实上，当 $n=1$ 时空间 E_1 的任何线性变换 φ 必定把任意向量变成与它成比例的向量. 由此得出，任何非零向量 $\boldsymbol{a}$ 是变换 φ 的特征向量(同时得出，空间 E_1 的任何线性变换是对称的). 法化向量 $\boldsymbol{a}$ 后，我们就得到空间 E_1 中希望找到的法正交基底.

设定理的论断对于 $n-1$ 维欧几里得空间已经证明，又设空间 E_n 中给出了对称变换 φ. 从上面证明的定理推出对于 φ 存在实特征根 λ_0. 因而，这个数是变换 φ 的特征值. 如果 $\boldsymbol{a}$ 是变换 φ 的属于特征值 λ_0 的特征向量，那么任何与向量 $\boldsymbol{a}$ 成正比的非零向量将是 φ 的属于同一特征值 λ_0 的特征向量，因为

$$(\alpha\boldsymbol{a})\varphi=\alpha(\boldsymbol{a}\varphi)=\alpha(\lambda_0\boldsymbol{a})=\lambda_0(\alpha\boldsymbol{a})$$

特别是法化向量 $\boldsymbol{a}$ 后，我们得到这样的向量 $\boldsymbol{e}_1$，使得

$$\boldsymbol{e}_1\varphi=\lambda_0\boldsymbol{e}_1$$

$$(\boldsymbol{e}_1,\boldsymbol{e}_1)=1$$

在 §34 中证明了非零向量 $\boldsymbol{e}_1$ 可以包含在空间 E_n 的正交基底

$$\boldsymbol{e}_1,\boldsymbol{e}_2',\cdots,\boldsymbol{e}_n' \tag{5}$$

中. 在基底(5)下第一个坐标等于零的那些向量，即是形为 $\alpha_2\boldsymbol{e}_2'+\cdots+\alpha_n\boldsymbol{e}_n'$ 的向量，显然组成空间 E_n 的 $n-1$ 维线性子空间，我们用 L 来表示它. 而且这是 $n-1$ 维欧几里得空间，因为对 E_n 中的全部向量定义了数量积后，作为特殊情况对于 L 中的向量也就确定了数量积，同时具有一切必要的性质.

子空间 L 由空间 E_n 中所有与向量 $\boldsymbol{e}_1$ 正交的向量所组成. 事实上，如果

$$\boldsymbol{a}=\alpha_1\boldsymbol{e}_1+\alpha_2'\boldsymbol{e}_2'+\cdots+\alpha_n'\boldsymbol{e}_n'$$

那么，由基底(5)的正交性和向量 $\boldsymbol{e}_1$ 的法正交性

$$(\boldsymbol{e}_1,\boldsymbol{a})=\alpha_1(\boldsymbol{e}_1,\boldsymbol{e}_1)+\alpha_2'(\boldsymbol{e}_1,\boldsymbol{e}_2')+\cdots+\alpha_n'(\boldsymbol{e}_1,\boldsymbol{e}_n')=\alpha_1$$

即当且仅当 $\alpha_1=0$ 时，$(\boldsymbol{e}_1,\boldsymbol{a})=0$.

如果向量 $\boldsymbol{a}$ 属于子空间 L，即 $(\boldsymbol{e}_1,\boldsymbol{a})=0$，那么向量 $\boldsymbol{a}\varphi$ 包含在 L 中. 事实上由变换 φ 的对称性

$$(\boldsymbol{e}_1, \boldsymbol{a}\varphi) = (\boldsymbol{e}_1\varphi, \boldsymbol{a}) = (\lambda_0 \boldsymbol{e}_1, \boldsymbol{a}) = \lambda_0(\boldsymbol{e}_1, \boldsymbol{a}) = \lambda_0 \cdot 0 = 0$$

即向量 $\boldsymbol{a}\varphi$ 与 $\boldsymbol{e}_1$ 正交，因而包含在 L 中. 子空间 L 的这个特性，称为对于变换 φ 的不变性，把 φ 只应用到 L 中的向量时，这个性质使我们能把 φ 看作这 $n-1$ 维欧几里得空间的线性变换. 它还是空间 L 中的对称变换，因为对于 E_n 中的任何向量作变换 φ 后，等式(1) 将被满足，特别是对 L 中的向量作变换 φ 后等式(1) 也满足.

由于归纳法的假设，在空间 L 中存在由变换 φ 的特征向量组成的法正交基底，用 $\boldsymbol{e}_2, \cdots, \boldsymbol{e}_n$ 表示它. 所有这些向量与向量 $\boldsymbol{e}_1$ 正交，因此 $\boldsymbol{e}_1, \boldsymbol{e}_2, \cdots, \boldsymbol{e}_n$ 是所求的空间 E_n 的法正交基底，并且由变换 φ 的特征向量组成. 定理证毕.

§37　化二次型到主轴上去，二次型耦

用上节的最后一个定理来证明下面的矩阵定理：

对于任何对称矩阵 $\boldsymbol{A}$，可以找到一个正交矩阵 $\boldsymbol{Q}$，它将矩阵 $\boldsymbol{A}$ 化为对角形矩阵，即由矩阵 $\boldsymbol{A}$ 经矩阵 $\boldsymbol{Q}$ 变来的矩阵 $\boldsymbol{Q}^{-1}\boldsymbol{A}\boldsymbol{Q}$ 是对角形矩阵.

事实上，设已知 n 阶对称矩阵 $\boldsymbol{A}$，如果 $\boldsymbol{e}_1, \boldsymbol{e}_2, \cdots, \boldsymbol{e}_n$ 是 n 维欧几里得空间 E_n 中的某个法正交基底，那么在这组基底下矩阵 $\boldsymbol{A}$ 给出了对称变换 φ. 如已证明的在 E_n 中存在变换 φ 的特征向量组成的法正交基底 $\boldsymbol{f}_1, \boldsymbol{f}_2, \cdots, \boldsymbol{f}_n$；在这个基底下，$\varphi$ 由对角形矩阵 $\boldsymbol{B}$ 给出(见 §33). 由 §31，这时

$$\boldsymbol{B} = \boldsymbol{Q}^{-1}\boldsymbol{A}\boldsymbol{Q} \tag{1}$$

这里 $\boldsymbol{Q}$ 是由基底 $\boldsymbol{f}$ 变到基底 $\boldsymbol{e}$ 的转换矩阵

$$\boldsymbol{e} = \boldsymbol{Q}\boldsymbol{f} \tag{2}$$

这是由一个法正交基底变到另一个法正交基底的转换矩阵，故它是正交的(见 §35). 定理证毕.

因正交矩阵 $\boldsymbol{Q}$ 的逆矩阵等于转置矩阵 $\boldsymbol{Q}^{-1} = \boldsymbol{Q}'$，故等式(1) 可写为

$$\boldsymbol{B} = \boldsymbol{Q}'\boldsymbol{A}\boldsymbol{Q}$$

然而，从 §26 中知道，二次型的对称矩阵 $\boldsymbol{A}$，在对未知量施行矩阵为 $\boldsymbol{Q}$ 的线性变换时，正是这样变化的. 考虑到其矩阵为正交矩阵的未知量的线性变换是正交变换(见 §35)，并且化为标准形式的二次型的矩阵是对角形矩阵，故据上述定理便得下列关于化二次型到主轴上去的定理：

任何实二次型 $f(x_1, x_2, \cdots, x_n)$ 可以用未知量的某个正交变换化为标准形式.

虽然可能存在未知量的很多个不同的正交变换，但是它们都可以将已知二次型化为标准形式，然而这个标准形本身实质上是唯一确定的：

具有矩阵$\boldsymbol{A}$的二次型$f(x_1,x_2,\cdots,x_n)$经任何一个正交变换化为标准形式后，这个标准形式的系数都是矩阵$\boldsymbol{A}$的特征根，而且k重特征根要当作k个根.

事实上，设二次型f经某一个正交变换化为标准形式

$$f(x_1,x_2,\cdots,x_n)=\mu_1 y_1^2+\mu_2 y_2^2+\cdots+\mu_n y_n^2$$

这个正交变换不改变未知量的平方和，所以如果λ是一个新的未知量，那么

$$f(x_1,x_2,\cdots,x_n)-\lambda\sum_{i=1}^{n}x_i^2=\sum_{i=1}^{n}\mu_i y_i^2-\lambda\sum_{i=1}^{n}y_i^2$$

如果我们来看这些二次型的行列式，那么二次型的行列式经过线性变换后只是乘上这个变换的行列式的平方（参考 §28），而正交变换的行列式等于1（参看§35），我们得出等式

$$|\boldsymbol{A}-\lambda\boldsymbol{E}|=\begin{vmatrix}\mu_1-\lambda & 0 & \cdots & 0\\ 0 & \mu_2-\lambda & \cdots & 0\\ \vdots & \vdots & \ddots & \vdots\\ 0 & 0 & \cdots & \mu_n-\lambda\end{vmatrix}=\prod_{i=1}^{n}(\mu_i-\lambda)$$

由此就推得定理的结论.

这个结论可以用矩阵的形式来叙述：

对称矩阵$\boldsymbol{A}$经任何正交矩阵化为对角形矩阵后，在所得对角形矩阵的主对角线上放着矩阵$\boldsymbol{A}$的特征根，重根出现的次数等于它们的重数.

化二次型到主轴上去的正交变换的实际求法　在某些问题上，不仅要知道实二次型经正交变换后所得出的标准形式，同时还要知道究竟是什么样的一个正交变换化成标准形式的. 根据化到主轴上去的定理，应用其中的证明来找出这个变换是很困难的，我们要提出另一方法. 这就是，只要学会找出化已知对称矩阵$\boldsymbol{A}$为对角形的正交矩阵$\boldsymbol{Q}$，或找出它的逆矩阵$\boldsymbol{Q}^{-1}$. 由等式(2)，这个矩阵是由基底$\boldsymbol{e}$变到基底$\boldsymbol{f}$的转换矩阵，即它的行是在基底$\boldsymbol{e}$下矩阵$\boldsymbol{A}$所确定的对称变换φ的n个特征向量构成的法正交组的坐标行（在基底$\boldsymbol{e}$下）. 以后只要找出这样一组特征向量.

设λ_0是矩阵$\boldsymbol{A}$的任一特征根，并设它的重数等于k_0. 从 §33 我们知道，变换φ的所有属于特征值λ_0的特征向量的坐标行的全部与齐次线性方程组

$$(\boldsymbol{A}-\lambda_0\boldsymbol{E})\boldsymbol{X}=0 \tag{3}$$

的非零解的全部一致. 在这里，因矩阵$\boldsymbol{A}$是对称的，故可以$\boldsymbol{A}$代替$\boldsymbol{A}'$. 从以上证明的化对称矩阵$\boldsymbol{A}$为对角形的正交矩阵的存在定理以及这个对角形矩阵的唯一性推出，在任何情况下都可以求出齐次线性方程组(3)的k_0个线性无关解. 我们用 §12 中已知的方法来找出这一组解，然后根据 §34 正交化方法将所得到的这组解正交化与法化.

依次取对称矩阵$\boldsymbol{A}$的所有不同的特征根作为λ_0，考虑到这些根的重数之和

等于 n，我们得到在基底 $\boldsymbol{e}$ 下用坐标给出的变换 φ 的 n 个特征向量组. 为了证明这是所求的法正交的特征向量组，只需证明下述引理：

对称变换 φ 的属于不同特征值的特征向量彼此正交.

事实上，设

$$\boldsymbol{b}\varphi=\lambda_1\boldsymbol{b},\boldsymbol{c}\varphi=\lambda_2\boldsymbol{c}$$

而且 $\lambda_1\neq\lambda_2$. 因

$$(\boldsymbol{b}\varphi,\boldsymbol{c})=(\lambda_1\boldsymbol{b},\boldsymbol{c})=\lambda_1(\boldsymbol{b},\boldsymbol{c})$$
$$(\boldsymbol{b},\boldsymbol{c}\varphi)=(\boldsymbol{b},\lambda_2\boldsymbol{c})=\lambda_2(\boldsymbol{b},\boldsymbol{c})$$

故从

$$(\boldsymbol{b}\varphi,\boldsymbol{c})=(\boldsymbol{b},\boldsymbol{c}\varphi)$$

得出

$$\lambda_1(\boldsymbol{b},\boldsymbol{c})=\lambda_2(\boldsymbol{b},\boldsymbol{c})$$

而由于 $\lambda_1\neq\lambda_2$，故得

$$(\boldsymbol{b},\boldsymbol{c})=0$$

这就是所要证明的结果.

例 将下列二次型化到主轴上去

$$f(x_1,x_2,x_3,x_4)=2x_1x_2+2x_1x_3-2x_1x_4-2x_2x_3+2x_2x_4+2x_3x_4$$

这个二次型的矩阵 $\boldsymbol{A}$ 为

$$\boldsymbol{A}=\begin{pmatrix}0&1&1&-1\\1&0&-1&1\\1&-1&0&1\\-1&1&1&0\end{pmatrix}$$

求出它的特征多项式

$$|\boldsymbol{A}-\lambda\boldsymbol{E}|=\begin{vmatrix}-\lambda&1&1&-1\\1&-\lambda&-1&1\\1&-1&-\lambda&1\\-1&1&1&-\lambda\end{vmatrix}=(\lambda-1)^3(\lambda+3)$$

这样一来，矩阵 $\boldsymbol{A}$ 以 1 为三重特征根，且以 -3 为单特征根. 因此我们可以写出 f 经正交变换后所得出的标准形式

$$f=y_1^2+y_2^2+y_3^2-3y_4^2$$

我们来找出得到这个结果的正交变换. 在 $\lambda_0=1$ 时齐次线性方程组(3) 化为

$$\begin{cases}-x_1+x_2+x_3-x_4=0\\x_1-x_2-x_3+x_4=0\\x_1-x_2-x_3+x_4=0\\-x_1+x_2+x_3-x_4=0\end{cases}$$

这个方程组的秩等于1,故可求出它的三个线性无关解.例如,它们是向量

$$\boldsymbol{b}_1=(1,1,0,0)$$
$$\boldsymbol{b}_2=(1,0,1,0)$$
$$\boldsymbol{b}_3=(-1,0,0,1)$$

正交化这组向量,我们得出向量组

$$\boldsymbol{c}_1=\boldsymbol{b}_1=(1,1,0,0)$$
$$\boldsymbol{c}_2=-\frac{1}{2}\boldsymbol{c}_1+\boldsymbol{b}_2=\left(\frac{1}{2},-\frac{1}{2},1,0\right)$$
$$\boldsymbol{c}_3=\frac{1}{2}\boldsymbol{c}_1+\frac{1}{3}\boldsymbol{c}_2+\boldsymbol{b}_3=\left(-\frac{1}{3},\frac{1}{3},\frac{1}{3},1\right)$$

另外,取 $\lambda_0=-3$ 时,齐次线性方程组(3) 化为

$$\begin{cases}3x_1+x_2+x_3-x_4=0\\x_1+3x_2-x_3+x_4=0\\x_1-x_2+3x_3+x_4=0\\-x_1+x_2+x_3+3x_4=0\end{cases}$$

这个方程组的秩等于3,它的非零解是向量

$$\boldsymbol{c}_4=(1,-1,-1,1)$$

向量组 $\boldsymbol{c}_1,\boldsymbol{c}_2,\boldsymbol{c}_3,\boldsymbol{c}_4$ 是正交的.法化后我们得出法正交向量组

$$\boldsymbol{c}_1'=\left(\frac{1}{\sqrt{2}},\frac{1}{\sqrt{2}},0,0\right)$$
$$\boldsymbol{c}_2'=\left(\frac{1}{\sqrt{6}},-\frac{1}{\sqrt{6}},\sqrt{\frac{2}{3}},0\right)$$
$$\boldsymbol{c}_3'=\left(-\frac{1}{2\sqrt{3}},\frac{1}{2\sqrt{3}},\frac{1}{2\sqrt{3}},\frac{\sqrt{3}}{2}\right)$$
$$\boldsymbol{c}_4'=\left(\frac{1}{2},-\frac{1}{2},-\frac{1}{2},\frac{1}{2}\right)$$

这样一来,通过正交变换

$$y_1=\frac{1}{\sqrt{2}}x_1+\frac{1}{\sqrt{2}}x_2$$
$$y_2=\frac{1}{\sqrt{6}}x_1-\frac{1}{\sqrt{6}}x_2+\sqrt{\frac{2}{3}}x_3$$
$$y_3=-\frac{1}{2\sqrt{3}}x_1+\frac{1}{2\sqrt{3}}x_2+\frac{1}{2\sqrt{3}}x_3+\frac{\sqrt{3}}{2}x_4$$
$$y_4=\frac{1}{2}x_1-\frac{1}{2}x_2-\frac{1}{2}x_3+\frac{1}{2}x_4$$

就把二次型 f 化到主轴上去了.

我们注意,属于多重特征值的线性无关特征向量组的选取完全不是唯一的,所以有很多不同的正交变换存在,都可化二次型 f 为标准形.我们在这里只求出了其中的一个.

二次型耦 设有含 n 个未知量的两个实二次型 $f(x_1,x_n,\cdots,x_n)$ 和 $g(x_1,x_2,\cdots,x_n)$.是否存在未知量 $x_1,x_2,\cdots,x_n$ 的一个满秩线性变换,同时化两个二次型为标准形式?

在一般情形下回答是否定的.例如,研究型耦

$$f(x_1,x_2)=x_1^2,g(x_1,x_2)=x_1x_2$$

设存在满秩线性变换

$$\begin{cases}x_1=c_{11}y_1+c_{12}y_2\\x_2=c_{21}y_1+c_{22}y_2\end{cases}\tag{4}$$

化这两个二次型为标准形式.因为 f 可以经变换(4)化为标准形式,在系数 c_{11},c_{12} 中至少应该有一个等于零,否则要出现项 $2c_{11}c_{12}y_1y_2$.如果必要的话,可先调动未知量 y_1,y_2 的次序,可以认为 $c_{12}=0$,因此 $c_{11}\neq 0$.然而,我们现在得到

$$g(x_1,x_2)=c_{11}y_1(c_{21}y_1+c_{22}y_2)=c_{11}c_{21}y_1^2+c_{11}c_{22}y_1y_2$$

因为必须把二次型 g 也化为标准形式,所以 $c_{11}c_{22}=0$,即与 $c_{12}=0$ 同时须有 $c_{22}=0$,这与线性变换(4)的满秩性相矛盾.

如果设两个二次型中至少有一个,例如 $g(x_1,x_2,\cdots,x_n)$ 是恒正的①,情况就会是另一个样子.即下述定理是正确的:

如果 f 和 g 是 n 个未知量的两个实二次型,并且,其中第二个是恒正的,那么就存在一个满秩线性变换,同时把二次型 g 化为法式,而把 f 化为标准形.

为了证明这个定理,首先对未知量 $x_1,x_2,\cdots,x_n$ 作满秩线性变换

$$\boldsymbol{X}=\boldsymbol{TY}$$

它化恒正型 g 为法式

$$g(x_1,x_2,\cdots,x_n)=y_1^2+y_2^2+\cdots+y_n^2$$

同时化 f 为新未知量的某一个二次型

$$f(x_1,x_2,\cdots,x_n)=\varphi(y_1,y_2,\cdots,y_n)$$

现在我们作出未知量 $y_1,y_2,\cdots,y_n$ 的正交变换

$$\boldsymbol{Y}=\boldsymbol{QZ}$$

化二次型 φ 到主轴上去

$$\varphi(y_1,y_2,\cdots,y_n)=\lambda_1z_1^2+\lambda_2z_2^2+\cdots+\lambda_nz_n^2$$

这个变换(参看 §35 中的定义)把未知量 $y_1,y_2,\cdots,y_n$ 的平方和化为未知量

---

① 很明显,这个条件不是必要的;例如型 $x_1^2+x_2^2-x_3^2$ 和 $x_1^2-x_2^2-x_3^2$ 都已经成为标准形式,但它们里面没有一个是恒正的.

$z_1, z_2, \cdots, z_n$ 的平方和. 由这个结果我们得到

$$f(x_1, x_2, \cdots, x_n) = \lambda_1 z_1^2 + \lambda_2 z_2^2 + \cdots + \lambda_n z_n^2$$

$$g(x_1, x_2, \cdots, x_n) = z_1^2 + z_2^2 + \cdots + z_n^2$$

线性变换

$$\boldsymbol{X} = (\boldsymbol{TQ})\boldsymbol{Z}$$

就是所要求出的变换.

多项式根的计算

第9章

§38* 二次、三次和四次方程

§23中所证明的基本定理，确定了任何n次数值系数方程有n个复数根. 但是它的证明(不论上面所说的或者现在所知道的其他证明)都没有给出实际求这些根的方法，只有纯粹的"存在性证明". 为寻求这样的方法，自然首先企图求出这种公式，类似于读者在中学代数课程中所熟知的解实系数二次方程的公式. 我们现在来证明，这个公式对于复系数二次方程也是有效的，而且对于三次和四次方程，可以导出类似的公式，虽然要复杂得多.

二次方程 设给出了任意复系数二次方程

$$x^2+px+q=0$$

不失一般性，可以认为其首项系数为1. 这个方程可以改写为形式

$$\left(x+\frac{p}{2}\right)^2+\left(q-\frac{p^2}{4}\right)=0$$

我们知道，复数$\frac{p^2}{4}-q$可以开平方而不越出复数系范围，我们把这个根式的两个彼此只差正负号的值记为$\pm\sqrt{\frac{p^2}{4}-q}$. 因而

$$x+\frac{p}{2}=\pm\sqrt{\frac{p^2}{4}-q}$$

也就是说，可以按照一般公式

$$x=-\frac{p}{2}\pm\sqrt{\frac{p^2}{4}-q}$$

找出所给方程的根.

例 1 解方程

$$x^2-3x+(3-\mathrm{i})=0$$

应用所导出的公式，我们得到

$$x=\frac{3}{2}\pm\sqrt{\frac{9}{4}-(3-\mathrm{i})}=\frac{3}{2}\pm\frac{1}{2}\sqrt{-3+4\mathrm{i}}$$

用 §19 的方法求得

$$\sqrt{-3+4\mathrm{i}}=\pm(1+2\mathrm{i})$$

因此

$$x_1=2+\mathrm{i},x_2=1-\mathrm{i}$$

三次方程 和二次方程的情形不同，即使在实系数情形，我们还没有解三次方程的方法. 现在我们来求出和二次方程的公式相类似的三次方程的公式，而且允许它的系数为任何复数.

设有系数为任何复数的三次方程

$$y^3+ay^2+by+c=0 \tag{1}$$

代方程(1) 中的未知量 y 以新未知量 x，它和 y 有下面的关系

$$y=x-\frac{a}{3} \tag{2}$$

我们得出一个未知量 x 的方程，很容易验证它不含这个未知量的平方项，也就是下面这样的方程

$$x^3+px+q=0 \tag{3}$$

如果求得方程(3) 的根，那么由式(2) 我们就得出了所给方程(1) 的根. 因此，我们只要解系数为任何复数的“不完全”三次方程(3).

由基本定理，方程(3) 有三个复数根. 设 x_0 为它的任何一个根. 引进辅助未知量 u 来讨论多项式

$$f(u)=u^2-x_0u-\frac{p}{3}$$

它的系数为复数，故有两个复数根 α 和 β，而且由韦达公式，得

$$\alpha+\beta=x_0 \tag{4}$$

$$\alpha\beta=-\frac{p}{3} \tag{5}$$

用根 x_0 的表示式(4) 代进方程(3) 里面去，我们得出

$$(\alpha+\beta)^3+p(\alpha+\beta)+q=0$$

或

$$\alpha^3+\beta^3+(3\alpha\beta+p)(\alpha+\beta)+q=0$$

但由式(5)得 $3\alpha\beta+p=0$,故有

$$\alpha^3+\beta^3=-q \tag{6}$$

另外,由式(5)推得

$$\alpha^3\beta^3=-\frac{p^3}{27} \tag{7}$$

等式(6)和(7)证明了,数 α^3 和 β^3 为复系数二次方程

$$z^2+qz-\frac{p^3}{27}=0 \tag{8}$$

的根.

解方程(8),我们得出

$$z=-\frac{q}{2}\pm\sqrt{\frac{q^2}{4}+\frac{p^3}{27}}$$

故[①]

$$\alpha=\sqrt[3]{-\frac{q}{2}+\sqrt{\frac{q^2}{4}+\frac{p^3}{27}}},\beta=\sqrt[3]{-\frac{q}{2}-\sqrt{\frac{q^2}{4}+\frac{p^3}{27}}} \tag{9}$$

我们得到下面的卡丹公式,把方程(3)的根通过它的系数用平方根和立方根来表示

$$x_0=\alpha+\beta=\sqrt[3]{-\frac{q}{2}+\sqrt{\frac{q^2}{4}+\frac{p^3}{27}}}+\sqrt[3]{-\frac{q}{2}-\sqrt{\frac{q^2}{4}+\frac{p^3}{27}}}$$

因为立方根在复数域中有三个值,所以式(9)给出三个 α 值和三个 β 值.但应用卡丹公式时,不可能取任何一个立方根值 α 和任何一个立方根值 β 的组合:对于已给出的 α 值只能取三个 β 值中适合条件式(5)的那一个值.

设 α_1 为三个 α 值中的任何一个.由§19已经证明其他两值可由1的立方根 ε 和 ε^2 乘 α_1 来得出

$$\alpha_2=\alpha_1\varepsilon,\alpha_3=\alpha_1\varepsilon^2$$

用 β_1 来记三个 β 值中由式(5)而定的对应于 α 值 α_1 的那个 β 值,也就是 $\alpha_1\beta_1=-\frac{p}{3}$.$\beta$ 的其他两个值是

$$\beta_2=\beta_1\varepsilon,\beta_3=\beta_1\varepsilon^2$$

因为从 $\varepsilon^3=1$,得出

① 因 α 和 β 在等式(6)和(7)中,同时在 x_0 的表示式(4)中都是对称的,故对方程(8)的根,用哪一个来作 α^3 哪一个来作 β^3 是没有什么分别的.

$$\alpha_2\beta_3=\alpha_1\varepsilon\cdot\beta_1\varepsilon^2=\alpha_1\beta_1\varepsilon^3=\alpha_1\beta_1=-\frac{p}{3}$$

所以 α 值 α_2 对应于 β 值 β_3；同理，值 α_3 对应于值 β_2. 这样一来，方程(3) 的全部根可以写成下面的形式

$$\begin{cases}x_1=\alpha_1+\beta_1\\ x_2=\alpha_2+\beta_3=\alpha_1\varepsilon+\beta_1\varepsilon^2\\ x^3=\alpha_3+\beta_2=\alpha_1\varepsilon^2+\beta_1\varepsilon\end{cases}\tag{10}$$

实系数三次方程　我们来看一下，关于实系数不完全三次方程

$$x^3+px+q=0\tag{11}$$

的根，可以做些什么. 在这一情形，我们发现在卡丹公式中，平方根下面的表示式 $\frac{q^2}{4}+\frac{p^3}{27}$ 的正负号有重要的作用. 我们指出，这个表示式和方程的判别式(参看下面的 §54)

$$D=-4p^3-27q^2=-108\left(\frac{q^2}{4}+\frac{p^3}{27}\right)$$

反号. 下面的叙述中要用到判别式的正负号.

(1) 设 $D<0$. 这个时候在卡丹公式的平方根下面是一个正实数，所以每一个立方根下面都是实数. 但是实数的立方根有一个是实数值，有两个是共轭复数值. 设 α_1 是 α 的实数值，那么因为 p 是一个实数，知道据式(5) 而对应于 α_1 的 β 值的 β_1 亦必为一实数. 这样一来，方程(11) 的根 $x_1=\alpha_1+\beta_1$ 为一实数. 把 §19 中对于 1 的立方根 $\varepsilon=\varepsilon_1$ 和 $\varepsilon^2=\varepsilon_2$ 的表示式(7) 代进本节中的式(10)，我们求出其他两个根

$$x_2=\alpha_1\varepsilon+\beta_1\varepsilon^2=\alpha_1\left(-\frac{1}{2}+\mathrm{i}\frac{\sqrt{3}}{2}\right)+\beta_1\left(-\frac{1}{2}-\mathrm{i}\frac{\sqrt{3}}{2}\right)=$$

$$-\frac{\alpha_1+\beta_1}{2}+\mathrm{i}\sqrt{3}\,\frac{\alpha_1-\beta_1}{2}$$

$$x_3=\alpha_1\varepsilon^2+\beta_1\varepsilon=\alpha_1\left(-\frac{1}{2}-\mathrm{i}\frac{\sqrt{3}}{2}\right)+\beta_1\left(-\frac{1}{2}+\mathrm{i}\frac{\sqrt{3}}{2}\right)=$$

$$-\frac{\alpha_1+\beta_1}{2}-\mathrm{i}\sqrt{3}\,\frac{\alpha_1-\beta_1}{2}$$

因为 α_1 和 β_1 都是实数，知道这两个根是共轭复数，而且它们的虚数部分不为零，因为 $\alpha_1\neq\beta_1$(α_1 和 β_1 是两个不同的数的立方根).

这样一来，如果 $D<0$，那么方程(11) 有一个实数根和两个共轭复数根.

(2) 设 $D=0$. 在这一情形

$$\alpha=\sqrt[3]{-\frac{q}{2}},\beta=\sqrt[3]{-\frac{q}{2}}$$

设 α_1 为 α 的实数值，那么由式(5) 知 β_1 亦为一实数，而且 $\alpha_1=\beta_1$. 在式(10) 中用

α_1 来代 β_1 且应用显明的等式 $\varepsilon+\varepsilon^2=-1$，我们得出

$$x_1=2\alpha_1, x_2=\alpha_1(\varepsilon+\varepsilon^2)=-\alpha_1, x_3=\alpha_1(\varepsilon^2+\varepsilon)=-\alpha_1$$

这样一来，如果 $D=0$，那么方程(11) 所有的根都是实数，而且有两个彼此相等. 这个重根的出现和它的判别式等于零是完全一致的.

(3) 最后，设 $D>0$. 在这一情形，卡丹公式中平方根号下面是一个负实数，所以在立方根号下面是互相共轭的复数. 这样一来，所有 α 和 β 的值现在都是复数. 但在方程(11) 的根里面，至少含有一个实根. 设这个根是

$$x_1=\alpha_0+\beta_0$$

因为数 α_0 和 β_0 的和是实数，它们的乘积等于 $-\dfrac{p}{3}$ 也是一个实数，所以数 α_0 和 β_0 是实系数二次方程的根，一定是彼此共轭的. 但此时数 $\alpha_0\varepsilon$ 和 $\beta_0\varepsilon^2$ 复共轭，还有 $\alpha_0\varepsilon^2$ 和 $\beta_0\varepsilon$ 也是复共轭的，所以得出方程(11) 的根

$$x_2=\alpha_0\varepsilon+\beta_0\varepsilon^2, x_3=\alpha_0\varepsilon^2+\beta_0\varepsilon$$

也都是实数.

容易看出，方程(11) 的三个根都是实的；同时容易证明，它们互不相等. 事实上，在相反的情形下，可以这样选择 x_1，使得等式 $x_2=x_3$ 成立，从而

$$\alpha_0(\varepsilon-\varepsilon^2)=\beta_0(\varepsilon-\varepsilon^2)$$

也就是说 $\alpha_0=\beta_0$，这显然是不可能的.

这样一来，如果 $D>0$，那么方程(11) 有三个不同的实数根.

刚才的讨论说明：在最后这个情形，卡丹公式的实用价值不大. 事实上，虽然在 $D>0$ 时，实系数方程(11) 的根全为实数，但是用卡丹公式来求出它们要对复数开立方，我们只能化这些数为三角式来做. 所以用根式写出的方程的根失去实用价值. 我们可以应用超出本书范围的方法来证明，方程(11) 的根在所讨论的情形，一般是没有方法经它的系数利用实数的方根来表示. 在这一情形所解的方程(11) 叫作不可约的(不要和不可约多项式相混淆).

例 2 解方程

$$y^3+3y^2-3y-14=0$$

用 $y=x-1$ 代进去化这一方程为

$$x^3-6x-9=0 \tag{12}$$

这里 $p=-6, q=-9$，故

$$\frac{q^2}{4}+\frac{p^3}{27}=\frac{49}{4}>0$$

也就是方程(12) 有一个实数根和两个共轭复数根. 由式(9) 得

$$\alpha=\sqrt[3]{\frac{9}{2}+\frac{7}{2}}=\sqrt[3]{8}, \beta=\sqrt[3]{\frac{9}{2}-\frac{7}{2}}=\sqrt[3]{1}$$

故 $\alpha_1=2, \beta_1=1$，也就是 $x_1=3$. 其他两个根可以从式(10) 求出

$$x_2=-\frac{3}{2}+\mathrm{i}\frac{\sqrt{3}}{2},x_3=-\frac{3}{2}-\mathrm{i}\frac{\sqrt{3}}{2}$$

故知，所给方程的根为数

$$y_1=2,y_2=-\frac{5}{2}+\mathrm{i}\frac{\sqrt{3}}{2},y_3=-\frac{5}{2}-\mathrm{i}\frac{\sqrt{3}}{2}$$

例 3　解方程

$$x^3-12x+16=0$$

这里 $p=-12,q=6$，故

$$\frac{q^2}{4}+\frac{p^3}{27}=0$$

因此有

$$\alpha=\sqrt[3]{-8}$$

也就是 $\alpha_1=-2$. 所以

$$x_1=-4,x_2=x_3=2$$

例 4　解方程

$$x^3-19x+30=0$$

这里 $p=-19,q=30$，故

$$\frac{q^2}{4}+\frac{p^3}{27}=-\frac{784}{27}<0$$

这样一来，如果限于实数范围，卡丹公式对于这一个方程不能应用，即使它的根是实数 2，3 和 -5.

四次方程　解系数为任何复数的四次方程

$$y^4+ay^3+by^2+cy+d=0 \tag{13}$$

可以化作解某一个三次辅助方程. 下面的方法为费拉里的解法.

预先用 $y=x-\frac{a}{4}$ 代进去化方程(13)为

$$x^4+px^2+qx+r=0 \tag{14}$$

再用参数 α，按下面的方法对这个方程的左边作恒等变换

$$x^4+px^2+qx+r=\left(x^2+\frac{p}{2}+\alpha\right)^2+qx+r-\frac{p^2}{4}-\alpha^2-2\alpha x^2-p\alpha$$

或

$$\left(x^2+\frac{p}{2}+\alpha\right)^2-\left[2\alpha x^2-qx+\left(\alpha^2+p\alpha-r+\frac{p^2}{4}\right)\right]=0 \tag{15}$$

现在选取 α 使得方括号里面的多项式构成一个完全平方数. 这个时候它必须有一个二重根，也就是它的判别式必须等于零

$$q^2-4\times 2\alpha\left(\alpha^2+p\alpha-r+\frac{p^2}{4}\right)=0 \tag{16}$$

等式(16) 是系数为复数的未知量 α 的三次方程. 我们已经知道,这个方程有三个复数根. 设 α_0 为其中的一个,它可以由卡丹公式经方程(16) 的系数,也就是可经方程(14) 的系数用方根来表示.

这样选取的 α 使方程(15) 里面位于方括号中的多项式有二重根 $\frac{q}{4\alpha_0}$,所以方程(15) 有下面的形式

$$\left(x^2+\frac{p}{2}+\alpha_0\right)^2-2\alpha_0\left(x-\frac{q}{4\alpha_0}\right)^2=0$$

也就是,它可以分解为两个二次方程

$$\begin{cases}x^2-\sqrt{2\alpha_0}\,x+\left(\dfrac{p}{2}+\alpha_0+\dfrac{q}{2\sqrt{2\alpha_0}}\right)=0\\ x^2+\sqrt{2\alpha_0}\,x+\left(\dfrac{p}{2}+\alpha_0-\dfrac{q}{2\sqrt{2\alpha_0}}\right)=0\end{cases}\tag{17}$$

因为从方程(14) 到方程(17) 我们都是用的恒等变换,所以方程(17) 的根是方程(14) 的根. 同时易知方程(14) 的根可以经它的系数应用开方来表示. 由于对应的公式比较复杂而且没有实用价值,这里不写出,对于有实系数的方程(14) 的各种情形,这里亦不再分析.

关于高次方程的附注 虽然希腊人很早已经有解二次方程的方法,但上面所说的解三次和四次方程的方法是在 16 世纪发现的. 以后几乎有三个世纪之久,人们在做下面的失败的企图,就是想对任何一个五次方程(也就是带字母系数的五次方程),找出它的根的公式,以便把它的系数用根式来表示. 这一企图,直到 19 世纪的 20 年代阿贝尔证明了:n 次方程当 $n\geqslant 5$ 时这种公式不可能求出之后,才停止.

但是阿贝尔这一结果没有否定这样的可能性,就是每一个给出了数值系数的多项式的根用某一方法可以把它的系数用某些根式的组合来表示,也就是说每一个这种方程可以用根式来解出. 关于已经给出的方程可以用根式解出的条件问题,在 19 世纪 30 年代被伽罗瓦的研究工作所完全解决. 事实上,对于每一个 n,从 $n=5$ 开始,即使是取整系数也可以指出有不能用根式来解的 n 次方程,例如方程

$$x^5-4x-2=0$$

就是这样的.

伽罗瓦的研究,在代数的进一步发展上有着决定性的作用. 然而,对它的讨论已超出本书的范围.

§ 39 根的限

我们知道，没有方法能找出任何一个数值系数方程的根的确定值. 但在物理和所有科学技术部门中，各种问题常常要求出多项式的根，而且这些多项式往往有相当大的次数. 因此有很多的研究工作，它们的目的是得出数值系数多项式的根的这种或那种情况，虽然我们不知道这些根的确定值. 例如研究根在复平面上的位置问题(确定所有根都在单位圆内，也就是它们的模都小于 1 的条件；或确定所有根都在左半平面，也就是它们的实数部分都是负数的条件，诸如此类). 对于实系数多项式，已有方法来确定它的实根的个数，求出它们的根，使得这些根可以在它里面找到，诸如此类. 最后，有很多研究工作从事于根的近似计算法：在应用技术科学中，平常只要求出根在某种已给精确度内的近似值，而且即使多项式的根已经写为根式，对于这些方根也要换做它们的近似值.

所有这些研究工作构成了高等代数的主要内容. 在本书中只讲这些结果的很少一部分，只讨论最有实用性的，限于实系数多项式的实根这一情形，只是偶尔越出这一个范围. 此处我们把实系数多项式 $f(x)$ 看做实变数 x 的(连续) 实函数，常常要用到数学分析的方法和结果.

研究实系数多项式 $f(x)$ 的实根，先从这一个多项式的图形开始：多项式 $f(x)$ 的实根，很明显是它的图形和 x 轴的交点坐标，而且也只有它们才是 $f(x)$ 的根.

例如，讨论五次多项式

$$h(x)=x^5+2x^4-5x^3+8x^2-7x-3$$

由 § 24 的结果，关于这一个多项式的根有下面的论断：因为它的次数是一个奇数，所以 $h(x)$ 至少有一个实根. 如果它的实根不止一个，那么它们的个数等于三或五，因为复根是成对共轭的.

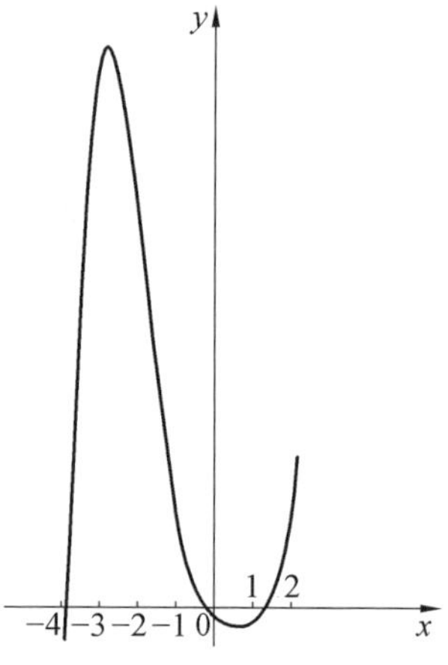

图 1

研究多项式 $h(x)$ 的图形可以看出它的根的大小. 可以只取 x 的整数值用霍耐方法算出 $h(x)$ 的对应值来作出这一个图形(图 1)①.

① 图上 y 轴的度量单位是 x 轴的度量单位的十分之一.

x	$\cdots$	-4	-3	-2	-1	0	1	2	$\cdots$
$h(x)$	$\cdots$	-39	144	83	18	-3	-4	39	$\cdots$

我们看到，多项式 $h(x)$ 在这里有三个实根——一个正根 α_1 与两个负根 α_2 与 α_3，而且

$$1<\alpha_1<2,\ -1<\alpha_2<0,\ -4<\alpha_3<-3$$

从图形的讨论所得出的关于多项式(实)根的知识，实际应用时常常是很满意的. 但是否每次都确实求出了所有的根仍是个问题. 譬如在所讨论的例子中，我们并没有证明点 $x=2$ 的右边和点 $x=-4$ 的左边已经没有多项式的根. 还有，因为我们只取 x 的整数值，所以所作图形可能没有真实反映出函数 $h(x)$ 的形状，可能它有很小的颤动，因而漏了几个根.

我们可以不仅取 x 的整数值来作图，而取精确到 0.1 或 0.01 的值. 但是这对 $h(x)$ 的值的计算将是非常的麻烦，同时上面的问题还是没有解决. 另外，可以用数学分析的方法利用函数 $h(x)$ 的极大和极小值来定出我们的图形，使它表示出函数的真实形状，但是这样就需要求出导式 $f'(x)$ 的根，又回到我们所要解决的问题本身来了.

因此需要有一些完善的方法来找出实系数多项式的实根的界限和研究这些根的个数. 现在我们将讨论关于实根的限的问题，关于根的个数问题将在下一节中来研究.

关于首项的模这个引理的证明(参考 §23) 中已经给出了多项式的根的某一个限. 事实上，在 §23 的不等式(3) 中取 $k=1$，我们得出，如果

$$|x|\geqslant 1+\frac{A}{|a_0|} \tag{1}$$

其中 a_0 为首项系数，而 A 为其余各系数的模的最大值，那么多项式的首项的模大于所用其余各项的和的模，因而所有适合不等式(1) 的 x 的值都不能为这个多项式的根. 这样一来，对于有任意数值系数的多项式 $f(x)$，数 $1+\dfrac{A}{|a_0|}$ 为它的所有实根或复根的模的上限. 例如，对于上面所讨论的多项式 $h(x)$，由 $a_0=1, A=8$，知道它的根的上限为数 9.

但是这个限往往太大，特别是如果我们只关心实根的限. 现在要另外讲一些较准确的方法. 这里要记住，我们所指出的限，只是说多项式的实根必须在它们之间，并不能断定这样的根确实存在.

首先证明，只要求出任何一个多项式正根的上限，就已足够. 事实上，设已给 n 次多项式 $f(x)$，且设它的正根上限为 N_0. 讨论多项式

$$\varphi_1(x)=x^n f\left(\frac{1}{x}\right)$$

$$\varphi_2(x)=f(-x)$$

$$\varphi_3(x)=x^n f\left(-\frac{1}{x}\right)$$

求出它们的正根上限,假设它们各为数 N_1, N_2, N_3. 那么数$\frac{1}{N_1}$是多项式 $f(x)$ 的正根下限:如果 α 是 $f(x)$ 的正根,那么$\frac{1}{\alpha}$是 $\varphi_1(x)$ 的正根且由$\frac{1}{\alpha}<N_1$ 得 $\alpha>\frac{1}{N}$. 同理,数 $-N_2$ 和 $-\frac{1}{N_3}$ 各为多项式 $f(x)$ 负根的下限和上限. 这样一来,多项式 $f(x)$ 的所有正根适合不等式$\frac{1}{N_1}<x<N_0$,所有负根适合不等式 $-N_2<x<-\frac{1}{N_3}$.

为确定正根上限可用下面的方法. 设已给实系数多项式

$$f(x)=a_0x^n+a_1x^{n-1}+\cdots+a_n$$

而且 $a_0>0$. 再设 $a_k(k\geqslant 1)$ 是它的第一个负系数;如果没有这种系数,那么多项式 $f(x)$ 就不会有正根. 最后,设 B 为所有负系数的绝对值的最大值. 那么数

$$1+\sqrt[k]{\frac{B}{a_0}}$$

是多项式 $f(x)$ 的正根上限.

事实上,取 $x>1$ 且用数零来换每一个系数 $a_1, a_2, \cdots, a_{k-1}$,用数 B 来换每一个系数 $a_k, a_{k+1}, \cdots, a_n$,这样只能减少多项式的值,也就是

$$f(x)\geqslant a_0x^n-B(x^{n-k}+x^{n-k-1}+\cdots+x+1)=a_0x^n-B\frac{x^{n-k+1}-1}{x-1}$$

故由 $x>1$,得

$$f(x)>a_0x^n-\frac{Bx^{n-k+1}}{x-1}=\frac{x^{n-k+1}}{x-1}[a_0x^{k-1}(x-1)-B] \tag{2}$$

如果

$$x\geqslant 1+\sqrt[k]{\frac{B}{a_0}} \tag{3}$$

那么,因为

$$a_0x^{k-1}(x-1)-B>a_0(x-1)^k-B$$

式(2) 的方括号里面的表示式是正的,也就是由式(2),知道 $f(x)$ 的值是一个正数. 这样一来,适合不等式(3) 的 x 值不能为 $f(x)$ 的根,这就是所要证明的结果.

对于上面所讨论的多项式 $f(x)$,由 $k=2$ 和 $B=7$,用这一个方法得出正根上限 $1+\sqrt{7}$,它的较大的近似整数为 4.

在许多求出正根上限的其他方法中我们只再讲牛顿方法.这一方法比上面所说的麻烦,但是往往会给出更好的结果.

设已给出首项系数 a_0 为正数的实系数多项式 $f(x)$.如果当 $x=c$ 时,多项式 $f(x)$ 和它的所有各阶导式 $f'(x),f''(x),\cdots,f^{(n)}(x)$ 都取正值,那么数 c 是它的正根的上限.

事实上,由泰勒公式(参考 §23)

$$f(x)=f(c)+(x-c)f'(c)+(x-c)^2\frac{f''(c)}{2!}+\cdots+(x-c)^n\frac{f^n(c)}{n!}$$

我们知道,如果 $x\geqslant c$,那么它的右边是一个正数,也就是这样的 x 不能为 $f(x)$ 的根.

在求已给多项式 $f(x)$ 的对应数 c 时,最好像下面这样来进行.导式 $f^{(n)}(x)=n!\ a_0$ 是一个正数,所以多项式 $f^{(n-1)}(x)$ 是 x 的增函数.因此,有这样的数 c_1 存在,当 $x\geqslant c_1$ 时,导式 $f^{(n-1)}(x)$ 是正的.故当 $x\geqslant c_1$ 时,导式 $f^{(n-2)}(x)$ 是 x 的增函数,所以有这样的数 c_2 存在,$c_2\geqslant c_1$,而当 $x\geqslant c_2$ 时,导式 $f^{(n-2)}(x)$ 亦是正的.继续这样进行,最后我们得出所需要的数 c.

应用牛顿方法来讨论上面所说的多项式 $h(x)$.我们有

$$h(x)=x^5+2x^4-5x^3+8x^2-7x-3$$
$$h'(x)=5x^4+8x^3-15x^2+16x-7$$
$$h''(x)=20x^3+24x^2-30x+16$$
$$h'''(x)=60x^2+48x-30$$
$$h^{(4)}(x)=120x+48$$
$$h^{(5)}(x)=120$$

容易验证(至少可以用霍耐方法),当 $x=2$ 时所有这些多项式都是正的.这样一来,数 2 是多项式 $h(x)$ 的正根上限,这一结果比上面其他方法所得出的要准确得多.

为了求出多项式 $h(x)$ 的负根下限,讨论多项式 $\varphi_2(x)=-h(-x)$①.

因为

$$\varphi_2(x)=x^5-2x^4-5x^3-8x^2-7x+3$$
$$\varphi_2'(x)=5x^4-8x^3-15x^2-16x-7$$
$$\varphi''_2(x)=20x^3-24x^2-30x-16$$
$$\varphi'''_2(x)=60x^2-48x-30$$
$$\varphi_2^{\mathrm{IV}}(x)=120x-48$$

① 因为应用牛顿方法时,首项系数必须是正数,所以取 $-h(-x)$ 来代替 $h(-x)$.这个符号的变动对多项式 $\varphi_2(x)$ 的根显然没有影响.

$$\varphi_2^{\mathrm{V}}(x)=120$$

容易验证当 $x=4$ 时,所有这些多项式都是正的,所以数 4 是多项式 $\varphi_2(x)$ 的正根上限,故数 -4 是 $h(x)$ 的负根下限.

最后,讨论多项式

$$\varphi_1(x)=-x^5h\left(\frac{1}{x}\right)=3x^5+7x^4-8x^3+5x^2-2x-1$$

和

$$\varphi_3(x)=-x^5h\left(-\frac{1}{x}\right)=3x^5-7x^4-8x^3-5x^2-2x+1$$

仍用牛顿方法,我们求得它们的正根上限各为 1 和 4,故多项式 $h(x)$ 的正根下限是数 $\frac{1}{1}=1$,负根上限是数 $-\frac{1}{4}$.

这样一来,多项式 $h(x)$ 的正根在数 1 和 2 之间,负根在数 -4 和 $-\frac{1}{4}$ 之间.这一结果和上面用图形所求出的结果是完全一致的.

§40　斯图姆定理

现在我们讲实系数多项式 $f(x)$ 的实根个数问题.我们不但注意到实根的总数,亦分别注意到正实根的个数和负实根的个数,一般的,要求出在已经给出的限 a 和 b 间的根的个数.有许多方法可以求出根的确定个数,但都是很麻烦的.下面将讲其中一个较为实用的方法就是斯图姆法.

首先引进一个下面要用到的定义.

设已给出某一组不为零的,有限个实数的序列,例如

$$1,3,-2,1,-4,-8,-3,4,1 \tag{1}$$

依次写出这些数的正负号

$$+,+,-,+,-,-,-,+,+ \tag{2}$$

我们看到这组正负号(2) 中变了四次号.因此我们说在有序数组(1) 中有四次变号.对于任何不为零的有限个实数的序列当然都可以算出它的变号次数.

现在来讨论实系数多项式 $f(x)$ 而且假定多项式 $f(x)$ 没有重根,否则我们可先除以它和它的导式的最大公因式.一组不为零的,有限个实系数多项式的序列

$$f(x)=f_0(x),f_1(x),f_2(x),\cdots,f_s(x) \tag{3}$$

叫作多项式 $f(x)$ 的斯图姆组,如果它们适合下面的这些条件:

(1) 在序列(3) 中相邻多项式没有公根.

(2) 最后一个多项式 $f_s(x)$ 没有实根.

(3) 如果序列(3) 中间的多项式 $f_k(x)(1 \leqslant k \leqslant s-1)$，有实根 α，那么 $f_{k-1}(\alpha)$ 和 $f_{k+1}(\alpha)$ 反号.

(4) 如果 α 是多项式 $f(x)$ 的实根，那么乘积 $f(x)f_1(x)$ 在 $x=\alpha$ 时为增函数；换句话说，如果 x 经过 α 而增大时，这个乘积从负值变为正值.

关于每一个多项式是否都有斯图姆组的问题将在后面讨论. 现在假定 $f(x)$ 有斯图姆组，我们证明它可以用来求出实根的个数.

如果实数 c 不是已给多项式 $f(x)$ 的根，而序列(3) 为这个多项式的斯图姆组，那么取实数组

$$f(c), f_1(c), f_2(c), \cdots, f_s(c)$$

删去它里面等于零的数，且以 $W(c)$ 记余下这组数的变号数，把 $W(c)$ 叫作当 $x=c$ 时多项式 $f(x)$ 的斯图姆组(3) 的变号数①.

我们有下面的定理：

斯图姆定理 如果多项式 $f(x)$ 没有重根，而实数 a 和 b，$a<b$，不是 $f(x)$ 的根，那么 $W(a) \geqslant W(b)$，而且差数 $W(a)-W(b)$ 等于多项式 $f(x)$ 在 a 和 b 间的实根个数.

这样一来，为了确定多项式 $f(x)$ 在 a 和 b 间的实根个数(记住，由已给出的条件 $f(x)$ 没有重根)，只要求出从 a 变到 b 时，这一多项式 $f(x)$ 的斯图姆组变号数所减少的数目.

为了证明这一定理，我们研究当 x 增大时，数 $W(x)$ 是怎样变化的. 如 x 增大时不经过斯图姆组(3) 中任何一个多项式的根，它的序列中各多项式的正负号都没有变更，因而数 $W(x)$ 亦没有变动. 因此，由斯图姆组定义中的条件(2)，我们只要讨论两种情形：x 经过某一个中间多项式 $f_k(x)(1 \leqslant k \leqslant s-1)$ 的根和 x 经过多项式 $f(x)$ 的根.

设 α 为多项式 $f_k(x)(1 \leqslant k \leqslant s-1)$ 的根. 那么由条件 1)，$f_{k-1}(\alpha)$ 和 $f_{k+1}(\alpha)$ 都不为零. 故可取适当小的正数 ε，使多项式 $f_{k-1}(x)$ 和 $f_{k+1}(x)$ 在间隔 $(\alpha-\varepsilon, \alpha+\varepsilon)$ 中没有根，因而不变号，而且由条件(3)，它们的正负号是相反的. 因此，每一组数

$$f_{k-1}(\alpha-\varepsilon), f_k(\alpha-\varepsilon), f_{k+1}(\alpha-\varepsilon) \tag{4}$$

和

$$f_{k-1}(\alpha+\varepsilon), f_k(\alpha+\varepsilon), f_{k+1}(\alpha+\varepsilon) \tag{5}$$

都恰好有一个变号，且与数 $f_k(\alpha-\varepsilon)$，$f_k(\alpha+\varepsilon)$ 的正负号无关. 例如多项式

① 多项式 $f(x)$ 的斯图姆组中的变号数，和在 x 经过这一多项式的根时，多项式 $f(x)$ 所发生的变号是不同的.

$f_{k-1}(x)$ 在所讨论的间隔内有负号，那么 $f_{k+1}(x)$ 有正号，又如 $f_k(\alpha-\varepsilon)>0$，$f_k(\alpha+\varepsilon)<0$，那么数组(4) 和(5) 各有正负号

$$-,+,+;-,-,+$$

这样一来，当 x 经过斯图姆组的某一个中间多项式的根时，只是这组的正负号有所变动，但是变号数既没有增多也没有减少，故对这种变动，$W(x)$ 并没有改变.

另外，设 α 为所给多项式 $f(x)$ 的根. 由条件 1)，α 不能为 $f_1(x)$ 的根. 故有这样的正数 ε 存在，使在间隔$(\alpha-\varepsilon,\alpha+\varepsilon)$ 内不含多项式 $f_1(x)$ 的根，因而 $f_1(x)$ 在这一间隔内不变号. 如果这是正号，那么由条件(4)，多项式 $f(x)$ 在间隔$(\alpha-\varepsilon,\alpha+\varepsilon)$ 内是 x 的增函数，因而 $f(\alpha-\varepsilon)<0$，$f(\alpha+\varepsilon)>0$. 故数列

$$f(\alpha-\varepsilon),f_1(\alpha-\varepsilon) \text{ 和 } f(\alpha+\varepsilon),f_1(\alpha+\varepsilon) \tag{6}$$

各有正负号

$$-,+ \text{ 和 } +,+$$

也就是斯图姆组失去一个变号. 如果在间隔$(\alpha-\varepsilon,\alpha+\varepsilon)$ 中 $f_1(x)$ 有负号，那么仍由条件(4)，知多项式 $f(x)$ 在这一间隔内是减少的，因而 $f(\alpha-\varepsilon)>0$，$f(\alpha+\varepsilon)<0$. 数列(6) 现在各有正负号

$$+,- \text{ 和 } -,-$$

也就是在斯图姆组中仍然失去一个变号.

这样一来，数 $W(x)$(当 x 增大时) 在 x 经过多项式 $f(x)$ 的根，而且只在这一情形，它才减少了一个变号数.

很明显的这就证明了斯图姆定理. 这了应用它来求出多项式 $f(x)$ 的实根总数，只要取它的负根下限来作为 a，正根上限来作为 b. 但也可施行下面的简单方法. 由 §23 所证明的引理，有适当大的正数 N 存在，使当 $|x|>N$ 时，斯图姆组中所有多项式的正负号都同它们的首项的正负号一样. 换句话说，未知量 x 有很大的正值存在，使斯图姆组中各多项式对应于这个值的正负号都和首项系数的正负号相同. 没有必要去计算这个 x 的值，我们约定用符号 ∞ 来记它. 另外，有绝对值很大的 x 负值存在，使斯图姆组中各多项式对应于这个值的正负号，对于偶次多项式和它的首项系数的正负号相同而对于奇次多项式和它的首项系数的正负号相反；约定用 $-\infty$ 来记这个 x 的值. 在间隔$(-\infty,\infty)$ 中，很明显的含有斯图姆组所有多项式的全部实根，特别的含有多项式 $f(x)$ 的所有实根. 应用斯图姆定理到这一个间隔，我们可以求出 $f(x)$ 所有实根的个数，又应用斯图姆定理到间隔$(-\infty,0)$ 和$(0,\infty)$，各给出多项式 $f(x)$ 的负根个数和正根个数.

我们现在只要证明，每一个没有重根的实系数多项式 $f(x)$ 都有斯图姆组. 有各种方法，可用来构成这种组，我们来说一个最常见的方法. 取 $f_1(x)=$

$f'(x)$，就能适合斯图姆组定义的条件(4). 事实上，如果 α 为多项式 $f(x)$ 的实根，且如果 $f(x)$ 在 $x=\alpha$ 时增加，那么导式 $f'(x)$ 在这一点是正的，因而乘积 $f(x)f'(x)$ 是增加的；如果 $f(x)$ 在 $x=\alpha$ 时减少，那么 $f'(\alpha)<0$，因而乘积 $f(x)f'(x)$ 仍然是增加的. 然后用 $f_1(x)$ 来除 $f(x)$ 且把它的余式变号，取做 $f_2(x)$

$$f(x)=f_1(x)q_1(x)-f_2(x)$$

一般的，如果多项式 $f_{k-1}(x)$ 和 $f_k(x)$ 已经求得，那么 $f_{k+1}(x)$ 是用 $f_k(x)$ 来除 $f_{k-1}(x)$ 所得出的余式变号后的多项式

$$f_{k-1}(x)=f_k(x)q_k(x)-f_{k+1}(x) \tag{7}$$

这里所说的方法和用于多项式 $f(x)$ 和 $f'(x)$ 的欧几里得算法所不同的，只是对于每一个余式都要变号，而在后一步的除法中要用前一步变号后的余式来除. 因为在求出最大公因式时，这种变号是没有关系的，所以我们的方法所得出的最后余式 $f_s(x)$ 仍是多项式 $f(x)$ 和 $f'(x)$ 的最大公因式，而且由于 $f(x)$ 没有重根，也就是 $f(x)$ 和 $f'(x)$ 互质，因而实际上 $f_s(x)$ 是某一个不为零的实数.

因此推知，我们所组成的多项式组

$$f(x)=f_0(x),f'(x)=f_1(x),f_2(x),\cdots,f_s(x)$$

适合斯图姆组定义的条件(2). 为了证明它们适合条件(1)，假使相反的，相邻多项式 $f_k(x)$ 与 $f_{k+1}(x)$ 有公根 α. 那么由等式(7)，α 是多项式 $f_{k-1}(x)$ 的根. 再由等式

$$f_{k-2}(x)=f_{k-1}(x)q_{k-1}(x)-f_s(x)$$

知道 α 亦为 $f_{k-2}(x)$ 的根. 继续这样进行，我们推得，α 为 $f(x)$ 和 $f'(x)$ 的公根，但是这和我们的假设冲突. 最后，条件(3) 可直接由等式(7) 推出：如果 $f_k(\alpha)=0$，那么 $f_{k-1}(\alpha)=-f_{k+1}(\alpha)$.

应用斯图姆方法来讨论上节的多项式

$$h(x)=x^5+2x^4-5x^3+8x^2-7x-3$$

我们不必先去判定 $h(x)$ 有没有重根，因为上面所说的构成斯图姆组的方法，同时就会验证这一个多项式和它的导式是不是互质的.

应用上面所说的方法来求出 $h(x)$ 的斯图姆组. 这里在施行除法时，和欧几里得算法不同，只能乘上或约去任何一个正数，因为在斯图姆法中正负号的作用是主要的. 我们得出这样的组

$$h(x)=x^5+2x^4-5x^3+8x^2-7x-3$$
$$h_1(x)=5x^4+8x^3-15x^2+16x-7$$
$$h_2(x)=66x^3-150x^2+172x+61$$
$$h_3(x)=-464x^2+1\,135x+723$$

$$h_4(x) = -32\,599\,457x - 8\,486\,093$$

$$h_5(x) = -1$$

确定出这组多项式当 $x=-\infty$ 和 $x=\infty$ 时的正负号，对此已经指出，只要注意这些多项式的次数和它们的首项正负号. 我们得出表 1.

表 1

	$h(x)$	$h_1(x)$	$h_2(x)$	$h_3(x)$	$h_4(x)$	$h_5(x)$	变号数
$-\infty$	$-$	$+$	$-$	$-$	$+$	$-$	4
∞	$+$	$+$	$+$	$-$	$-$	$-$	1

这样一来，当 x 从 $-\infty$ 变到 ∞ 时，斯图姆组失去了三个变号数，所以多项式 $h(x)$ 恰好有三个实根. 因此，上节中由这一多项式的图形所得出的实根数并没有遗漏.

应用斯图姆方法到另一较简单的多项式. 设已给出多项式

$$f(x) = x^3 + 3x^2 - 1$$

求出它的实根个数，还要找出这些实根的每一个根所在的界限，而且不必事先构成这一个多项式的图形.

多项式 $f(x)$ 的斯图姆组是

$$f(x) = x^3 + 3x^2 - 1$$

$$f_1(x) = 3x^2 + 6x$$

$$f_2(x) = 2x + 1$$

$$f_3(x) = 1$$

求出这一组在 $x=-\infty$ 和 $x=\infty$ 时的变号数，见表 2.

表 2

	$f(x)$	$f_1(x)$	$f_2(x)$	$f_3(x)$	变号数
$-\infty$	$-$	$+$	$-$	$+$	3
∞	$+$	$+$	$+$	$+$	0

故多项式 $f(x)$ 有三个实根. 为更准确地定出这些根的位置，继续列出下面的表 3.

表 3

	$f(x)$	$f_1(x)$	$f_2(x)$	$f_3(x)$	变号数
$x=-3$	$-$	$+$	$-$	$+$	3
$x=-2$	$+$	0	$-$	$+$	2
$x=-1$	$+$	$-$	$-$	$+$	2
$x=0$	$-$	0	$+$	$+$	1
$x=1$	$+$	$+$	$+$	$+$	0

这样一来,当 x 从 -3 变到 -2,从 -1 到 0 和从 0 到 1 时,多项式 $f(x)$ 的斯图姆组都失去一个变号.故这一个多项式的根 α_1,α_2 和 α_3 适合不等式

$$-3<\alpha_1<-2,\ -1<\alpha_2<0,0<\alpha_3<1$$

§41 关于实根个数的其他定理

斯图姆定理完全解决了关于多项式实根个数的问题.但是它的主要缺点是构成斯图姆组的计算非常麻烦,读者通过上述第一个例子的所有计算就会知道.因此现在来证明两个定理,它们不能给出实根的确实个数,而只是给出这个数目的上限.用图解法得出实根个数的下限后,即使不用斯图姆法,也常常可以用这些定理求出实根的确实个数.

设已给出实系数 n 次多项式 $f(x)$,且允许它可能有重根存在.讨论它的各阶导式组

$$f(x)=f^{(0)}(x),f'(x),f''(x),\cdots,f^{(n-1)}(x),f^{(n)}(x) \tag{1}$$

它的最后一个等于 $n!$ 和多项式 $f(x)$ 首项系数 a_0 的乘积,所以它的正负号是永远不变的.如果实数 c 不为多项式组(1)中任何一个式子的根,那么用 $S(c)$ 来记下面的一组有序数的变号次数

$$f(c),f'(c),f''(c),\cdots,f^{(n-1)}(c),f^{(n)}(c)$$

这样,对于不使多项式组(1)中任何一个多项式为零的 x 值,都定义了整数函数 $S(x)$,我们就可考察这一函数.

当 x 增大时,讨论数 $S(x)$ 的变化.当 x 不经过多项式(1)中任何一个式子的根时,数 $S(x)$ 不可能有变动.因此我们只要讨论两种情形:x 经过多项式 $f(x)$ 的根和 x 经过任何一个导式 $f^{(k)}(x)(1\leqslant k\leqslant n-1)$ 的根.

设 α 为多项式 $f(x)$ 的 l 重根,$l\geqslant 1$,也就是

$$f(\alpha)=f'(\alpha)=\cdots=f^{(l-1)}(\alpha)=0,f^{(l)}(\alpha)\neq 0$$

设正数 ε 适当的小,使得间隔 $(\alpha-\varepsilon,\alpha+\varepsilon)$ 中不含多项式 $f(x),f'(x),\cdots,f^{(l-1)}(x)$ 的 α 以外的其他根,同时也不含多项式 $f^{(l)}(x)$ 的任何一个根.我们来证明,数组

$$f(\alpha-\varepsilon),f'(\alpha-\varepsilon),\cdots,f^{(l-1)}(\alpha-\varepsilon),f^{(l)}(\alpha-\varepsilon)$$

中任何两个相邻的数都是反号的,而所有的数

$$f(\alpha+\varepsilon),f'(\alpha+\varepsilon),\cdots,f^{(l-1)}(\alpha+\varepsilon),f^{(l)}(\alpha+\varepsilon)$$

都是同号的.因为多项式组(1)除 $f^{(0)}(x)$ 外每一个多项式都是它的前面一个多项式的导式,所以我们只要证明,如果 x 经过多项式 $f(x)$ 的根 α,那么和这个根的重数无关,在经过以前,$f(x)$ 和 $f'(x)$ 反号,而在经过以后,它们是同号

的. 如果 $f(\alpha-\varepsilon)>0$,那么在间隔$(\alpha-\varepsilon,\alpha)$中 $f(x)$ 是减少的,因而 $f'(\alpha-\varepsilon)<0$;如果 $f(\alpha-\varepsilon)<0$,那么 $f(x)$ 是增加的,因而 $f'(\alpha-\varepsilon)>0$. 故在这两种情形,它们都是反号的. 另外,如果 $f(\alpha+\varepsilon)>0$,那么在间隔$(\alpha,\alpha+\varepsilon)$中,$f(x)$ 是增加的,因而 $f'(\alpha+\varepsilon)>0$;同理,由 $f(\alpha+\varepsilon)<0$ 得 $f'(\alpha+\varepsilon)<0$. 这样一来,在经过根 α 之后,$f(x)$ 和 $f'(x)$ 必须同号.

这就证明了,当 x 经过多项式 $f(x)$ 的 l 重根时,多项式组

$$f(x),f'(x),\cdots,f^{(l-1)}(x),f^{(l)}(x)$$

失去 l 个变号.

现在设 α 为导式

$$f^{(k)}(x),f^{(k+1)}(x),\cdots,f^{(k+l-1)}(x),1\leqslant k\leqslant n-1,l\geqslant 1$$

的根,但不是 $f^{(k-1)}(x)$ 也不是 $f^{(k+1)}(x)$ 的根. 从上面的证明,推知当 x 经过 α 时,多项式组

$$f^{(k)}(x),f^{(k+1)}(x),\cdots,f^{(k+l-1)}(x),f^{(k+l)}(x)$$

将失去 l 个变号. 但在 $f^{(k-1)}(x)$ 和 $f^{(k)}(x)$ 间,可能得出一个新的变号,但由 $l\geqslant 1$,当 x 经过 α 时,有

$$f^{(k-1)}(x),f^{(k)}(x),f^{(k+1)}(x),\cdots,f^{(k+l-1)}(x),f^{(k+1)}(x)$$

的变号数可能不变也可能减少. 而由于 x 经过值 α 时,多项式 $f^{(k-1)}(x)$ 和 $f^{(k+l)}(x)$ 不变号,故若变号数减少,那么一定减少一个正偶数.

从上面所说的结果推知:如果 a 和 b,$a<b$,都不是多项式组(1)中任何一个式子的根,那么在 a,b 间的多项式 $f(x)$ 的实根个数(l 重根以 l 个计算),等于差 $S(a)-S(b)$ 或比这个数少一个正偶数.

为了减轻对于数 a 和 b 的限制,引进下面的记号. 设实数 c 不是多项式 $f(x)$ 的根,但是可能为多项式组(1)中其他多项式的根. 用 $S_+(c)$ 来表示这组数

$$f(c),f'(c),f''(c),\cdots,f^{(n-1)}(c),f^{(n)}(c) \tag{2}$$

的变号数,它的算法是这样的:如果

$$f^{(k)}(c)=f^{(k+1)}(c)=\cdots=f^{(k+l-1)}(c)=0$$

但

$$f^{(k-1)}(c)\neq 0,f^{(k+l)}(c)\neq 0 \tag{4}$$

那么把 $f^{(k)}(c),f^{(k+1)}(c),\cdots,f^{(k+l-1)}(c)$ 看作和 $f^{(k+l)}(c)$ 同号. 这显然相当于在数组(2)中事先删去这些零后再来计算变号数. 另外,用 $S_-(c)$ 来表示数组(2)的另一变号数,它的计算方法是这样的:如果有式(3)和(4)的情形,那么对 $0\leqslant i\leqslant l-1$ 的 i,在 $l-i$ 是偶数时,把 $f^{(k+i)}(c)$ 看作和 $f^{(k+l)}(c)$ 同号,如果 $l-i$ 是奇数,就看作是反号.

如果现在我们要确定出多项式 $f(x)$ 在 a 和 b 间的实根数,其中 $a<b$,而且 a,b 不为 $f(x)$ 的根,但可能为多项式组(1)中其他多项式的根,那么就可这样

来进行. 设 ε 为适当小的正数,使得间隔 $(a, a+2\varepsilon)$ 中不含多项式 $f(x)$ 的根,也不含多项式组(1) 中所有其余多项式的不等于 a 的根;另外,设 η 为适当小的正数,使得间隔 $(b-2\eta, b)$ 中不含 $f(x)$ 的根,也不含多项式组(1) 中其他多项式的不等于 b 的根. 那么我们所关心的多项式 $f(x)$ 的实根个数将等于这一多项式在 $a+\varepsilon$ 和 $b-\eta$ 间的实根个数,也就是,由上面所说的证明,等于差数 $S(a+\varepsilon)-S(b-\eta)$ 或比这个差数少一个正偶数. 很容易推知

$$S(a+\varepsilon)=S_+(a), S(b-\eta)=S_-(b)$$

这就证明了下面的.

布丹－傅里叶定理 如果实数 a 和 $b(a<b)$,不是实系数多项式 $f(x)$ 的根,那么多项式 $f(x)$ 在 a 和 b 间的实根个数(l 重根以 l 个计算),等于差 $S_+(a)-S_-(b)$ 或比这个差少一个正偶数.

用符号 ∞ 来记未知量 x 的很大的正值,使得多项式组(1) 中所有多项式的对应值都和它的首项系数同号. 因为这些系数顺次为 $a_0, na_0, n(n-1)a_0, \cdots, n!\ a_0$,而正负号相同,所以 $S(\infty)=S_-(\infty)=0$,因为

$$f(0)=a_n, f'(0)=a_{n-1}, f''(0)=a_{n-2}2!$$

$$f'''(0)=a_{n-3}3!, \cdots, f^{(n)}(0)=a_0\cdot n!$$

其中 $a_0, a_1, \cdots, a_n$ 为多项式 $f(x)$ 的系数,所以 $S_+(0)$ 和多项式 $f(x)$ 的系数组的变号数相同,在这里等于零的系数是不计算的. 这样一来,应用布丹－傅里叶定理到 $(0, \infty)$,我们得出下面的定理:

笛卡儿定理 多项式 $f(x)$ 的正根个数(l 重根以 l 个计算),等于这个多项式的系数组(等于零的系数不计算进去) 的变号数或比这个数少一个正偶数.

为了定出多项式 $f(x)$ 的负根个数,显然只要应用笛卡儿定理到多项式 $f(-x)$. 在这里,如果多项式 $f(x)$ 的系数没有一个等于零,那么很明显的,多项式 $f(-x)$ 的系数的变号对应于多项式 $f(x)$ 的系数的同号,反过来也是一样的. 这样一来,如果多项式 $f(x)$ 没有等于零的系数,那么它的负根个数(l 重根算作 l 个根) 等于它的系数组中的同号数,或比这个数少一个正偶数.

我们还可以不用布丹－傅里叶定理来给出笛卡儿定理的另一证明. 首先证明下面的引理:

如果 $c>0$,那么 $f(x)$ 的系数组的变号数比乘积 $(x-c)f(x)$ 的系数组的变号数少一个正奇数.

事实上,把多项式 $f(x)$ 连接的同号项集合在括号里面,写成下面的形式,它的首项系数 a_0 算作正数

$$f(x)=(a_0x^n+\cdots+b_1x^{k_1+1})-(a_1x^{k_1}+\cdots+b_2x^{k_2+1})+\cdots+(-1)^s(a_sx^{k_s}+\cdots+b_{s+1}x^t) \tag{5}$$

这里 $a_0>0, a_1>0, \cdots, a_s>0$,而 $b_1, b_2, \cdots, b_s$ 大于或等于零;但 b_{s+1} 作为一个

正数.也就是说 x^t 在 $t \geqslant 0$ 时,是多项式 $f(x)$ 里面系数不等于零的未知量 x 的最低方次.括号

$$(a_0x^n + \cdots + b_1x^{k_1+1})$$

中有时可能只含一项,这时有 $k_1 + 1 = n$. 式(5) 的其他括号中也可能有这种情形.

现在我们来写出等于乘积 $(x - c)f(x)$ 的多项式,而且只明显表示出 x 的方次为 $n+1, k_1+1, \cdots, k_s+1$ 和 t 的那些项,我们得出

$$(x-c)f(x) = (a_0x^{n+1} + \cdots) - (a_1'x^{k_1+1} + \cdots) + \cdots + (-1)^s(a_s'x^{k_s+1} + \cdots - cb_{s+1}x^t) \quad (6)$$

其中 $a_i' = a_i + cb_i (i=1,2,\cdots,s)$,故 $c > 0$,所有 a_i' 都是正数.这样,在多项式 $f(x)$ 的系数组里面,项 a_0x^n 和 $-a_1x^{k_1}$ 之间(也在项 $-a_1x^{k_1}$ 和 $a_2x^{k_2}$ 之间,诸如此类)有一个变号,而在多项式 $(x-c)f(x)$ 的对应项 a_0x^{n+1} 和 $-a'_1x^{k_1+1}$ 之间(也在项 $-a_1'x^{k_1+1}$ 和 $a_2'x^{k_2+1}$ 之间,诸如此类)有一个变号或另行增加偶数个变号.我们并不想知道这些变号确实发生在什么位置.例如,可能在式(6) 中遇到 x^{k_1+2} 的系数和系数 $-a_1'$ 一样,也是负的,那么在这两个相邻系数中没有变号,也就是说,在第一个括号里面,变号在更前面的地方出现.现在看式(5) 的最后一个括号中不含任何变号,而式(6) 的最后一个括号中含有奇数个变号.这是因为多项式 $f(x)$ 和 $(x-c)f(x)$ 的最后不为零的系数是反号的,也就是 $(-1)^sb_{s+1}$ 和 $(-1)^{s+1}b_{s+1}c$ 反号.我们的引理就已证明.

为了证明笛卡儿定理,用 $a_1, a_2, \cdots, a_k$ 来记多项式 $f(x)$ 的所有正根.这样一来,有

$$f(x) = (x-a_1)(x-a_2)\cdots(x-a_k)\varphi(x)$$

其中 $\varphi(x)$ 为没有正实根的实系数多项式.因此,多项式 $\varphi(x)$ 的第一个和最后一个不为零的系数是同号的,也就是这个多项式的系数组含有偶数个变号,现在顺次应用上面所证明的引理到多项式

$$\varphi(x), (x-\alpha_1)\varphi(x), (x-\alpha_1)(x-\alpha_2)\varphi(x), \cdots, f(x)$$

便知系数组中的变号数每次增加一个奇数,也就是说增加一个偶数加 1,所以多项式 $f(x)$ 的系数组的变号数等于 k 或比 k 大一个正偶数.

应用笛卡儿定理和布丹-傅里叶定理来讨论以前所讨论过的多项式

$$h(x) = x^5 + 2x^4 - 5x^3 + 8x^2 - 7x - 3$$

系数组的变号数等于 3,故由笛卡儿定理 $h(x)$ 只可能有三个或一个正根.另外,$h(x)$ 没有零系数,且因系数组中有两个同号,所以 $h(x)$ 或有两个负根或者没有负根.比较以前由图形所得出的结果,我们知道这一个多项式恰好有两个负根.

为了确定正根的个数可应用布丹-傅里叶定理到 $(1,\infty)$ 去,因为在 §39

中已经证明了1是多项式 $h(x)$ 的正根的下限. $h(x)$ 的各阶导式在 §39 中已经算出. 求出它们当 $x=1$ 和 $x=\infty$ 时的正负号,如表 1.

表 1

	$h(x)$	$h'(x)$	$h''(x)$	$h'''(x)$	$h^{(4)}(x)$	$h^{(5)}(x)$	变号数
$x=1$	$-$	$+$	$+$	$+$	$+$	$+$	1
$x=\infty$	$+$	$+$	$+$	$+$	$+$	$+$	0

故 x 从 1 变到 ∞ 时,失去一个变号,因此 $h(x)$ 恰好有一个正根.

根据这个例子,我们指出,一般求多项式的实根个数时,应该先作出图形,并应用笛卡儿定理及布丹-傅里叶定理来研究,只在不得已时才做出斯图姆组.

在预先知道多项式的根全为实根时,可以把笛卡儿定理加以精确化,例如,对称矩阵的特征多项式就是这样,即是说:

如果多项式 $f(x)$ 的所有根都是实数,而常数项不为零,那么其正根个数 k_1 等于其系数组的变号数 s_1,而负根个数 k_2 等于多项式 $f(-x)$ 的系数组的变号数 s_2.

实际上,在我们的假定下

$$k_1+k_2=n \tag{7}$$

其中 n 是多项式 $f(x)$ 的次数,按笛卡儿定理

$$k_1\leqslant s_1, k_2\leqslant s_2 \tag{8}$$

我们来证明

$$s_1+s_2\leqslant n \tag{9}$$

对 n 应用归纳法来证明,因为 $n=1$ 时,由 $a_0\neq 0, a_1\neq 0$,多项式

$$f(x)=a_0x+a_1, f(-x)=-a_0x+a_1$$

中只有一个有变号,即这时有 $s_1+s_2=1$. 设式(9)对于低于 n 次的多项式已经证明. 如果

$$f(x)=a_0x^n+a_{n-l}x^l+\cdots+a_n$$

其中 $l\leqslant n-1, a_{n-l}\neq 0$,我们令

$$g(x)=a_{n-l}x^l+\cdots+a_n$$

这时

$$f(x)=a_0x^n+g(x)$$

$$f(-x)=(-1)^na_0x^n+g(-x)$$

如果 s_1' 和 s_2' 分别为多项式 $g(x)$ 和 $g(-x)$ 的系数组的变号数,那么,由归纳法的假定(显然 $l\geqslant 1$)

$$s_1'+s_2'\leqslant l$$

如果 $l=n-1$,那么在 $f(x)$ 和 $f(-x)$ 中只有一个可能在前两个系数(对于 $f(x)$,即是 a_0 和 $a_1=a_{n-1}$)间发生变号,因此

$$s_1+s_2=s_1'+s_2'+1\leqslant l+1=n$$

如果 $l\leqslant n-2$,那么多项式 $f(x)$ 和 $f(-x)$ 两者在前几个系数间均可能发生变号,然而这时有

$$s_1+s_2\leqslant s_1'+s_2'+2\leqslant l+2\leqslant (n-2)+2=n$$

比较式(7)(8) 和(9),我们得到

$$k_1=s_1, k_2=s_2$$

§42 根的近似计算

利用上节的方法可以把实系数多项式 $f(x)$ 的实数根区分出来,他就是对于每一个实根都可以定出它的限,且在这两个限之间只有这一个根. 如果这些限很窄,那么它们之间所含的任何一个数都可以作为所要求出的根的近似值. 这样,用斯图姆法(或其他任一更简便的方法)可以求出有理数 a 和 b,使在它们之间只含有多项式 $f(x)$ 的一个根,其余的问题是如何缩近这些限,使得新限 a' 和 b' 对事先已给出的前几个十进数位彼此重合,这些所要求出的根就能计算到已经给出的准确度.

有许多方法,可使我们相当快地求出具有某种所需准确度的根的近似值. 我们给出两个理论上比较简单的方法,如果把它们合并使用,就能更快地达到目的. 注意这些方法不仅可用来求多项式的根的近似值,亦可用于求很多种连续函数.

以后用 α 表示多项式 $f(x)$ 的单根,因为我们可以先将重根除去,又把根 α 看作已经区分出来的在 a 和 b 之间的($a<\alpha<b$),因此特别的,$f(a)$ 和 $f(b)$ 反号.

线性内插法(亦称位差法) 可以取根 α 的近似值,例如取 a 和 b 的中数 $\dfrac{a+b}{2}$,也就是端点为 a 和 b 的线段的中点. 但是很自然的,根往往和限 a,b 中的那一个使多项式的绝对值较小的比较接近. 线性内插法是用点 c 来分(a,b) 为两部分,它们和 $f(a)$,$f(b)$ 的绝对值成比例,而用 c 来做根 α 的近似值,也就是

$$\frac{c-a}{b-c}=\frac{f(a)}{f(b)}$$

因 $f(a)$ 和 $f(b)$ 反号,故在右边比值前加上一个负号. 因此

$$c=\frac{bf(a)-af(b)}{f(a)-f(b)} \tag{1}$$

图 1 指出线性内插法的几何意义，这就是在(a, b)中，代曲线$y=f(x)$以联结点$A(a, f(a))$和$B(b, f(b))$的弦，且用这个弦和x轴的交点c的横坐标作为根α的近似值.

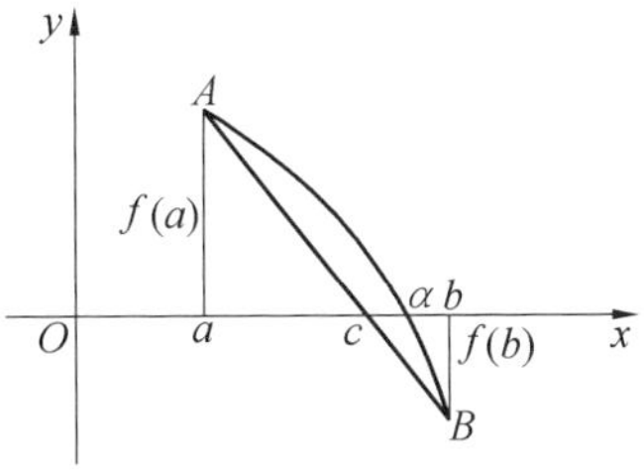

图 1

牛顿法　因为α是多项式$f(x)$的单根，所以$f'(\alpha)\neq 0$. 我们假设$f'(\alpha)\neq 0$，否则问题就化为计算次数低于$f(x)$的次数的多项式$f''(x)$的根. 再取间隔(a,b)，不仅使$f(x)$在这个间隔内除α以外不含其他的根，而且在这个间隔内，$f'(x)$和$f''(x)$都没有根①. 这样由数学分析知，曲线$y=f(x)$在间隔(a,b)中或单调上升，或单调下降，同时在这一间隔中，全向上弯或全向下弯. 因此，曲线在间隔(a,b)中可能遇到的四种情形就像图 2 ~ 5 所说明的情况.

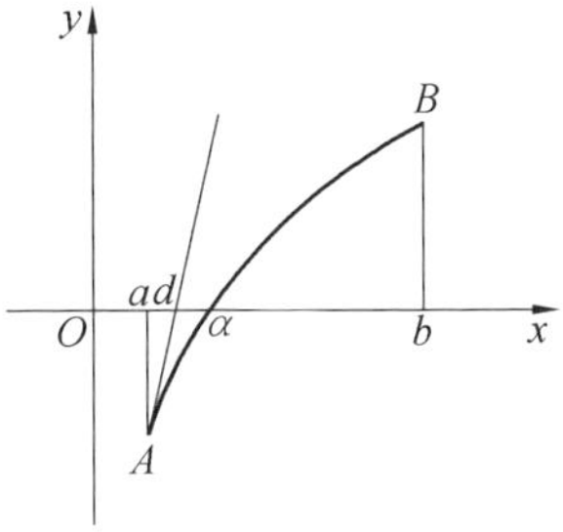

图 2

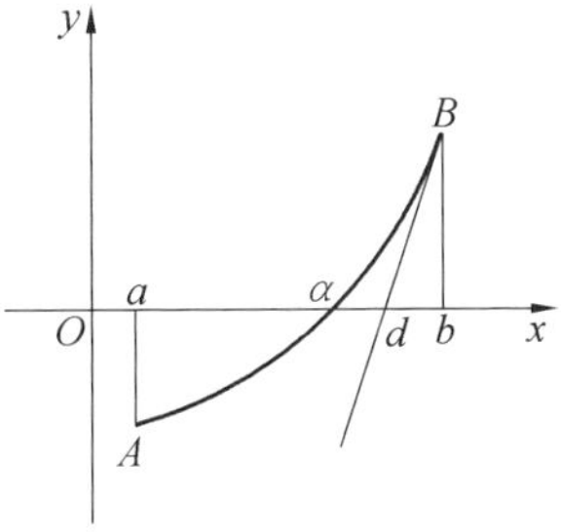

图 3

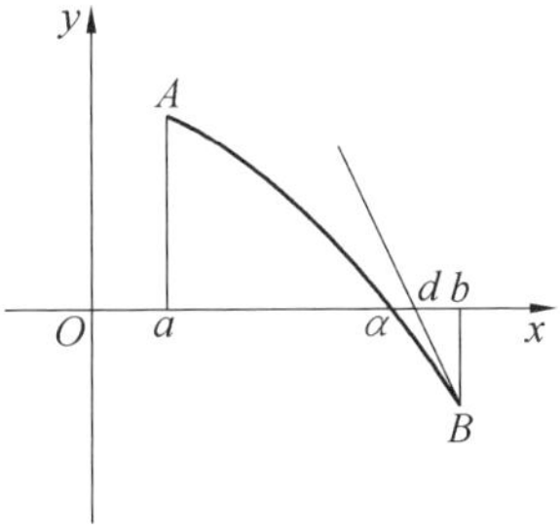

图 4

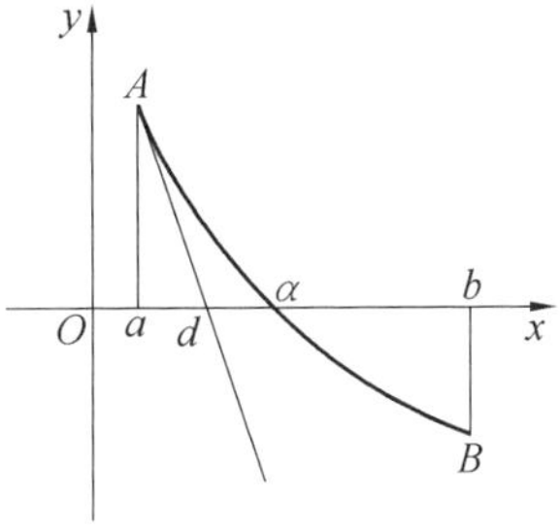

图 5

如果$f(a)$和$f''(a)$同号，取$a_0=a$，如果$f(b)$和$f''(b)$同号，那么取$a_0=b$. 因为$f(a)$和$f(b)$反号，而$f''(x)$在间隔(a,b)中不变号，所以这样的a_0是一定存在的. 在图 2 和图 5 这两种情形，取$a_0=a$，而在其他两种情形，取$a_0=b$.

---

① 通常不难缩小上下限以适合这些条件，因为应用前面的方法，可以在任何问题上确定多项式$f'(x)$和$f''(x)$的根的个数.

在曲线 $y=f(x)$ 上有横坐标为 a_0 的点，也就是坐标为 $(a_0, f(a_0))$ 的点，作这一曲线的切线且用 d 来记这一切线和 x 轴的交点的横坐标. 图 2 ～ 5 指出，数 d 可以作为根 α 的近似值. 故牛顿法是在间隔 (a,b) 中换曲线 $y=f(x)$ 以它在这一间隔中某一端的切线. 选择点 a_0 的条件是非常关键的. 图 6 指出，没有这些条件时，切线和 x 轴的交点不能给出所要求出的根的近似值.

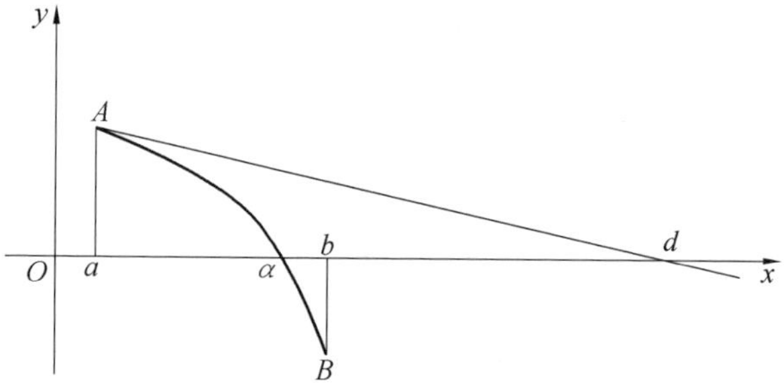

图 6

求出计算数 d 的公式. 已知在点 $(a_0, f(a_0))$ 的曲线 $y=f(x)$ 的切线方程可以写为

$$y-f(a_0)=f'(a_0)(x-a_0)$$

用切线和 x 轴的交点坐标 $(d,0)$ 代进去，得出

$$-f(a_0)=f'(a_0)(d-a_0)$$

故有

$$d=a_0-\frac{f(a_0)}{f'(a_0)} \tag{2}$$

如果读者在图 2 ～ 5 中联结点 A,B 作弦，就会发现线性内插法和牛顿法，在所有的情形下，都从不同的两旁来接近所要求出的根，因此，如间隔 (a,b) 已经适合牛顿法的条件，可将两法并用. 这样我们可得出对根 α 更接近的限 c 和 d. 如果这样还没有达到所需要的准确度，可在 (c,d) 中再用所说的两种方法来进行(参考图 7)，依此类推，可以求得根 α 的近似值到任何一种准确度.

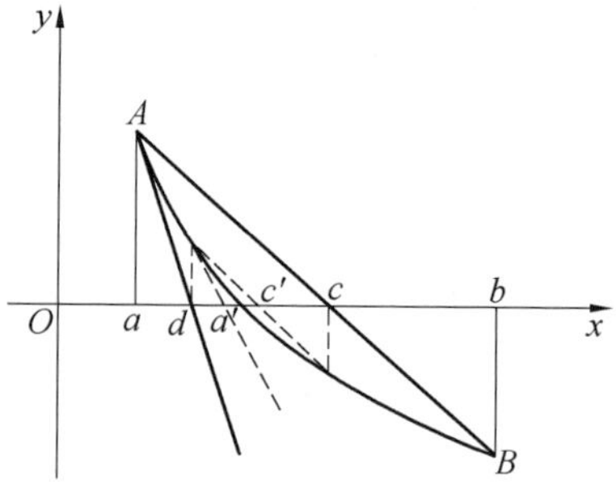

图 7

应用这些方法到上节所讨论的多项式

$$h(x)=x^5+2x^4-5x^3+8x^2-7x-3$$

我们已经知道,这个多项式有单根 α_1 符合不等式 $1<\alpha_1<2$. 首先指出,如果想只用一次线性内插法和牛顿法就得出很好的结果,这些限太大了. 但是它们的应用并不需要很复杂的计算.

在上节中,我们看到当 $x=1$ 时,导式 $h'(x), h''(x), \cdots, h^{(5)}(x)$ 都取正值. 故由 §39 的结果,知道 $x=1$ 为 $h'(x)$ 和 $h''(x)$ 的正根的上限. 间隔 $(1,2)$ 不含这些导式的根,故可应用牛顿方法. 又因 $h''(x)$ 在这一间隔中是正的,而

$$h(1)=-4, h(2)=39$$

故可取 $a_0=2$. 注意 $h'(2)=109$,由式(2) 我们得出

$$d=2-\frac{39}{109}=\frac{179}{109}=1.64\cdots$$

另外,式(1) 给予

$$c=\frac{2\times(-4)-1\times 39}{-4-39}=\frac{47}{43}=1.09\cdots$$

因此根 α_1 适合下面的不等式

$$1.09<\alpha_1<1.65$$

我们所得出的限,缩小得太不足道,不能认为这一结果是很满意. 当然要得出更好的限,可以再用一次我们的方法. 但为方便起见,先对 α_1 求出足够窄的限,例如准确到 0.1 或 0.01,而后再用这些方法. 直接去做很明显会有很多繁复的计算,但在解具体的问题时,会知道多项式根的足够多的情况,所以我们这样来进行.

回到我们的多项式 $h(x)$ 和它的根 α_1,而且注意所有多项式的值,都可以用霍耐的计算方法来求出. 我们有

$$h(1.3)=-0.139\ 87, h(1.131)=0.066\ 292\ 385\ 1$$

因而

$$1.3<\alpha_1<1.31$$

也就是我们得出了根 α_1 的值准确到 0.01,现在应用线性内插法到这两个新限

$$c=\frac{1.31\times(-0.139\ 87)-1.3\times 0.066\ 292\ 385\ 1}{-0.139\ 87-0.066\ 292\ 385\ 1}=$$

$$\frac{0.269\ 409\ 800\ 63}{0.206\ 162\ 385\ 1}=1.306\ 78\cdots$$

应用牛顿方法到这两个根,且取 $a_0=1.31$. 因为

$$h'(1.31)=20.928\ 224\ 05$$

所以

$$d=1.31-\frac{0.066\ 292\ 385\ 1}{20.928\ 224\ 05}=\frac{27.349\ 681\ 120\ 4}{20.928\ 224\ 05}=1.306\ 83\cdots$$

这样一来，有

$$1.306\,78 < \alpha_1 < 1.306\,84$$

故取 $\alpha_1 = 1.306\,81$，我们所得出的误差小于 $0.000\,03$.

到现在为止，我们还没有证明，上面所说的方法可以使我们把根计算到任何一种准确度，也就是说，并没有证明这些方法的收敛性. 我们只对牛顿法来证明.

和上面所说的一样，设多项式 $f(x)$ 的单根 α 含在间隔 (a,b) 内. 这个间隔是这样选取的，使得它适合牛顿法的条件. 所以，特别的，有这样的正数 A 和 B 存在，使得在 (a,b) 上任何地方都有

$$|f'(x)| > A,\ |f''(x)| < B \tag{3}$$

引进记法

$$C = \frac{B}{2A}$$

而且设

$$C(b-a) < 1 \tag{4}$$

为了满足这个不等式，可以用根 α 的更窄的限来代替界限 (a,b)，而且这样的变动不会影响不等式(3)的正确性. 设 a_0 是应用牛顿法从限 a,b 所得出来的. 从基本公式(2)，我们依次得出作为根 α 的近似值的数 $a_1, a_2, \cdots, a_k, \cdots$，它们都在 (a,b) 中而且彼此之间有等式关系

$$a_k = a_{k-1} - \frac{f(a_{k-1})}{f'(a_{k-1})},\ k = 1,2,\cdots \tag{5}$$

设

$$\alpha = a_k + h_k,\ k = 0,1,2,\cdots \tag{6}$$

那么

$$0 = f(\alpha) = f(a_k) + h_k f'(a_k) + \frac{h_k^2}{2} f''(a_k + \theta h_k)$$

其中 $0 < \theta < 1$. 因为从 (a,b) 所适合的条件知，有 $f'(a_k) \neq 0$，所以从式(5)和(6)，我们得出

$$-\frac{h_k^2}{2} \cdot \frac{f''(a_k + \theta h_k)}{f'(a_k)} = h_k + \frac{f(a_k)}{f'(a_k)} = \alpha - \left(a_k - \frac{f(a_k)}{f'(a_k)}\right) = \alpha - a_{k+1} = h_{k+1}$$

因此，有

$$|h_{k+1}| = h_k^2 \left| \frac{f''(a_k + \theta h_k)}{2f'(a_k)} \right| < h_k^2 \frac{B}{2A} = Ch_k^2,\ k = 0,1,2,\cdots$$

这样一来，有

$$|h_{k+1}| < Ch_k^2 < C^3 h_{k-1}^4 < C^7 h_{k-2}^8 < \cdots < C^{2^{k+1}-1} h_0^{2^{k+1}}$$

因为 $|h_0| = |\alpha - a_0| < b - a$，所以有

$$|h_{k+1}|<C^{-1}[C(b-a)]^{2^{k+1}},k=0,1,2,\cdots \tag{7}$$

因此,从条件(4)得出,当 k 无限增大时,应用牛顿法依次得出的根 α 的近似值 a_k 和 a 的差 h_k 趋于零,这就是所要证明的结果.

我们注意,如果只单独用牛顿法而不和线性内插法合并应用,那么式(7)给出了对于第 $k+1$ 次步骤的误差估值.

在近似计算理论教程中,读者会熟悉对于所指出的方法有更合理的步骤来布置计算,便于对它们的应用.在那种教程中亦可以找到根的近似计算的其他许多方法.在它们里面较好的有罗巴切夫斯基方法(有时也叫作格雷费方法).这个方法可以直接求出所有根的近似值(包括复数根),而且不需要事先把根区分出来,但是有很复杂的计算.这个方法是依据后面第十一章中叙述的对称多项式的理论而得出的.

第10章 域和多项式

§43 数环和数域

本书前面很多章节中，有这样的情况：在叙述材料时，我们准许研究任意复数（或只限于实数），而后再说明：如果只限于实数. 所得到的结果也是正确的（或者相应地，说明可以逐字转移到任意复数的情形去）. 在这两种情况下都可以指出，如果我们只研究有理数，所叙述的理论也完全成立. 现在应该向读者说明之所以能平行叙述的真实理由，这样，就可采取为它们所自然具有的共通性，也就是采用通用的代数语言，来叙述以后的材料. 为此目的，我们引进域的概念，以及更广泛的环的概念，但在本书中，后一概念只起辅助作用.

显然，全部复数、全部实数和全部有理数的系统都和全部整数系一样，具有这样一些特性：在他们每一个中，不仅加法和乘法，还有减法都能施行，而且结果不会越出这个系统本身的范围. 上述数系的这一特性使它们和另一些数系，如正整数系或正实数系，有所不同.

任何数系(复的或实的)如果包含其任意二数的和、差以及积,就叫作数环.于是,整数系、有理数系、实数系和复数系都是数环.另外,任何正数系都不是数环,因为如果 a 和 b 是两个不同的正数,那么数 $a-b$ 和 $b-a$ 中总有一个是负的.任何负数系也不是数环,因为两个负数的积已经是正数.

数环的例子远不只上述四个.现在要指出其他一些例子,留给读者自己去验证所讨论的数系是否是数环.

所有偶数构成一个数环.更普遍的,能够被一个任意整数 n 所除尽的整数的集合构成一个数环.但全部奇数的集合不能成为数环,因为两个奇数的和是一个偶数.

有理数中所有不可约分数,它们的分母为 2 的乘幂者组成一个数环.很明显,全部整数含于其中,因为可以把 1 看作它们的分母,1 是 2 的零次方.在这个例子中,如果用任何质数 p 来代替 2,也可以得出一个数环.更普遍的,取任何一个含有限多个或无限多个质数的集合,我们来考察这样的不可约分数,它们的分母只能被这一集合的质数除尽,那么这种分数也构成数环.但若对于不可约分数,不许其分母为任何质数的平方除尽,则所得出的这种有理数集合不能成为一个数环,因为对于乘法,所要求的特性已不保持.

我们来举出一些不全在有理数环内的数环,所有

$$a+b\sqrt{2} \tag{1}$$

形式的一组数,其中 a 与 b 为任何有理数,构成一个数环.这一数环含有全部有理数(取 $b=0$) 及 $\sqrt{2}$(取 $a=0,b=1$).如在式(1) 形的数中,仅取整系数 a 与 b,也可得一数环.又如换 $\sqrt{2}$ 为 $\sqrt{3}$ 或 $\sqrt{5}$ 等,也可得出数环.

所有

$$a+b\sqrt[3]{2} \tag{2}$$

形式的一组数,它的系数 a 与 b 为任何有理数(或整数),不能成为一个数环,因为 $\sqrt[3]{2}$ 同它自己的乘积,就不能写为式(2) 的形式①.但所有

---

① 事实上,设

$$\sqrt[3]{4}=a+b\sqrt[3]{2} \tag{2'}$$

其中 a 和 b 都是有理数.用 $\sqrt[3]{2}$ 来同时乘这个等式的两边,我们得出

$$2=a\sqrt[3]{2}+b\sqrt[3]{4}$$

用式(2′) 对于 $\sqrt[3]{4}$ 的表示代入上式,经过一些明显的移项后,我们把它化做

$$(a+b^2)\sqrt[3]{2}=2-ab \tag{2''}$$

如果 $a+b^2\neq 0$,那么

$$\sqrt[3]{2}=\frac{2-ab}{a+b^2}$$

这是不可能的,因为右边是一个有理数而左边是一个无理数,如果 $a+b^2=0$,那么从式(2″) 得出 $2-ab=0$.从这两个等式推得 $b^3=-2$,由于 b 是一个有理数,我们知道这仍然是不可能的.

$$a+b\sqrt[3]{2}+c\sqrt[3]{4} \tag{3}$$

形式的一组数，它的系数 a,b,c 为任何有理数，则可成为一个数环，又如仅取整系数，亦可得出数环.

现在讨论用读者所熟悉的数 π 同有理数经过有限次加、减、乘三种运算相结合所得出的所有实数. 这些数可以写为下面的形式

$$a_0+a_1\pi+a_2\pi^2+\cdots+a_n\pi^n \tag{4}$$

式子里面的 $a_0,a_1,a_2,\cdots,a_n$ 都是有理数而整数 $n\geqslant 0$. 注意，这种数里面的任何一个没有两种式(4) 形的表示法. 假使相反的，它有两种不同的表示法，π 就可以作为一个有理系数的方程的根. 但用数学分析的方法已经证明 π 事实上不能适合一个有理系数的方程，也就是说 π 是一个超越数. 如果不用这一结果，也就是不先假设式(4) 形这些数的写法是唯一的，我们可以证明式(4) 形的全部数构成一个数环.

π 和有理数经有限次加、减、乘、除四种运算相结合的全部数，也构成一个数环. 证明时，没有必要去找出所讨论的数的任一特殊的完整写法(虽然它是可以找到的)：如果数 α 和 β 是从数 π 和某些有理数经过上面所说的运算所得出，那么很明显这一说法对于数 $\alpha+\beta,\alpha-\beta,\alpha\beta$ 和 $\dfrac{\alpha}{\beta}(\beta\neq 0)$ 也是对的.

最后，我们取任意有理系数 a 与 b 的复数 $a+b\mathrm{i}$ 的集合，我们得到一个数环，如果把 a 与 b 限制为整数，结论也是正确的.

我们所讨论的例子不可能完全表明数环有多少种不同的样子，所以我们不再继续列举例子，而要来研究一种最重要的特殊数环. 我们知道，所有有理数、实数、复数系可以无阻碍地施行除法(用零除除外)，而整数的除法却越出了整数系的范围. 到现在为止，我们还没有对此差别给予足够的注意，实际上，这是很重要的，可以引出下面的定义.

如果数环中任何两个数的商仍然在它里面(除数不为零)，就把这个数环称为数域. 因此，我们可以说有理数域、实数域、复数域，但整数环却不是域.

上面所说的数环的一些例子中，有些就是数域. 首先指出，不存在不同于有理数域又完全包含在有理数域中的数域(仅含零这一个数的数系不算作域). 下述更一般的论断也是正确的.

任何数域都含有有理数域.

事实上，设已给出某个数域，我们用 P 来表示它. 如果 a 为域 P 中任何不为零的数，那么 P 中含有数 a 自除的商，就是单位数 1. 用 1 重复相加，可以得出全部自然数，它们都在 P 里面. 另外，域 P 中含有差 $a-a$，就是数零. 所以在 P 中含有零减任何一个自然数的差，即全部负整数. 最后，在域 P 中含有任何两个整数的商(分母不为零)，也就是全部有理数.

在复数域中含有种种不同的域,有理数域只是其中最小的一个.例如,上面所讨论过的形如

$$a+b\sqrt{2} \tag{5}$$

的一组数构成一个数域.事实上,讨论式(5)形的两个数 $a+b\sqrt{2}$ 和 $c+d\sqrt{2}$ 的商,如果后面这个数不是零,那么数 $c-d\sqrt{2}$ 亦不为零,因此

$$\frac{a+b\sqrt{2}}{c+d\sqrt{2}}=\frac{(a+b\sqrt{2})(c-d\sqrt{2})}{(c+d\sqrt{2})(c-d\sqrt{2})}=\frac{ac-2bd}{c^2-2d^2}+\frac{bc-ad}{c^2-2d^2}\sqrt{2}$$

我们仍然得出式(5)形的数,而且它的系数仍旧是有理数.在这一个例子里面,很明显的我们可以换$\sqrt{2}$ 为一个在有理数域中没有方根的任何一个有理数的平方根.例如系数 a,b 为有理数的形为 $a+b\mathrm{i}$ 的数构成数域.

§44 环

在数学各分支中,在把数学应用到技术科学或自然科学上时,常常遇到这种情形,代数运算不仅施行于数上,也施行于具有其他性质的对象上.在本书前几章可以找到大量的这种例子——如矩阵的乘法和加法、向量的加法、多项式的运算和线性变换的运算.下面是代数运算的一般定义,数环中的加法和乘法运算及上述各例中的运算都符合这一定义.

假设某一个集合 M,是由数或者由几何性质的东西,一般说由某些对象所组成的,我们把这些对象叫作这一个集合的元素.如果有一个规定的法则,使得对于这一个集合中任何一对元素 a,b,都可以唯一地定出一个对应元素 c,而且它也含在 M 里面,那么把这个法则叫作集合 M 内所确定的代数运算.这个运算可能叫作加法,那么 c 叫作元素 a 与 b 的和,而用符号 $c=a+b$ 来记它;这个运算可能叫作乘法,就是 c 为元素 a 和 b 的积,记为 $c=ab$;对于在集合 M 内所确定的运算,也可能引进新的名称和符号.

确定在每一个数环里面的,有两个独立运算,加法和乘法.至于减法和除法,我们不把它们算作新的运算,因为它们是加法和乘法的对应逆运算,如果我们承认下面的逆运算的普遍定义:

设在集合 M 中确定一个代数运算,例如加法.我们说对于这一个运算有一个逆运算存在叫作减法,如果对于 M 中任何一对元素 a,b,都在 M 中有这样的元素 d 存在,而且是唯一的,可以适合等式 $b+d=a$.元素 d 叫作元素 a 和 b 的差而且用符号 $d=a-b$ 来记它.

在数域中,很明显的对于加法和乘法都有逆运算存在(但对除法必须加一

个限制:除数不能为零).在数环内,如果它不是一个数域(例如整数环),那么只对加法有逆运算.

另外,在未知量 x 的所有多项式组中,如果其系数属于确定的数域 P,也确定了两种运算 —— 加法和乘法,而且加法具有逆运算,即减法.

大家知道,无论在数环中或在多项式组中,其加法和乘法运算都有下列性质(其中 a,b,c 代表数环中的任意数或者多项式组中任意多项式):

Ⅰ.加法可易:$a+b=b+a$.

Ⅱ.加法可群:$a+(b+c)=(a+b)+c$.

Ⅲ.乘法可易:$ab=ba$.

Ⅳ.乘法可群:$a(bc)=(ab)c$.

Ⅴ.结合加法和乘法的分配律:$(a+b)c=ac+bc$.

现在我们已经可以给出代数中重要概念之一的环的普遍定义:

如果在集合 R 中,确定了两种代数运算 —— 加法和乘法,它们都是可易的和可群的,且适合分配律,对于加法还有逆运算 —— 减法存在,那么把 R 叫作一个环.

于是,数环和系数在给定数域或数环中的未知量 x 的多项式环都是环的例子,现在再举出一个例子来说明环这一概念的广泛性.

数学分析课程中谈到过实变数 x 的函数的定义.讨论对于所有实数值 x 都定义有实数值的函数的集合,而且这样来定义这一集合内的代数运算:两个函数 $f(x)$ 和 $g(x)$ 的和是这样的函数,对于任何 $x=x_0$,它的值等于已知函数值的和,即等于 $f(x_0)+g(x_0)$;这两个函数的积是这样的函数,对于每一个 $x=x_0$,它的值等于 $f(x_0)\cdot g(x_0)$.对于所讨论的集合中的任何两个函数,很明显的其积与和都存在.检验性质 Ⅰ ~ Ⅴ 的正确性也没有任何困难,因为函数的加法和乘法可以化为对于每一个 x 值的加法和乘法,也就是化为实数的运算,而对于实数,性质 Ⅰ ~ Ⅴ 是适合的.最后我们认为函数 $f(x)$ 和 $g(x)$ 的差是这样的函数,当 $x=x_0$ 时,它的值等于差 $f(x_0)-g(x_0)$,我们得出了加法的逆运算 —— 减法.这就证明了:对于全部实数 x 都有定义的函数的集合,对于上面引进的加法和乘法运算法则,构成一个环.

还可以得出另外一些函数环的例子,对于函数的运算同上面一样地定义,但所讨论的函数,例如,只对 x 的正值才有意义或者只对区间$[0,1]$中的 x 的值才有意义.一般的说,所有对于 x 在某个已给区域内有意义的函数组成一个环.若只讨论在数学分析中所研究的连续函数,而不是确定在已给区域内的全部函数,也可得出环.另外,还可讨论复变数的复函数.一般说来,和不同的数环一样,有很多各种各样的函数环.

现在来建立环的一些简单性质,它们可以直接从环的定义推出.这些性质对于平常的数说来都很熟悉,但是他们都是仅从条件 Ⅰ ~ Ⅴ 和有唯一的减法存在而推得的结果,读者可能是不习惯的.

首先说明条件 Ⅰ ~ Ⅴ 的意义.可易律的性质是不用说明的.代数运算的定义只说到两个元素的和与积,故对可群律的意义需加解释.假使我们要定出,例如三个元素 a,b,c 的乘积,那就遇到这样的困难:设 $bc=u,ab=v$,一般的说,乘积 au 和 vc 可能是不同的.也就是说,可能有 $a(bc)\neq(ab)c$.可群律要求这些乘积等于环中同一元素.对于这些元素的乘积,自然可写为 abc 不必加入任何括号.更普遍的,可群律可以使得对于环中任何有限个元素的积(对于和也是一样的),都能唯一确定,也就是可以证明任意 n 个元素的积和它的原先的区分括号无关.

我们对数 n 用归纳法来证明这一论断.对于 $n=3$ 它是已经证明了的,故设 $n>3$,而且假定,对于所有小于 n 的数,我们的论断已经证明.设已给元素 a_1,$a_2,\cdots,a_n$,且设在这一组元素中,有某些样子的区分括号,必须按照这一次序来施行乘法.最后一个步骤是把前 k 个元素的乘积 $a_1a_2\cdots a_k(1\leqslant k\leqslant n-1)$ 与积 $a_{k+1}a_{k+2}\cdots a_n$ 来相乘.因为这些乘积是由少于 n 个的因子所组成的,故由假设,是唯一确定的.因此,我们只要证明对于任何 k 和 l,都有等式

$$(a_1a_2\cdots a_k)(a_{k+1}a_{k+2}\cdots a_n)=(a_1a_2\cdots a_l)(a_{l+1}a_{l+2}\cdots a_n)$$

对此只要讨论 $l=k+1$ 这一情形.但在这里可设

$$a_1a_2\cdots a_k=b,a_{k+2}a_{k+3}\cdots a_n=c$$

从可群律我们得出

$$b(a_{k+1}c)=(ba_{k+1})c$$

这就证明了我们的论断.

特别的,可以谈到 n 个彼此相等的元素的乘积,就是关于元素 a 的正整数 n 次幂 a^n 的概念.容易验证,所有平常的指数定律在任何一个环中仍然成立.从加法可群律同样可以得出关于元素 a 有正整数系数 n 的倍数 na 的概念.

分配律,也就是平常展开括号的规则,是在环的定义里面,用来结合加法和乘法的唯一条件.只因有这一定律,才能使同时研究两个所说的运算,比分开来研究它们得出更多的结果.分配律只说到两项的和,但不难证明对于任何 k,等式

$$(a_1+a_2+\cdots+a_k)b=a_1b+a_2b+\cdots+a_kb$$

成立,而且可以继续推广到和与和的乘积.

在任何一个环里面,分配律对于减法也能适合.其实,按照定义,元素的差 $a-b$ 适合等式

$$b+(a-b)=a$$

用 c 来同乘这个等式的两边而且在等式的左边应用分配律,我们得出

$$bc+(a-b)c=ac$$

所以元素$(a-b)c$等于元素ac和bc的差

$$(a-b)c=ac-bc$$

从减法的存在可以推出环的一些重要性质.如果a是环L里面的任何一个元素,那么差$a-a$是环内一个完全确定的元素.它的性质同数环内零的性质相像,但从它的定义来看,可能和元素a的选择有关,所以暂时我们用0_a来记它.

我们来证明,事实上元素0_a对于所有的a都是相等的.其实如果b是环L中任何另一元素,那么在等式

$$a+(b-a)=b$$

的两边同加元素0_a且利用等式$0_a+a=a$,我们得出

$$0_a+b=0_a+a+(b-a)=a+(b-a)=b$$

这样一来,$0_a=b-b=0_b$.

我们已经证明,在每一个环R中都含有唯一确定的元素,使它同这一个环中任何一个元素a的和仍等于a.我们把这一元素叫作环R的零元素且用0来记它,它同平常的数零不会有混淆的危险.这样一来,对于R的所有a都有

$$a+0=a$$

再者,在每一个环中,对于任何一个元素a都有唯一确定的负元素$-a$存在,适合等式

$$a+(-a)=0$$

而且这个元素就是差$0-a$,它的唯一性可以从减法的唯一性推出.很明显的$-(-a)=a$.环中任何两个元素的差$b-a$现在可以写为下面的形式

$$b-a=b+(-a)$$

事实上是这样的

$$[b+(-a)]+a=b+[(-a)+a]=b+0=b$$

对于环中任何一个元素a和任何一个正整数n可以得出等式

$$n(-a)=-(na)$$

因为从并项可以得出

$$na+n(-a)=n[a+(-a)]=n\cdot 0=0$$

现在我们已经得出环中元素的负数倍的可能性:如果$n>0$,那么相等的元素$n(-a)$和$-(na)$都可以记为$(-n)a$.最后,约定把任何一个元素a的零倍$0\cdot a$看作环中的零元素.

定出零元素时我们只用到加法和它的逆运算,也就是没有用到乘法.但对于普通的数,零对乘法有一个特别的而且是很重要的性质.在任何一个环中,零元素也有这一性质:在每一个环中,任何一个元素和零元素的积,都等于零元素.他的证明可以直接从分配律推出:如果a是环R中任何一个元素,那么借助

于这个环中任何一个元素 x,我们得出

$$a \cdot 0 = a(x-x) = ax - ax = 0$$

利用零元素的这一性质,可以证明,在每个环中,任何两个元素 a,b 都适合等式

$$(-a)b = -ab$$

事实上是这样的

$$ab + (-a)b = [a + (-a)]b = 0 \cdot b = 0$$

由此便知,非常熟悉的然而有点神秘性的负数乘法规则——“负负得正”——也可以从环的定义来推出,也就是在任何一个环中都有等式

$$(-a)(-b) = ab$$

事实上是这样的

$$(-a)(-b) = -[a(-b)] = -(-ab) = ab$$

现在读者不难证明,在每一个环中,所有平常倍数的运算法则对于任何一个元素的倍数(包括负的倍数)仍然成立.

这样一来,任何一个环中的代数运算保有许多对于平常数的运算的熟悉性质.但不能因此就以为平常数的加法和乘法的任何性质都能为每一个环所保持.例如数的乘法对上面所说的性质有这样的可逆的性质:如果两数的乘积等于零,那么至少有一个因子等于零.这一性质不能推广到任何一个环中去——在某些环中可以找到这样的一对不为零的元素,他们的乘积却等于零,亦就是 $a \neq 0$,$b \neq 0$,但 $ab = 0$;有这样性质的元素 a,b 叫作真零因子.

在数环中,很明显的不可能找到有真零因子的环的例子.实系数多项式环中也没有真零因子.但是许多函数环含有真零因子.首先注意,在每一个函数环中,零是一个函数,它对于变数 x 所有的值都等于零.现在组成下面的函数 $f(x)$ 和 $g(x)$,它们对于所有实数值 x 都是确定的:

(1) 当 $x \leqslant 0$ 时,$f(x) = 0$;当 $x > 0$ 时,$f(x) = x$.

(2) 当 $x \leqslant 0$ 时,$g(x) = x$;当 $x > 0$ 时,$g(x) = 0$.

这两个函数都不等于零,因为它们的值不是对于所有的 x 值都等于零,而这两个函数的乘积却等于零.

在环的定义中所引入的条件 Ⅰ ~ Ⅴ,并不都是同样必要的,科学的发展表明,虽然加法律 Ⅰ 与 Ⅱ 以及分配律 Ⅴ 的性质,在所有应用上都成立,而在环的定义中所插入的乘法律 Ⅲ 和 Ⅳ 的性质,常常显得是多余的,反而缩小这一概念所能应用的范围.例如,实元素 n 阶方阵的集合对于矩阵的加法和乘法运算,对环的定义中所引进的条件,除了乘法可易律外,是全部适合的.常常在重要的场合遇到不可易的乘法,故在现代,“环”这一名词通常是当作不可易环来了解的(更确切地说,是不一定可易的环,亦即乘法可能是不可易的),而把适合条件

Ⅲ 的特殊环叫作可易环.

近来对有不可群乘法的环也更加重视起来,而且关于环的一般理论已经建立起不可群(就是说,不一定可群的)环的理论.三维欧几里得空间中向量的集合对于向量的加法运算以及(在解析几何学中已经知道的)向量的乘法就是这种环的一个简单例子.

§45 域

对于数环,曾经分出一部分叫作数域,在它们里面可以施行除法(零除除外).我们自然也要从一般的环中分出域来.首先注意,在任何环内不许以零除.这可以从上面所说的关于零元素对于乘法的性质来证明:用零除元素 a 的意义是在环中可以求得这样的元素 x,使得 $0 \cdot x = a$,因左边等于零,故当 $a \neq 0$ 时这是不可能的.

引进下面的定义:

把环 P 叫作域,如果至少含有一个不为零的元素,且除了除数为零的情形外,对于其他的情形,除法在它里面可以施行而且是唯一确定的,也就是对于 P 中任何两个元素 a,b,当 b 不为零时,在 P 中有元素 q 存在,适合等式 $bq = a$,而且是唯一的.元素 q 叫作元素 a 对 b 的商且用符号 $q = \frac{a}{b}$ 来记它①.

很明显,任何数域都是域的例子.未知量 x 的实系数多项式环或者系数在某个数域中的多项式环不是一个域 —— 对于多项式的带余除法,显然不同于域的定义中所假设的"整除".另外,容易看出所有实系数有理分式函数的集合是一个域(参考 §25),和有理数域包含了整数环一样,它包含了多项式环.在函数环中可以指出域的另一些例子,但我们不去详细叙述它们,而转到另一种域的例子.

到现在为止,我们讨论过的所有数域乃至一般的环,都含有无穷多个元素.但是有这样的环和域存在,它们只由有限个元素组成.最简单的有限环和有限域的例子,可用下面的方法构成,它在数学的一个分支 —— 数论中有重要的作用.

取不等于 1 的任何一个自然数 n.整数 a 和 b 叫作对模 n 等余,即

$$a \equiv b(\bmod n)$$

① 域中除法的唯一性,有点像在环的定义里面假设有减法的唯一性,事实上不难利用在域或环对应定义中其他一些条件来证明.

如果用 n 来除这两个数所得出的余数是相同的，也就是 n 可以整除它们的差. 全部整数环可分为 n 个彼此没有公共数的类

$$C_0, C_1, \cdots, C_{n-1} \tag{1}$$

这里面的类 $C_k(k=0,1,\cdots,n-1)$，是由被 n 除后可以得出余数 k 的全部数所组成的. 我们可以很自然地定出这些类的加法和乘法.

在(1) 中取出任何两个整数类 C_k 和 C_l(不一定是不相同的). 把类 C_k 中任何一个数和类 C_l 中任何一个数相加所得出的数，都在一个完全确定的类里面，这一个类当 $k+l<n$ 时为类 C_{k+l}，而当 $k+l \geqslant n$ 时为类 C_{k+l-n}. 这就引到了类的加法定义：

当 $k+l<n$ 时

$$C_k + C_l = C_{k+l}$$

当 $k+l \geqslant n$ 时

$$C_k + C_l = C_{k+l-n} \tag{2}$$

另外，把类 C_k 中任何一个数和类 C_l 中任何一个数相乘所得出的数，都在一个完全确定的类里面，这一个数为 C_r，其中 r 是用 n 除 kl 所得出的余数. 因此，我们得出这样的类的乘法定义

$$C_k \cdot C_l = C_r \text{，其中 } kl = nq + r, 0 \leqslant r < n \tag{3}$$

对模 n 等余的整数类所构成的(1)，对于条件(2) 和(3) 所确定的运算构成一个环. 事实上，直接验算不难证明，环的定义里面的条件 Ⅰ ~ Ⅴ 是成立的，但是也可以从整数环中的这些条件和整数的运算与类的运算的上述关系来推出它们. 显然，由所有能够被 n 整除的数所组成的类 C_0 有零的作用. 类 $C_k(k=1, 2,\cdots,n-1)$ 的负元素为类 C_{n-k}. 故在类的(1) 中可以确定减法，即这个用类构成的组适合环的定义中的全部条件. 我们约定用 Z_n 记这个环.

如果数 n 是一个复合数，那么环 Z_n 含有真零因子，以后我们要证明，这样的环就不能称为域. 事实上，如果 $n=kl$，其中 $1<k<n, 1<l<n$，那么类 C_k 和 C_l 都不等于零类 C_0，但从类的乘法定义(参看(3)) 得出 $C_k \cdot C_l = C_0$.

如果数 n 是一个质数，那么环 Z_n 是一个域.

事实上，设有类 C_k 和 C_m 而且 $C_k \neq C_0$，也就是 $1 \leqslant k \leqslant n-1$. 我们需要证明，可以用 C_k 来除尽 C_m，亦即可以找到这样的类 C_l，使 $C_k \cdot C_l = C_m$. 如果 $C_m = C_0$，那么 $C_l = C_0$. 如果 $C_m \neq C_0$，那么我们来讨论数组

$$k, 2k, 3k, \cdots, (n-1)k \tag{4}$$

这些数都不在类 C_0 里面，因为两个都小于质数 n 的自然数的乘积，不能被 n 所除尽. 再者，数组(4) 中的数 sk 和 $tk(s<t)$ 不能同在一个类里面，因为它们的差

$$tk - sk = (t-s)k$$

如果被 n 所除尽，仍然要同 n 为质数相冲突. 这样一来，每一个非零的类中，都恰好有数组(4) 里面的一个数. 特别的，在类 C_m 中有一个数 lk，其中 $1 \leqslant l \leqslant n-1$，也就是 $C_l \cdot C_k = C_m$，故类 C_l 就是所要找出的用 C_k 来除 C_m 所得出的商.

这样，我们得出无穷多个不同的有限域：只用两个元素所组成的域 Z_2，以及域 Z_3, Z_5, Z_7, Z_{11} 等.

回来讨论一些由除法的存在所推出的域的性质. 这些性质类似于由减法的存在所推出的环的性质，证明里面的推理也是很相像的，所以让读者自己来证明.

每一个域 P，都含有一个唯一确定的这样的元素，它同这一个域中任何一个元素 a 的乘积仍等于 a. 这个元素同对于所有的 a 都彼此相等的商 $\frac{a}{a}$ 重合(a 不等于零)，叫作域 P 的幺元素且用符号 1 来记它. 这样，对于 P 中所有的 a 都有

$$a \cdot 1 = a$$

在每一个域里面，对于任何一个不为零的元素 a，都有唯一确定的逆元素 a^{-1} 存在，适合等式

$$a \cdot a^{-1} = 1$$

也就是 $a^{-1} = \frac{1}{a}$. 很明显的有 $(a^{-1})^{-1} = a$. 现在可以把商 $\frac{b}{a}$ 写成下面的形式

$$\frac{b}{a} = b \cdot a^{-1}$$

对于任何一个不为零的元素 a 和任何一个正整数 n，都有等式

$$(a^{-1})^n = (a^n)^{-1}$$

用 a^{-n} 来记这两个彼此相等的元素，我们得到域中元素的负幂，平常的运算法则对它们是保持有效的. 最后，设对任何 a 都有 $a^0 = 1$.

幺元素的存在并不是域的专有性质：例如整数环也有幺元素. 同时，偶数环的例子则说明并不是所有的环都有幺元素. 另外，含有幺元素，且对于它里面任何一个不为零的元素，都有逆元素存在的环成为一个域. 事实上，这里可以用乘积 ba^{-1} 来作为商 $\frac{b}{a}$，如果 $a \neq 0$. 至于这个商的唯一性是不难证明的.

注意，没有一个域能含有真零因子. 因为如果假设 $ab = 0$ 而 $a \neq 0$. 等式两边同乘以元素 a^{-1}，从左边得到 $(a^{-1}a)b = 1 \cdot b = b$，而从右边得 $a^{-1} \cdot 0 = 0$，也就是 $b = 0$. 所以知道在每一个域中对任何一个等式，可以约去它的不等于零的公共因子. 事实上，如果 $ac = bc$ 而且 $c \neq 0$，那么 $(a-b)c = 0$，故 $a - b = 0$，也就是 $a = b$.

由商 $\frac{a}{b}$(其中 $b \neq 0$) 的定义，和上面已经证明的，可以把它写为乘积 ab^{-1} 的

形式,我们不难推出,在每一个域中,平常分数的运算规则仍然成立,就是:

设 $bd \neq 0$,那么当且仅当 $ad = bc$ 时,才有

$$\frac{a}{b}=\frac{c}{d}$$

$$\frac{a}{b}\pm\frac{c}{d}=\frac{ad\pm bc}{bd}$$

$$\frac{a}{b}\cdot\frac{c}{d}=\frac{ac}{bd}$$

$$\frac{-a}{b}=-\frac{a}{b}$$

域的特征 数域的所有性质并不都能为任何一个域所具有的. 例如在数域中,把数 1 同它自己重复相加,也就是取单位数的任何一个正整数倍,永远不能得出零来,而所有这些倍数(也就是全部自然数),彼此都不相等. 如果我们在任何一个有限域中,取幺元素的倍数,那么在它们里面一定有相等的元素,因为这个域仅含有有限个不同的元素. 如果域 P 中幺元素的所有整倍数都是域 P 中不同的元素,也就是当 $k \neq l$ 时,$k\cdot 1 \neq l\cdot 1$,那么我们说域 P 有特征零,例如所有数域都是这样的. 如果有整数 k 和 $l(k > l)$,而在 P 中得出等式 $k\cdot 1 = l\cdot 1$,那么 $(k-l)\cdot 1 = 0$,也就是在 P 中,有幺元素的正倍数等于零. 这时我们叫 P 是有有限特征的域,如果 p 是最小的正系数,能够使域 P 的幺元素的 p 倍变为零,那么它的特征为 p,所有的有限域就是有限特征域的例子,但是也有这样的无限域,它的特征是有限的.

如果域 P 有特征 p,那么 p 是一个质数.

事实上,从等式 $p = st$,其中 $s < p$,$t < p$,将推出等式 $(s\cdot 1)(t\cdot 1) = p\cdot 1 = 0$,因在域中不能有真零因子,故 $s\cdot 1 = 0$ 或 $t\cdot 1 = 0$,但是这和特征的定义,是一个最小的系数可以变域的幺元素为零,互相冲突.

如果域 P 的特征等于 p,那么对于这个域中任何一个元素 a 都有等式 $pa = 0$. 如果域 P 的特征等于 0,而 a 是这个域中的元素,n 为一整数,那么由 $a \neq 0$ 和 $n \neq 0$ 可以得出 $na \neq 0$.

事实上,对于前一种情形,元素 pa 是 p 个 a 的和,可以把 a 提到括号的外面,表示成下面的形式

$$pa = a(p\cdot 1) = a\cdot 0 = 0$$

在后一种情形,从等式 $na = 0$,亦就是 $a(n\cdot 1) = 0$,当 $a \neq 0$ 时得出等式 $n\cdot 1 = 0$. 因为域的特征等于零,故得 $n = 0$.

子域,扩展域 设在域 P 中,有一部分元素组成集合 P',而且对于域 P 中的那些运算这个集合构成一个域,也就是从 P' 中任何两个元素 a,b 所得出的含于 P 中的元素 $a+b$,ab,$a-b$ 和当 $b \neq 0$ 时的 $\frac{a}{b}$ 都在 P' 里面(P 所适合的定律

Ⅰ ～ Ⅴ 很明显的对于 P' 也能适合)，那么把 P' 叫作域 P 的子域，而 P 为域 P' 的扩展域. 很明显的，域 P 的零元素和幺元素都含于 P' 内，而且也是 P' 的零元素和幺元素. 例如有理数域是实数域的子域；所有的数域都是复数域的子域.

设在域 P 中给出一个子域 P' 和一个不在 P' 内的元素 c，且设域 P 中包含 P' 和 c 的最小子域为 P''. 这样的最小子域只有一个，因为如果子域 P''' 也有这些性质，那么子域 P'' 和 P''' 的交(亦就是这两个子域所公有的全部元素) 将含有 P' 和 c，而且它里面任何两个元素的和仍旧在它的里面(因为这个和必须同时含于 P'' 和 P''' 的里面，所以在它们的交里面)，对于它们的积、差、商也是这样的；换句话说，这个交是一个子域，同子域 P'' 是最小的发生冲突. 我们说，域 P'' 是由附加元素 c 到域 P' 所得出的，且记为 $P''=P'(c)$.

很明显的，域 $P'(c)$ 除元素 c 和域 P' 的所有元素以外，还含有从他们经过加、减、乘、除所得出的全部元素. 例如在 §43 中所讨论的，由系数为有理数 a，b，形为 $a+b\sqrt{2}$ 的数所组成的有理数域的扩展域，就是把数 $\sqrt{2}$ 附加到有理数域而得到的.

§46* 环(域)的同构，复数域的唯一性

在环的理论中，同构概念有重大的作用. 如果环 L 和 L' 之间可以建立这种一一对应，使 L 中任何两个元素 a，b 对应 L' 中的元素 a'，b' 时，和 $a+b$ 对应于和 $a'+b'$，而积 ab 对应于积 $a'b'$，就把环 L 和 L' 叫作同构的.

设在环 L 和 L' 间可以建立一个同构对应. 对于这一个对应，环 L 的零元素 0 对应于环 L' 的零元素 $0'$. 事实上，设元素 0 对应于 L' 中的元素 c'，取 L 中任何一个元素 a 和它在 L' 中的对应元素 a'，那么元素 $a+0$ 必须对应于元素 $a'+c'$，但 $a+0=a$，故 $a'+c'=a'$，因此 $c'=0'$. 再者，元素 a 对应于元素 $-a'$. 因为如果元素 $-a$ 对应于元素 d'，那么幺元素 $a+(-a)=0$ 必须对应于元素 $a'+d'$，也就是 $a'+d'=0'$，故 $d'=-a'$. 因此，L 中元素的差对应于它们在 L' 中对应元素的差. 同样的推理可以证明，如果环 L 含有幺元素，那么这一个元素的象(也就是它在 L' 中从所讨论的同构关系得出的对应元素) 为环 L' 的幺元素，又如 L 的元素 a 有逆元素 a^{-1}，那么幺元素 a^{-1} 在 L' 中的象是 a' 的逆元素.

因此，和域同构的环一定是一个域. 容易知道，没有真零因子这种性质，对于同构对应是不会有变动的. 普遍的说，同构环之间的元素可能本质不同，但是它们的代数性质是完全一样的；每一个定理，对于某一个环已经证明后，如果在定理的证明中只用到运算的性质而没有用到这些环中元素的特殊性质，对于所有和它同构的环都能成立. 由于这个道理，我们不把同构的环或域当作不同的

来看待:他们只是同一环或域的各种形式.

把这个概念运用到建立复数域的问题,在 §17 中叙述的利用平面上的点来构成复数域的方法不是唯一的,可以取平面上通过坐标原点的线段(向量)来代替点,当这些向量在坐标轴的分量 a,b 被给定的时候,同平面上点的情形一样,由 §17 的公式(2) 和(3) 即可确定向量的加法和乘法,其次,可以根本不用几何材料,只要注意到平面上的点和平面上的向量能被一对有序实数(a,b)所给定,便可以简单地取所有这种数耦的集合,并且根据 §17 的公式(2) 和(3)来引入加法和乘法.

事实上,所有这些域按其代数特性说来是没有区别的,下述定理就说明了这一点:

所有由实数域 D 附加方程

$$x^2+1=0 \tag{1}$$

的根所得出的扩展域都是彼此同构的.

事实上,设所给出的任何一个域 P,是 D 的扩展域而且含有适合方程(1) 的元素. 这个元素的符号是可以任意选择的,我们就用符号 i 来记它. 这样一来,得出等式 $\mathrm{i}^2+1=0$(所以 $\mathrm{i}^2=-1$),其中乘方和加法的意义都需了解为域 P 中所确定的运算. 现在我们要找出附加元素 i 到域 D 所得出的域 $D(\mathrm{i})$,也就是求出域 P 中含有域 D 和元素 i 的最小子域.

为了这一目的,讨论域 P 中可写为下面形式的所有元素 α

$$\alpha=a+b\mathrm{i} \tag{2}$$

其中 a 和 b 为任何两个实数,而数 b 对元素 i 的乘积与数 a 同这个乘积的和的意义都需了解为确定于域 P 中的运算. 域 P 的元素 α 不能有两种不同的这样的写法:从

$$\alpha=a+b\mathrm{i}=\bar{a}+\bar{b}\mathrm{i}$$

和 $b\neq\bar{b}$ 将得出

$$\mathrm{i}=\frac{\bar{a}-a}{b-\bar{b}}$$

也就是说 i 将是一个实数. 如果 $b=\bar{b}$,那么就有 $a=\bar{a}$. 在域 P 中,所有可以写为(2) 形的元素里面,特别的含有所有实数($b=0$ 时的情形) 和元素 i($a=0,b=1$ 时的情形).

我们来证明,所有(2) 形的元素的集合构成域 P 的子域,这就是我们所想求出的域 $D(\mathrm{i})$. 假设已经给出元素 $\alpha=a+b\mathrm{i}$ 和 $\beta=c+d\mathrm{i}$,那么利用域 P 的加法可易律、可群律和分配律,得出

$$\alpha+\beta=(a+b\mathrm{i})+(c+d\mathrm{i})=(a+c)+(b\mathrm{i}+d\mathrm{i})$$

所以

$$\alpha+\beta=(a+c)+(b+d)\mathrm{i} \tag{3}$$

也就是这个和仍然在我们所讨论的集合里面. 还有

$$-\beta=(-c)+(-d)\mathrm{i}$$

因为从(3) 可以得出等式 $\beta+(-\beta)=0+0\mathrm{i}=0$,所以

$$\alpha-\beta=\alpha+(-\beta)=(a-c)+(b-d)\mathrm{i} \tag{3'}$$

也就是减法并没有使所得到的差跑到所讨论的集合外面去. 再利用域 P 的运算性质 Ⅰ ~ Ⅴ(参考 §2),且从等式 $\mathrm{i}^2=-1$,我们得出

$$\alpha\beta=(a+b\mathrm{i})(c+d\mathrm{i})=ac+ad\mathrm{i}+bc\mathrm{i}+bd\mathrm{i}^2$$

亦即

$$\alpha\beta=(ac-bd)+(ad+bc)\mathrm{i} \tag{4}$$

这样,可知(2) 形元素的乘积仍然是(2) 形的元素. 最后,设 $\beta\neq 0$,也就是说数 c,d 中至少有一个不为零. 那么也有 $c-d\mathrm{i}\neq 0$,而

$$(c+d\mathrm{i})(c-d\mathrm{i})=c^2-(d\mathrm{i})^2=c^2-d^2\mathrm{i}^2=c^2+d^2$$

并且 $c^2+d^2\neq 0$. 因此,利用前一节中的论断,就是在任何域中都保持所有平常的分数演算法则,特别的,乘分子分母以同一的不为零的元素,分数不变,我们得出

$$\frac{\alpha}{\beta}=\frac{a+b\mathrm{i}}{c+d\mathrm{i}}=\frac{(a+b\mathrm{i})(c-d\mathrm{i})}{(c+d\mathrm{i})(c-d\mathrm{i})}=\frac{(ac+bd)+(bc-ad)\mathrm{i}}{c^2+d^2}$$

也就是元素

$$\frac{\alpha}{\beta}=\frac{ac+bd}{c^2+d^2}+\frac{bc-ad}{c^2+d^2}\mathrm{i} \tag{4'}$$

仍然有(2) 的形状.

现在来证明,我们所得出的域 P 的子域 $D(\mathrm{i})$ 和前节中由平面上的点所构成的域同构. 比较域 $D(\mathrm{i})$ 的元素 $a+b\mathrm{i}$ 和点(a,b),则由已证明的域 $D(\mathrm{i})$ 中的元素写为(2) 形的唯一性,我们得出这个域的元素和平面上所有点一一对应. 在这个对应下,从等式 $a=a+0\mathrm{i}$ 知实数 a 对应于点$(a,0)$,而 $\mathrm{i}=0+1\cdot\mathrm{i}$ 对应于点$(0,1)$. 另外,比较本节中的式(2),式(3) 和 §17 中的式(2),式(3),我们知道,域 $D(\mathrm{i})$ 中元素 α 和 β 的和与积对应于元素 α 和 β 的对应点的和与积.

因为所有同某个已给域同构的域都是彼此同构的,我们的定理就已证明. 特别的,我们看到,§17 中用式(2) 和(3) 来定义点的运算,并不是偶然的,而是必然的.

除上述构成复数域的方法外,还有许多其他的方法,下面我们介绍一个利用矩阵的加法和乘法来建立复数域的方法.

研究在实数域上不可易的二阶矩阵环. 显然,纯矩阵

$$\begin{pmatrix} a & 0 \\ 0 & a \end{pmatrix}$$

构成这个环的一个和实数域同构的子域．但在实数域上的二阶矩阵环中还可以找出一个和复数域同构的子域．事实上，让任意复数 $a+b\mathrm{i}$ 和矩阵

$$\begin{pmatrix} a & b \\ -b & a \end{pmatrix}$$

对应．用这种方法可把整个复数域一一映射到二阶矩阵环的某一部分上，同时由等式

$$\begin{pmatrix} a & b \\ -b & a \end{pmatrix}+\begin{pmatrix} c & d \\ -d & c \end{pmatrix}=\begin{pmatrix} a+c & b+d \\ -(b+d) & a+c \end{pmatrix}$$

$$\begin{pmatrix} a & b \\ -b & a \end{pmatrix}+\begin{pmatrix} c & d \\ -d & c \end{pmatrix}=\begin{pmatrix} ac-bd & ad+bc \\ -(ad+bc) & ac-bd \end{pmatrix}$$

得出，这个映象是同构映象，因为等式右边的矩阵对应着复数 $(a+c)+(b+d)\mathrm{i}=(a+b\mathrm{i})+(c+d\mathrm{i})$ 和 $(ac-bd)+(ad+bc)\mathrm{i}=(a+b\mathrm{i})(c+d\mathrm{i})$．特别是矩阵

$$\begin{pmatrix} 0 & 1 \\ -1 & 0 \end{pmatrix}$$

起着虚数 i 的作用．我们得到的结果指出了又一种建立复数域的方法，这种方法同上面讨论过的方法同样令人满意．

§47　任意域上的线性代数和多项式代数

本书前几章主要是讲的线性代数，在那里，实数域通常起着基域的作用．但是可以毫无困难地证明，其中很多章完全可以逐字逐句地转移到任意域的情形中去．

例如，对于任意基域 P，在第一章中所叙述的解线性方程组的高斯法，行列式理论和克莱姆法则仍然是正确的．只有在 §4 中所引出的反对称行列式的注释中要求域 P 的特征不等于 2．同时，如果域 P 的特征等于 2，同节的性质(4)的证明是很费力的，尽管这个性质仍然正确．

指出这点是有益的：首先，在第一章中我们不止一次谈到过关于非定线性方程组有无穷多个不同的解，这个论断在任意无穷基域 P 下仍然是正确的，但是，如果 P 为有限域，这个论断就不正确了．

其次，第二章中所讲的线性相关的理论、矩阵秩的理论、线性方程组的一般理论以及第三章中的矩阵代数都可以完全转到任意基域的情形上去．

在 §26 中建立的二次型的一般理论都可以转到特征不为 2 的任意基域 P 上来．不难证明，没有这个限制时，这一节中的基本定理已经不再成立．

例如，设 $P=Z_2$，即 P 是由两个元素 0 和 1 组成的域，同时 $1+1=0$，故得

$-1=1$，再设在这个域中已知二次型 $f=x_1x_2$. 如果存在一个线性变换

$$x_1=b_{11}y_1+b_{12}y_2$$
$$x_2=b_{21}y_1+b_{22}y_2$$

使 f 化为标准形式，那么在等式

$$f=(b_{11}y_1+b_{12}y_2)(b_{21}y_1+b_{22}y_2)=$$
$$b_{11}b_{21}y_1^2+(b_{11}b_{22}+b_{12}b_{21})y_1y_2+b_{12}b_{22}y_2^2$$

中，乘积 y_1y_2 的系数 $b_{11}b_{22}+b_{12}b_{21}$ 应该等于零，但是这个系数等于我们所取的线性变换的行列式，因为无论 $b_{12}b_{21}=1$ 或者 $b_{12}b_{21}=0$，都有 $b_{12}b_{21}=-b_{12}b_{21}$. 我们的线性变换是降秩的.

第六章后一部分的主要内容实际上属于复系数或实系数的二次型.

最后，对于任意基域 P，第七章中所建立的线性空间和它们的线性变换的全部理论仍然成立. 此外，特征根的概念与任意域上多项式理论是有关系的，这在下面就要讲到. §33 中特征根和特征值之间的关系的定理，现在可以简述如下：线性变换 φ 的在基域 P 中的特征根是，而且也只有它们是这个变换的特征值.

至于欧几里得空间的理论(第八章) 实质上是和实数域联系在一起的.

上面叙述的多项式代数的某些章节可以转到任意基域 P 上，但是必须预先说明任意域上多项式这一概念的精确意义.

问题在于 §20 中曾经指出过多项式概念的两种观点 —— 形式代数的和函数论的观点，这两种观点都能转移到任意基域上去. 在数域(参看 §24) 和一般无穷域的情形，这两种观点虽是等价的，然而不难验证，对于有限域来说，它们已经不再等价了.

例如，研究在 §45 中引入的域 Z_2，它由两个元素 0 和 1 组成，且 $1+1=0$，系数在这个域中的多项式 $x+1$ 和 x^2+1 是不同的，即是说，它们不满足多项式相等的定义. 但这两个多项式当 $x=0$ 时值都为 1，而 $x=1$ 时值都为零. 也就是说，当把它们看作是在域 Z_2 中取值的“自变量”x 的函数时他们是相等的. 三个元素 0,1,2 所构成的，且 $1+2=0$ 的域 Z_3 中，多项式 x^3+x+1 和 $2x+1$ 有同样的关系. 对于每一个有限域，一般都可指出这种例子.

这样，在与任意域 P 有关的理论中，不能采用多项式的函数论观点. 因而必须使多项式的形式代数的定义讲得足够明白. 为此目的，我们建立一个任意域 P 上的多项式环. 并且一开始就不采用通常的以“未知量”x 来表示多项式的写法.

研究域 P 的各种有序有限组

$$(a_0,a_1,\cdots,a_{n-1},a_n) \tag{1}$$

其中 n 为任意数，$n\geqslant 0$，但当 $n>0$ 时应有 $a_n\neq 0$. 按 §20 中公式(3) 和(4) 对

于形如(1)的组确定了加法和乘法后,我们把这个组的集合变成了可易环.对此必要的那些性质的证明和 §20 中复数系数多项式的情形完全一样.

在我们建立的环中,形为(a)的组(在$n=0$的情形)构成了和域P同构的一个子域.于是,就可以把这一组和域P中的对应元素a同样看待,也就是认为对于域P中所有的a,都有

$$(a)=a \tag{2}$$

另外,我们用字母x表示组$(0,1)$

$$x=(0,1)$$

利用上面所指出的乘法的定义,我们得到$x^2=(0,0,1)$,一般有

$$x^k=(\underbrace{0,0,\cdots,0}_{k个},1) \tag{3}$$

现在,利用有序组的加法和乘法的定义,由等式(2)和(3)得到

$$\begin{aligned}(a_0,a_1,a_2,\cdots,a_{n-1},a_n)&=(a_0)+(0,a_1)+(0,0,a_2)+\cdots+\\&(\underbrace{0,0,\cdots,0}_{n-1个},a_{n-1})+(\underbrace{0,0,\cdots,0}_{n个},a_n)=\\&(a_0)+(a_1)(0,1)+(a_2)(0,0,1)+\cdots+\\&(a_{n-1})(\underbrace{0,0,\cdots,0}_{n-1个},1)+(a_n)(\underbrace{0,0,\cdots,0}_{n个},1)=\\&a_0+a_1x+a_2x^2+\cdots+a_{n-1}x^{n-1}+a_nx^n\end{aligned}$$

这样一来,形如(1)的任何有序组都可以写为x的系数在域P上的多项式的形式.而且这个写法显然是唯一的.最后,借助于已证明了的加法的可易性,可以改写成一个按x的降幂排列的形式.

因而,我们做成了一个可易环,很自然的称为域P上的未知量x的多项式环.用符号$P[x]$来表示它.

上面已经看到,域P本身是包含在环$P[x]$中的.其次,就像在数域上的多项式环一样(参看 §20),环$P[x]$有幺元素存在,但不含有真零因子,且不为域.

如果域P包含在更大的域$\overline{P}$内,环$P[x]$就是环$\overline{P}[x]$的子环:显然系数在域P内的任何一个多项式,都可以看作是域$\overline{P}$上的多项式,而多项式的和与积仅仅是和它们的系数有关的,因此在转到更大的域的过程中并无改变.

为了更好地理解"域P上多项式环"这个概念的真实范围,我们还要从另一方面来研究.

设域P是可易环L中的一个子环.环L中的元素α叫作域P上的代数元素,如果存在一个系数在域P上的n次方程($n\geqslant1$),它为α所满足;如果这样的方程不存在,那么就称元素α为域P上的超越元素.显然,环$P[x]$的元素x是域P上的超越元素.

我们有下面的定理：

如果环 L 的元素 α 是域 P 上的超越元素，那么幺元素 α 附加在域 P 上所得到的子环 L'（即环 L 的包含域 P 和元素 α 的最小子环）是和多项式环 $P[x]$ 同构的.

事实上，系数 $a_0, a_1, \cdots, a_{n-1}, a_n$ 在域 P 中的，形如

$$\beta = a_0\alpha^n + a_1\alpha^{n-1} + \cdots + a_{n-1}\alpha + a_n, n \geqslant 0 \tag{4}$$

的环 L 中的各元素 β，都包含在子环 L' 中. 元素 β 不能有两种(4) 形的表示法，因为由一个减去另一个，就会得出一个为元素 α 所满足的域 P 上的方程，这与这个元素的超越性发生矛盾. (4) 形的元素按环 L 中的加法法则相加时，显然可以把 α 的同次幂的系数相加，这是与多项式加法法则相同的. 另外，(4) 形元素根据环 L 中的乘法法则相乘时，利用分配律，我们可以逐项相乘，然后合并同类项. 很明显，这就引出了早已知道的多项式的乘法法则. 这就证明了，在环 L 中，(4) 形的元素构成一个包含域 P 和元素 α 的子环，即这个子环与环 L' 完全重合，而它又是和多项式环 $P[x]$ 同构的.

我们看到，上面选择的多项式运算的定义绝不是偶数的，它完全由环 $P[x]$ 的元素 x 应该是 P 上的超越元素这一事实而决定.

注意，在建立多项式环的时候，我们完全没有利用域 P 的元素的除法，只有在证明关于多项式乘积的次数的论断时，引用了一次域 P 中没有真零因子这一事实. 取任意可易环 L，重复上述方法，可以得到环 L 上的多项式环 $L[x]$；同时，如果环 L 不含真零因子，那么多项式的乘积的次数等于各个因子的次数之和. 因此，多项式环 $L[x]$ 也不含真零因子.

我们指出，本书 §20 ～ §22 中所述关于多项式可除性的全部理论实质上都可转到系数在任意域 P 上的多项式. 即是说，带余除法在环 $P[x]$ 中仍然成立. 且商和余式都属于环 $P[x]$. 其次，在环 $P[x]$ 中，除式的概念也有意义，且它的所有基本性质仍然保留. 因为辗转相除法不超出基域 P 的范围，所以可断定，多项式 $\varphi(x)$ 是 $f(x)$ 的因子这一性质，不依赖于我们研究的是域 P 或者是任意扩展域 $\bar{P}$.

在环 $P[x]$ 中，最大公因式的定义和它的全部性质，包括欧几里得算法和在 §21 中用这种除法证明的定理在内，都仍然成立. 因为我们已经知道，带余除法是和基域的选择无关的，所以可肯定，两个已知多项式的最大公因子也不依赖于我们研究的是域 P 或者是它的任意扩展域 $\bar{P}$.

最后，对于域 P 上的多项式，根的概念仍有意义，且其基本性质仍然正确. 多重根的理论仍然成立，在下节末尾，我们还要谈到这个问题.

今后，我们在研究任意域 P 上的多项式的时候，就可以引用 §20 ～ §22 的结果.

§48 分解多项式为不可约因式

根据 §24 中关于根的存在定理，我们已经证明了对于复数域和实数域，分解多项式为不可约因式的分解式是唯一存在的. 这些结论是关于任意域 P 上多项式的一般理论的特殊情形. 本节将叙述这个一般理论，它类似于分解整数为质因子的理论.

首先选出一些多项式，使它在多项式环中的作用像质数在整数环中的作用一样. 先要强调说明的是，在这一定义中只说到次数大于或等于一的多项式，这完全和质数的定义一样，研究整数的质因数分解式时，数 1 和 -1 是不算在内的.

设已给出系数在域 P 中次数为 $n(n \geqslant 1)$ 的多项式 $f(x)$. 由 §21 的性质 Ⅴ，知所有零次多项式都可以为 $f(x)$ 的因式. 另外，由 Ⅷ，所有多项式 $cf(x)$，其中 c 为 P 中不为零的元素，也都是 $f(x)$ 的因式，而且 $f(x)$ 的次数为 n 的因式也只有这些. 至于 $f(x)$ 的次数大于 0 而小于 n 的因式，在环 $P[x]$ 中可能存在，也可能不存在. 在前一情形，多项式 $f(x)$ 叫作在域 P 中（或者域 P 上）可约，在后一情形，叫作在域 P 中不可约.

回想一下因式的定义，可以说，n 次多项式在域 P 中可约，如果它可以在这一域上（亦即在环 $P[x]$ 中）分解为两个因式的乘积，它们的次数都小于 n

$$f(x) = \varphi(x)\psi(x) \tag{1}$$

而 $f(x)$ 在域 P 中不可约，如果在它的任何一个式(1)形分解式中，有一个因式的次数为 0，而另一个的次数为 n.

特别要注意的是，关于多项式的可约性和不可约性，只是对于已给域 P 来说的，因为一个多项式在这个域中不可约，而在它的某扩展域 $\overline{P}$ 中就可能是可约的. 例如，整系数多项式 x^2-2 在有理数域中不可约——它不可能分解为两个有理系数一次因式的乘积. 但等式

$$x^2-2=(x-\sqrt{2})(x+\sqrt{2})$$

说明，在实数域中，这个多项式是可约的. 多项式 x^2+1 不仅在有理数域中，就是在实数域中也不可约；但在复数域中，它是可约的，因为

$$x^2+1=(x+\mathrm{i})(x-\mathrm{i})$$

我们来指出不可约多项式的某些基本性质，同时要记住，在说到不可约多项式时，都是对域 P 来说的.

(1) 每个一次多项式都是不可约的.

事实上，如果这个多项式可以分解为低次因式的乘积，那么这些因式的次

数必须为 0. 但任何零次多项式的乘积仍然是零次多项式，所以是不可能的.

(2) 如果多项式 $p(x)$ 不可约，那么每一个多项式 $cp(x)$ 都不可约，其中 c 是 P 中不为零的元素.

这一性质可以由 § 21 的性质 Ⅰ 和 Ⅷ 来得出. 因此，讨论不可约多项式时，可加首项系数为一的限制.

(3) 如果 $f(x)$ 是任意的，而 $p(x)$ 为不可约多项式，那么或者 $p(x)$ 除尽 $f(x)$，或者 $p(x)$ 和 $f(x)$ 互质.

如果 $(f(x), p(x)) = d(x)$，那么 $d(x)$ 为不可约多项式 $p(x)$ 的因式，或者有次数 0，或者是 $cp(x)$ 形多项式，$c \neq 0$. 在前一情形，$f(x)$ 和 $p(x)$ 互质，而在后一情形，$p(x)$ 除尽 $f(x)$.

(4) 如果多项式 $f(x)$ 和 $g(x)$ 的乘积被不可约多项式 $p(x)$ 所除尽，那么至少有一个因子可以被 $p(x)$ 所除尽.

事实上，如果 $f(x)$ 不被 $p(x)$ 所除尽，那么由 (γ)，$f(x)$ 和 $p(x)$ 互质，故由 § 21 的性质，多项式 $g(x)$ 一定被 $p(x)$ 所除尽.

性质(4) 不难推广到任何有限多个因式乘积的情形.

下面的两个定理是本节的主要目标.

环 $P[x]$ 中每个 n 次 $(n \geqslant 1)$ 多项式 $f(x)$ 都可以分解为不可约因式的乘积.

事实上，如果多项式 $f(x)$ 不可约，那么所说的乘积是由一个因式所组成的. 如果它是可约的，那么可以分解为低次因式的乘积. 如果在这些因式中仍然有可约的，那么再化为因式的分解式，依此类推. 这一方法经过有限次后必须停止，因为对于 $f(x)$ 的任何一个分解式，它的因式的次数的和必须等于 n，所以知 $f(x)$ 的因式个数不能超过 n.

如果只限于正整数的话，整数的质因子分解式是唯一的. 但在整数环中，只在不计正负号时才有它的唯一性：例如 $-6 = 2 \cdot (-3) = (-2) \cdot 3$，$10 = 2 \cdot 5 = (-2) \cdot (-5)$ 等. 在多项式环中有类似的情况，如果

$$f(x) = p_1(x) p_2(x) \cdots p_s(x)$$

是化多项式 $f(x)$ 为不可约因式乘积的分解式，而域 P 中元素 $c_1, c_2, \cdots, c_s$ 的乘积等于 1，那么

$$f(x) = [c_1 p_1(x)] \cdot [c_2 p_2(x)] \cdots [c_s p_s(x)]$$

由性质(2)，知道它也是化 $f(x)$ 为不可约因式乘积的分解式. 事实上这就是 $f(x)$ 的全部分解式：

如果对环 $P[x]$ 中多项式有两种方法分解为不可约因式的乘积

$$f(x) = p_1(x) p_2(x) \cdots p_s(x) = q_1(x) q_2(x) \cdots q_t(x) \tag{2}$$

那么 $s = t$，而且可以调动次序使有等式

$$q_i(x)=c_ip_i(x),i=1,2,\cdots,s \tag{3}$$

其中 c_i 是域 P 中不为零的元素.

这一定理对于一次多项式是真确的,因为它是不可约的.我们对多项式的次数用归纳法来证明,也就是假设对于次数小于 $f(x)$ 的那种多项式定理已经证明,而来证明定理对于 $f(x)$ 也能成立.

因为 $q_1(x)$ 是 $f(x)$ 的因式,所以由性质(4)和等式(2),$q_1(x)$ 至少是某一个多项式 $p_i(x)$ 的因式,比方说是 $p_1(x)$ 的因式,但因多项式 $p_1(x)$ 是不可约的,而 $q_1(x)$ 的次数大于零,故有这样的元素 c_1 存在使得

$$q_1(x)=c_1p_1(x) \tag{4}$$

用 $q_1(x)$ 的表示式代进式(2)里面去,且约去 $p_1(x)$(这是合理的,因为在环 $P[x]$ 中没有真零因子),我们得出等式

$$p_2(x)p_3(x)\cdots p_s(x)=[c_1q_2(x)]q_3(x)\cdots q_t(x)$$

因为等于这个乘积的多项式的次数小于 $f(x)$ 的次数,所以据归纳法的假设已证明 $s-1=t-1$,也就是 $s=t$,而且有这样的元素 $c_2',c_3,\cdots,c_s$ 存在使得 $c_2'p_2(x)=c_1q_2(x)$,就是 $q_2(x)=(c_1^{-1}c'_2)p_2(x)$,以及 $c_ip_i(x)=q_i(x)(i=1,3,\cdots,s)$.取 $c_1^{-1}c_2'=c_2$ 再联同等式(4),我们得出全部等式(3).

刚才证明的定理可以给出一种较简短的说法:如不算零次因式,每个多项式对不可约因式的分解式是唯一的.

此外,可讨论下面这种对每一个多项式都是唯一确定的特殊形式的分解式:取多项式 $f(x)$ 的任何一个不可约因式分解式,且在它的每一个因式中把首项系数提到括号前面去.我们得出分解式

$$f(x)=a_0p_1(x)p_2(x)\cdots p_s(x) \tag{5}$$

其中所有 $p_i(x)(i=1,2,\cdots,s)$,都是首项系数等于幺元素的不可约多项式.乘出等式(5)的右边,就能证明,因式 a_0 是多项式 $f(x)$ 的首项系数.

在分解式(5)里面的不可约因式,不一定都不相同.如果在分解式(5)中不可约多项式 $p(x)$ 不只出现一次,那么把它叫作 $f(x)$ 的重因式.如在分解式(5)中含有 k 个且只有 k 个因式等于 $p(x)$,那就把它叫作 $f(x)$ 的 k 重因式(特别的,二重,三重等).如果因式 $p(x)$ 在分解式(5)中只出现一次,那么把它叫作 $f(x)$ 的单(或一重)因式.

如果在分解式(5)中,因式 $p_1(x),p_2(x),\cdots,p_l(x)$ 彼此互不相等,而其他每个不可约因式都等于它们中间的某一个,又如果 $p_i(x)(i=1,2,\cdots,l)$ 是多项式 $f(x)$ 的 k_i 重因式,那么分解式(5)可以写成下面的形式

$$f(x)=a_0p_1^{k_1}(x)p_2^{k_2}(x)\cdots p_l^{k_l}(x) \tag{6}$$

这个写法就是我们以后常要用的,而且不再特别说明它们的幂次都等于各因式的重数,亦即当 $i\neq j$ 时,有 $p_i(x)\neq p_j(x)$.

如果给出了多项式 $f(x)$ 和 $g(x)$ 的不可约因式分解式，那么这两个多项式的最大公因式 $d(x)$，等于在这两个分解式中同时出现的不可约因式的乘积，而且每个不可约因式的方次，等于它在所给两个多项式中重数较小的一个.

事实上，所说的乘积是每个多项式 $f(x)$，$g(x)$ 的因式，故亦为 $d(x)$ 的因式. 如果这一乘积不同于 $d(x)$，那么在 $d(x)$ 的不可约因式分解式中，或者含有这样的因式，它至少不在多项式 $f(x)$ 和 $g(x)$ 之一的分解式里面，而这是不可能的；或者其中有一个因式的方次，比它在多项式 $f(x)$ 与 $g(x)$ 的某一分解式中的方次还大，这仍然是不可能的.

这一定理和平常求整数的最大公约数的规则相类似. 但在多项式这一情形，它不能替代欧几里得算法. 事实上，因为小于一个已经给出的正整数的质数，只有有限多个，所以整数的质因子分解式，可以从有限次的试除来得出. 这对于基域为无限域上的多项式环不再成立，在一般的情形，不可能给出实际分解多项式为不可约因式的方法. 还有，即使只要决定多项式 $f(x)$ 在已给域 P 中是否不可约，在一般情形也是很难解决的. 如在复数域和实数域中，所有不可约多项式的描述，已在 §24 作为关于根的存在的深奥定理的推论而得出. 至于有理数域，那么关于这个域上的不可约多项式，在 §56 中将得出只有某些特殊性的考查方法.

我们已经证明，和整数环相类似的，在多项式环中有对"质"(不可约) 因式的分解式，而且在某种意义上这种分解式是唯一的. 这就引起这样的问题，是否可以把这个结果转移到更大的一类环中去. 我们在这里只限于讨论有幺元素而不含真零因子的可易环.

对于环中的这种元素 a，在这个环里面有对应的逆元素 a^{-1} 存在，使得

$$aa^{-1}=1$$

时，我们把它叫作幺元素的因子. 在整数环中，这种数是 1 和 -1；在多项式环 $P[x]$ 中，所有零次多项式，也就是域 P 中所有不为零的数都是这种样子的元素. 如果 c 是一个不为零的元素，也不是幺元素的因子，而且把它分解为两个因子的乘积的任何一个分解式 $c=ab$ 中，至少有一个因子一定是幺元素的因子，那么我们把它叫作质元素. 整数环中的质元素就是质数，而在多项式环中是不可约多项式.

是否在所讨论的环中，每一个不为零的也不是幺元素的因子的这种元素都可以分解为质因子的乘积？是否这种分解式是唯一的？对于后面的这个问题我们了解为这样的意义：如果

$$a=p_1p_2\cdots p_k=q_1q_2\cdots q_l$$

是 a 的两种质因子分解式，那么 $k=l$ 而且(可能在变动序数后) 有

$$q_i=p_ic_i, i=1,2,\cdots,k$$

其中 c_i 是幺元素的因子.

实际上在一般的情形,对两个问题都可以给出否定的答案.我们只是举出一个例子来说明,就是举出一个环来,在它里面对质因子的分解式是可能的,但不是唯一的.

讨论有下面这种形式的复数

$$\alpha = a + b\sqrt{-3} \tag{7}$$

其中 a 和 b 都是整数.所有这种数构成一个有幺元素而不含真零因子的环.事实上,有

$$(a+b\sqrt{-3})(c+d\sqrt{-3}) = (ac-3bd)+(bc+ad)\sqrt{-3} \tag{8}$$

把正整数

$$N(\alpha) = a^2 + 3b^2$$

叫作数 $\alpha = a + b\sqrt{-3}$ 的范数.从式(8)知道乘积的范数等于它的因子的范数的乘积

$$N(\alpha\beta) = N(\alpha)N(\beta) \tag{9}$$

事实上,有

$$(ac-3bd)^2 + 3(bc+ad)^2 = a^2c^2 + 9b^2d^2 + 3b^2c^2 + 3a^2d^2 = (a^2+3b^2)(c^2+3d^2)$$

在我们的环中,如果数 α 是幺元素的因子,也就是有式(7)形的数 α^{-1} 存在,那么从式(9)知有

$$N(\alpha)\cdot N(\alpha^{-1}) = N(\alpha\alpha^{-1}) = N(1) = 1$$

所以 $N(\alpha)=1$,因为数 $N(\alpha)$ 和 $N(\alpha^{-1})$ 都是正整数.如果 $\alpha = a + b\sqrt{-3}$,那么从 $N(\alpha)=1$ 得出

$$N(\alpha) = a^2 + 3b^2 = 1$$

但是这只有在 $b=0, a=\pm 1$ 时才能成立.这样一来,在我们的这个环里面,和整数环一样,只有 1 和 −1 是幺元素的因子,而且只有这两个数的范数才能等于 1.

很明显的,关于范数乘积的等式(9)可以推广到任意有限个数的乘积.所以很容易推知,在我们的这个环中每一个数 α 都可以分解为有限个质因子的乘积,我们让读者自己来详细地证明它.

但是我们断定,对质因子的唯一分解性是不存在的.例如,我们有下面的等式

$$4 = 2\cdot 2 = (1+\sqrt{-3})(1-\sqrt{-3})$$

在我们这个环中,除数 1 和 −1 外,没有其他的幺元素的因子,所以数 $1+\sqrt{-3}$(或是数 $1-\sqrt{-3}$)和数 2 不可能只差一个幺元素的因子.现在我们只要证明,每一个数 $2, 1+\sqrt{-3}, 1-\sqrt{-3}$ 都是所讨论的环中的质元素.事实上,这

三个数的每一个数的范数都等于 4. 设 α 是这些数中的任何一个而且设

$$\alpha=\beta\gamma$$

那么从式(9),可能有下面的三种情形之一出现:

(1)$N(\beta)=4,N(\gamma)=1$.

(2)$N(\beta)=1,N(\gamma)=4$.

(3)$N(\beta)=N(\gamma)=2$.

我们知道,在第一种情形,数 γ 是一个幺元素的因子;在第二种情形,数 β 将为幺元素的因子. 至于第三种情形是不可能的,因为在等式

$$a^2+3b^2=2$$

中要求 a 和 b 都是整数是不可能的.

重因式 虽然如上面所指出,我们不知道如何分解多项式为不可约因式,但有方法可以判定已经给出的多项式有没有重因式,而且在它有重因式时,可以把这一多项式的研究化为不含重因式的多项式的研究. 但这一方法需要对基域加上一个限制,即在本节中以后的内容都先假定域 P 的特征为 0. 没有这一限制,下面所证明的关于重因式的定理都要失去效力. 且从应用的观点来看,特征为零的域也是最重要的,因为整个数域就是这种域.

首先指出,可以把 §22 中对于复系数多项式引进的导式概念和基本性质[①]转移到现在讨论的情形来. 现在我们来证明下面的定理:

如果 $p(x)$ 是多项式 $f(x)$ 的 k 重不可约因式,$k\geqslant 1$,那么它一定是这一多项式的导式的 $k-1$ 重因式. 特别是多项式的单因式不能在它的导式的分解式中出现.

事实上,设

$$f(x)=p^k(x)g(x) \tag{10}$$

而且 $p(x)$ 不能除尽 $g(x)$. 微分等式(10),得出

$$\begin{aligned}f'(x)&=p^k(x)g'(x)+kp^{k-1}(x)p'(x)g(x)\\&=p^{k-1}(x)[p(x)g'(x)+kp'(x)g(x)]\end{aligned}$$

方括号中的第二项不能被 $p(x)$ 所除尽. 因为根据条件,$p(x)$ 不能除尽 $g(x)$,又 $p'(x)$ 的次数小于 $p(x)$ 的次数,亦不能被 $p(x)$ 所除尽,所以由多项式 $p(x)$ 的不可约性和上节的性质(4)以及 §21 的 Ⅸ,得出我们的结果. 另外,方括号中的第一项能被 $p(x)$ 所除尽,故括号中的和不能被 $p(x)$ 所除尽,也就是因式 $p(x)$ 在 $f'(x)$ 中的重数确实是 $k-1$.

从我们的定理以及在上节末尾所指出的求出两个多项式的最大公因式的方法得知,如果给出了多项式 $f(x)$ 对不可约因式的分解式

---

① 对于有限特征的域,n 次多项式的导式使 $n-1$ 次多项式的论断失去效力.

$$f(x)=a_0p_1^{k_1}(x)p_2^{k_2}(x)\cdots p_l^{k_l}(x) \tag{11}$$

那么多项式 $f(x)$ 和它的导式的最大公因式对不可约因式有下面的分解式

$$(f(x),f'(x))=p_1^{k_1-1}(x)p_2^{k_2-1}(x)\cdots p_l^{k_l-1}(x) \tag{12}$$

自然，当 $k_i=1$ 时，它的因式 $p_i^{k_i-1}(x)$ 要换做 1. 特别的，多项式 $f(x)$ 当且仅当它和它的导式互质时，才不含重因式.

因此，我们已经知道了关于已经给出的多项式的重因式存在问题的解答. 还有，因为多项式的导式，两个多项式的最大公因式，都同所讨论的域为 P 或为任何一个扩展域 $\bar{P}$ 无关，所以作为刚才所证明的结果的推论，我们得出：

如果系数在特征为零的域 P 中的多项式 $f(x)$ 在这个域上没有重因式，那么它在域 P 的任何一个扩展域 $\bar{P}$ 上，也不会有重因式.

特别的，如果 $f(x)$ 在 P 上不可约，而 $\bar{P}$ 为域 P 的某一个扩展域，那么即使 $f(x)$ 在 $\bar{P}$ 上可约，但是很明显的也不能被（在 $\bar{P}$ 上）不可约多项式的平方所除尽.

区分重因式　如果给出了多项式 $f(x)$ 的分解式(11)，又如果用 $d_1(x)$ 来记 $f(x)$ 和它的导式 $f'(x)$ 的最大公因式，那么 $d_1(x)$ 的分解式就是(12). 用(12) 来除(11)，我们得出

$$v_1(x)=\frac{f(x)}{d_1(x)}=a_0p_1(x)p_2(x)\cdots p_l(x)$$

也就是得出一个不含重因式的多项式，而且 $v_1(x)$ 的每一个不可约因式都是 $f(x)$ 的因式. 这样就把对于 $f(x)$ 的不可约因式的考查化为对多项式 $v_1(x)$ 的考查，一般说，它的次数较小，且总只含有单因式. 如果已经求出了 $v_1(x)$ 的不可约因式分解式，那么只要求出 $f(x)$ 中不可约因式的重数就已足够，这只要用带余除法就能求出.

把刚才所说的方法变一下，可以立即进而考察一些没有重因式的多项式，而且只要求出这些多项式的不可约因式，我们就不仅求出了 $f(x)$ 的所有不可约因式，也知道了它们的重数.

设(11) 为 $f(x)$ 对不可约因式的分解式，而且因式的最高重数为 $s, s\geqslant 1$. 用 $F_1(x)$ 来记 $f(x)$ 的所有一重因式的乘积，$F_2(x)$ 记它的所有二重因式的乘积，但每个因式都只取一次，依此类推. 最后，用 $F_s(x)$ 来记它的所有 s 重因式的乘积，也都只取一次. 如果对于某一个 j，$f(x)$ 中没有 j 重因式，那么取 $F_j(x)=1$. 这样 $f(x)$ 将被多项式 $F_k(x)(k=1,2,\cdots,s)$ 的 k 方所除尽，故分解式(11) 有形式

$$f(x)=a_0F_1(x)F_2^2(x)F_3^3(x)\cdots F_s^s(x)$$

而对于 $d_1(x)=(f(x),f'(x))$ 的分解式(12) 可写作下面的形式

$$d_1(x)=F_2(x)F_3^2(x)\cdots F_s^{s-1}(x)$$

用 $d_2(x)$ 来记多项式 $d_1(x)$ 和它的导式的最大公因式，一般的用 $d_k(x)$ 来记多项式 $d_{k-1}(x)$ 和 $d'_{k-1}(x)$ 的最大公因式，我们用同样的方法得出

$$d_2(x)=F_3(x)F_4^2(x)\cdots F_s^{s-2}(x)$$
$$d_3(x)=F_4(x)F_5^2(x)\cdots F_s^{s-3}(x)$$
$$\vdots$$
$$d_{s-1}(x)=F_s(x)$$
$$d_s(x)=1$$

故

$$v_1(x)=\frac{f(x)}{d_1(x)}=a_0F_1(x)F_2(x)F_3(x)\cdots F_s(x)$$
$$v_2(x)=\frac{d_1(x)}{d_2(x)}=F_2(x)F_3(x)\cdots F_s(x)$$
$$v_3(x)=\frac{d_2(x)}{d_3(x)}=F_3(x)\cdots F_s(x)$$
$$\vdots$$
$$v_s(x)=\frac{d_{s-1}(x)}{d_s(x)}=F_s(x)$$

因此最后有

$$F_1(x)=\frac{v_1(x)}{a_0v_2(x)},F_2(x)=\frac{v_2(x)}{v_3(x)},\cdots,F_s(x)=v_s(x)$$

这样一来，我们的方法不需要知道 $f(x)$ 的不可约因式，而只是取导式，用欧几里得算法和带余除法，我们就可以求出没有重因式的多项式 $F_1(x)$，$F_2(x)$，…，$F_s(x)$，而且多项式 $F_k(x)(k=1,2,\cdots,s)$ 的每一个不可约因式，都是 $f(x)$ 的 k 重因式.

此处所说的方法，自然不能看作是分解多项式为不可约因式的方法，因为对于 $s=1$ 这一情形，亦就是对于没有重因式的多项式，我们只得出 $f(x)=F_1(x)$.

§49* 根的存在定理

不言而喻，§23 中证明的关于复数域上的任意数值系数多项式根的存在的基本定理，不能转到任意域上去. 本节将要证明一个定理，它在某种程度上在域的一般理论中代替了所指出的复数代数的基本定理.

设给定了域 P 上多项式 $f(x)$. 自然发生下面的问题：如果多项式 $f(x)$ 在域 P 上没有根，那么，是否存在域 P 的扩展域 $\overline{P}$，在它里面 $f(x)$ 至少可以找到

一个根？这里可认为多项式 $f(x)$ 的次数大于 1:零次多项式的问题没有意义，而任意的一次多项式 $ax+b$ 在域 P 本身中有根 $-\dfrac{b}{a}$. 另外，显然可以只讨论多项式 $f(x)$ 不可约的情形:如果它在域 P 上可约，那么它的不可约因式的任一个根都是它本身的根.

下面的根的存在定理给出了这个我们感兴趣的问题的答案:

对于 P 上任一个不可约多项式 $f(x)$，存在着包含 $f(x)$ 的根的域 P 的扩展域. 包含域 P 和这个多项式的任何一个根的各个最小域是彼此同构的.

我们先证明这个定理的第二部分.

设在域 P 上给出不可约多项式

$$f(x)=a_0x^n+a_1x^{n-1}+\cdots+a_{n-1}x+a_n \tag{1}$$

其中 $n\geqslant 2$，也就是 $f(x)$ 在域 P 中没有根. 先假设有一个域 P 的扩展域 $\bar{P}$ 存在，它含有 $f(x)$ 的根 α，且先证明以后必须用到的下面的预备定理，这个预备定理本身也很有趣味:

如果 P 上不可约多项式 $f(x)$ 有根 α 在 $\bar{P}$ 里面，环 $P[x]$ 中某一个多项式 $g(x)$ 亦有根 α，那么 $f(x)$ 是 $g(x)$ 的因式.

事实上，域 $\bar{P}$ 上多项式 $f(x)$ 和 $g(x)$ 有公因式 $x-\alpha$，故不能互质. 但多项式不互质的性质和所选取的域无关，故可转移到域 P 中来说，再利用前节的性质(3)，就能证明本定理.

现在来求出域 $\bar{P}$ 中含有域 P 和元素 α 的最小子域 $P(\alpha)$. 很明显的所有下列形式的元素都在它里面

$$\beta=b_0+b_1\alpha+b_2\alpha^2+\cdots+b_{n-1}\alpha^{n-1} \tag{2}$$

其中 $b_0,b_1,b_2,\cdots,b_{n-1}$ 是域 P 中元素. 域 $\bar{P}$ 中的这种元素不能有两个不同的(2)形写法:如果有等式

$$\beta=c_0+c_1\alpha+c_2\alpha^2+\cdots+c_{n-1}\alpha^{n-1}$$

而且至少对于某一个 k 有 $c_k\neq b_k$，那么 α 将为多项式

$$g(x)=(b_0-c_0)+(b_1-c_1)x+(b_2-c_2)x^2+\cdots+(b_{n-1}-c_{n-1})x^{n-1}$$

的根，这与上述预备定理冲突，因为 $g(x)$ 的次数小于 $f(x)$ 的次数.

在域 $\bar{P}$ 内有(2)形的元素中，含有域 P 的所有元素(取 $b_1=b_2=\cdots=b_{n-1}=0$)，同时亦含有元素 α(取 $b_1=1,b_0=b_2=\cdots=b_{n-1}=0$). 我们来证明，(2)形元素构成所要找出的子域 $P(\alpha)$. 事实上，如果给出了元素 β(写为(2)形)和

$$\gamma=c_0+c_1\alpha+c_2\alpha^2+\cdots+c_{n-1}\alpha^{n-1}$$

那么由域 $\bar{P}$ 的运算性质，有

$$\beta\pm\gamma=(b_0\pm c_0)+(b_1\pm c_1)\alpha+(b_2\pm c_2)\alpha^2+\cdots+(b_{n-1}\pm c_{n-1})\alpha^{n-1}$$

这就是任何两个(2)形元素的和与差仍是这种形式的元素.

如果我们乘出 β 和 γ，那就得出一个含有 α^n 和 α 的更高方次的表示式，但由 (1) 和等式 $f(\alpha)=0$ 推知 α^n，因而 α^{n+1}，α^{n+2} 等，都可以经 α 的较低方次表出. 用更简单的方法来求出 $\beta\gamma$ 的表示式是这样的，设

$$\varphi(x)=b_0+b_1x+\cdots+b_{n-1}x^{n-1}, \psi(x)=c_0+c_1x+\cdots+c_{n-1}x^{n-1}$$

那么 $\varphi(\alpha)=\beta$，$\psi(\alpha)=\gamma$. 乘出多项式 $\varphi(x)$ 和 $\psi(x)$ 且用 $f(x)$ 来除这个乘积；我们得出

$$\varphi(x)\psi(x)=f(x)q(x)+r(x) \tag{3}$$

其中

$$r(x)=d_0+d_1x+\cdots+d_{n-1}x^{n-1}$$

在 $x=\alpha$ 时，取等式(3) 的两边的值，我们得出

$$\varphi(\alpha)\psi(\alpha)=f(\alpha)q(\alpha)+r(\alpha)$$

由 $f(\alpha)=0$，这就得出

$$\beta\gamma=d_0+d_1\alpha+\cdots+d_{n-1}\alpha^{n-1}$$

这样一来，两个(2) 形式元素的乘积仍然是这种形式的元素.

最后，我们证明，如果元素 β 有(2) 的形式，而且 $\beta\neq 0$，那么在域 $\bar{P}$ 中有元素 β^{-1} 存在，且亦可以写为(2) 的形式. 为此，在环 $P[x]$ 中取多项式

$$\varphi(x)=b_0+b_1x+\cdots+b_{n-1}x^{n-1}$$

因为 $\varphi(x)$ 的次数小于 $f(x)$ 的次数，而多项式 $f(x)$ 在 P 中不可约，所以 $\varphi(x)$ 和 $f(x)$ 互质，由 §21 和 §47 知，在环 $P[x]$ 中有这样的多项式 $u(x)$ 和 $v(x)$ 存在，使得

$$\varphi(x)u(x)+f(x)v(x)=1$$

而且可设 $u(x)$ 的次数小于 n，且

$$u(x)=s_0+s_1x+\cdots+s_{n-1}x^{n-1}$$

故由等式 $f(\alpha)=0$，得

$$\varphi(\alpha)u(\alpha)=1$$

再由等式 $\varphi(\alpha)=\beta$，我们得出

$$\beta^{-1}=u(\alpha)=s_0+s_1\alpha+\cdots+s_{n-1}\alpha^{n-1}$$

这样一来，域 $\bar{P}$ 中有(2) 形的全部元素构成域 $\bar{P}$ 的子域，这就是所要找出的域 $P(\alpha)$. 还有，因为我们看到，在求出(2) 形元素 β 和 γ 的和与积时只需要知道这些元素经 α 的方次所表出的表示式中的系数，所以可断定下面这个结果的正确性：如果除 $\bar{P}$ 外，另有域 P 的扩展域 $\bar{P}'$ 存在，含有多项式 $f(x)$ 的某一个根 α'，且设 $P(\alpha')$ 为域 $\bar{P}'$ 中含有 P 和 α' 的最小子域，那么域 $P(\alpha)$ 和 $P(\alpha')$ 同构，而且为了得出它们之间的同构对应，$P(\alpha)$ 中(2) 形的元素 β 要对应于 $P(\alpha')$ 中有相同系数的元素

$$\beta'=b_0+b_1\alpha'+b_2\alpha'^2+\cdots+b_{n-1}\alpha'^{n-1}$$

这就证明了定理的第二部分.

接下来证明这一定理的前面一半,而上面所说的情形对此已经提示了途径.给出域 P 上不可约 n 次多项式 $f(x)$,$n \geqslant 2$,要构成 P 的扩展域,使它含有 $f(x)$ 的根.为此取环 $P[x]$ 中所有的多项式,将它们分为没有公共元素的类,在每一个类中的多项式被已给出多项式 $f(x)$ 所除后都得出同一的余式.换句话说,多项式 $\varphi(x)$ 和 $\psi(x)$ 在同一类中,如果它们的差被 $f(x)$ 所除尽.

规定用符号 A, B, C 等来记所得出的类,且用下面的很自然的方法来得出类的和与积.取任何两个类 A 和 B,在类 A 中选取某一个多项式 $\varphi_1(x)$,在类 B 中选取某一个多项式 $\psi_1(x)$ 且用 $\chi_1(x)$ 来记这两个多项式的和

$$\chi_1(x) = \varphi_1(x) + \psi_1(x)$$

而用 $\theta_1(x)$ 来记它们的乘积

$$\theta_1(x) = \varphi_1(x) \cdot \psi_1(x)$$

现在在类 A 中任取另一个多项式 $\varphi_2(x)$,在类 B 中任取另一个多项式 $\psi_2(x)$ 且用 $\chi_2(x)$ 和 $\theta_2(x)$ 来各记它们的和与积

$$\chi_2(x) = \varphi_2(x) + \psi_2(x)$$
$$\theta_2(x) = \varphi_2(x) \cdot \psi_2(x)$$

由条件,多项式 $\varphi_1(x)$ 和 $\varphi_2(x)$ 在同一类 A 中:所以它们的差 $\varphi_1(x) - \varphi_2(x)$ 被 $f(x)$ 所整除;对于差 $\psi_1(x) - \psi_2(x)$ 也有同样的性质.故知,差

$$\begin{aligned}\chi_1(x) - \chi_2(x) &= [\varphi_1(x) + \psi_1(x)] - [\varphi_2(x) + \psi_2(x)] \\ &= [\varphi_1(x) - \varphi_2(x)] + [\psi_1(x) - \psi_2(x)] \end{aligned} \tag{4}$$

也被多项式 $f(x)$ 所整除.这对于差 $\theta_1(x) - \theta_2(x)$ 也是真确的,因为

$$\begin{aligned}\theta_1(x) - \theta_2(x) &= \varphi_1(x)\psi_1(x) - \varphi_2(x)\psi_2(x) \\ &= \varphi_1(x)\psi_1(x) - \varphi_1(x)\psi_2(x) + \varphi_1(x)\psi_2(x) - \varphi_2(x)\psi_2(x) \\ &= \varphi_1(x)[\psi_1(x) - \psi_2(x)] + [\varphi_1(x) - \varphi_2(x)]\psi_2(x) \end{aligned} \tag{5}$$

等式(4) 证明多项式 $\chi_1(x)$ 和 $\chi_2(x)$ 在同一类中.类 A 中任何一个多项式和类 B 中任何一个多项式的和属于完全确定的类 C,它同类 A 和 B 中所选出的作为“代表”的多项式无关.把类 C 叫作类 A 和 B 的和,记为

$$C = A + B$$

同理,由(5) 知 A 中任何一个多项式和 B 中任何一个多项式的积在同一类 D 中,与类 A 和 B 中所选取的代表无关.这一个类叫作类 A 和 B 的乘积,记为

$$D = AB$$

我们来证明,多项式环 $P[x]$ 中所区分出来的类的集合,对于所指出的加法和乘法运算构成一个域.事实上,对于这两个运算的可易律和结合律以及分配律的正确性可以由这些定律在环 $P[x]$ 中的正确性来推得,因为类的运算是

从这些类中的多项式的运算所得来的.很明显的,由被多项式 $f(x)$ 所能整除的多项式所组成的类有零的作用.把这个类叫作零元素且用 0 来记它.由被多项式 $f(x)$ 除后得出余式 $\varphi(x)$ 所组成的类 A 的负元素是由那些多项式所组成的,它们被 $f(x)$ 所除后都得出余式 $-\varphi(x)$.故推知对这些多项式集合可施行唯一的减法.

为了证明在类的集合中可施行除法,必须证明有这样的类存在,它有幺元素的作用,而且对于每一个不为零的类,都有逆类存在.很明显的幺元素是由被 $f(x)$ 所除后得出余式 1 的多项式所组成,把这个类叫作幺元素且用符号 E 来记它.

现在设已给出不为零的类 A.在类 A 中选取多项式 $\varphi(x)$ 作为代表,它不被 $f(x)$ 所除尽,故由 $f(x)$ 的不可约性,知道这两个多项式互质.这样一来,在环 $P[x]$ 中,有多项式 $u(x)$ 和 $v(x)$ 存在,适合等式

$$\varphi(x)u(x)+f(x)v(x)=1$$

故

$$\varphi(x)u(x)=1-f(x)v(x) \tag{6}$$

等式(6)的右边经 $f(x)$ 除后得出余式 1,也就是属于幺元素 E.如果用 B 来记多项式 $u(x)$ 所在的类,那么等式(6)得到

$$AB=E$$

故 $B=A^{-1}$.这就证明了对于每一个非零类都有逆类存在,也就证明了这个类构成一个域.

用 $\bar{P}$ 来记这个域而来证明它是域 P 的扩展域.域 P 中每一个元素 a 对应于这些多项式所组成的类,它们被 $f(x)$ 所除后都得出余式 a.元素 a 自己,看作零次多项式,落在这个类里面.所有这些特殊形式的类构成域 $\bar{P}$ 的一个子域,和域 P 同构.事实上,它们之间的一一对应是很明显的.另外,对于这些类,可以取域 P 中的元素做代表,故 P 中元素的和(积)对应于它的对应类的和(积).因此,以后我们有理由不必区分域 P 中元素和它所对应的类.

最后,用 X 来记这些多项式所组成的类,它们被 $f(x)$ 所除后都得出余式 x.这个类是域 $\bar{P}$ 中一个完全确定的元素,我们要证明,它是多项式 $f(x)$ 的根.设

$$f(x)=a_0x^n+a_1x^{n-1}+\cdots+a_{n-1}x+a_n$$

用 A_i 来记上述意义下对应于域 P 中的元素 $a_i(i=0,1,2,\cdots,n)$ 的类,且求出

$$A_0X^n+A_1X^{n-1}+\cdots+A_{n-1}X+A_n \tag{7}$$

域 $\bar{P}$ 中的相等元素.用元素 a_i 做类 A_i 的代表,而用多项式 x 做类 X 的代表,且应用类的加法和乘法定义,我们得出类(7)含有多项式 $f(x)$.但 $f(x)$ 被它自己所除尽,故类(7)是零元素.这样一来,把 A_i 在域 P 中的对应元素 a_i 来换(7)中

的类 A_i，我们得出，在域 $\overline{P}$ 中有等式

$$a_0X^n+a_1X^{n-1}+\cdots+a_{n-1}X+a_n=0$$

也就是，类 X 确实是多项式 $f(x)$ 的根.

这就完成了关于根的存在定理的证明. 注意，取 P 为实数域 D 且设 $f(x)=x^2+1$，我们又得出一个构成复数域的方法.

由根的存在定理可以导出类似于在 §24 中由复数代数的基本定理导出的结果. 首先我们作一个附注. 因为多项式 $f(x)$ 的任一个线性因子 $x-c$ 不可约，所以它应该包含在 $f(x)$ 对不可约因子的唯一的分解式中.

然而 $f(x)$ 对不可约因子的分解式中的线性因子的个数不能超过这个多项式的次数. 我们得到下面的结果：

域 P 上的 n 次多项式 $f(x)$ 不能有多于 n 个的根. 这里，每个 k 重根要算作 k 个根.

我们把域 P 的包含了 $f(x)$ 的 n 个根的(每个 k 重根作 k 个计算) 扩展域 Q 叫作域 P 上 n 次多项式 $f(x)$ 的分解域. 因此，在域 Q 上多项式 $f(x)$ 可分解成线性因子，并且域 Q 的任何进一步扩展都不能引出 $f(x)$ 的新的根.

对于环 $P[x]$ 中每一个多项式 $f(x)$，都有 P 上分解域存在.

事实上，如果 $f(x)$ 在域 P 中有 n 个根，那么 P 就是所要找出的分解域. 如果 $f(x)$ 不能在 P 上分解为线性因式的乘积，那么取出它里面一个不可约非线性多项式 $\varphi(x)$，且由关于根的存在的基本定理，扩展域 P 到域 P'，使它含有 $\varphi(x)$ 的根. 如果在 P' 上多项式 $f(x)$ 还不能分解为线性因式的乘积，那么再来把域扩大，使其含有一个非线性不可约因式的根. 经过有限次之后，很明显的我们得到 $f(x)$ 的分解域.

自然，$f(x)$ 可以有许多不同的分解域. 可以证明，所有含域 P 和多项式 $f(x)$ 的 n 个根(如果 n 是这一个多项式的次数) 的最小域都彼此同构. 但是我们并不用到这一论断，这里不给证明.

重根　在上节中已经证明了，特征为 0 的域 P 上多项式 $f(x)$ 没有重因式的充分必要条件，是它和它的导式互质，同时我们也注意到，从 $f(x)$ 在 P 中无重因式可推知它在域 P 的任何一个扩展域 $\overline{P}$ 中也没有重因式. 把这个条件运用到 $\overline{P}$ 是 $f(x)$ 的某一个分解域的情形，而且回忆上面所说的重根的定义，我们得到下面的结果：

如果特征为 0 的域 P 上的多项式 $f(x)$ 在给定的分解域上没有重根，那么它和它的导式 $f'(x)$ 互质. 反之，如果 $f(x)$ 和它的导式互质，那么在其任何分解域中没有重根.

特别是由此得出，在特征为 0 的域 P 上的不可约多项式 $f(x)$ 在这个域的任意扩展域上不能有重根. 对有限特征的域，这个论断不再正确 —— 在域的一

般理论中，这种情况起着突出的作用.

最后，我们指出，对于任意域的情形，韦达公式仍然正确(参看 §24). 这里是在这个多项式的某个分解域中取它的根.

§50* 有理分式域

在 §25 中叙述的有理分式的理论在任意基域的情形下，也完全成立. 然而，在变更实数域为任意域 P 后，不应把表示式$\dfrac{f(x)}{g(x)}$看作变数 x 的函数，因为我们知道，它对于多项式已经不能应用. 我们面前的问题是，当系统在任意域 P 中时应当给这些表示式以怎样的意义. 我们要建立一个域，使它含有多项式环 $P[x]$，而且使得在新域中所确定的加法和乘法运算，用到多项式上时，和环 $P[x]$ 中的运算一致. 简单的说，环 $P[x]$ 必须为这个新域的子环. 另外，新域中每一个元素要表示为两个多项式的商(在这一域中的除法的意义下). 现在就要证明对于每一个 P 都能建立这样的域，把它记为 $P(x)$(把未知量写在圆括号内)且把它叫作域 P 上有理分式域.

先假定环 $P[x]$ 已经是某一个域 Q 的子环. 如果 $f(x)$ 和 $g(x)$ 是 $P[x]$ 的任何两个多项式，而且 $g(x)\neq 0$，那么在域 Q 中有唯一确定的元素存在，等于 $g(x)$ 除 $f(x)$ 的商. 和平常的域一样，用$\dfrac{f(x)}{g(x)}$来记这一个元素，由商的定义，我们可写出等式

$$f(x)=g(x)\cdot\frac{f(x)}{g(x)} \tag{1}$$

它的乘积需了解为域 Q 中的相乘意义. 可能遇到某两个商$\dfrac{f(x)}{g(x)}$和$\dfrac{\varphi(x)}{\psi(x)}$是域 Q 中的同一元素，它们相等的条件和平常分数相等的条件一样：

$\dfrac{f(x)}{g(x)}=\dfrac{\varphi(x)}{\psi(x)}$ 的充分必要条件是 $f(x)\psi(x)=\varphi(x)g(x)$.

事实上，如果$\dfrac{f(x)}{g(x)}=\dfrac{\varphi(x)}{\psi(x)}=\alpha$，那么由(1)，得

$$f(x)=g(x)\alpha,\varphi(x)=\psi(x)\alpha$$

故

$$f(x)\psi(x)=g(x)\psi(x)\alpha=g(x)\varphi(x)$$

反过来，如果由环 $P[x]$ 中的乘法意义，$f(x)\psi(x)=g(x)\varphi(x)=u(x)$，那么转移到域 Q，我们得出等式

$$\frac{f(x)}{g(x)}=\frac{u(x)}{g(x)\psi(x)}=\frac{\varphi(x)}{\psi(x)}$$

还有，易知 Q 中任何两个形为 $P[x]$ 中多项式的商的元素的和与积，仍然可以表示为这种商的形式，而且平常分数的加法和乘法对它们仍然成立

$$\frac{f(x)}{g(x)}+\frac{\varphi(x)}{\psi(x)}=\frac{f(x)\psi(x)+g(x)\varphi(x)}{g(x)\psi(x)} \tag{2}$$

$$\frac{f(x)}{g(x)}\cdot\frac{\varphi(x)}{\psi(x)}=\frac{f(x)\cdot\varphi(x)}{g(x)\cdot\psi(x)} \tag{3}$$

事实上，用乘积 $g(x)\psi(x)$ 来乘每一个等式的两边且利用(1)，我们得到两个在环 $P[x]$ 中能成立的等式. 现在因为在域 Q 中没有真零因子，所以从等式的两边约去不为零的元素 $g(x)\psi(x)$，并没有破坏它们的相等性，由此可知等式(2) 和(3) 成立.

这些事前的说明，为我们指出了途径，知道应该怎样来构成域 $P(x)$. 设已给出任一域 P 和 P 上多项式环 $P[x]$. 对于每一对有次序的多项式 $f(x)$，$g(x)$，其中 $g(x)\neq 0$，建立一个对应的符号 $\frac{f(x)}{g(x)}$，叫作分子为 $f(x)$ 和分母为 $g(x)$ 的有理分式. 再强调一次，这纯粹是对应于已给一对多项式的一个符号，因为一般说来，在环 $P[x]$ 本身中，多项式的除法不能施行，而且到现在为止，还没有得出含有环 $P[x]$ 的域. 即使 $g(x)$ 是 $f(x)$ 的因式，新符号 $\frac{f(x)}{g(x)}$ 到现在为止，也应该和由 $g(x)$ 除 $f(x)$ 所得出的商式加以区别.

现在叫有理分式 $\frac{f(x)}{g(x)}$ 和 $\frac{\varphi(x)}{\psi(x)}$ 相等

$$\frac{f(x)}{g(x)}=\frac{\varphi(x)}{\psi(x)} \tag{4}$$

如果在环 $P[x]$ 中有等式 $f(x)\psi(x)=g(x)\varphi(x)$. 很明显的，每一个分式等于它自己，而且如果第一个分式等于第二个分式，那么第二个分式亦等于第一个分式. 我们来证明这一相等概念的递推性. 设已给出等式(4) 和

$$\frac{\varphi(x)}{\psi(x)}=\frac{u(x)}{v(x)} \tag{5}$$

从它们在环 $P[x]$ 中相当的等式

$$f(x)\psi(x)=g(x)\varphi(x), \varphi(x)v(x)=\psi(x)u(x)$$

推得

$$f(x)v(x)\psi(x)=g(x)\varphi(x)v(x)=g(x)u(x)\psi(x)$$

故在约去不等于零的多项式 $\psi(x)$(因它是分式的分母) 后，得

$$f(x)v(x)=g(x)u(x)$$

因此，由分式的相等定义，知

$$\frac{f(x)}{g(x)}=\frac{u(x)}{v(x)}$$

这就是所要证明的结果.

现在把所有等于某一个已给分式的所有分式并为一类,由等式的递推性,它们都彼此相等.在某一个类中如果至少有一个分式不在另一个类中,那么由等式的递推性,这两个类没有公共的元素.

这样一来,利用环 $P[x]$ 中多项式来写出的全部有理分式,已经区分为没有公共元素的类,每一类中的分式彼此相等.现在我们要在这些由相等分式所组成的类的集合中,这样来定义代数运算,使它成为一个域.为此,我们要定义有理分式的运算,且每次都要验证在任何两个有理分式的和(或积)中,用相等的分式来代换它里面的任何一项(或因子)后,结果仍然相等.这才允许我们提出等分式类的和与积.

首先做出下面的注解,这在以后时常要用到:在一个有理分式中,消去它的分子分母中的公因式,或同乘它的分子分母以一个不为零的多项式后,所得出的分式和原分式相等.事实上,有

$$\frac{f(x)}{g(x)}=\frac{f(x)h(x)}{g(x)h(x)}$$

因为在环 $P[x]$ 中

$$f(x)[g(x)h(x)]=g(x)[f(x)h(x)]$$

我们用式(2)来定义有理分式的加法.因由 $g(x)\neq 0$ 和 $\psi(x)\neq 0$ 得 $g(x)\psi(x)\neq 0$,故式(2)的右边仍是一个有理分式.还有,如果有

$$\frac{f(x)}{g(x)}=\frac{f_0(x)}{g_0(x)},\frac{\varphi(x)}{\psi(x)}=\frac{\varphi_0(x)}{\psi_0(x)}$$

也就是

$$f(x)g_0(x)=g(x)f_0(x),\varphi(x)\psi_0(x)=\psi(x)\varphi_0(x) \tag{6}$$

那么用 $\psi(x)\psi_0(x)$ 来乘(6)中第一式的两边,用 $g(x)g_0(x)$ 来乘第二式的两边,而后把所得等式相加,我们得出

$$[f(x)\psi(x)+g(x)\varphi(x)]g_0(x)\psi_0(x)=$$
$$[f_0(x)\psi_0(x)+g_0(x)\varphi_0(x)]g(x)\psi(x)$$

这相当于等式

$$\frac{f(x)\psi(x)+g(x)\varphi(x)}{g(x)\psi(x)}=\frac{f_0(x)\psi_0(x)+g_0(x)\psi_0(x)}{g_0(x)\psi_0(x)}$$

这样一来,如果给予由彼此相等的分式所组成的两个类,那么一个类中任何一个分式同另一个类中任何一个分式的和都是相等的,也就是都在某一个完全确定的第三个类里面.这个类叫作已给出的两个类的和.

由(2)直接推得这一加法的可易性,而可群性的证明是这样的

$$\left[\frac{f(x)}{g(x)}+\frac{\varphi(x)}{\psi(x)}\right]+\frac{u(x)}{v(x)}=\frac{f(x)\psi(x)+g(x)\varphi(x)}{g(x)\psi(x)}+\frac{u(x)}{v(x)}=$$

$$\frac{f(x)\psi(x)v(x)+g(x)\varphi(x)v(x)+g(x)\psi(x)u(x)}{g(x)\psi(x)v(x)}=$$

$$\frac{f(x)}{g(x)}+\frac{\varphi(x)v(x)+\psi(x)u(x)}{\psi(x)v(x)}=\frac{f(x)}{g(x)}+\left[\frac{\varphi(x)}{\psi(x)}+\frac{u(x)}{v(x)}\right]$$

由分式相等的定义，不难得出所有$\frac{0}{g(x)}$形分式，也就是分子为 0 的分式，都是彼此相等的因而构成一个等分式类. 我们把它叫作零类且来证明它对于加法有零元素的作用. 事实上，如果已给出任何一个分式$\frac{\varphi(x)}{\psi(x)}$，那么

$$\frac{0}{g(x)}+\frac{\varphi(x)}{\psi(x)}=\frac{0\cdot\psi(x)+g(x)\varphi(x)}{g(x)\psi(x)}=\frac{g(x)\varphi(x)}{g(x)\psi(x)}=\frac{\varphi(x)}{\psi(x)}$$

由等式

$$\frac{f(x)}{g(x)}+\frac{-f(x)}{g(x)}=\frac{0}{g^2(x)}$$

它的右边在零类中，故知等于分式$\frac{-f(x)}{g(x)}$的这些分式所组成的类，是等于分式$\frac{f(x)}{g(x)}$的这些分式所组成的类的负元素. 因此，我们知道减法可以唯一地施行.

我们用式(3) 做有理分式的乘法定义，且由 $g(x)\psi(x)\neq 0$，知道这个公式的右边是一个有理分式. 还有，如果

$$\frac{f(x)}{g(x)}=\frac{f_0(x)}{g_0(x)},\frac{\varphi(x)}{\psi(x)}=\frac{\varphi_0(x)}{\psi_0(x)}$$

也就是

$$f(x)g_0(x)=g(x)f_0(x),\varphi(x)\psi_0(x)=\psi(x)\varphi_0(x)$$

那么乘出后两个等式，我们得出

$$f(x)g_0(x)\varphi(x)\psi_0(x)=g(x)f_0(x)\psi(x)\varphi_0(x)$$

这就相当于等式

$$\frac{f(x)\varphi(x)}{g(x)\psi(x)}=\frac{f_0(x)\varphi_0(x)}{g_0(x)\psi_0(x)}$$

这样一来，跟上面所说的类的和的定义一样，可以提出关于等分式类的乘积.

由(3) 可直接得出这一乘法的可易性和可群性，至于分配律的正确性可以这样来证明

$$\left[\frac{f(x)}{g(x)}+\frac{\varphi(x)}{\psi(x)}\right]\frac{u(x)}{v(x)}=\frac{f(x)\psi(x)+g(x)\varphi(x)}{g(x)\psi(x)}\cdot\frac{u(x)}{v(x)}$$

$$=\frac{[f(x)\psi(x)+g(x)\varphi(x)]u(x)}{g(x)\psi(x)v(x)}$$

$$=\frac{f(x)\psi(x)u(x)+g(x)\varphi(x)u(x)}{g(x)\psi(x)v(x)}$$

$$=\frac{f(x)\psi(x)u(x)v(x)+g(x)\varphi(x)u(x)v(x)}{g(x)\psi(x)v^2(x)}$$

$$=\frac{f(x)u(x)}{g(x)v(x)}+\frac{\varphi(x)u(x)}{\psi(x)v(x)}$$

$$=\frac{f(x)}{g(x)}\cdot\frac{u(x)}{v(x)}+\frac{\varphi(x)}{\psi(x)}\cdot\frac{u(x)}{v(x)}$$

易知形为$\frac{f(x)}{f(x)}$的分式,也就是分子等于分母的分式,都彼此相等,且组成一个单独的类. 这个类叫作幺类,它在乘法中有幺元素的作用

$$\frac{f(x)}{f(x)}\cdot\frac{\varphi(x)}{\psi(x)}=\frac{f(x)\varphi(x)}{f(x)\psi(x)}=\frac{\varphi(x)}{\psi(x)}$$

最后,如果分式$\frac{f(x)}{g(x)}$不属于零类,也就是 $f(x)\neq 0$,那么分式$\frac{g(x)}{f(x)}$是存在的. 因为等式

$$\frac{f(x)}{g(x)}\cdot\frac{g(x)}{f(x)}=\frac{f(x)g(x)}{g(x)f(x)}$$

的右边属于幺类,所以由等于分式$\frac{g(x)}{f(x)}$的这些分式所组成的类是由等于$\frac{f(x)}{g(x)}$的这些分式所组成的类的逆元素. 因此除法可以唯一地施行.

这样一来,由系数在域 P 中的诸相等有理分式所组成的类,对于我们所定义的运算,构成一个可易域,这就是所要找出的域 $P(x)$. 还有,我们还应当证明,在所构成的域中含有一个子环,和环 $P[x]$ 同构,而且域中每一个元素都可以表示为这个子环中两个元素的商的形式.

如果我们对环 $P[x]$ 中任何一个多项式 $f(x)$ 组成一个对应的有理分式类,其中的分式都等于$\frac{f(x)}{1}$(在所有分式中,自然含有分母等于幺元素的分式),那就在环 $P[x]$ 和域内一部分元素之间得出一个一一对应关系. 事实上,由等式

$$\frac{f(x)}{1}=\frac{\varphi(x)}{1}$$

可得出 $f(x)\cdot 1=1\cdot\varphi(x)$,也就是 $f(x)=\varphi(x)$. 这个对应是同构的,可由下面的这些等式来证明

$$\frac{f(x)}{1}+\frac{g(x)}{1}=\frac{f(x)\cdot 1+g(x)\cdot 1}{1^2}=\frac{f(x)+g(x)}{1}$$

$$\frac{f(x)}{1}\cdot\frac{g(x)}{1}=\frac{f(x)\cdot g(x)}{1}$$

这样一来，所有用分式$\frac{f(x)}{1}$做代表的分式类，构成 $P[x]$ 的一个子环，和环 $P[x]$ 同构. 故分式$\frac{f(x)}{1}$可以简单地记做 $f(x)$. 最后，因当 $g(x) \neq 0$ 时，所有等于$\frac{1}{g(x)}$的分式组成一类，是分式$\frac{g(x)}{1}$所在的类的逆元素，故由等式

$$\frac{f(x)}{1} \cdot \frac{1}{g(x)} = \frac{f(x)}{g(x)}$$

知我们域内所有的元素都可以看作（在域中所确定的运算意义下）环 $P[x]$ 中多项式的商.

我们已经在任意域 P 上构成了有理分式域$P(x)$. 换多项式环为整数环，这一方法可以构成有理数域. 把这两种情形合并起来看，应用这种方法可以证明下面的定理：凡没有真零因子的每个可易环都是某一个域的子环.

多未知量的多项式

第11章

§51 多未知量的多项式环

常常需要讨论不仅含有一个，而是含有两个、三个，一般的说，有许多个未知量的多项式. 例如，本书前面各章所研究过的线性型和二次型都是这样的多项式. 一般的，某个域 P 上 n 个未知量 $x_1, x_2, \cdots, x_n$ 的多项式 $f(x_1, x_2, \cdots, x_n)$ 是指系数在域 P 中的有限个形为 $x_1^{k_1} x_2^{k_2} \cdots x_n^{k_n}$ 的诸项的和，其中所有的 $k_i \geqslant 0$. 对此自然可假定多项式 $f(x_1, x_2, \cdots, x_n)$ 中同类项已经合并而系数为 0 的项已经删去. 两个 n 个未知量的多项式 $f(x_1, x_2, \cdots, x_n)$ 和 $g(x_1, x_2, \cdots, x_n)$ 相等(或恒等)，如果它们的相同项的系数都彼此相等.

如果给出域 P 上多项式 $f(x_1, x_2, \cdots, x_n)$，那么它对于未知量 $x_i (i=1, 2, \cdots, n)$ 的次数，是指这个多项式各项中 x_i 的最大方次. 有时这个次数可能等于 0，这个意思是说，即使把 f 看作 n 个未知量 $x_1, x_2, \cdots, x_i, \cdots, x_n$ 的多项式，但是事实上在写出它的时候，未知量 x_i 并不出现.

另外,如果我们把数 $k_1+k_2+\cdots+k_n$ 叫作项

$$x_1^{k_1}x_2^{k_2}\cdots x_n^{k_n}$$

的次数,也就是这些未知量的方次的和,那么多项式$(x_1,x_2,\cdots,x_n)$ 的次数(也就是对于全部未知量的次数) 是指它的这些项中的最大次数. 特别的,有点像一个未知量的多项式,零次多项式只是域 P 中不为零的元素. 另外,也有点像一个未知量的多项式,零元素是唯一的没有次数的 n 元未知量多项式. 自然,在一般的情形,多项式可能含有许多次数最大的项,所以(对于次数来说),无法说那一个是首项.

对于域 P 上 n 个未知量的多项式,可如下来定义加法和乘法运算. 多项式 $f(x_1,x_2,\cdots,x_n)$ 和 $g(x_1,x_2,\cdots,x_n)$ 的和是指这样的多项式,它的系数是由多项式 f 和 g 中对应系数相加所得出的. 如果某一项只在多项式 f,g 的某一个中出现,那么在另一个多项式中,自然把这一项的系数作为零. 两个"单项式" 的乘积为下面的等式所确定

$$ax_1^{k_1}x_2^{k_2}\cdots x_n^{k_n}\cdot bx_1^{l_1}x_2^{l_2}\cdots x_n^{l_n}=(ab)x_1^{k_1+l_1}x_2^{k_2+l_2}\cdots x_n^{k_n+l_n}$$

至于多项式 $f(x_1,x_2,\cdots,x_n)$ 和 $g(x_1,x_2,\cdots,x_n)$ 的乘积是把 f 中所有的项和 g 中所有的项各个相乘,归并它们的同类项后所得出的和.

所有域 P 上 n 元未知量多项式对于这样定义的运算构成一个可易环,而且这个环不含真零因子. 事实上,当 $n=1$ 时,我们的说法和 §20 中对于一个未知量多项式的情形是一致的. 假设已经证明,系数在域 P 中的有 $n-1$ 个未知量 $x_1,x_2,\cdots,x_{n-1}$ 的这些多项式构成一个没有真零因子的环. 每个 n 元未知量 x_1, $x_2,\cdots,x_{n-1},x_n$ 的多项式都可以表示为,而且是唯一的表示为未知量 x_n 的多项式,它的系数是 $x_1,x_2,\cdots,x_{n-1}$ 的多项式. 反过来,每一个 x_n 的多项式,如果它的系数都在域 P 上 $x_1,x_2,\cdots,x_{n-1}$ 的多项式环中,自然都可以看作同一域 P 上未知量 $x_1,x_2,\cdots,x_{n-1},x_n$ 的多项式. 不难验证,n 元未知量多项式同 $n-1$ 元未知量多项式环上的一个未知量多项式之间的这个一一对应,是对于加法和乘法运算的同构对应. 现在可以这样来得出我们的论断的证明:$n-1$ 个未知量多项式环上的一个未知量多项式构成一个环,而且没有真零因子的环上的一个未知量多项式环,仍然是不含真零因子的(参考 §47).

因此,我们证明了域 P 上 n 个未知量多项式环的存在;用符号 $P[x_1,x_2,\cdots,x_n]$ 来记这个环.

下面的讨论允许用另一观点来看 n 个未知量多项式环. 设域 P 含于某一个可易环 L 中. 在 L 中取 n 个元素 $\alpha_1,\alpha_2,\cdots,\alpha_n$,且求出环 L 中含有这些元素和域 P 的最小子环 L',也就是用元素 $\alpha_1,\alpha_2,\cdots,\alpha_n$ 附加到域 P 所得出的子环. 子环 L' 是由环 L 中所有这样的元素所构成的,它们都是由元素 $\alpha_1,\alpha_2,\cdots,\alpha_n$ 和域 P 中元素经有限次加、减、乘的运算结合所得出的. 易知,这是环 L 中这样的元素,

可以写作(借助于 L 中的运算)系数在 P 中 $\alpha_1,\alpha_2,\cdots,\alpha_n$ 的多项式的形式,而且这些元素,因为它们是环 L 的元素,可以彼此相加或相乘,它们的规则和上面所指出的 n 元未知量多项式的加法和乘法规则相同.

子环 L' 中的所给元素 β,写作系数在域 P 中的 $\alpha_1,\alpha_2,\cdots,\alpha_n$ 的多项式时,一般可有各种不同的写法.如果对于 L' 的每一个 β 这种写法都是唯一的,也就是如果 $\alpha_1,\alpha_2,\cdots,\alpha_n$ 的不同的多项式是环 L' 中(因而也是环 L 中)的不同元素,那么这组元素 $\alpha_1,\alpha_2,\cdots,\alpha_n$ 叫作域 P 上代数无关,否则叫作 P 上代数相关①.故可做出下面的结论:

如果域 P 是可易环 L 的子环,而 L 中的元素组 $\alpha_1,\alpha_2,\cdots,\alpha_n$ 在 P 上代数无关,那么环 L 中由附加元素 $\alpha_1,\alpha_2,\cdots,\alpha_n$ 到域 P 所产生的子环 L',和多项式环 $P[x_1,x_2,\cdots,x_n]$ 同构.

我们指出 n 元未知量多项式环 $P[x_1,x_2,\cdots,x_n]$ 有下面的另一个性质:这一个环可含于域 P 上有 n 个未知量的有理分式域 $P(x_1,x_2,\cdots,x_n)$ 里面.这个域中每一个元素都可以写作 $\dfrac{f}{g}$ 的形式,其中 f 和 g 是环 $P[x_1,x_2,\cdots,x_n]$ 中的多项式,而且当且仅当 $f\psi=g\varphi$ 时,才有 $\dfrac{f}{g}=\dfrac{\varphi}{\psi}$.这些有理分式的加法和乘法规则与 §45 中所说的一样,这对于每一个域中的商都是正确的.证明域 $P(x_1,x_2,\cdots,x_n)$ 的存在,可以和 §50 中对于 $n=1$ 这一情形所做过的一样来进行.

对于多未知量的多项式,可以建立可除性的理论,这是在第五章和第十章中已经研究过的一个未知量的多项式的可除性理论的推广.但因多未知量的多项式环的详细研究超出了本书的范围,所以只限于讨论有关分解多项式为不可约因式这一个问题.

首先引进下面的概念:如果多项式 $f(x_1,x_2,\cdots,x_n)$ 所有的项都有同一次数 s,那么把它叫作齐次多项式或简称 s 次型.我们已经知道线性型和二次型,再可以讨论三次型,对于所有的未知量来说,它的每一个项的次数都等于 3,依此类推.每一个 n 元未知量多项式都可以唯一地表示为这些未知量的若干齐次型的和:这只要把所有次数相同的项集合在一处,就能得出所需要的表示式.例如四次多项式 $f(x_1,x_2,x_3)=3x_1x_2^2-7x_1^2x_3^2+x_2-5x_1x_2x_3+x_1^4-2x_3-6+x_3^3$ 是四次型 $x_1^4-7x_1^2x_3^2$,三次型 $3x_1x_2^2-5x_1x_2x_3+x_3^3$,线性型 x_2-2x_3 与常数项(零次型) -6 的和.

现在来证明下面的定理:

---

① 当 $n=1$ 时,这个概念已经在 §47 里引进:元素 α 在域 P 上代数无关的意义就是那里所说的 P 上超越元素的定义,而相反的情形就是 P 上代数元素的定义.

任何两个不为零的 n 元未知量多项式的乘积的次数,等于这两个多项式的次数的和.

先设有 s 次型 $\varphi(x_1,x_2,\cdots,x_n)$ 和 t 次型 $\psi(x_1,x_2,\cdots,x_n)$. φ 中任何一个项和 ψ 中任何一个项的乘积很明显的有次数 $s+t$,因在环 $P[x_1,x_2,\cdots,x_n]$ 中没有真零因子,合并同类项后不可能使这一乘积中所有的系数都等于零,故乘积 $\varphi\psi$ 是一个 $s+t$ 次型.

现在如果给出任意多项式 $f(x_1,x_2,\cdots,x_n)$ 和 $g(x_1,x_2,\cdots,x_n)$,它们的次数各为 s 和 t,那么把每一个都表示为不同次型的和,得出

$$f(x_1,x_2,\cdots,x_n)=\varphi(x_1,x_2,\cdots,x_n)+\cdots$$

$$g(x_1,x_2,\cdots,x_n)=\psi(x_1,x_2,\cdots,x_n)+\cdots$$

其中 φ 和 ψ 各为 s 和 t 次型,而后面的点代表较低次型的和,这里

$$fg=\varphi\psi+\cdots$$

$\varphi\psi$ 已经证明有次数 $s+t$,因为后面所表示的项,都只有较低的次数,所以乘积 fg 的次数等于 $s+t$. 定理就已证明.

多项式 φ 叫作多项式 f 的因式,或 f 被 φ 所除尽,如果在环 $P[x_1,x_2,\cdots,x_n]$ 中有这样的多项式 ψ 存在,使得 $f=\varphi\psi$. 易知 §21 中关于可除性的性质 Ⅰ ~ Ⅱ,对于现在所讨论的一般情形仍然有效. k 次多项式 f,$k\geqslant 1$,叫作域 P 上可约,如果它可以分解为环 $P[x_1,x_2,\cdots,x_n]$ 中次数小于 k 的多项式的乘积,否则叫作不可约.

环 $P[x_1,x_2,\cdots,x_n]$ 中每一个次数大于零的多项式,都可以分解为不可约多项式的乘积. 除可能相差零次因式外,这一分解式是唯一的.

这一定理是 §48 中关于一个未知量的多项式的对应结果的推广. 它的第一部分只要重复 §48 中的推理就可证明. 它的第二部分的证明比较困难. 在证明之前,要注意从这一定理的第二个论断可推出这样的结论:如果环 $P[x_1,x_2,\cdots,x_n]$ 中任何两个多项式 f 和 g 的乘积被不可约多项式 p 所除尽,那么这两个多项式中至少有一个被 p 所除尽. 事实上,在相反的情形,将得出乘积 fg 对不可约因式的两个分解式,其中有一个不含 p 而另一个含有 p.

设此定理对于有 n 个未知量的多项式已经证明,我们要证明它对于将 $n+1$ 个未知量 $x,x_1,x_2,\cdots,x_n$ 的多项式亦能成立. 写这一多项式为 $\varphi(x)$ 的形式,它的系数是 $x_1,x_2,\cdots,x_n$ 的多项式. 对于这些系数,定理已经证明,也就是它们的每一个都可唯一的分解为不可约因式的乘积. 把多项式 $\varphi(x)$ 叫作本原的(准确地说,是在环 $P[x_1,x_2,\cdots,x_n]$ 上的本原多项式),如果它的系数不含不可约公因式,也就是全部系数是互质的. 我们来证明下面的高斯引理:

两个本原多项式的乘积仍是本原多项式.

事实上,设已给出本原多项式

$$f(x)=a_0x^k+a_1x^{k-1}+\cdots+a_ix^{k-i}+\cdots+a_k$$
$$g(x)=b_0x^l+b_1x^{l-1}+\cdots+b_jx^{l-j}+\cdots+b_l$$
它的系数在环 $P[x_1,x_2,\cdots,x_n]$ 中,且设
$$f(x)g(x)=c_0x^{k+l}+c_1x^{k+l-1}+\cdots+c_{i+j}x^{k+l-(i+j)}+\cdots+c_{k+l}$$
如果这个乘积不是本原的,那么系数 $c_0,c_1,\cdots,c_{k+1}$ 有不可约公因式 $p=p(x_1,x_2,\cdots,x_n)$. 因为本原多项式 $f(x)$ 的系数不能全被 p 所除尽,所以可设第一个不被 p 所除尽的系数为 a_i;同理用 b_j 来记多项式 $g(x)$ 中第一个不被 p 所除尽的系数. 逐项乘出 $f(x)$ 和 $g(x)$ 且合并含有 $x^{k+l-(i+j)}$ 的这些项,我们得出
$$c_{i+j}=a_ib_j+a_{i-1}b_{j+1}+a_{i-2}b_{j+2}+\cdots+a_{i+1}b_{j-1}+a_{i+2}b_{j-2}+\cdots$$
这个等式的左边被不可约多项式 p 所除尽. 但是它的右边,很明显的除第一项外亦都被 p 所除尽. 因为由选择 i 和 j 的条件,所有系数 $a_{i-1},a_{i-2},\cdots$ 和 $b_{j-1},b_{j-2},\cdots$. 都被 p 所除尽,所以知乘积 a_ib_j 亦被 p 所除尽,而据前面所指出的,至少有一个多项式 a_i 或 b_j 要被 p 所除尽,但这是不可能的. 这在对于 n 个未知量多项式基本定理已经成立的假设之下,已经证明了我们的引理.

我们已经知道,环 $P[x_1,x_2,\cdots,x_n]$ 含于有理分式域 $P(x_1,x_2,\cdots,x_n)$ 的里面,用 Q 来记这一个域
$$Q=P(x_1,x_2,\cdots,x_n)$$
讨论多项式环 $Q[x]$. 如果多项式 $\varphi(x)$ 属于这一个环,那么它的每一个系数都可以表示为环 $P[x_1,x_2,\cdots,x_n]$ 中两个多项式的商. 把这些商的公分母提到括号的外面而后把这些分子的公因式亦提出来,可以把 $\varphi(x)$ 表示为下面的形式
$$\varphi(x)=\frac{a}{b}f(x)$$
这里 a 和 b 是环 $P[x_1,x_2,\cdots,x_n]$ 中的多项式,而 $f(x)$ 为系数在 $P[x_1,x_2,\cdots,x_n]$ 中的 x 的多项式,而且是一个本原多项式,因为它的系数已经没有公共的因式.

这一方法使环 $Q[x]$ 中每一个多项式 $\varphi(x)$ 都有一个对应的本原多项式 $f(x)$. 对于已经给出的 $\varphi(x)$,除域 P 中的非零因式外,多项式 $f(x)$ 是唯一确定的. 事实上,设
$$\varphi(x)=\frac{a}{b}f(x)=\frac{c}{d}g(x)$$
其中 $g(x)$ 仍是一个本原多项式. 那么
$$adf(x)=bcg(x)$$
这样一来,ad 和 bc 是由环 $P[x_1,x_2,\cdots,x_n]$ 中同一多项式的系数所提出的公因式. 由于唯一分解因式定理在这个环中成立(由归纳法的假设),故知 ad 和 bc 最多只差零次因式. 故本原多项式 $f(x)$ 和 $g(x)$ 亦只能差零次因式.

环 $Q[x]$ 中两个多项式的乘积所对应的本原多项式,是它们的对应本原多

项式的乘积.事实上,如果

$$\varphi(x)=\frac{a}{b}f(x),\psi(x)=\frac{c}{d}g(x)$$

其中 $f(x)$ 和 $g(x)$ 为本原多项式,那么

$$\varphi(x)\psi(x)=\frac{ac}{bd}f(x)g(x)$$

但是上面已经证明,乘积 $f(x)g(x)$ 是一个本原多项式.

还要注意,如果 $\varphi(x)$ 为环 $Q[x]$ 中的多项式,在域 Q 中不可约,那么它所对应的本原多项式 $f(x)$,即使看作 $x,x_1,x_2,\cdots,x_n$ 的多项式,亦是不可约的,反过来也是一样.事实上,如果多项式 $f=f_1f_2$,那么两个因式都必须含有未知量 x,否则多项式 f 将为非本原多项式.故推得多项式 $\varphi(x)$ 在域 Q 中有分解式

$$\varphi(x)=\frac{a}{b}f(x)=\left(\frac{a}{b}f_1\right)f_2$$

反过来,如果多项式 $\varphi(x)$ 在 Q 上可约,$\varphi(x)=\varphi_1(x)\varphi_2(x)$,那么对应于多项式 $\varphi_1(x)$ 和 $\varphi_2(x)$ 的本原多项式 $f_1(x)$ 和 $f_2(x)$ 都含有 x,而它们的乘积在上面已经证明是等于 $f(x)$ 的(不算域 P 中的因式).

现在取本原多项式 f 且对不可约因式分解为 $f=f_1\cdot f_2\cdot\cdots\cdot f_k$.所有这些因式不仅都含有未知量 x,而且都是本原多项式,否则多项式 f 将是非本原的.本原多项式 f 的这一分解式,除 P 中因式外是唯一的.事实上,由上面的引理,可以把这一分解式看作 $f(x)$ 在域 Q 上对不可约因式的分解式,但是我们已经知道对于任何一个域上一个未知量的多项式有唯一的分解式,这个唯一性是不算 Q 中的因式的.而在我们的这一情形,由于所有因式 f_i 的本原性,它就只能有 P 中因式的差别.

在我们已经证明了这些引理的正确性之后,从归纳法的假设来证明我们的基本定理,已经没有什么困难.事实上,环 $P[x,x_1,x_2,\cdots,x_n]$ 上每一个不可约多项式或者在环 $P[x_1,x_2,\cdots,x_n]$ 上不可约,或者是一个不可约本原多项式.因此,如果给出了多项式 $\varphi(x,x_1,x_2,\cdots,x_n)$ 对不可约因式的某一个分解式,那么合并因式后,我们可以把 φ 表示为下面的形式

$$\varphi(x,x_1,x_2,\cdots,x_n)=a(x_1,x_2,\cdots,x_n)f(x,x_1,x_2,\cdots,x_n)$$

其中 a 和 x 无关,而 f 是一个本原多项式.但是我们已经知道对于 φ 的这种分解式,除 P 中因式外是唯一的.另外,因为由归纳法的假设,n 元未知量多项式对不可约因式的分解式是唯一的,而对于本原多项式 f,上面的引理已经证明它的分解式亦是唯一的,所以对于有 $n+1$ 个未知量的这一情形,我们的定理亦已完全证明.

从以上所证明的这些引理还可推出一个有趣味的推论:如果系数在环 $P[x_1,x_2,\cdots,x_n]$ 中的多项式 $\varphi(x)$ 在域 $Q=P(x_1,x_2,\cdots,x_n)$ 上可约,那么它

可以分解为含有 x 的因式的乘积，它的系数都在环 $P[x_1,x_2,\cdots,x_n]$ 中. 事实上，如果多项式 $\varphi(x)$ 的对应本原多项式为 $f(x)$，也就是 $\varphi(x)=af(x)$，那么我们知道从 $\varphi(x)$ 的可分解性便得出 $f(x)$ 的可分解性，但由后者的分解式即可得出 $\varphi(x)$ 在环 $P[x_1,x_2,\cdots,x_n]$ 上的分解式.

对于一个未知量多项式，在 §49 中我们知道有一个基域的扩展域存在，使得在这个域里面我们的多项式可以分解为线性因式的乘积，但是任何一个域 P 上，都有一个任意多次绝对不可约的多个（两个或者更多个）未知量的多项式存在，也就是这个多项式在 P 的任何扩展域上都不可约.

例如，多项式

$$f(x,y)=\varphi(x)+y$$

其中 $\varphi(x)$ 为域 P 上任意的一个未知量的多项式. 事实上，如果在域 P 的某一个扩展域 $\overline{P}$ 中有分解式

$$f(x,y)=g(x,y)h(x,y)$$

存在，那么把 g 和 h 按照 y 的方次来写出，我们将得出，例如

$$g(x,y)=a_0(x)y+a_1(x),h(x,y)=b_0(x)$$

也就是 h 和 y 无关，而后由 $a_0(x)b_0(x)=1$，知 $b_0(x)$ 的次数为 0，也就是 h 和 x 无关.

多项式各项的字汇排法　对于一个未知量多项式我们有两种很自然的项的排法 —— 按照未知量的升幂和降幂来排出. 对于有许多未知量的多项式，这样的方法不能再用. 如果给出三个未知量的五次多项式

$$f(x_1,x_2,x_3)=x_1x_2^2x_3^2+x_1^4x_3+x_2^3x_3^2+x_1^2x_2x_3^2$$

那么它亦可以写作下面的形式

$$f(x_1,x_2,x_3)=x_1^4x_3+x_1^2x_2x_3^2+x_1x_2^2x_3^2+x_2^3x_3^2$$

我们没有什么理由偏爱这种或那种写法. 但是也有方法可以完全确定多未知量多项式中项的排法，不过它和未知量序数的选择是有关系的. 对于一个未知量多项式，它就化为照未知量降幂排出的排列法. 这一方法，叫作字汇排法，是平常在字典（外文字汇）中字的排列法：把符号按字母次序排定后，就像字典中确定两字的次序那样，确定两项的相对位置. 先由它的第一个字母符号来定先后，如果这一符号相同，那么由第二个符号来决定，依此类推.

假设已经给出环 $P[x_1,x_2,\cdots,x_n]$ 中多项式 $f(x_1,x_2,\cdots,x_n)$，它有两个不同的项

$$x_1^{k_1}x_2^{k_2}\cdots x_n^{k_n} \tag{1}$$

$$x_1^{l_1}x_2^{l_2}\cdots x_n^{l_n} \tag{2}$$

它们的系数是 P 中任何不为零的元素. 因(1) 和(2) 不同，故在未知量的方次的差

$$k_i - l_i, i = 1, 2, \cdots, n$$

中,至少有一个不为零.项(1)将作为前于项(2)(项(2)后于项(1)),如果这些差数中第一个不等于零的是一个正数,也就是如果有这样的 $i(1 \leqslant i \leqslant n)$ 存在,使得

$$k_1 = l_1, k_2 = l_2, \cdots, k_{i-1} = l_{i-1}, \text{但 } k_i > l_i$$

换句话说,项(1)将前于项(2),如果(1)中 x_1 的方次大于(2)中 x_1 的方次,或者这两个方次相等,但是(1)中 x_2 的方次大于(2)中 x_2 的方次,依此类推.由此易知,项(1)前于项(2),并不是对于全部未知量来说前者的次数大于后者的次数:例如项

$$x_1^3 x_2 x_3, x_1 x_2^5 x_3^2$$

中,第一个在前,虽然它有较小的次数.

很明显的,对于多项式 $f(x_1, x_2, \cdots, x_n)$ 的任何两个不同的项,一定有一个在前面而另一个在后面.容易验证,如果项(1)前于项(2),而项(2)顺次前于项

$$x_1^{m_1} x_2^{m_2} \cdots x_n^{m_n} \tag{3}$$

也就是有这样的 $j(1 \leqslant j \leqslant n)$,存在,使得

$$l_1 = m_1, l_2 = m_2, \cdots, l_{j-1} = m_{j-1}, \text{但 } l_j > m_j$$

那么和 i 的大于,等于或小于 j 无关,项(1)将前于项(3).这样一来,按照上面所说的对于两项的前后排法可以完全确定多项式 $f(x_1, x_2, \cdots, x_n)$ 中项的次序,这就是所说的字汇排法.

例如,多项式

$$f(x_1, x_2, x_3, x_4) = x_1^4 + 3x_1^2 x_2^3 x_3 - x_1^2 x_2^3 x_4^2 + 5x_1 x_3 x_4^2 + 2x_2 + x_3^3 x_4 - 4$$

是按字汇排法来排的.

照字汇排法写出多项式 $f(x_1, x_2, \cdots, x_n)$,它里面有一项在首位,也就是前于所有其他的项,这一项叫作多项式的首项,在上例中首项为 x_1^4.我们来证明下面的关于首项的引理(这将用来证明下节的基本定理):

两个 n 个未知量多项式的乘积的首项,是这两个因式的首项的乘积.

事实上,设多项式 $f(x_1, x_2, \cdots, x_n)$ 和 $g(x_1, x_2, \cdots, x_n)$ 相乘.如果

$$a x_1^{k_1} x_2^{k_2} \cdots x_n^{k_n} \tag{4}$$

为多项式 $f(x_1, x_2, \cdots, x_n)$ 的首项,而

$$a' x^{s_1}{}_1 x_2^{s_2} \cdots x_n^{s_n} \tag{5}$$

为这个多项式的其他任何一个项,那么有这样的 $i(1 \leqslant i \leqslant n)$ 存在,使得

$$k_1 = s_1, \cdots, k_{i-1} = s_{i-1}, k_i > s_i$$

另外,如果

$$b x_1^{l_1} x_2^{l_2} \cdots x_n^{l_n} \tag{6}$$

$$b' x_1^{t_1} x_2^{t_2} \cdots x_n^{t_n} \tag{7}$$

各为多项式 $g(x_1, x_2, \cdots, x_n)$ 的首项和其他任何一个项，那么有这样的 $j(1 \leqslant j \leqslant n)$ 存在，使得

$$l_1 = t_1, \cdots, l_{j-1} = t_{j-1}, l_j > t_j$$

乘出项(4) 和(6)，再乘出项(5) 和(7)，我们得出

$$abx_1^{k_1+l_1} x_2^{k_2+l_2} \cdots x_n^{k_n+l_n} \tag{8}$$

$$a'b'x_1^{s_1+t_1} x_2^{s_2+t_2} \cdots x_n^{s_n+t_n} \tag{9}$$

易知项(8) 前于项(9)，如果 $i \leqslant j$，那么

$$k_1 + l_1 = s_1 + t_1, \cdots, k_{i-1} + l_{i-1} = s_{i-1} + t_{i-1}, \text{但 } k_i + l_i > s_i + t_i$$

因为 $k_i > s_i, l_i \geqslant t_i$. 同样的可验证项(8) 前于项(4) 和(7) 的乘积，亦前于项(5) 和(6) 的乘积. 这样一来，项(8)—— 多项式 f 和 g 的首项的乘积 —— 就前于多项式 f 和 g 逐项相乘所得结果中所有其他的项，所以这个项在合并同类项时是不会被消去的，也就是它是乘积 fg 的首项.

§52 对称多项式

在多未知量多项式中，提出那些对未知量施行任何一个置换后不变的多项式. 在这些多项式中，所有未知量的出现是完全成对称形状的，所以把多项式叫作对称多项式(或对称函数). 最简单的例子是：所有未知量的和 $x_1 + x_2 + \cdots + x_n$，未知量的平方和 $x_1^2 + x_2^2 + \cdots + x_n^2$，未知量的乘积 $x_1 x_2 \cdots x_n$ 等. 由于 n 符号的每一个置换都是对换的乘积(参考 §3)，在证明某一个多项式有对称性时，只要检验它对于每两个未知量的对称都没有变动，就已足够.

我们来讨论系数在某一个域 P 中的 n 个未知量对称多项式. 易知，两个对称多项式的和，差与积仍然是对称的，也就是所有对称多项式构成域 P 上 n 个未知量多项式环 $P[x_1, x_2, \cdots, x_n]$ 里面的一个子环，叫作域 P 上 n 个未知量对称多项式环. 域 P 中所有元素都在这个环里面(所有零次多项式和零)，因为对于未知量的每一个置换它们很明显的都没有变动. 在其他任何对称多项式中，所有的 n 个未知量都必须出现，而且对于每一个未知量来说，次数都是相同的：如果对称多项式 $f(x_1, x_2, \cdots, x_n)$ 有一项中含未知量 x_i 的 k 次方，那么它亦含有从这一项经未知量 x_i 和 x_j 对换后所得出的项，也就是含有未知量 x_j 的 k 次方.

下面的 n 个 n 个未知量对称多项式叫作初级对称多项式：

$$\begin{cases}\sigma_1=x_1+x_2+\cdots+x_n\\ \sigma_2=x_1x_2+x_1x_3+\cdots+x_{n-1}x_n\\ \sigma_3=x_1x_2x_3+x_1x_2x_4+\cdots+x_{n-2}x_{n-1}x_n\\ \quad\vdots\\ \sigma_{n-1}=x_1x_2\cdots x_{n-1}+x_1x_2\cdots x_{n-2}x_n+\cdots+x_2x_3\cdots x_n\\ \sigma_n=x_1x_2\cdots x_n\end{cases}\tag{1}$$

这些多项式很明显是对称的，它们在对称多项式论中有很多用处．它们很像韦达公式（参考 §24），故可指出，如果不算正负号，首项系数为1的一个未知量多项式的系数是它的根的初级对称多项式．初级对称多项式和韦达公式的这一关系，在应用对称多项式来研究一个未知量的多项式理论时，是非常重要的，因此我们现在就来研究它们．

因为域 P 上 n 个未知量 $x_1,x_2,\cdots,x_n$ 的对称多项式构成一个环，很明显的有下面的理论：任何一个初级对称多项式的每一个正整数次幂，这些幂次的乘积再取 P 中任何一个元素做系数，以及所说的这些乘积的和都是对称多项式．换句话说，系数在 P 中的初级对称多项式 $\sigma_1,\sigma_2,\cdots,\sigma_n$ 的每一个多项式，看作未知量 $x_1,x_2,\cdots,x_n$ 的多项式，都是对称的．例如当 $n=3$ 时取多项式 $\sigma_1\sigma_2+2\sigma_3$．代入 σ_1,σ_2 和 σ_3 的表示式，我们得出

$$\sigma_1\sigma_2+2\sigma_3=x_1^2x_2+x_1^2x_3+x_1x_2^2+x_2^2x_3+x_1x_3^2+x_2x_3^2+5x_1x_2x_3$$

它的右边很明显的是 x_1,x_2,x_3 的对称多项式．

这个结果的逆定理是下面的对称多项式的基本定理：

域 P 上未知量 $x_1,x_2,\cdots,x_n$ 的每一个对称多项式，都是系数仍在 P 中的初级对称多项式 $\sigma_1,\sigma_2,\cdots,\sigma_n$ 的多项式．

事实上，设已给出对称多项式

$$f(x_1,x_2,\cdots,x_n)$$

且设它按照字汇排法写出的首项为

$$a_0x_1^{k_1}x_2^{k_2}\cdots x_n^{k_n}\tag{2}$$

这一项中未知量的幂次必须满足不等式

$$k_1\geqslant k_2\geqslant\cdots\geqslant k_n\tag{3}$$

事实上，假设相反的对于某一个 i 有 $k_i<k_{i+1}$．但多项式 $f(x_1,x_2,\cdots,x_n)$ 是对称的，故必须含有由项(2) 经未知量 x_i 和 x_{i+1} 的对换后，所得出的项

$$a_0x_1^{k_1}x_2^{k_2}\cdots x_i^{k_i+1}\cdots x_n^{k_n}\tag{4}$$

这就得出一个矛盾的结果，因为按照字汇排法项(4) 将前于项(2)：$x_1,x_2,\cdots,x_{i-1}$ 的次数在两项中是一样的，但 x_i 在项(4) 中的次数大于它在项(2) 中的次数．

现在取下面的初级对称多项式的乘积（由不等式(3) 所有幂次都是非负

的)

$$\varphi_1=a_0\sigma_1^{k_1-k_2}\sigma_2^{k_2-k_3}\cdots\sigma_{n-1}^{k_{n-1}-k_n}\sigma_n^{k_n} \tag{5}$$

这是未知量 $x_1,x_2,\cdots,x_n$ 的对称多项式,而且它的首项等于项(2).事实上,多项式 $\sigma_1,\sigma_2,\sigma_3,\cdots,\sigma_n$ 的首项各为 $x_1,x_1x_2,x_1x_2x_3,\cdots,x_1x_2\cdots x_n$,而且在上节末尾已经证明乘积的首项等于它的各个因式的首项的乘积,所以多项式 φ_1 的首项为

$$a_0x_1^{k_1-k_2}(x_1x_2)^{k_2-k_3}(x_1x_2x_3)^{k_3-k_4}\cdots(x_1x_2\cdots x_{n-1})^{k_{n-1}-k_n}(x_1x_2\cdots x_n)^{k_n}=a_0x_1^{k_1}x_2^{k_2}\cdots x_n^{k_n}$$

因此,从 f 减去 φ_1,这些首项互相消去,也就是对称多项式 $f-\varphi_1=f_1$ 的首项后于多项式 f 的首项(2).对于系数显然仍在域 P 中的多项式 f_1,重复这一方法,我们得出等式

$$f_1=\varphi_2+f_2$$

其中 φ_2 为系数在域 P 中的初级对称多项式的幂次的乘积,而 f_2 为一个对称多项式,它的首项后于 f_1 的首项.故有等式

$$f=\varphi_1+\varphi_2+f_2$$

继续这样进行,对于某一个 ε 我们得到 $f_s=0$,故可把 f 表示为系数在 P 中的 $\sigma_1,\sigma_2,\cdots,\sigma_n$ 的多项式

$$f(x_1,x_2,\cdots,x_n)=\sum_{i=1}^{s}\varphi_i=\varphi(\sigma_1,\sigma_2,\cdots,\sigma_n)$$

事实上,如果这一方法不能在有限次停止①,那么我们就得出一个对称多项式的无穷序列

$$f_1,f_2,\cdots,f_s,\cdots \tag{6}$$

其中每一个 f 的首项都后于它的前面的多项式的首项,而且所有的首项都后于(2).但若

$$bx_1^{l_1}x_2^{l_2}\cdots x_n^{l_n} \tag{7}$$

是多项式 f_s 的首项,那么由于这个多项式的对称性,得出类似不等式(3)的不等式

$$l_1\geqslant l_2\geqslant\cdots\geqslant l_n \tag{8}$$

另外,因项(2)前于项(7),故有

$$k_1\geqslant l_1 \tag{9}$$

然而对于适合不等式(8)和(9)的这组非负整数 $l_1,l_2,\cdots,l_n$,易知它们只有有限种取法.事实上,即使不满足条件(8),只假设所有的 $l_i(i=1,2,\cdots,n)$ 都不大

---

① 要考虑到多项式 φ_s,一般的说,含有不在多项式 f_{s-1} 中的项,故从 f_{s-1} 化到 $f_s=f_{s-1}-\varphi_s$ 的时候,虽然消去 f_{s-1} 中的首项,但亦可能增出新的项,此处的 $s=1,2,\cdots$.

于 k_1，那么所有数 l_i 的选择也只可能有 $(k_1+1)^n$ 种方法. 因此，序列(6) 中首项次数严格递减的这种多项式不能有无限多个，定理即已证明.

从上面已经提到的，初级对称多项式和韦达公式的关系，可由对称多项式的基本定理，推出下面的重要的推论：

设 $f(x)$ 为域 P 上一个未知量的多项式，它的首项系数为 1. 那么多项式 $f(x)$ 的根(一般是在域 P 的某一个扩展域中) 的每一个对称多项式(系数在 P 中) 都是多项式 $f(x)$ 的系数的多项式(系数在 P 中)，故为 P 中的元素.

上述基本定理的证明同时给出了实际用初级对称多项式来表示对称多项式的方法. 事先引入下面的符号：如果

$$ax_1^{k_1}x_2^{k_2}\cdots x_n^{k_n} \tag{10}$$

是未知量 $x_1,x_2,\cdots,x_n$ 的方次的乘积(其中某些方次可能等于零)，那么用

$$S(ax_1^{k_1}x_2^{k_2}x_n^{k_n}) \tag{11}$$

来表示由(10) 经未知量所有可能的置换所得出的各项的和. 很明显的，这是一个对称多项式，而且是齐次的，每一个 n 个未知量对称多项式如果含有项(10)，那么必须含有多项式(11) 中所有其余的项. 例如，$S(x_1)=\sigma_1$，$S(x_1x_2)=\sigma_2$，$S(x_1^2)$ 是所有未知量的平方和，依此类推.

例 1 用初级对称多项式表示出 n 个未知量对称多项式 $f=S(x_1^2x_2)$.

这里首项为 $x_1^2x_2$，故 $\varphi_1=\sigma_1^{2-1}\sigma_2=\sigma_1\sigma_2$，也就是

$$\varphi_1=(x_1+x_2+\cdots+x_n)(x_1x_2+x_1x_3+\cdots+x_{n-1}x_n)=$$
$$S(x_1^2x_2)+3S(x_1x_2x_3)$$

因此

$$f_1=f-\varphi_1=-3S(x_1x_2x_3)=-3\sigma_3$$

我们得出 $f=\varphi_1+f_1=\sigma_1\sigma_2-3\sigma_3$.

对于更复杂的例子，较方便的做法是：在把一个已给对称多项式用初级对称多项式来表示时，先定出它的表示式中可能出现哪些项，而后用不定系数的方法来求出这些项的系数.

例 2 求出对称多项式 $f=S(x_1^2x_2^2)$ 的表示式.

我们知道(见基本定理的证明)，所求多项式 $\varphi(\sigma_1,\sigma_2,\cdots,\sigma_n)$ 的项为对称多项式 $f_1,f_2,\cdots$ 的首项所确定，而这些首项都后于所给多项式 f 的首项，也就是后于 $x_1^2x_2^2$. 求出适合下面这些条件的所有乘积 $x_1^{l_1}x_2^{l_2}\cdots x_n^{l_n}$：(1) 后于项 $x_1^2x_2^2$；(2) 它们可以为对称多项式的首项，也就是适合不等式 $l_1\geqslant l_2\geqslant\cdots\geqslant l_n$；(3) 对于全部未知量它们的次数都等于 4(因为我们知道所有多项式 $f_1,f_2,\cdots$ 的次数，都等于齐次多项式 f 的次数). 写出适合上述各条件的幂次，又将其所定 σ 幂次的乘积并排写出，我们有下面的表式

$$22000\cdots\sigma_1^{2-2}\sigma_2^{2-0}=\sigma_2^2$$

$$21100\cdots\sigma_2^{2-1}\sigma_2^{1-1}\sigma_3^{1-0}=\sigma_1\sigma_3$$

$$11110\cdots\sigma_1^{1-1}\sigma_2^{1-1}\sigma_3^{1-1}\sigma_4^{1-0}=\sigma_4$$

这样一来,多项式 f 有下面的形式

$$f=\sigma_2^2+A\sigma_1\sigma_3+B\sigma_4$$

σ_2^2 的系数必须等于1,因为这一项是由多项式 f 的首项所确定的,而从基本定理的证明,我们知道它们的系数相等.用下面的方法求出系数 A 和 B.

取 $x_1=x_2=x_3=1,x_4=\cdots=x_n=0$.易知对于未知量的这些值,多项式 f 有值 3,而多项式 $\sigma_1,\sigma_2,\sigma_3$ 和 σ_4 各有值 3,3,1 和 0.所以

$$3=9+A\times3\times1+B\times0$$

所以 $A=-2$.现在取 $x_1=x_2=x_3=x_4=1,x_5=\cdots=x_n=0$.多项式 $f,\sigma_1,\sigma_2,\sigma_3$ 和 σ_4 的值各等于 6,4,6,4,1.所以

$$6=36-2\times4\times4+B\times1$$

所以 $B=2$.这样一来,对于 f 的所求表示式是

$$f=\sigma_2^2-2\sigma_1\sigma_3+2\sigma_4$$

例 3 求出多项式

$$f(x)=x^4+x^3+2x^2+x+1$$

的根的立方和.

为了解出这个问题,就要把对称多项式 $S(x_1^3)$ 用初级对称多项式来表示.应用上例所用的方法,我们得出表示式

$$3000\cdots\sigma_1^3$$

$$2100\cdots\sigma_1\sigma_2$$

$$1100\cdots\sigma_3$$

所以

$$S(x_1^3)=\sigma_1^3+A\sigma_1\sigma_2+B\sigma_3$$

先取 $x_1=x_2=1,x_3=\cdots=x_n=0$,再取 $x_1=x_2=x_3=1,x_4=\cdots=x_n=0$,我们得出 $A=-3,B=3$,也就是

$$S(x_1^3)=\sigma_1^3-3\sigma_1\sigma_2+3\sigma_3 \tag{12}$$

为了求出所给多项式 $f(x)$ 的根的立方和,应用韦达公式,在上面所求出的表示式中,代 σ_1 以变号后的 x^3 的系数,也就是用 -1 来代 σ_1;代 σ_2 以 x^2 的系数,也就是用 2 来代 σ_2;最后代 σ_3 以变号后的 x 的系数,也就是用 -1 来代 σ_3.这样一来,我们所要求出的根的立方和等于

$$(-1)^3-3\times(-1)\times2+3\times(-1)=2$$

读者可以利用 $f(x)$ 的四个根 $\mathrm{i},-\mathrm{i},-\frac{1}{2}+\mathrm{i}\frac{\sqrt{3}}{2}$ 和 $-\frac{1}{2}-\mathrm{i}\frac{\sqrt{3}}{2}$ 来验证这一结果.很明显的,式(12) 和所给多项式 $f(x)$ 无关,可以用来求出任何一个多项

式的根的立方和.

用基本定理的证明方法把对称多项式 f 经初级对称多项式来表示,得到一个完全确定的 $\sigma_1,\sigma_2,\cdots,\sigma_n$ 的多项式.我们要指出,无论用什么方法都不能对 f 得出另外一个 $\sigma_1,\sigma_2,\cdots,\sigma_n$ 的表示式.这就是下面的唯一性定理.

每个对称多项式,表示为初级对称多项式的多项式时,它的表示式是唯一的.

我们来证明这个定理.如果域 P 上的对称多项式 $f(x_1,x_2,\cdots,x_n)$ 有两个经 $\sigma_1,\sigma_2,\cdots,\sigma_n$ 所表示出的表示式

$$f(x_1,x_2,\cdots,x_n)=\varphi(\sigma_1,\sigma_2,\cdots,\sigma_n)=\psi(\sigma_1,\sigma_2,\cdots,\sigma_n)$$

那么差

$$\chi(\sigma_1,\sigma_2,\cdots,\sigma_n)=\varphi(\sigma_1,\sigma_2,\cdots,\sigma_n)-\psi(\sigma_1,\sigma_2,\cdots,\sigma_n)$$

将为 $\sigma_1,\sigma_2,\cdots,\sigma_n$ 的非零多项式,也就是它的系数不全为零,而将 χ 中的多项式 $\sigma_1,\sigma_2,\cdots,\sigma_n$ 代以它们经 $x_1,x_2,\cdots,x_n$ 所表示的表示式后,这个 χ 就化为环 $P[x_1,x_2,\cdots,x_n]$ 中的零元素.所以我们只要证明:如果多项式 $\chi(\sigma_1,\sigma_2,\cdots,\sigma_n)$ 不为零,也就是若其中至少有一个系数不为零,那么将 χ 中的 $\sigma_1,\sigma_2,\cdots,\sigma_n$ 换为它们经 $x_1,x_2,\cdots,x_n$ 所表出的表示式后,所得出的多项式 $g(x_1,x_2,\cdots,x_n)$,即

$$\chi(\sigma_1,\sigma_2,\cdots,\sigma_n)=g(x_1,x_2,\cdots,x_n) \tag{13}$$

亦不能为零.

如果 $a\sigma_1^{k_1}\sigma_2^{k_2}\cdots\sigma_n^{k_n}$ 为多项式 χ 的一个项,而且 $a\neq 0$,那么换所有 σ 以它们的表示式(1)后我们得出 $x_1,x_2,\cdots,x_n$ 的多项式,我们已经从基本定理的证明中知道它的首项(字汇排法的意义)为

$$ax_1^{k_1}(x_1x_2)^{k_2}\cdots(x_1x_2\cdots x_n)^{k_n}=ax_1^{l_1}x_2^{l_2}\cdots x_n^{l_n}$$

其中

$$\begin{gathered}l_1=k_1+k_2+\cdots+k_n\\ l_2=k_2+\cdots+k_n\\ \vdots\\ l_n=k_n\end{gathered}$$

故

$$\begin{gathered}k_i=l_i-l_{i+1},i=1,2,\cdots,n-1\\ k_n=l_n\end{gathered}$$

也就是从方次 $l_1,l_2,\cdots,l_n$ 可以得出多项式 χ 中原来的项的方次 $k_1,k_2,\cdots,k_n$.这样一来,多项式 χ 的不同的项看作 $x_1,x_2,\cdots,x_n$ 的多项式时,有不同的首项.

现在来讨论多项式 χ 所有的项;对于它们的每一个项,表示为 $x_1,x_2,\cdots,x_n$

的多项式都得出一个首项，在这些首项中，按照字汇排法的意义可以选出一个最前项. 据上面所说，由多项式χ 的其他项所得出的首项里面没有这一项的同类项，又因它前于这些首项的每一个项，亦必前于由多项式χ 的项中换 $\sigma_1, \sigma_2, \cdots, \sigma_n$ 为它的表示式(1) 后所得出的其他那些项. 所以，我们化$\chi(\sigma_1, \sigma_2, \cdots, \sigma_n)$ 为 $g(x_1, x_2, \cdots, x_n)$ 后得出这样的项，它(系数不为零的) 只有一个，没有同类项，因而不能消去. 故知多项式 $g(x_1, x_2, \cdots, x_n)$ 的系数不能全为零，也就是这个多项式不是环 $P[x_1, x_2, \cdots, x_n]$ 中的零元素，这就是所要证明的结果.

所证明的定理，很明显的亦可改成下面的说法：

把初级对称多项式组 $\sigma_1, \sigma_2, \cdots, \sigma_n$ 看作多项式环 $P[x_1, x_2, \cdots, x_n]$ 中的元素，是域 P 上代数无关的.

§53* 对称多项式的补充注解

基本定理的注解 上节关于对称多项式基本定理的证明，使我们可对定理的说法做一些重要的注解，待以后使用. 首先，经初级对称多项式所表示出的对称多项式 $f(x_1, x_2, \cdots, x_n)$ 的表示式 $\varphi(\sigma_1, \sigma_2, \cdots, \sigma_n)$ 中的系数不仅属于域 P，且可由多项式 f 的系数经加法和减法来表示，即 φ 的系数在域P 中的多项式 f 的系数所产生的环 L 里面.

事实上，多项式 φ_1(见上节式(5)) 对于未知量 $x_1, x_2, \cdots, x_n$ 的所有系数，容易看出都是多项式f的首项系数a_0 的整倍数，故在环L 里面. 假设已经证明，多项式 $\varphi_1, \varphi_2, \cdots, \varphi_l$ 的所有系数(对 $x_1, x_2, \cdots, x_n$ 来说) 都在环 L 里面. 那么多项式 $f_l = f - \varphi_1 - \varphi_2 - \cdots - \varphi_l$ 的系数亦必都在 L 里面，所以对 $x_1, x_2, \cdots, x_n$ 来说，多项式 φ_{l+1} 的所有系数仍在 L 里面.

另外，对于全部 $\sigma_1, \sigma_2, \cdots, \sigma_n$ 来说，多项式 $\varphi(\sigma_1, \sigma_2, \cdots, \sigma_n)$ 的次数，等于多项式 $f(x_1, x_2, \cdots, x_n)$ 对于每一个未知量 x_i 的次数. 事实上，因为上节的式(2) 是多项式 f 的首项，所以 k_1 是 f 对于未知量 x_1 的次数，由它的对称性，知道对于任一其他未知量 x_i 来说f 仍为k_1 次. 但对全部σ 来说，由上节的式(5)，知 φ_1 的次数为

$$(k_1 - k_2) + (k_2 - k_3) + \cdots + (k_{n-1} - k_n) + k_n = k_1$$

再因多项式 f_1 的首项后于多项式 f 的首项，故 f_1 对于每一个 x_i 的次数不能超过 f 对于每一个未知量的次数. 但是多项式 φ_2 对于 f_1 的作用和 φ_1 对于 f 的作用相同，所以 φ_2 对于全部σ 的次数等于f_1 对于每一个 x_i 的次数，也就是它不能大于 k_1，依此类推. 这样一来，$\varphi(\sigma_1, \sigma_2, \cdots, \sigma_n)$ 的次数不大于 k_1. 因为当 $i > 1$ 时，φ_i 对于全部$\sigma_1, \sigma_2, \cdots, \sigma_n$ 的次数小于φ_1 的次数，所以 $\varphi(\sigma_1, \sigma_2, \cdots, \sigma_n)$ 的次

数确实等于 k_1. 我们的论断就已证明.

最后,设 $a\sigma_1^{l_1}\sigma_2^{l_2}\cdots\sigma_n^{l_n}$ 是多项式 $\varphi(\sigma_1,\sigma_2,\cdots,\sigma_n)$ 的一个项. 把数

$$l_1+2l_2+\cdots+nl_n$$

叫作这个项的权,这就是σ_i的足数和它的方次的乘积的和. 换句话说,这就是所取的项对于全部未知量 $x_1,x_2,\cdots,x_n$ 的次数,可以由 §51 中所证明的关于多项式乘积的次数定理来推出. 现在可以得出下面的结论:

如果齐次对称多项式 $f(x_1,x_2,\cdots,x_n)$ 对于全部未知量来说有次数 s,那么它经 σ 表示出的表示式 $\varphi(\sigma_1,\sigma_2,\cdots,\sigma_n)$ 中,所有项的权都等于 s.

事实上,如果上节的式(2) 是齐次多项式 f 的首项,那么

$$s=k_1+k_2+\cdots+k_n$$

但由上节的式(5),项 φ_1 的权等于

$$(k_1-k_2)+2(k_2-k_3)+3(k_3-k_4)+\cdots+(n-1)(k_{n-1}-k_n)+nk_n=$$
$$k_1+k_2+k_3+\cdots+k_n$$

亦等于 s. 再者,两个 s 次齐次多项式的差,如果有次数时仍旧是一个 s 次齐次式,故多项式 $f_1=f-\varphi_1$,因而多项式 φ 的项 φ_2 的权仍等于 s,依此类推.

对称有理分式 对称多项式的基本定理可以推广到有理分式的情形. 把 n 个未知量 $x_1,x_2,\cdots,x_n$ 的有理分式$\frac{f}{g}$ 叫作对称的,如果经未知量的任何一个置换后所得出的分式都和它相等. 易证,这一定义和所取分式为$\frac{f}{g}$ 或是它的相等的分式$\frac{f_0}{g_0}$是没有关系的. 事实上,如果ω是未知量的某一个转换,而φ为这些未知量的任何一个多项式,那么约定用 φ^ω 来表示多项式 φ 经置换 ω 所得出的多项式. 由假设,对任何一个 ω 都有

$$\frac{f}{g}=\frac{f^\omega}{g^\omega}$$

也就是 $fg^\omega=gf^\omega$. 另外,由

$$\frac{f}{g}=\frac{f_0}{g_0}$$

得出 $fg_0=gf_0$,故 $f^\omega g_0^\omega=g^\omega f_0^\omega$. 用 f 来乘后一个等式的两边,我们得出

$$ff^\omega g_0^\omega=fg^\omega f_0^\omega=gf^\omega f_0^\omega$$

故在约去 f^ω 后有:$fg_0^\omega=gf_0^\omega$,也就是

$$\frac{f_0^\omega}{g_0^\omega}=\frac{f}{g}=\frac{f_0}{g_0}$$

下面的定理是真确的:

每一个系数在域 P 中未知量$x_1,x_2,\cdots,x_n$ 的对称有理分式,可以表示为系

数仍在域 P 中初级对称多项式 $\sigma_1,\sigma_2,\cdots,\sigma_n$ 的有理分式.

事实上,设已给出对称有理分式

$$\frac{f(x_1,x_2,\cdots,x_n)}{g(x_1,x_2,\cdots,x_n)}$$

假定它是既约的,我们可以证明 f 和 g 都是对称多项式.但是下面的方法更为简单.如果多项式 g 不是对称的,那么同乘分子分母以由 g 经幺置换以外的所有置换所得出的 $n!-1$ 个多项式的乘积.易知现在的分母是一个对称多项式.从分式的对称性知道它的新分子也必是对称的,所以分子分母都可以经初级对称多项式来表示,定理就已证明.

等次幂和 在应用时常常遇到对称多项式

$$s_k=x_1^k+x_2^k+\cdots+x_n^k,k=1,2,\cdots$$

也就是未知量 $x_1,x_2,\cdots,x_n$ 的 k 次方的和.这些多项式,叫作等次幂和,由基本定理知道它一定可以经初级对称多项式表示.但对于较大的 k,求出这些表示式是很困难的,所以多项式 $s_1,s_2,\cdots$ 和 $\sigma_1,\sigma_2,\cdots,\sigma_n$ 之间的关系就很值得注意,这就是现在要来建立的.

首先有 $s_1=\sigma_1$.还有,如果 $k\leqslant n$,那就容易验证下面这些等式的正确性

$$\begin{cases} s_{k-1}\sigma_1=s_k+S(x_1^{k-1}x_2)^{①} \\ s_{k-2}\sigma_2=S(x_1^{k-1}x_2)+S(x_1^{k-2}x_2x_3) \\ \quad\vdots \\ s_{k-i}\sigma_i=S(x_1^{k-i+1}x_2\cdots x_i)+S(x_1^{k-i}x_2\cdots x_ix_{i+1}),2\leqslant i\leqslant k-2 \\ \quad\vdots \\ s_1\sigma_{k-1}=S(x_1^2x_2\cdots x_{k-1})+k\sigma_k \end{cases} \tag{1}$$

依次乘各式以 $-1,+1,-1,+1,\cdots$,全部相加后把所有的项移到一边,我们得出下面的公式

$$s_k-s_{k-1}\sigma_1+s_{k-2}\sigma_2-\cdots+(-1)^{k-1}s_1\sigma_{k-1}+(-1)^kk\sigma_k=0,k\leqslant n \tag{2}$$

如果 $k>n$,那么等式组(1)有下面的形式

$$\begin{cases} s_{k-1}\sigma_1=s_k+S(x_1^{k-1}x_2) \\ s_{k-2}\sigma_2=S(x_1^{k-1}x_2)+S(x_1^{k-2}x_2x_3) \\ \quad\vdots \\ s_{k-i}\sigma_i=S(x_1^{k-i+1}x_2\cdots x_i)+S(x_1^{k-i}x_2\cdots x_ix_{i+1}),2\leqslant i\leqslant k-2 \\ \quad\vdots \\ s_{k-n}\sigma_n=S(x_1^{k-n+1}x_2\cdots x_n) \end{cases}$$

---

① 参考上节的式(11).

故推得公式

$$s_k - s_{k-1}\sigma_1 + s_{k-2}\sigma_2 - \cdots + (-1)^n s_{k-n}\sigma_n = 0, k > n \tag{3}$$

公式(2) 和(3) 叫作牛顿公式. 它们结合了等次幂的和与初级对称多项式且可用来依次求出 $s_1, s_2, s_3, \cdots$ 经 $\sigma_1, \sigma_2, \cdots, \sigma_n$ 所表示出的表示式. 例如我们已经知道的 $s_1 = \sigma_1$ 可从公式(2) 推出. 再如 $k = 2 \leqslant n$,那么由公式(2),$s_2 - s_1\sigma_1 + 2\sigma_2 = 0$,故

$$s_2 = \sigma_1^2 - 2\sigma_2$$

再在 $k = 3 \leqslant n$ 时,有 $s_3 - s_2\sigma_1 + s_1\sigma_2 - 3\sigma_3 = 0$,故利用已经求出的对于 s_1 和 s_2 的表示式,得出

$$s_3 = \sigma_1^3 - 3\sigma_1\sigma_2 + 3\sigma_3$$

这是我们已经知道的(参考上节的式(12)). 如果 $k = 3$ 而 $n = 2$,那么由公式(3),$s_3 - s_2\sigma_1 + s_1\sigma_2 = 0$,故 $s_3 = \sigma_1^3 - 3\sigma_1\sigma_2$. 应用牛顿公式可以求出把 s_k 表示为 $\sigma_1, \cdots, \sigma_n$ 的多项式的普遍公式. 但是这一公式非常麻烦,这里提出.

如果基域 P 的特征为 0,因而用任何一个自然数 n 来除都有意义[①],那么由式(2) 可以依次表示初级对称多项式 $\sigma_1, \sigma_2, \cdots, \sigma_n$ 为前 n 个等次幂和 $s_1, s_2, \cdots, s_n$ 的多项式. 例如 $\sigma_1 = s_1$,因而

$$\sigma_2 = \frac{1}{2}(s_1\sigma_1 - s_2) = \frac{1}{2}(s_1^2 - s_2)$$

$$\sigma_3 = \frac{1}{3}(s_3 - s_2\sigma_1 + s_1\sigma_2) = \frac{1}{6}(s_1^3 - 3s_1s_2 + 2s_3)$$

等等. 因此,由基本定理推得下面的结果:

设域 P 的特征为零. P 上 n 个未知量 $x_1, x_2, \cdots, x_n$ 的每一个对称多项式,都可以表示为等次幂和 $s_1, s_2, \cdots, s_n$ 的多项式,它的系数仍在域 P 中.

对两组未知量对称的多项式 在下面一节和 §58 中,将用到一种广义的对称多项式概念. 设给出两组未知量 $x_1, x_2, \cdots, x_n$ 和 $y_1, y_2, \cdots, y_r$,而且合并起来的全部未知量

$$x_1, x_2, \cdots, x_n, y_1, y_2, \cdots, y_r \tag{4}$$

在域 P 上代数无关. 域 P 上这些未知量的多项式 $f(x_1, x_2, \cdots, x_n, y_1, y_2, \cdots, y_r)$ 叫作对两组未知量对称,如果对于未知量 $x_1, x_2, \cdots, x_n$,对它们自己的任何一个置换和未知量 $y_1, y_2, \cdots, y_r$ 对它们自己的任何一个置换,它都是不变的. 如果对于 $x_1, x_2, \cdots, x_n$ 的初级对称多项式我们仍旧用符号 $\sigma_1, \sigma_2, \cdots, \sigma_n$ 来表示,而用 $\tau_1, \tau_2, \cdots, \tau_r$ 来表示 $y_1, y_2, \cdots, y_r$ 的初级对称多项式,那么基本定理可

---

① 在特征为 p 的域中,当 $a \neq 0$ 时,表示式 $\frac{a}{p}$ 没有意义,因为在这个域里面对于任何一个 x 都有 $px = 0$.

推广为下面的说法：

域 P 上对两组未知量 $x_1,x_2,\cdots,x_n$ 和 $y_1,y_2,\cdots,y_r$ 对称的每一个多项式 $f(x_1,x_2,\cdots,x_n,y_1,y_2,\cdots,y_r)$，都可以表示为这两组未知量的初级对称多项式的多项式（系数在 P 中）

$$f(x_1,x_2,\cdots,x_n,y_1,y_2,\cdots,y_r)=\varphi(\sigma_1,\sigma_2,\cdots,\sigma_n,\tau_1,\tau_2,\cdots,\tau_r)$$

事实上，多项式 f 可以看作用 $x_1,x_2,\cdots,x_n$ 的多项式来做系数的多项式 $\overline{f}(y_1,y_2,\cdots,y_r)$. 因为 f 对于未知量 $x_1,x_2,\cdots,x_n$ 的置换不变，所以多项式 $\overline{f}$ 的系数是 $x_1,x_2,\cdots,x_n$ 的对称多项式，因而由基本定理可以表示为 $\sigma_1,\sigma_2,\cdots,\sigma_n$ 的多项式（系数在 P 中）. 另外，$\overline{f}(y_1,y_2,\cdots,y_r)$ 可以看作域 $P(x_1,x_2,\cdots,x_n)$ 上 $y_1,y_2,\cdots,y_r$ 的对称多项式，故可表示为 $\overline{\varphi}(\tau_1,\tau_2,\cdots,\tau_r)$ 形的多项式. 在本节开始已经说过，多项式 $\overline{\varphi}$ 的系数可以由多项式 $\overline{f}$ 的系数经加法和减法来得出，所以它们是 $\sigma_1,\sigma_2,\cdots,\sigma_n$ 的多项式. 很明显的，这就得出了所求的经 $\sigma_1,\sigma_2,\cdots,\sigma_n,\tau_1,\tau_2,\cdots,\tau_r$ 来表示的 f 的表示式.

例 多项式

$$\begin{aligned}f(x_1,x_2,x_3,y_1,y_2)=&x_1x_2x_3-x_1x_2y_1-x_1x_2y_2-x_1x_3y_1-x_1x_3y_2-\\&x_2x_3y_1-x_2x_3y_2+x_1y_1y_2+x_2y_1y_2+x_3y_1y_2\end{aligned}$$

对于未知量 x_1,x_2,x_3 是对称的，同时对于未知量 y_1,y_2 也是对称的，但对于全部未知量来说就并不对称，例如未知量 x_1 和 y_1 对换将变动 f 的表达式. 多项式 f 可以这样的来表示为 $\sigma_1,\sigma_2,\sigma_3,\tau_1,\tau_2$ 的多项式

$$\begin{aligned}f=&x_1x_2x_3-(x_1x_2+x_1x_3+x_2x_3)y_1-(x_1x_2+x_1x_3+x_2x_3)y_2+\\&(x_1+x_2+x_3)y_1y_2\\=&\sigma_3-\sigma_2y_1-\sigma_2y_2+\sigma_1y_1y_2=\sigma_3-\sigma_2\tau_1+\sigma_1\tau_2\end{aligned}$$

刚才证明的定理当然可以推广到有三组或更多组未知量的情形.

对于对两组未知量对称的多项式，经初级对称多项式表示出的唯一性定理仍真确. 换句话说，下面的定理是正确的：

已给未知量组 $x_1,x_2,\cdots,x_n$ 和 $y_1,y_2,\cdots,y_r$ 的初级对称多项式

$$\sigma_1,\sigma_2,\cdots,\sigma_n,\tau_1,\tau_2,\cdots,\tau_r$$

是域 P 上代数无关的.

事实上，设有域 P 上等于零的多项式

$$\varphi(\sigma_1,\sigma_2,\cdots,\sigma_n,\tau_1,\tau_2,\cdots,\tau_r)$$

存在，而它的系数不全为零. 这个多项式可以看作多项式 $\psi(\tau_1,\tau_2,\cdots,\tau_r)$，它的系数是 $\sigma_1,\sigma_2,\cdots,\sigma_n$ 的多项式. 故可把 ψ 看作有理分式域

$$Q=P(x_1,x_2,\cdots,x_n)$$

上 $\tau_1,\tau_2,\cdots,\tau_r$ 的多项式. 未知量组 $y_1,y_2,\cdots,y_r$ 是域 Q 上代数无关的：如果对于这一组有系数在域 Q 中的代数相关性，那么去分母后，我们将得出组(4) 的

代数相关性而和假设矛盾. 由上节的唯一性定理,我们现在得出,组 $\tau_1,\tau_2,\cdots,\tau_r$ 亦必在域 Q 上代数无关,故多项式 ψ 的系数全等于零. 但是这些系数是 $\sigma_1,\sigma_2,\cdots,\sigma_n$ 的多项式,故仍由对于一组未知量(此处是组 $x_1,x_2,\cdots,x_n$)这一情形的唯一性定理,知道这些多项式的系数必全为零. 这就证明了多项式 φ 的所有系数都等于零,和假设矛盾.

§ 54* 结式,未知量的消去法,判别式

如果给出了环 $P[x_1,x_2,\cdots,x_n]$ 中的多项式 $f(x_1,x_2,\cdots,x_n)$,那么它的解是指在域 P 或是它的扩展域 $\bar{P}$ 中所取的对于未知量这样的一组值

$$x_1=\alpha_1,x_2=\alpha_2,\cdots,x_n=\alpha_n$$

使多项式 f 化为零

$$f(\alpha_1,\alpha_2,\cdots,\alpha_n)=0$$

每一个次数大于零的多项式 f 都能有解:如果未知量 x_1 在这个多项式中出现,那么作为 $\alpha_2,\cdots,\alpha_n$ 可以取域 P 或是它的扩展域[①] $\bar{P}$ 中实质上是任意的元素,只要使多项式 $f(x_1,\alpha_2,\cdots,\alpha_n)$ 有正的次数,而后利用根的存在定理(§49)取域 P 的这样的扩展域 $\bar{P}_1$,使得只含有一个未知量 x_1 的多项式 $f(x_1,\alpha_2,\cdots,\alpha_n)$ 在它里面有根 α_1. 同时我们看到,一个未知量 n 次多项式在每一个域中根的个数不能超过 n 这一性质,对于有许多未知量的多项式不再成立.

如果给出许多个有 n 个未知量的多项式,那么就有求出所有这些多项式的公共解的问题,也就是求出能使所给出的全部多项式都变为零的解. 这个问题的一个特殊情形,就是线性方程组的情形,已经在第二章中有过详细的讨论. 但是对于相反的特殊情形,有任意次数的含一个未知量的一个方程,到现在为止我们除开知道它在基域的某一个扩展域中有根存在之外,还不知道求出它的根的方法. 求出和研究有许多未知量的任何一个非线性方程组的解,当然是很复杂的工作,而且超出了本课程的范围,这是另一数学分支 —— 代数几何的对象. 此处我们只限于讲有两个未知量两个任意次方程的方程组的情形,来证明这一情形可以化为有一个未知量一个方程的情形.

首先研究仅含一个未知量的两个多项式的公根存在问题. 设已给出域 P 上多项式

---

① 译者注:"或是它的扩展域"这些字是译者加上的,例如在 Z_2 中(参考 §45)就没有元素 α_2 可使 $f=(x_1^2-x_1)(x_2^2-x_2)+1$ 的 x_1 有正方次. 又对文中所说的结果可用数学归纳法来证明.

$$\begin{cases} f(x)=a_0x^n+a_1x^{n-1}+\cdots+a_{n-1}x+a_n \\ g(x)=b_0x^s+b_1x^{s-1}+\cdots+b_{s-1}x+b_s \end{cases} \tag{1}$$

而且 $a_0\neq 0, b_0\neq 0$.

由上一章的结果不难推知,多项式 $f(x)$ 和 $g(x)$ 在 P 的某一个扩展域 $\overline{P}$ 中有公根的充分必要条件为它们不是互质的. 这样一来,关于已经给出的多项式的公根存在问题可以应用欧几里得算法来解决.

现在我们指出另一方法来得出这一问题的答案. 设 $\overline{P}$ 是 P 的某一个这样的扩展域,使 $f(x)$ 在它里面有 n 个根 $\alpha_1,\alpha_2,\cdots,\alpha_n$,而 $g(x)$ 有 s 个根,$\beta_1,\beta_2,\cdots,\beta_s$;可以取乘积 $f(x)g(x)$ 的分解域作为 $\overline{P}$. 域 $\overline{P}$ 中元素

$$R(f,g)=a_0^s b_0^n\prod_{i=1}^{n}\prod_{j=1}^{s}(\alpha_i-\beta_j) \tag{2}$$

叫作多项式 $f(x)$ 和 $g(x)$ 的结式. 很明显的 $f(x)$ 和 $g(x)$ 当且仅当 $R(f,g)=0$ 时才在 $\overline{P}$ 中有公根. 因为

$$g(x)=b_0\prod_{j=1}^{s}(x-\beta_j)$$

所以

$$g(\alpha_i)=b_0\prod_{j=1}^{s}(\alpha_i-\beta_j)$$

因此,结式 $R(f,g)$ 还可以写成下面的形式

$$R(f,g)=a_0^s\prod_{i=1}^{n}g(\alpha_i) \tag{3}$$

在定出结式时所用的多项式 $f(x)$ 和 $g(x)$ 并不是对称的. 事实上

$$R(g,f)=b_0^n a_0^s\prod_{j=1}^{s}\prod_{i=1}^{n}(\beta_j-\alpha_i)=(-1)^{ns}R(f,g) \tag{4}$$

和(3) 对应的,可以写 $R(g,f)$ 为下面的形式

$$R(g,f)=b_0^n\prod_{j=1}^{s}f(\beta_j) \tag{5}$$

对于结式的表示式(2),需要知道多项式 $f(x)$ 和 $g(x)$ 的根,所以在解决这两个多项式有无公根的问题上,是没有实用价值的.

但是我们将证明,结式 $R(f,g)$ 可表示为已经给出的多项式 $f(x)$ 和 $g(x)$ 的系数 $a_0,a_1,a_2,\cdots,a_n,b_0,b_1,b_2,\cdots,b_s$ 的多项式.

这种表示的可能性很容易从上节的结果推出. 事实上,式(2) 指出结式 $R(f,g)$ 是两组未知量 ——$\alpha_1,\alpha_2,\cdots,\alpha_n$ 和 $\beta_1,\beta_2,\cdots,\beta_s$—— 的对称多项式. 故由上节末尾的证明,它可表示为这两组未知量的初级对称多项式的多项式. 也就是说,从韦达公式,可以表示为商 $\frac{a_i}{a_0}$,$i=1,2,\cdots,n$ 和 $\frac{b_j}{b_0}$,$j=1,2,\cdots,s$ 的多项

式,而在式(2) 中的因子 $a_0^s b_0^n$ 乘进去后,可以消去所得出的表示式中那些分母里面的 a_0 和 b_0. 但是应用上节证明中的方法实际上求出用系数来表示结式的表示式是很困难的,我们要应用另外的方法.

我们所要求出的多项式(1) 的结式表示式是对于任何一对这种多项式都能适合的. 更确切的说法是,我们把多项式(1) 的这两组根

$$\alpha_1, \alpha_2, \cdots, \alpha_n; \beta_1, \beta_2, \cdots, \beta_s \tag{6}$$

作为一组 $n+s$ 个独立的未知量,也就是 §51 的意义下在域 P 上代数无关的一组 $n+s$ 个元素.

我们所得出的看作未知量(6) 的多项式的这个关于结式的表示式(用韦达公式以根表示系数后),等于等式(2) 的右边 —— 也看作是未知量(6) 的一个多项式.

在了解这个等式是关于未知量组(6) 的恒等式的这一意义上,我们来证明,多项式(1) 的结式 $R(f,g)$ 等于下面的 $n+s$ 阶行列式

$$D = \begin{vmatrix} a_0 & a_1 \cdots a_n & & \\ & a_0 & a_1 \cdots a_n & \\ & \ddots & \ddots & \ddots \\ & & a_0 & a_1 \cdots a_n \\ b_0 & b_1 \cdots b_s & & \\ & b_0 & b_1 \cdots b_s & \\ & \ddots & \ddots & \ddots \\ & & b_0 & b_1 \cdots b_s \end{vmatrix} \begin{matrix} \left.\vphantom{\begin{matrix} a \\ a \\ a \\ a \end{matrix}}\right\} s \text{ 个行} \\ \left.\vphantom{\begin{matrix} a \\ a \\ a \\ a \end{matrix}}\right\} n \text{ 个行} \end{matrix} \tag{7}$$

(空白的地方都是零). 这个行列式的结构是非常明显的,我们只指出一点,就是在它的主对角线上的元素,是先有 s 个系数 a_0,而后接连着有 n 个系数 b_s.

为了证明我们的论断,我们用两种方法来算出乘积 $a_0^s b_0^n DM$,其中 M 是下面的 $n+s$ 阶辅助行列式

$$M = \begin{vmatrix} \beta_1^{n+s-1} & \beta_2^{n+s-1} & \cdots & \beta_s^{n+s-1} & \alpha_1^{n+s-1} & \alpha_2^{n+s-1} & \cdots & \alpha_s^{n+s-1} \\ \beta_1^{n+s-2} & \beta_2^{n+s-2} & \cdots & \beta_s^{n+s-2} & \alpha_1^{n+s-2} & \alpha_2^{n+s-2} & \cdots & \alpha_s^{n+s-2} \\ \vdots & \vdots & & \vdots & \vdots & \vdots & & \vdots \\ \beta_1^2 & \beta_2^2 & \cdots & \beta_s^2 & \alpha_1^2 & \alpha_2^2 & \cdots & \alpha_s^2 \\ \beta_1 & \beta_2 & \cdots & \beta_s & \alpha_1 & \alpha_2 & \cdots & \alpha_n \\ 1 & 1 & \cdots & 1 & 1 & 1 & \cdots & 1 \end{vmatrix}$$

M 是一个范德蒙行列式,在 §6 中已经证明了,它是倒数第二行上这些元素的差的乘积,而且这些差是从每一个左边的元素减去任何一个右边的元素来得出的. 这样一来,有

$$M=\prod_{1\leqslant i<j\leqslant s}(\beta_i-\beta_j)\cdot\prod_{j=1}^{s}\prod_{i=1}^{n}(\beta_j-\alpha_i)\cdot\prod_{1\leqslant i<j\leqslant n}(\alpha_i-\alpha_j)$$

所以从式(4) 得出

$$a_0^s b_0^n DM=D\cdot R(g,f)\cdot\prod_{1\leqslant i<j\leqslant s}(\beta_i-\beta_j)\cdot\prod_{1\leqslant i<j\leqslant n}(\alpha_i-\alpha_j) \tag{8}$$

另外,我们用关于矩阵乘积的行列式定理来计算乘积 DM. 乘出对应的矩阵而且考虑到所有 α 都是 $f(x)$ 的根,而所有 β 都是 $g(x)$ 的根,我们得到

$$DM=\begin{vmatrix}
\beta_1^{s-1}f(\beta_1) & \beta_2^{s-1}f(\beta_2) & \cdots & \beta_s^{s-1}f(\beta_s) & 0 & 0 & \cdots & 0\\
\beta_1^{s-2}f(\beta_1) & \beta_2^{s-2}f(\beta_2) & \cdots & \beta_s^{s-2}f(\beta_s) & 0 & 0 & \cdots & 0\\
\vdots & \vdots & & \vdots & \vdots & \vdots & & \vdots\\
\beta_1 f(\beta_1) & \beta_2 f(\beta_2) & \cdots & \beta_s f(\beta_s) & 0 & 0 & \cdots & 0\\
f(\beta_1) & f(\beta_2) & \cdots & f(\beta_s) & 0 & 0 & \cdots & 0\\
0 & 0 & \cdots & 0 & \alpha_1^{n-1}g(\alpha_1) & \alpha_2^{n-1}g(\alpha_2) & \cdots & \alpha_n^{n-1}g(\alpha_n)\\
0 & 0 & \cdots & 0 & \alpha_1^{n-2}g(\alpha_1) & \alpha_2^{n-2}g(\alpha_2) & \cdots & \alpha_n^{n-2}g(\alpha_n)\\
\vdots & \vdots & & \vdots & \vdots & \vdots & & \vdots\\
0 & 0 & \cdots & 0 & \alpha_1 g(\alpha_1) & \alpha_2 g(\alpha_2) & \cdots & \alpha_n g(\alpha_n)\\
0 & 0 & \cdots & 0 & g(\alpha_1) & g(\alpha_2) & \cdots & g(\alpha_n)
\end{vmatrix}$$

应用拉普拉斯定理来展开它,把各列中的公因子提出来后再把留下来的行列式利用范德蒙行列式的展开式展开,我们得出

$$a_0^s b_0^n DM=a_0^s b_0^n\prod_{j=1}^{s}f(\beta_j)\cdot\prod_{1\leqslant i<j\leqslant s}(\beta_s-\beta_j)\cdot$$
$$\prod_{i=1}^{n}g(\alpha_i)\cdot\prod_{1\leqslant i<j\leqslant s}(\alpha_i-\alpha_j)$$

应用式(3) 和(5),有

$$a_0^s b_0^n DM=R(f,g)R(g,f)\cdot\prod_{1\leqslant i<j\leqslant s}(\beta_s-\beta_j)\cdot\prod_{1\leqslant i<j\leqslant s}(\alpha_i-\alpha_j) \tag{9}$$

把等式(8) 和(9) 的右边看作未知量(6) 的多项式,我们知道它们是彼此相等的. 在这样得出来的等式的两边,可以约去不恒等于零的因子. 公因子 $R(g,f)$ 不等于零,因为由已知条件 $a_0\neq 0$ 和 $b_0\neq 0$,所以只要对未知量(6) 选取彼此不相等的值(在基域或者在它的某一个扩展域中),就可以使得从等式(4) 得出的多项式 $R(g,f)$ 的值不等于零. 同样可证其余两个公因子也不等于零. 把这些公因子约去之后,我们得出等式

$$R(f,g)=D \tag{10}$$

这就是我们所要证明的结果.

现在我们来除去多项式(1) 的首项系数不等于零的条件[①]. 因此关于这些多项式的真正次数,只能说它们的次数不大于它们的“形式”次数 n 和 s. 因为所讨论的多项式的根的个数可能少于 n 或 s,所以关于结式的表示式(2) 现在已经没有意义了. 另外,行列式(7) 现在还可以写出来,因为已经证明了在 $a_0 \neq 0$, $b_0 \neq 0$ 的时候,这个行列式等于它们的结式,所以在一般的情形,我们还是叫它做多项式 $f(x)$ 和 $g(x)$ 的结式而且用 $R(f,g)$ 来记它.

但是现在已经不可能认为结式等于零就相当于多项式有公根. 事实上,如果 $a_0 = 0$ 和 $b_0 = 0$,那么就有 $R(f,g) = 0$,而不管多项式 f 和 g 有没有公根. 但是,我们可以证明,这是一个唯一的情形使得我们从结式等于零不能得出所给出的多项式有公根存在的结论[②]. 这就是说,下面的定理是真确的:

如果给出了有任意首项系数的多项式(1),那么这些多项式的结式(7) 等于零的充分必要条件是这些多项式有公根存在或者它们的首项系数都等于零.

定理的证明如下:

对于 $a_0 \neq 0, b_0 \neq 0$ 的情形,已经在上面讨论过,而对于 $a_0 = b_0 = 0$ 的情形也已经在定理的叙述中看到了. 所以我们只要讨论这样的情形,在多项式(1) 的首项系数中,只有一个,例如 a_0,不等于零,而 b_0 等于零.

如果对于所有的 $i(i=0,1,\cdots,s)$,都有 $b_i = 0$,那么 $R(f,g) = 0$,因为行列式(7) 含有一行,它的元素全等于零. 但是在这一情形,多项式 $g(x)$ 恒等于零,所以和 $f(x)$ 有公根. 如果

$$b_0 = b_1 = \cdots = b_{k-1} = 0,\text{而 } b_k \neq 0, k \leqslant s$$

且令

$$\bar{g}(x) = b_k x^{s-k} + b_{k+1} x^{s-k-1} + \cdots + b_{s-1} x + b_s$$

那么,在行列式(7) 中换元素 $b_0, b_1, \cdots, b_{k-1}$ 为零且应用拉普拉斯定理,很明显的,我们得到等式

$$R(f,g) = a_0^k R(f,\bar{g}) \tag{11}$$

但因多项式 f 和 $\bar{g}$ 的首项系数都不为零,故从上面的证明知道等式 $R(f,\bar{g}) = 0$ 是多项式 f 和 $\bar{g}$ 有公根的充分必要条件,另外,由(11),等式 $R(f,g) = 0$ 和等式 $R(f,\bar{g}) = 0$ 是相当的,而且多项式 g 和 $\bar{g}$ 有相同的根,所以我们得出,在所讨论的情形,结式 $R(f,g)$ 等于零也是多项式 $f(x)$ 和 $g(x)$ 有公根的充分必要条件. 这样定理就已证明了.

---

① 对多项式首项系数的这一条件以前一直保留,现在之所以要暂时取消,是因为以后的应用有这种需要:我们要讨论一组有两个未知量的多项式而把其中一个未知量包含在系数里面,故对于这一未知量的某些值,首项系数可能变为零.

② 很明显的在 $a_n = b_s = 0$ 时,行列式(7) 也等于零. 但是在这一情形,多项式(1) 有公根 0.

求出下面的两个二次多项式的结式

$$f(x)=a_0x^2+a_1x+a_2, g(x)=b_0x^2+b_1x+b_2$$

由式(7)可知

$$R(f,g)=\begin{vmatrix} a_0 & a_1 & a_2 & 0 \\ 0 & a_0 & a_1 & a_2 \\ b_0 & b_1 & b_2 & 0 \\ 0 & b_0 & b_1 & b_2 \end{vmatrix}$$

照第一行或第三行展开这个行列式,得出

$$R(f,g)=(a_0b_2-a_2b_0)^2-(a_0b_1-a_1b_0)(a_1b_2-a_2b_1) \tag{12}$$

例如,给出多项式

$$f(x)=x^2-6x+2, g(x)=x^2+x+5$$

那么由(12),$R(f,g)=233$,所以这两个多项式没有公根.如果给出多项式

$$f(x)=x^2-4x-5, g(x)=x^2-7x+10$$

那么 $R(f,g)=0$,也就是这两个多项式有公根,这个根为数 5.

从有两个未知量两个方程的方程组中消去一个未知量 设已给出两个未知量 x 和 y 的两个多项式 f 和 g,它们的系数在某一个域 P 里面.我们照未知量 x 的降幂来写出这些多项式

$$\begin{cases} f(x,y)=a_0(y)x^k+a_1(y)x^{k-1}+\cdots+a_{k-1}(y)x+a_k(y) \\ g(x,y)=b_0(y)x^l+b_1(y)x^{l-1}+\cdots+b_{l-1}(y)x+b_l(y) \end{cases} \tag{13}$$

它们的系数为环 $P[x]$ 中的多项式.把多项式 f 和 g 看作 x 的多项式,求出它们的结式并且把它记做 $R_x(f,g)$,由式(7),知道它是系数在域 P 中的一个未知量 y 的多项式

$$R_x(f,g)=F(y) \tag{14}$$

设多项式组(13)在 P 的某一个扩展域中有公共解 $x=\alpha, y=\beta$.用 β 来代(13)中的 y,我们得出两个仅含一个未知量 x 的多项式 $f(x,\beta)$ 和 $g(x,\beta)$.这两个多项式有公根 α,故由(14)它们的结式 $F(\beta)$ 应当等于零,就是说 β 必须是结式 $R_x(f,g)$ 的根.反过来,如果多项式(13)的结式 $R_x(f,g)$ 有根 β,那么多项式 $f(x,\beta)$ 和 $g(x,\beta)$ 的结式等于零,也就是这两个多项式或者有公根,或者两个首项系数都等于零,即

$$a_0(\beta)=b_0(\beta)=0$$

这一方法把多项式组(13)公共解的求出化为求一个仅有一个未知量 y 的多项式(14)的根,这就是所说的,由多项式组(13)消去未知量 x.

有两个未知量和两个多项式的多项式组中,消去一个未知量后,所得多项式的次数是多少?这一问题可由下列定理来回答:

如果多项式 $f(x,y)$ 和 $g(x,y)$ 对于全部未知量来说,各有次数 n 和 s,那么

在多项式 $R_x(f,g)$ 不恒等于零时，它对于未知量 y 的次数不能大于乘积 ns.

首先，如果我们讨论首项系数等于1的两个仅有一个未知量的多项式，那么由(2)它们的结式 $R(f,g)$ 是 $\alpha_1,\alpha_2,\cdots,\alpha_n,\beta_1,\beta_2,\cdots,\beta_s$ 的 ns 次齐次多项式. 因此，如果经系数 $a_1,a_2,\cdots,a_n,b_1,b_2,\cdots,b_s$ 表示出的结式表示式中有一项

$$a_1^{k_1}a_2^{k_2}\cdots a_n^{k_n}b_1^{l_1}b_2^{l_2}\cdots b_s^{l_s}$$

而且这一项的权是指下面的数

$$k_1+2k_2+\cdots+nk_n+l_1+2l_2+\cdots+sl_s$$

那么经系数表示的 $R(f,g)$ 的表示式中，所有的项都有同一的权，等于 ns. 这个论断在一般的情形对于结式(7)的项亦是真确的，如果项

$$a_0^{k_0}a_1^{k_1}\cdots a_n^{k_n}b_0^{l_0}b_1^{l_1}b_1^{l_2}\cdots b_s^{l_s}$$

的权是指下面的数

$$0\cdot k_0+1\cdot k_1+\cdots+nk_n+0\cdot l_0+1\cdot l_1+\cdots+sl_s \tag{15}$$

事实上，在行列式(7)中换因子 a_0 和 b_0 为1，我们得出已经讨论过的情形，而这些因子的幂次在(15)中的系数都等于0，所以它们的权仍为 ns.

现在写多项式 f 和 g 为下面的形式

$$f(x,y)=a_0(y)x^n+a_1(y)x^{n-1}+\cdots+a_n(y)$$

$$g(x,y)=b_0(y)x^s+b_1(y)x^{s-1}+\cdots+b_s(y)$$

因为 $f(x,y)$ 对于全部未知量的次数为 n，所以系数 $a_r(y)(r=0,1,2,\cdots,n)$ 的次数不能超过它们的足数 r，这对于 $b_r(y)$ 亦是真确的. 因此，结式 $R_x(f,g)$ 中每一个项的次数不能大于这个项的权，也就是不能大于数 sn，这就是所要证明的结果.

例1 求出下面的方程组的公共解

$$f(x,y)=x^2y+3xy+2y+3$$

$$g(x,y)=2xy-2x+2y+3$$

为了消去未知量 x，把它们写成下面的形式

$$\begin{cases} f(x,y)=y\cdot x^2+(3y)\cdot x+(2y+3) \\ g(x,y)=(2y-2)\cdot x+(2y+3) \end{cases} \tag{16}$$

这里

$$R_x(f,g)=\begin{vmatrix} y & 3y & 2y+3 \\ 2y-2 & 2y+3 & 0 \\ 0 & 2y-2 & 2y+3 \end{vmatrix}=2y^2+11y+12$$

这个结式的根为数 $\beta_1=-4,\beta_2=-\dfrac{3}{2}$. 用这些值来代换未知量 y 时，多项式(16)的首项系数不等于零，所以它们的每一个和 x 的某一值构成这组多项式的公解. 多项式

$$f(x, -4) = -4x^2 - 12x - 5$$
$$g(x, -4) = -10x - 5$$

有公根 $\alpha_1 = -\frac{1}{2}$. 多项式

$$f\left(x, -\frac{3}{2}\right) = -\frac{3}{2}x^2 - \frac{9}{2}x$$

$$g\left(x, -\frac{3}{2}\right) = -5x$$

有公根 $\alpha_2 = 0$. 这样一来，所给出的多项式组有两个解

$$\alpha_1 = -\frac{1}{2}, \beta_1 = -4 \text{ 与 } \alpha_2 = 0, \beta_2 = -\frac{3}{2}$$

例 2 从下面的多项式组消去一个未知量

$$f(x,y) = 2x^3y - xy^2 + x + 5$$
$$g(x,y) = x^2y^2 + 2xy^2 - 5y + 1$$

因为两个多项式对于未知量 y 的次数都是 2，而有一个多项式对于未知量 x 有次数 3，所以消去 y 较为合理. 写这一组为下面的形式

$$\begin{aligned} f(x,y) &= (-x) \cdot y^2 + (2x^3) \cdot y + (x+5) \\ g(x,y) &= (x^2+2x) \cdot y^2 - 5y + 1 \end{aligned} \tag{17}$$

且用式(12) 求出它们的结式

$$\begin{aligned} R_y(f,g) = &[(-x) \cdot 1 - (x+5)(x^2+2x)]^2 - \\ &[(-x)(-5) - 2x^3(x^2+2x)][2x^3 \cdot 1 - (x+5)(-5)] \\ = &4x^8 + 8x^7 + 11x^6 + 84x^5 + 161x^4 + 154x^3 + 96x^2 - 125x \end{aligned}$$

结式的根里面有一个等于 0. 但是对于未知量 x 的这一个值，多项式(17) 的首项系数都等于零，同时亦易知多项式 $f(0,y)$ 和 $g(0,y)$ 没有公根. 我们没有方法求出结式的另一根. 只能断定，如果我们能够求出其他的根(例如在 $R_y(f,g)$ 的分解域里面)，那么它们的每一个都不能使多项式(17) 的首项系数全等于零，所以把每一个根作为未知量 x 的值可以得出未知量 y 的某些值(一个或者甚至于许多个) 组成所给出的多项式组的公共解.

有方法存在，可以在有任意多个未知量和多项式的多项式组中依次消去未知量. 但是这一方法非常麻烦，所以在我们的课程中不再引入.

判别式 类似于引进结式概念的问题，可以提出这样的问题，环 $P[x]$ 中 n 次多项式 $f(x)$ 有重根的条件是怎样的. 设

$$f(x) = a_0x^n + a_1x^{n-1} + \cdots + a_{n-1}x + a_n, a_0 \neq 0$$

且设在 P 的某个扩展域中这一多项式有根 $\alpha_1, \alpha_2, \cdots, \alpha_n$. 很明显的，在这些根里面有等根的充分必要条件，是乘积

$$\Delta = (\alpha_2 - \alpha_1)(\alpha_3 - \alpha_1)\cdots(\alpha_n - \alpha_1) \cdot$$

$$(\alpha_3-\alpha_2)(\alpha_4-\alpha_2)\cdots(\alpha_n-\alpha_2)\cdot$$
$$\vdots$$
$$(\alpha_n-\alpha_{n-1})=\prod_{n\geqslant i>j\geqslant 1}(\alpha_i-\alpha_j)$$

等于零,或者是乘积

$$D=a_0^{2n-2}\prod_{n\geqslant i>j\geqslant 1}(\alpha_i-\alpha_j)^2$$

等于零,我们把 D 叫作多项式 $f(x)$ 的判别式.

经过根的置换后,乘积 Δ 可能变号,但判别式 D 仍然不变,因此 D 是 α_1, $\alpha_2,\cdots,\alpha_n$ 的对称多项式,故可以用多项式 $f(x)$ 的系数来表出. 在域 P 的特征为零的假设下面,为了求出这个表示式,可以利用多项式 $f(x)$ 的判别式和这个多项式和它的导式的结式之间所存在的关系. 这种关系的存在是想象得到的:我们从 §49 已知多项式有重根的充分必要条件是它和它的导式 $f'(x)$ 有公根存在,因而 $D=0$ 的充分必要条件为 $R(f,f')=0$.

由本节的式(3),得到

$$R(f,f')=a_0^{n-1}\prod_{i=1}^{n}f'(\alpha_i)$$

微分等式

$$f(x)=a_0\prod_{k=1}^{n}(x-\alpha_k)$$

我们得出

$$f'(x)=a_0\sum_{k=1}^{n}\prod_{j\neq k}(x-\alpha_j)$$

用 α_i 来换所有项中的 x,除第 i 个乘积外都变为零,所以有

$$f'(\alpha_i)=a_0\prod_{j\neq i}(\alpha_i-\alpha_j)$$

故

$$R(f,f')=a_0^{n-1}\cdot a_0^n\prod_{i=1}^{n}\prod_{j\neq i}(\alpha_i-\alpha_j)$$

在这个乘积中对于任何 i 和 j, $i>j$,都出现两个因式:$\alpha_i-\alpha_j$ 和 $\alpha_j-\alpha_i$. 它们的乘积等于$(-1)\cdot(\alpha_i-\alpha_j)^2$,又因有$\dfrac{n(n-1)}{2}$对足数 i,j 存在,且满足不等式 $n\geqslant i>j\geqslant 1$,故

$$R(f,f')=(-1)^{\frac{n(n-1)}{2}}a_0^{2n-1}\prod_{n\geqslant i>j\geqslant 1}(\alpha_i-\alpha_j)^2=(-1)^{\frac{n(n-1)}{2}}a_0D$$

例 3 求出二次三项式

$$f(x)=ax^2+bx+c$$

的判别式. 因为 $f'(x)=2ax+b$,所以

$$R(f,f')=\begin{vmatrix} a & b & c \\ 2a & b & 0 \\ 0 & 2a & b \end{vmatrix}=a(-b^2+4ac)$$

在我们的这一情形，有$\frac{n(n-1)}{2}=1$，所以

$$D=-a^{-1}R(f,f')=b^2-4ac$$

这和平常初等代数中所说的二次方程的判别式一致.

另一求判别式的方法如下：写出根 $\alpha_1,\alpha_2,\cdots,\alpha_n$ 的范德蒙行列式. 在 §6 中已经证明

$$\begin{vmatrix} 1 & 1 & \cdots & 1 \\ \alpha_1 & \alpha_2 & \cdots & \alpha_n \\ \alpha_1^2 & \alpha_2^2 & \cdots & \alpha_n^2 \\ \vdots & \vdots & & \vdots \\ \alpha_1^{n-1} & \alpha_2^{n-1} & \cdots & \alpha_n^{n-1} \end{vmatrix}=\prod_{n\geqslant i>j\geqslant 1}(\alpha_i-\alpha_j)=\Delta$$

所以判别式等于 a_0^{2n-2} 和这个行列式的平方的乘积. 用矩阵的乘法规则来乘出这个行列式和它的转置行列式，且用上节中等次幂和定义，我们得出

$$D=a_0^{2n-2}\begin{vmatrix} n & s_1 & s_2 & \cdots & s_{n-1} \\ s_1 & s_2 & s_3 & \cdots & s_n \\ s_2 & s_3 & s_4 & \cdots & s_{n+1} \\ \vdots & \vdots & \vdots & & \vdots \\ s_{n-1} & s_n & s_{n+1} & \cdots & s_{2n-2} \end{vmatrix} \tag{18}$$

其中 s_k 为根 $\alpha_1,\alpha_2,\cdots,\alpha_n$ 的 k 次方的和.

例 4　求出三次多项式 $f(x)=x^3+ax^2+bx+c$ 的判别式. 由式(18)可知

$$D=\begin{vmatrix} 3 & s_1 & s_2 \\ s_1 & s_2 & s_3 \\ s_2 & s_3 & s_4 \end{vmatrix}$$

由上节知道

$$s_1=\sigma_1=-a$$

$$s_2=\sigma_1^2-2\sigma_2=a^2-2b$$

$$s_3=\sigma_1^3-3\sigma_1\sigma_2+3\sigma_3=-a^3+3ab-3c$$

应用牛顿公式，由 $\sigma_4=0$ 求出

$$s_4=\sigma_1^4-4\sigma_1^2\sigma_2+4\sigma_1\sigma_3+2\sigma_2^2=a^4-4a^2b+4ac+2b^2$$

故

$$D=3s_2s_4+2s_1s_2s_3-s_2^3-s_1^2s_4-3s_3^2=a^2b^2-4b^3-4a^3c+18abc-27c^2 \quad (19)$$

特别的，当 $a=0$ 时，即对于不完全三次多项式，得

$$D=-4b^3-27c^2$$

这同 §38 中所说的完全一样.

§55* 复数代数基本定理的第二个证明

在 §23 中引进的基本定理的证明是用非代数方法完成的. 现在我们要介绍另外一个证明，它用到更多的代数工具 —— 主要是应用对称多项式的基本定理(§52) 和任意多项式的分解域的存在定理(§49)，同时，这个证明的非代数部分很少，而且归结为一个很简单的论断.

首先注意，在 §23 中证明了关于多项式首项模的引理. 设多项式 $f(x)$ 的系数是实数，且取 $k=1$，我们得出这个引理的下述推论：

当 x 取绝对值适当大的实数值时，可以使实系数多项式 $f(x)$ 与其首项有相同的正负号.

从上述推论得出下面的结果：

实系数奇次多项式至少有一个实根.

事实上，设

$$f(x)=a_0x^n+a_1x^{n-1}+\cdots+a_n$$

它的所有系数都是实数. 因为 n 为奇数，对于 x 的正值和负值，首项 a_0x^n 有不同的正负号，所以从上述推论，当 x 取绝对值适当大的正值和负值时，多项式 $f(x)$ 也有不同的正负号. 因此，有这样的 x 的实数值存在，例如 a 和 b，使得

$$f(a)<0,f(b)>0$$

但由数学分析已知多项式(也就是有理整函数) $f(x)$ 是一个连续函数，故由连续函数的一个基本性质，x 取 a 和 b 之间的某一实数值，可使 $f(x)$ 取 $f(a)$ 和 $f(b)$ 之间任何一个已经给定的值. 特别是 a 和 b 之间有这样的 α 存在使得 $f(\alpha)=0$.

根据这一结果，我们现在来证明下面的论断：

任何实系数多项式，如果它的次数大于零，那么它至少有一个复数根.

事实上，设已给实系数多项式 $f(x)$，它的次数 $n=2^kq$，q 为奇数. 因 $k=0$ 的情形上面已经讨论过，故我们假设 $k>0$，也就是 n 是一个偶数，而对 k 用归纳法来证明我们的定理，假定对于所有实系数多项式，它们中次数为 2^{k-1} 所除尽而

不为 2^k 所除尽的[①]，我们的论断已经证明.

设 P 为复数域上多项式 $f(x)$ 的分解域(参考 §49) 且设 $\alpha_1, \alpha_2, \cdots, \alpha_n$ 为域 P 中 $f(x)$ 的根. 选取任何一个实数 c 且取出域 P 中有下面这种形式的元素

$$\beta_{ij} = \alpha_i\alpha_j + c(\alpha_i + \alpha_j), i < j \tag{1}$$

元素 β_{ij} 的个数，很明显的等于

$$\frac{n(n-1)}{2} = \frac{2^k q(2^k q - 1)}{2} = 2^{k-1} q(2^k q - 1) = 2^{k-1} q' \tag{2}$$

其中 q' 为一奇数.

现在在环 $P[x]$ 中组成用这些元素 β_{ij} 做根且只用它们做根的多项式 $g(x)$

$$g(x) = \prod_{i,j,i<j} (x - \beta_{ij})$$

这个多项式的系数是 β_{ij} 的初级对称多项式. 故由(1)，它们是 $\alpha_1, \alpha_2, \cdots, \alpha_n$ 的实系数(因 c 是一个实数) 多项式，而且是一些对称多项式. 事实上，对换任何两个 α，例如 α_k 和 α_l，只得出所有 β_{ij} 这组元素的一个置换：每一个 β_{kj}，如果它的 j 不等于 k 和 l，变为 β_{lj}，反过来也是一样，而 β_{kl} 和所有 β_{ij}，如果它们的 i, j 不为 k 和 l，都没有变动. 但是对于多项式 $g(x)$ 的根经过置换时，它的系数是没有变动的.

因此，由对称多项式的基本定理，多项式 $g(x)$ 的系数是所给多项式 $f(x)$ 的系数的多项式(系数为实数)，故仍然是实数. 这个多项式的次数等于根 β_{ij} 的个数，由式(2)，次数为 2^{k-1} 所除尽而不为 2^k 所除尽. 故由归纳法的假设，多项式 $g(x)$ 至少有一个根 β_{ij} 必须是复数.

这样一来，对于每一个选定的实数 c 可以有这样的一对足数 i, j，其中 $1 \leqslant i \leqslant n, 1 \leqslant j \leqslant n$，使元素 $\alpha_i\alpha_j + c(\alpha_i + \alpha_j)$ 为一复数，我们记得，复数域作为子域包含在域 P 中. 当然，对于数 c 的另一种取法，一般地说，在上面所提出的意义下将对应于另一对足数. 但是有无穷多个不同的实数 c 存在，而不同的足数对 i, j 却只有有限多个. 故可选取这样的两个不同的实数 c_1 和 c_2，$c_1 \neq c_2$，使它们都对应于同一对足数 i, j，这个时候

$$\begin{cases} \alpha_i\alpha_j + c_1(\alpha_i + \alpha_j) = a \\ \alpha_i\alpha_j + c_2(\alpha_i + \alpha_j) = b \end{cases} \tag{3}$$

都是复数.

由等式(3) 推得

$$(c_1 - c_2)(\alpha_i + \alpha_j) = a - b$$

故有

---

① 在这里，这个次数可能大于 n.

$$\alpha_i+\alpha_j=\frac{a-b}{c_1-c_2}$$

也就是这个和是一个复数. 因此从(3)的第一个等式可知乘积 $\alpha_i\alpha_j$ 亦必是一个复数. 这样一来,元素 α_i 和 α_j 是复系数二次方程

$$x^2-(\alpha_i+\alpha_j)x+\alpha_i\alpha_j=0$$

的根,故由前面已经证明的结果,它们都必须是复数. 因此,在多项式 $f(x)$ 的根里面,得出了两个复数根,这就证明了论断.

为了完全证明基本定理,只要讨论有任意复系数的多项式这一情形. 设

$$f(x)=a_0x^n+a_1x^{n-1}+\cdots+a_n$$

是这样的多项式. 在 $f(x)$ 中换所有系数为它们的共轭复数,得出多项式

$$\overline{f}(x)=\overline{a}_0x^n+\overline{a}_1x^{n-1}+\cdots+\overline{a}_n$$

讨论乘积

$$F(x)=f(x)\overline{f}(x)=b_0x^{2n}+b_1x^{2n-1}+\cdots+b_kx^{2n-k}+\cdots+b_{2n}$$

很明显的,它里面的

$$b_k=\sum_{i+j=k}a_i\overline{a}_j,k=0,1,2,\cdots,2n$$

从 §18 中已经知道关于共轭复数的性质,我们得到

$$\overline{b}_k=\sum_{i+j=k}\overline{a}_ia_j=b_k$$

也就是多项式 $F(x)$ 的所有系数都是实数.

故从前面已经证明的结果,知多项式 $F(x)$ 至少有一个复数根 β,

$$F(\beta)=f(\beta)\overline{f}(\beta)=0$$

也就是或者 $f(\beta)=0$,或者 $\overline{f}(\beta)=0$. 在前一情形定理已经证明. 如果是后一情形,也就是

$$\overline{a}_0\beta^n+\overline{a}_1\beta^{n-1}+\cdots+\overline{a}_n=0$$

那么换所有的数为它们的共轭数(这是不会破坏等式的),我们得出

$$f(\overline{\beta})=a_0\overline{\beta}^n+a_1\overline{\beta}^{n-1}+\cdots+a_n=0$$

也就是 $f(x)$ 有复数根 $\overline{\beta}$. 基本定理已经完全证明.

有理系数多项式

第12章

§56* 有理数域中多项式的可约性

和实数域及复数域一样，特别值得注意的第三个域是有理数域，我们用R来记它. 它是数域中最小的一个：在§1中已经证明，域R含在每一个数域里面. 现在我们所关心的是有理数域上多项式的可约性问题，而在下节中讨论有理系数多项式的有理（整数或分数）根问题. 再一次提起注意，这是两个不同的问题：多项式

$$x^4 + 2x^2 + 1 = (x^2 + 1)^2$$

在有理数域上可约，但是没有一个有理根.

关于域R上多项式的可约性可以说些什么？首先注意，如果所给出的多项式$f(x)$的系数是有理数而不是全为整数，那么求出系数的公分母，例如等于k，而后乘$f(x)$以这一个公分母，我们得出多项式$kf(x)$，它的系数全是整数. 很明显的，多项式$f(x)$和$kf(x)$有相同的根，另外，它们在域R上同为可约或同为不可约.

但是到现在为止还没有理由说以后只限于讨论整系数多项式. 事实上,设整系数多项式 $g(x)$ 在有理数域上可约,也就是可以分解为较低次的有理(一般的说是分数)系数因式的乘积. 是否因此就可分解 $g(x)$ 为整系数因式的乘积呢? 换句话说,整系数多项式在有理数域上可约,是否在整数环上可约?

这些问题,可以借助于类似 §51 中的讨论来解答. 把整系数多项式 $f(x)$ 叫作本原的,如果它的全部系数是互质的,也就是除 1 和 -1 外没有其他的公因子. 如果给出了任何一个有理系数多项式 $\varphi(x)$,那么它可以唯一的表示为不可约分数和本原多项式的乘积

$$\varphi(x)=\frac{a}{b}f(x) \tag{1}$$

为此,需把多项式 $\varphi(x)$ 所有系数的公分母提到括号外面,而后把这些系数的分子的公因子也提出来;注意,$f(x)$ 的次数等于 $\varphi(x)$ 的次数. 表示式(1) 的唯一性(不计正负号) 可以这样的来证明:设

$$\varphi(x)=\frac{a}{b}f(x)=\frac{c}{d}g(x)$$

其中 $g(x)$ 仍为一个本原多项式. 在这里

$$adf(x)=bcg(x)$$

这样一来,ad 和 bc 是同一整系数多项式的系数的最大公因式,故彼此之间只可能有正负号的差别. 因此,本原多项式 $f(x)$ 和 $g(x)$ 彼此之间最多也只有正负号的差别.

对于整系数本原多项式,高斯引理仍是正确的:

任何两个整系数本原多项式的乘积仍是一个本原多项式.

事实上,设已给出整系数本原多项式

$$f(x)=a_0x^k+a_1x^{k-1}+\cdots+a_ix^{k-i}+\cdots+a_k$$
$$g(x)=b_0x^l+b_1x^{l-1}+\cdots+b_jx^{l-j}+\cdots+b_l$$

且设

$$f(x)g(x)=c_0x^{k+l}+c_1x^{k+l-1}+\cdots+c_{i+j}x^{(k+l)-(i+j)}+\cdots+c_{k+l}$$

如果这个乘积不是本原的,那么有这样的质数 p 存在,它是所有系数 c_0, $c_1,\cdots,c_{k+l}$ 的公因子. 因为本原多项式 $f(x)$ 的系数不能全被 p 所除尽,所以可设系数 a_i 是第一个不被 p 所除尽的;同理用 b_j 来记多项式 $g(x)$ 的第一个不能被 p 所除尽的系数. 逐项乘出 $f(x)$ 和 $g(x)$ 且将含有 $x^{(k+l)-(i+j)}$ 的项合并后,我们得出

$$c_{i+j}=a_ib_j+a_{i-1}b_{j+1}+a_{i-2}b_{j+2}+\cdots+a_{i+1}b_{j-1}+a_{i+2}b_{j-2}+\cdots$$

这个等式的左边被 p 所除尽. 很明显的,它的右边除第一项外,其他各项亦都被 p 所除尽;事实上,由 i 和 j 的选择条件,所有系数 $a_{i-1},a_{i-2},\cdots$ 和 $b_{j-1},b_{j-2},\cdots$ 都

能被 p 所除尽. 因此,乘积 a_ib_j 也须被 p 所除尽,故由 p 是一个质数,p 必须除尽系数 a_i,b_j 中的某一个,但是这和假设冲突. 我们的引理已经证明.

回来答复上面所说的问题. 设整系数 n 次多项式 $g(x)$ 在有理数域上可约

$$g(x)=\varphi_1(x)\varphi_2(x)$$

其中 $\varphi_1(x)$ 和 $\varphi_2(x)$ 为次数小于 n 的有理系数多项式. 那么

$$\varphi_i(x)=\frac{a_i}{b_i}f_i(x), i=1,2$$

其中$\frac{a_i}{b_i}$ 为不可约分数,$f_i(x)$ 为本原多项式. 故有

$$g(x)=\frac{a_1a_2}{b_1b_2}[f_1(x)f_2(x)]$$

这一等式的左边是一个整系数多项式,所以右边的分母 b_1b_2 必能约去. 但是在方括号里面的多项式,由高斯引理是本原的,所以 b_1b_2 的每一个质因子只能和 a_1a_2 中的质因子相消,又因为 a_i 和 $b_i(i=1,2)$ 互质,所以数 a_2 必须被 b_1 所整除,a_1 被 b_2 所整除

$$a_2=b_1a_2', a_1=b_2a_1'$$

故有

$$g(x)=a_1'a_2'f_1(x)f_2(x)$$

合并系数 $a_1'a_2'$ 于任何一个因式 $f_1(x)$ 或 $f_2(x)$,我们得出多项式 $g(x)$ 对次数较低的整系数因式的分解式. 这就证明了下面的定理:

在整数环上不可约的整系数多项式,在有理数域上也不可约.

现在我们终于得到了依据,可把有理数域上多项式的可约性问题,归结为整系数多项式对整系数因式的分解问题.

我们知道在复数域上,每一个次数大于一的多项式都是可约的;而在实数域上,每一个(实系数) 多项式,如果它的次数大于二,也都是可约的. 对于有理数域情形完全不同:对于任何一个整数 n,都可以指出 n 次有理(或整数) 系数多项式,它在有理数域上不可约. 这一论断的证明可以由下面的域 R 上多项式不可约的充分条件,即所谓艾森斯坦判定法来得出

设已给出了整系数多项式

$$f(x)=a_0x^n+a_1x^{n-1}+\cdots+a_{n-1}x+a_n$$

如果至少有一个方法可以选出质数 p,适合下面这些条件:

(1) 首项系数 a_0 不被 p 所除尽.

(2) 所有其余系数都被 p 所除尽.

(3) 常数项被 p 所除尽,但不被 p^2 所除尽.

那么多项式 $f(x)$ 在有理数域上不可约.

事实上,如果多项式 $f(x)$ 在域 R 上可约,那么它可以分解为两个次数较低

的整系数多项式的乘积

$$f(x)=(b_0x^k+b_1x^{k-1}+\cdots+b_k)(c_0x^l+c_1x^{l-1}+\cdots+c_l)$$

其中 $k<n,l<n,k+l=n$. 因此,比较这一等式两边的系数,我们得出

$$\begin{cases}a_n=b_kc_l\\a_{n-1}=b_kc_{l-1}+b_{k-1}c_l\\a_{n-2}=b_kc_{l-2}+b_{k-1}c_{l-1}+b_{k-2}c_l\\\quad\vdots\\a_0=b_0c_0\end{cases}\tag{2}$$

由式(2) 的第一个等式,因为 a_n 被 p 所除尽,而 p 为质数,知道有一个因式 b_k 或 c_l 必须被 p 所除尽;它们不能同时被 p 所除尽,因由条件 a_n 不能被 p^2 所除尽. 例如设 b_k 被 p 所除尽,因而 c_l 和 p 互质. 现在转移到式(2) 的第二个等式. 它的左边和右边的第一项都被 p 所除尽,因而 p 除尽乘积 $b_{k-1}c_l$;但因 c_l 不被 p 所除尽,所以 p 能除尽 b_{k-l}. 同样的,从式(2) 的第三个等式,我们得出,b_{k-2} 可以被 p 所除尽,依此类推. 最后,由第 $k+1$ 个等式可以得出 p 除尽 b_0;但是由式(2) 的最后一个等式推知 p 可除尽 a_0,这就和假设冲突.

对于任何 n 都很容易写出适合艾森斯坦判定条件的 n 次多项式,因而它在有理数域上不可约. 例如 x^n+2 就是这样的多项式;可以取 $p=2$ 来对它应用艾森斯坦判定法.

艾森斯坦判定法只是域 R 上多项式不可约性的充分条件,而不是必要的:如果对于多项式 $f(x)$ 不能选出这样的 p,能适合艾森斯坦的判定条件,那么它可能是可约的,例如多项式 x^2-5x+6,但亦可能是不可约的,例如 x^2+1. 除艾森斯坦判定法外,对于域 R 上多项式的不可约性还有其他许多给出充分条件的判定法,但都不是重要的. 有一个克罗内克的方法,可以对于任何一个整系数多项式,决定它在域 R 上可约或不可约. 但是这一方法非常麻烦,实用上几乎是没有用处的.

例 讨论多项式

$$f_p(x)=\frac{x^p-1}{x-1}=x^{p-1}+x^{p-2}+\cdots+x+1$$

其中 p 为质数. 这个多项式的根是 1 的 p 次根,但不等于 1;因为在复平面上,这些根都在单位圆的圆周上,连 1 在内分圆周为 p 等分,所以多项式 $f_p(x)$ 叫作分圆多项式.

对于这个多项式不能直接应用艾森斯坦判定. 但可设 $x=y+1$ 来变换未知量再来应用. 经变换后我们得出

$$g(y)=f_p(y+1)=\frac{(y+1)^p-1}{(y+1)-1}=$$

$$\frac{1}{y}\left[y^p + py^{p-1} + \frac{p(p-1)}{2!}y^{p-2} + \cdots + py\right] =$$

$$y^{p-1} + py^{p-2} + \frac{p(p-1)}{2!}y^{p-3} + \cdots + p$$

多项式 $g(y)$ 的系数是二项展开式的系数，故除首项系数外，都被 p 所除尽，而且它的常数项不能被 p^2 所除尽. 这样一来，由艾森斯坦判定法，多项式 $g(y)$ 在域 R 上不可约. 因此，多项式 $f_p(x)$ 在域 R 上不可约. 事实上，如果

$$f_p(x) = \varphi(x)\psi(x)$$

那么就有

$$g(y) = \varphi(y+1)\psi(y+1)$$

§ 57* 整系数多项式的有理根

上面已经指出，关于在有理数域上分解已给多项式为不可约因式的乘积这一问题，没有很满意的具体解答. 但是这一问题的特殊情形，对于求出有理系数多项式的一次有理系数因式，也就是求出它的有理根，是很简单的且在解出时不需要很多的计算. 很明显的，求出有理系数多项式的有理根这一问题，并不等于说求出多项式的所有实根，故第九章中所说的方法和结果对于有理系数多项式，完全保有它的价值.

在讨论求有理系数多项式的有理根问题之初，注意在上节中已经指出，可以只限于讨论有整系数的多项式；在这里我们将分别来讨论整数根和分数根这两种情形.

如果整数 α 是整系数多项式 $f(x)$ 的根，那么 α 可以除尽这个多项式的常数项.

事实上，设

$$f(x) = a_0x^n + a_1x^{n-1} + \cdots + a_n$$

用 $x-\alpha$ 来除 $f(x)$

$$f(x) = (x-\alpha)(b_0x^{n-1} + b_1x^{n-2} + \cdots + b_{n-1})$$

施行 § 22 中所说的霍耐除法，我们得出，所有商式的系数，包括 b_{n-1} 都是整数，又因为

$$a_n = -\alpha b_{n-1} = \alpha(-b_{n-1})$$

所以我们的论断已经证明[①].

这样一来,如果整系数多项式 $f(x)$ 有整数根,那么它们都可以在常数项的因子中找到.因此,只需要把常数项所有可能的因子,无论是正的或是负的,拿来尝试;如果没有一个是多项式的根,那么我们的多项式就没有整数根.

把常数项所有的因子拿来尝试,即使不将每一个因子直接来代换未知量而用霍耐方法来计算多项式的值,都是很麻烦的.下面的注意可以简化这些计算.首先,因为 1 和 -1 永远是常数项的因子,计算 $f(1)$ 和 $f(-1)$ 也并没有什么困难.此外,如果整数 α 是 $f(x)$ 的根

$$f(x)=(x-\alpha)q(x)$$

那么,上面已经指出,商式 $q(x)$ 的所有系数都是整数,因而商

$$\frac{f(1)}{\alpha-1}=-q(1),\frac{f(-1)}{\alpha+1}=-q(-1)$$

应当都是整数.这样一来,用常数项的因子 α(不为 1 或 -1)来试时,只要取那些使商 $\dfrac{f(1)}{\alpha-1},\dfrac{f(-1)}{\alpha+1}$ 为整数的值.

例 1　求下列多项式的整数根

$$f(x)=x^3-2x^2-x-6$$

它的常数项因子是数 $\pm1,\pm2,\pm3,\pm6$.因为 $f(1)=-8,f(-1)=-8$,所以 1 和 -1 都不是它的根.还有,数

$$\frac{-8}{2+1},\frac{-8}{-2-1},\frac{-8}{6-1},\frac{-8}{-6-1}$$

都不是整数,所以因子 $2,-2,6,-6$ 都不是 $f(x)$ 的根,但数

$$\frac{-8}{3-1},\frac{-8}{3+1},\frac{-8}{-3-1},\frac{-8}{-3+1}$$

都是整数,所以因子 3 和 -3 可以取来试用.应用霍耐方法

$$\begin{array}{r|rrrr} & 1 & -2 & -1 & -6 \\ \hline -3 & 1 & -5 & 14 & -48 \end{array}$$

也就是 $f(-3)=-48$,所以 -3 不是 $f(x)$ 的根.最后

$$\begin{array}{r|rrrr} & 1 & -2 & -1 & -6 \\ \hline 3 & 1 & 1 & 2 & 0 \end{array}$$

也就是 $f(3)=0$;数 3 是 $f(x)$ 的根.同时我们得出了用 $x-3$ 来除 $f(x)$ 的商式的系数

$$f(x)=(x-3)(x^2+x+2)$$

---

① 用常数项 a_n(不计正负号)是多项式 $f(x)$ 的所有根的乘积来证明这一定理是错误的:在这些根中,可能遇见分数、无理数或复数,所以不能事先断定全部根的乘积被 α 除后是一个整数.

易知商式 x^2+x+2 不能有根 3,也就是这个数不是 $f(x)$ 的重根.

例 2 求下列多项式的整数根

$$f(x)=3x^4+x^3-5x^2-2x+2$$

此处常数项的因子是 ± 1 和 ± 2. 因为 $f(1)=-1$,$f(-1)=1$,所以 1 和 -1 都不是它的根. 最后,因为

$$\frac{1}{2+1} \text{和} \frac{-1}{-2-1}$$

都是分数,所以 2 和 -2 也不是它的根,因此多项式 $f(x)$ 没有整数根.

回到关于分数根的问题.

如果首项系数为 1 的整系数多项式有有理根,那么这些都是整数根.

事实上,设整系数多项式

$$f(x)=x^n+a_1x^{n-1}+a_2x^{n-2}+\cdots+a_n$$

有一个不可约分数根 $\frac{b}{c}$,也就是

$$\frac{b^n}{c^n}+a_1\frac{b^{n-1}}{c^{n-1}}+a_2\frac{b^{n-2}}{c^{n-2}}+\cdots+a_n=0$$

故有

$$\frac{b^n}{c}=-a_1b^{n-1}-a_2b^{n-2}c-\cdots-a_nc^{n-1}$$

也就是不可约分数等于一个整数,这是不可能的.

为了得出整系数多项式

$$f(x)=a_0x^n+a_1x^{n-1}+a_2x^{n-2}+\cdots+a_{n-1}x+a_n$$

的所有有理数(分数或整数)根,只要求出多项式

$$\varphi(y)=y^n+a_1y^{n-1}+a_0a_2y^{n-2}+\cdots+a_0^{n-2}a_{n-1}y+a_0^{n-1}a_n$$

的所有整数根,而后用 a_0 来除它们.

事实上,用 a_0^{n-1} 来乘 $f(x)$,而后设 $y=a_0x$ 来变换未知量,很明显的有

$$\varphi(y)=\varphi(a_0x)=a_0^{n-1}f(x)$$

因此,多项式 $f(x)$ 的根等于多项式 $\varphi(y)$ 的根被 a_0 除后的商. 特别是 $f(x)$ 的有理根对应于 $\varphi(y)$ 的有理根;但因 $\varphi(y)$ 的首项系数等于 1,故它的这些根只能是整数,而且我们已经有方法可以把它们找出来.

例 3 求下列多项式的有理根

$$f(x)=3x^4+5x^3+x^2+5x-2$$

用 3^3 来乘 $f(x)$ 且设 $y=3x$,我们得出

$$\varphi(y)=y^4+5y^3+3y^2+45y-54$$

我们来找出多项式 $\varphi(y)$ 的整数根.

用霍耐方法来求出 $\varphi(1)$.

$$\begin{array}{r|rrrrr} & 1 & 5 & 3 & 45 & -54 \\ \hline 1 & 1 & 6 & 9 & 54 & 0 \end{array}$$

这样一来，$\varphi(1)=0$，也就是说 1 是 $\varphi(y)$ 的根，于是

$$\varphi(y)=(y-1)q(y)$$

其中

$$q(y)=y^3+6y^2+9y+54$$

求出多项式 $q(y)$ 的整数根. 常数项的因子为 $\pm 1, \pm 2, \pm 3, \pm 6, \pm 9, \pm 18, \pm 27, \pm 54$. 这里

$$q(1)=70, q(-1)=50$$

对于每一个因子 α 来计算 $\frac{q(-1)}{\alpha-1}$ 和 $\frac{q(-1)}{\alpha+1}$，我们发现，除 $\alpha=-6$ 外，其余的因子都不是 $q(y)$ 的根. 试用这个因子

$$\begin{array}{r|rrrr} & 1 & 6 & 9 & 54 \\ \hline -6 & 1 & 0 & 9 & 0 \end{array}$$

这样一来，$q(-6)=0$，也就是说 -6 是 $q(y)$ 的根，因而是 $\varphi(y)$ 的根.

因此，多项式 $\varphi(y)$ 有整数根 1 和 -6. 这样一来，多项式 $f(x)$ 有有理数根 $\frac{1}{3}$ 和 -2，而且也只有这两个有理根.

我们重复强调，上面所说的方法只适用于整系数多项式而且只是为了找出它们的有理数根.

§58* 代　数　数

每一个有理系数 n 次多项式在复数域中都有 n 个根，可能它们有一部分或全部落在有理数域的外面. 但并不是每一个复数或实数可以为有理系数多项式的根. 凡复数(包含实数)可以为有理系数多项式的根的叫作代数数，否则叫作超越数. 所有有理数都是代数数，因为它们都是一次有理系数多项式的根，又如每一个 $\sqrt[n]{a}$ 形的根数，它的根号下面的 a 为一个有理数时，亦都是代数数，因为它们都是二项式 x^n-a 的根. 另外，在内容较多的数学分析教程中证明自然对数的底 e 是一个超越数，又在初等几何中所熟知的数 π 也是一个超越数.

如果 α 是一个代数数，那么它甚至可以为某一个整系数多项式的根，因而是这个多项式的一个不可约因式的根，这个因式的系数仍然都是整数. 如果不算常数因子，那么根为 α 的不可约整系数多项式是唯一确定的，也就是，如果要求这个多项式的全部系数互质，那么它就只有一个(就是本原多项式). 事实上，如果 α 是两个不可约多项式 $f(x)$ 和 $g(x)$ 的根，那么这些多项式的最大公因式

将不能为 1,因而从它们的不可约性,这些多项式彼此之间只可能有一个零次因式的差别.

同为一个(域 R 上)不可约多项式的根的代数数,叫作彼此共轭[①]. 因此全部代数数的集合可分解为没有公共元素的类,每类含有有限个代数数,都是互相共轭的. 每一个有理数都是一次多项式的根,并没有和它自己不相同的共轭数,而且这个性质是有理数的特征:每一个不是有理数的代数数都是次数大于一的不可约多项式的根,因而对于它来说有和它自己不相同的共轭数存在.

所有代数数的集合是复数域的一个子域. 换句话说,两个代数数的和、差、积与商仍然是代数数.

事实上,设已给出代数数 α 和 β. 用 $\alpha_1=\alpha,\alpha_2,\cdots,\alpha_n$ 来记所有和 α 共轭的数,用 $\beta_1=\beta,\beta_2,\cdots,\beta_s$ 来记所有和 β 共轭的数,用 $f(x)$ 和 $g(x)$ 来分别记有根 α 和 β 的有理系数不可约多项式. 写出根为所有可能的和 $\alpha_i+\beta_i$ 的多项式;这就是

$$\varphi(x)=\prod_{i=1}^{n}\prod_{j=1}^{n}[x-(\alpha_i+\beta_j)]$$

这个多项式的系数很明显的对于全部 α_i 在它们自己之间的所有置换都是不变的,对于 β_j 也是这样的. 因此,由于对两组未知量对称多项式的基本定理(参考 §53 的末尾),它们都是多项式 $f(x)$ 和 $g(x)$ 的系数的多项式. 换句话说,多项式 $\varphi(x)$ 的系数都是有理数,因而它的根 $\alpha+\beta=\alpha_1+\beta_1$ 是一个代数数.

同样的利用多项式

$$\psi(x)=\prod_{i=1}^{n}\prod_{j=1}^{n}[x-(\alpha_i+\beta_j)]$$

和

$$\chi(x)=\prod_{i=1}^{n}\prod_{j=1}^{n}(x-\alpha_i\beta_j)$$

可以证明 $\alpha-\beta$ 和 $\alpha\beta$ 也都是代数数.

为了证明商是一个代数数,只要证明,如果 α 是一个不为零的代数数,那么 α^{-1} 亦必为代数数.

设 α 是有理系数多项式

$$f(x)=a_0x^n+a_1x^{n-1}+\cdots+a_{n-1}x+a_n$$

的根. 那么很明显的,多项式

$$g(x)=a_nx^n+a_{n-1}x^{n-1}+\cdots+a_1x+a_0$$

的系数亦都是有理数,它有根 α^{-1},这就是所要证明的结果.

---

① 不要把这个概念和共轭复数相混淆.

从刚才所证明的定理推知,任何有理数和根式的和,例如 $1+\sqrt[3]{2}$,任何根式的和,例如$\sqrt{3}+\sqrt[7]{5}$,都是代数数.但是我们还未能断定写为"两层"根式形式的数,例如$\sqrt{1+\sqrt{2}}$,是否为代数数.这只能从下面的定理来推出:

如果数 ω 是系数为代数数的多项式

$$\varphi(x)=x^n+\alpha x^{n-1}+\beta x^{n-2}+\cdots+\lambda x+\mu$$

的根,那么 ω 亦是一个代数数.

设 $\alpha_i,\beta_j,\cdots,\lambda_s,\mu_t$ 各通过 $\alpha,\beta,\cdots,\lambda,\mu$ 的共轭数,且设 $\alpha_1=\alpha,\beta_1=\beta,\cdots,\lambda_1=\lambda,\mu_1=\mu$.讨论所有可能的有下面这种形式的多项式

$$\varphi_{i,j,\cdots,s,t}(x)=x^n+\alpha_i x^{n-1}+\beta_j x^{n-2}+\cdots+\lambda_s x+\mu_t$$

其中 $\varphi_{1,1,\cdots,1,1}(x)=\varphi(x)$.取所有这些多项式的乘积

$$F(x)=\prod_{i,j,\cdots,s,t}\varphi_{i,j,\cdots,s,t}(x)$$

多项式 $F(x)$ 的系数很明显的对于每一组 $\alpha_i,\beta_j,\cdots,\lambda_s,\mu_t$ 都是对称的,因而(仍由 §53 的定理)它们都是各以 $\alpha,\beta,\cdots,\lambda,\mu$ 为根的不可约多项式(系数为有理数)的系数的多项式,也就是它们都是有理数.数 ω 是 $\varphi(x)$ 的根,故为有理系数多项式 $F(x)$ 的根,也就是一个代数数.

应用这一定理于数 $\omega=\sqrt{1+\sqrt{2}}$.由前面的定理知数 $\alpha=1+\sqrt{2}$ 是一个代数数,故系数为代数数的多项式 $x^2-\alpha$ 的根 ω 是一个代数数.一般地说,重复应用刚才所证明的两个定理,读者不难得出下面的结果:

每一个可以写为有理数域上根式(也就是可经有限多个根式,一般是"多层的"的组合所表示出的)的数,都是代数数.

可以写为根式的代数数,很明显的构成一个域.但是回想一下 §38 末尾所说的注解(没有证明的),可推知这个域只是全部代数数域的一部分.

前面已经提出了两个超越数:e 和 π.但是事实上,超越数是无穷多的.更进一步,利用集合论中的概念和方法,我们指出,可以说超越数比代数数多;它的确切意义有下面的说明.

一个无穷集合 M 叫作可数的,如果它和自然数集合之间可以建立一个一一对应,也就是可以利用所有的自然数来把 M 的元素数出来,否则叫作不可数的.

引理 1　每一个无穷集合 M 都含有可数的子集合.

事实上,在 M 中取任何一个元素 a_1.再在 a_1 的外面任取一个元素 a_2.一般的,设在 M 中已经选出 n 个不同的元素 $a_1,a_2,\cdots,a_n$.因为 M 是一个无穷集合,这些元素不可能是 M 的全部,所以可以指出一个和它们都不相同的元素 a_{n+1}.继续这样进行,我们在 M 中得出一个由元素

$$a_1,a_2,\cdots,a_n,\cdots$$

所组成的无穷子集合;这很明显的是一个可数的子集合.

引理 2 可数集合 A 的每一个无穷子集合 B 都是可数的.

集合 A,由它的可数性,可以写为下面的形式

$$a_1, a_2, \cdots, a_n, \cdots \tag{1}$$

设 a_{k_1} 是序列(1)中属于 B 的第一个元素,a_{k_2} 是有同一性质的第二个元素,依此类推.设 $a_{k_n}=b_n, n=1,2,\cdots$,我们得出,子集合 B 的元素是由序列

$$b_1, b_2, \cdots, b_n, \cdots$$

所构成的,这就是说这个子集合是可数的.

引理 3 可数个两两没有公共元素的有限集合所合成的集合,仍然是一个可数集合.

事实上,设给出有限集合

$$A_1, A_2, \cdots, A_n, \cdots$$

且设它们合成集合 B.很明显的我们可以把集合 B 的元素数出来,如果用任何一个方式先数出有限集合 A_1 中的元素,而后转移到集合 A_2 中的元素继续数下去,诸如此类.

引理 4 合并两个没有公共元素的可数集合,仍然得出一个可数集合.

设给出有元素

$$a_1, a_2, \cdots, a_n, \cdots$$

的可数集合 A,和元素为

$$b_1, b_2, \cdots, b_n, \cdots$$

的可数集合 B,且设它们的合成集合为 C.如果我们叫

$$a_n=c_{2n-1}, b_n=c_{2n}, n=1,2,\cdots$$

那么集合 C 的全部元素可以表示为下面这种形式的序列

$$c_1, c_2, \cdots, c_{2n-1}, c_{2n}, \cdots$$

这就证明了这个集合的可数性.

现在我们来证明下面的定理.

全部代数数所构成的集合是可数的.

预先证明,全部一个未知量的整系数多项式集合是可数的.如果

$$f(x)=a_0x^n+a_1x^{n-1}+\cdots+a_{n-1}x+a_n$$

是这样的多项式,而且是不等于零的,那么把自然数

$$h_f=n+|a_0|+|a_1|+\cdots+|a_{n-1}|+|a_n|$$

叫作这个多项式的高.很明显的有已经给出的高 h 的整系数多项式,只能有有限个存在;用 M_h 来记这个集合.再用 M_0 来记仅由一个零所构成的集合.全部整系数多项式所构成的集合是可数个有限集合 $M_0, M_1, M_2, \cdots, M_h, \cdots$ 所合并起来的,也就是由引理 3,它是可数的.

故由引理 2 推知，由全部整系数本原不可约多项式所组成的集合亦是可数的. 同时我们知道，每一个代数数都为一个且只为一个整系数本原不可约多项式的根. 因此，合并所有这些多项式的根，也就是合并可数个两两没有公共元素的有限集合，我们得出全部代数数的集合；这样一来，由引理 3，知道这个集合亦是可数的.

最后，我们来证明下面的定理：

全部超越数的集合是不可数的.

首先讨论位置在 0 和 1 之间的所有实数 x 的集合 F，$0 < x < 1$，我们来证明，这个集合是不可数的. 我们知道，每一个这样的数 x 都可以写为十进小数

$$x = 0.\alpha_1\alpha_2\cdots\alpha_n\cdots$$

而且这个写法是唯一的，如果对于任何一个自然数 N，当 $n \geqslant N$ 时不许所有的 $\alpha_n = 9$；反过来，每一个这样写出的数都等于集合 F 里面的某一个数 x. 现在假设集合 F 是可数的，也就是所有的 x 可以写为下面这种形式的序列

$$x_1, x_2, \cdots, x_k, \cdots \tag{2}$$

设

$$x_k = 0.\alpha_{k_1}\alpha_{k_2}\cdots\alpha_{k_n}\cdots$$

是数 x_k 的十进小数写法. 现在写出一个十进小数

$$0.\beta_1\beta_2\cdots\beta_n\cdots \tag{3}$$

取 β_1 不同于 x_1 的第一位小数，也就是 $\beta_1 \neq \alpha_{11}$，β_2 不同于 x_2 的第二位小数，也就是 $\beta_2 \neq \alpha_{22}$，一般的，$\beta_n \neq \alpha_{nn}$. 此外假定在数位 β_n 中有无穷多个不同于数位 9. 很明显的存在式(3) 这样的十进小数适合所有这些条件. 因此，它是集合 F 中的一个数，但由它的构造，它又和序列(2) 中所有的数都不相同. 这个矛盾证明了集合 F 是不可数的.

因此，全部复数的集合是不可数的：如果它是可数的，那么由引理 2，它不可能含有不可数的子集合 F. 现在由引理 4，我们知道所有超越数的集合是不可数的，因为合并这个集合和由全部代数数所构成的可数集合是全部复数的集合，它是不可数的.

我们所证明的两个定理指出，由于引理 1，超越数集合事实上比代数数集合有更多的元素，也就是有较大的“浓度”.

第13章 矩阵的法式

§59 λ－矩阵的相抵

我们又回到属于线性代数的一个问题. 在第七章的讨论中,读者已经知道相似矩阵的概念起着多么重要的作用. 即两个 n 阶方阵,当且仅当他们在不同基底下给出了 n 维线性空间的同一线性变换时是相似的. 然而,我们暂时还不能回答两个给定的具体矩阵是否为相似的问题. 另外,我们也还不会在所有相似于给定矩阵 $\boldsymbol{A}$ 的矩阵中,求出在这种意义下最简单的矩阵,甚至矩阵 $\boldsymbol{A}$ 相似于对角形矩阵的条件也只在 §33 中研究了一个特殊情形. 这一章正是要研究这些问题,同时,是在任意基域 P 的情形下来讨论的.

首先讨论这种 n 阶方阵,它的元素是系数在域 P 中的一个未知量 λ 的任意次多项式. 这种矩阵称为多项式矩阵,或者简称为 λ－矩阵. 任一元素在域 P 中的方阵的特征矩阵 $\boldsymbol{A}-\lambda\boldsymbol{E}$ 就是 λ－矩阵的一个例子,在这个矩阵的主对角线上放着一次多项式,在主对角线外是零次多项式或零. 所有元素在域 P 中的矩阵(为了叙述简便,记这种矩阵为数矩阵)也是 λ－矩阵的特殊情形:它的元素是零次多项式或零.

设已给出 λ — 矩阵

$$\boldsymbol{A}(\lambda)=\begin{pmatrix} a_{11}(\lambda) & \cdots & a_{1n}(\lambda) \\ \vdots & & \vdots \\ a_{n1}(\lambda) & \cdots & a_{nn}(\lambda) \end{pmatrix}$$

下面四种变换叫作这种矩阵的初等变换.

1. 用域 P 中任意非零数 α 乘矩阵 $\boldsymbol{A}(\lambda)$ 的任意行.

2. 用域 P 中任意非零数 α 乘矩阵 $\boldsymbol{A}(\lambda)$ 的任意列.

3. 在矩阵 $\boldsymbol{A}(\lambda)$ 的任意第 i 行加上它的任意第 j 行和环 $P[\lambda]$ 中任意多项式 $\varphi(\lambda)$ 的乘积($i\neq j$).

4. 在矩阵 $\boldsymbol{A}(\lambda)$ 的任意第 i 列加上它的任意第 j 列和环 $P[\lambda]$ 中任意多项式 $\varphi(\lambda)$ 的乘积($i\neq j$).

容易看出,每个 λ — 矩阵的初等变换都有逆变换,而且也是初等变换. 例如变换 1 的逆变换是用数 α^{-1} 乘同一行的初等变换,由于 α 异于零,故 α^{-1} 是存在的;变换 3 的逆变换是在第 i 行加上第 j 行与 $-\varphi(\lambda)$ 的乘积的初等变换.

在矩阵 $\boldsymbol{A}(\lambda)$ 中可以借助于几次初等变换交换任意两行或任意两列.

例如,设要交换矩阵 $\boldsymbol{A}(\lambda)$ 的第 i 行和第 j 行,这可借助于图表示的四个初等变换而做到

$$\begin{pmatrix} i \\ j \end{pmatrix}\to\begin{pmatrix} i+j \\ j \end{pmatrix}\to\begin{pmatrix} i+j \\ -i \end{pmatrix}\to\begin{pmatrix} j \\ -i \end{pmatrix}\to\begin{pmatrix} j \\ i \end{pmatrix}$$

这就是依次完成了这样的变换:

(1) 把第 j 行加到第 i 行.

(2) 从第 j 行减去新的第 i 行.

(3) 把新的第 j 行加到新的第 i 行.

(4) 用 -1 乘新的第 j 行.

如果 λ — 矩阵 $\boldsymbol{A}(\lambda)$ 可以经有限次初等变换变到矩阵 $\boldsymbol{B}(\lambda)$,那么我们说,λ — 矩阵 $\boldsymbol{A}(\lambda)$ 与 $\boldsymbol{B}(\lambda)$ 相抵,且记为 $\boldsymbol{A}(\lambda)\sim\boldsymbol{B}(\lambda)$. 显然,相抵关系有反身性和递推性,且因每一初等变换都有逆变换,故又有对称性. 换句话说,域 P 上的所有 λ — 矩阵分为互不相交的相抵矩阵类.

我们当前的任务是在所有相抵于给定矩阵 $\boldsymbol{A}(\lambda)$ 的矩阵中,找出形式尽可能简单的矩阵. 为此引进下面的概念. 有下列性质的 λ — 矩阵称为标准 λ — 矩阵:

(1) 这个矩阵是对角形矩阵,其形式为

$$\begin{pmatrix} e_1(\lambda) & & & \mathbf{0} \\ & e_2(\lambda) & & \\ & & \ddots & \\ \mathbf{0} & & & e_n(\lambda) \end{pmatrix} \tag{1}$$

(2) 每个多项式 $e_i(\lambda)$ 可以被多项式 $e_{i-1}(\lambda)$ 整除.

(3) 每个不为零的多项式 $e_i(\lambda)(i=1,2,\cdots,n)$ 的首项系数等于 1.

我们注意,如果在标准 λ — 矩阵主对角线上的多项式 $e_i(\lambda)$ 中有等于零的,那么,由(2) 知,这些零永远在主对角线的末尾;另外,如果在多项式 $e_i(\lambda)$ 中有零次多项式,那么根据性质(3),他们全部等于 1,且根据性质(2),他们在主对角线的开头.

作为特殊情形,某些数矩阵也属于标准 λ — 矩阵,幺矩阵和零矩阵就是这样.

每个 λ — 矩阵和某个标准 λ — 矩阵相抵,换句话说,可用初等变换把每个 λ — 矩阵变为标准形.

我们对所讨论的 λ — 矩阵的阶数 n 使用归纳法来证明这一定理. 实际上,在 $n=1$ 时,有

$$\mathbf{A}(\lambda)=(a(\lambda))$$

如果 $a(\lambda)=0$,那么我们的矩阵已经是标准形. 如果 $a(\lambda)\neq 0$,那么用首项系数除多项式 $a(\lambda)$ 就行了. 这个变换是初等变换,得到的是标准矩阵.

设对于 $n-1$ 阶 λ — 矩阵,定理已经证明. 我们来考察任意 n 阶 λ — 矩阵 $\mathbf{A}(\lambda)$. 如果它是零矩阵,那么,它已经是标准形而不必再证明,因此设矩阵 $\mathbf{A}(\lambda)$ 有非零元素.

如果必要,可交换矩阵 $\mathbf{A}(\lambda)$ 的行或列,把一个非零元素变到左上角. 这样一来,与矩阵 $\mathbf{A}(\lambda)$ 相抵的矩阵中有在左上角放着非零元素的 λ — 矩阵. 我们研究这些矩阵的全体. 在这些矩阵的左上角的多项式可以有不同的次数. 然而,多项式的次数是非负整数,而在任何非空的非负整数集合中,总有最小数. 因而可以在所有与矩阵 $\mathbf{A}(\lambda)$ 相抵且左上角有非零元素的 λ — 矩阵中,找到一个这样的矩阵,它的左上角的多项式有可能出现最低的次数. 最后,以这个多项式的首项系数除矩阵的第一行. 我们得到这样的与 λ — 矩阵 $\mathbf{A}(\lambda)$ 相抵的矩阵.

$$\mathbf{A}(\lambda)\sim\begin{pmatrix} e_1(\lambda) & b_{12}(\lambda) & \cdots & b_{1n}(\lambda) \\ b_{21}(\lambda) & b_{22}(\lambda) & \cdots & b_{2n}(\lambda) \\ \vdots & \vdots & & \vdots \\ b_{n1}(\lambda) & b_{n2}(\lambda) & \cdots & b_{nn}(\lambda) \end{pmatrix}$$

其中 $e_1(\lambda)\neq 0$,首项系数为 1,且无论用什么样的一批初等变换都不能把所得矩阵变为左上角有更低次数的非零多项式的矩阵.

我们来证明,所得矩阵的第一行和第一列的元素全都能被 $e_1(\lambda)$ 整除.例如,设对于 $2 \leqslant j \leqslant n$,且

$$b_{1j}(\lambda) = e_1(\lambda)q(\lambda) + r(\lambda)$$

其中,如果 $r(\lambda)$ 异于零,那么其次数低于 $e_1(\lambda)$.这时,从矩阵的第 j 列减去第一列和 $q(\lambda)$ 的乘积,然后交换第一列和第 j 列,我们得到这样的相抵于矩阵 $\mathbf{A}(\lambda)$ 的矩阵,在它的左上角放着多项式 $r(\lambda)$,即是说次数低于 $e_1(\lambda)$ 的多项式,这和多项式 $e_1(\lambda)$ 的选法相矛盾.由此推出,$r(\lambda) = 0$,这就是所要证明的.

现在从矩阵的第 j 列减去它的第一列和 $q(\lambda)$ 的乘积,于是元素 $b_{1j}(\lambda)$ 变为零.对于 $j = 2, 3, \cdots, n$ 都做了这些变换后,所有元素 $b_{1j}(\lambda)$ 都变为 0 了.用同样的办法可把所有元素 $b_{i1}(\lambda)$ 换为 $0(i = 2, 3, \cdots, n)$.因而,我们得到这样的和矩阵 $\mathbf{A}(\lambda)$ 相抵的矩阵,在其左上角是元素 $e_1(\lambda)$,而第一行和第一列的其余各元素都等于零,即

$$\mathbf{A}(\lambda) \sim \begin{pmatrix} e_1(\lambda) & 0 & \cdots & 0 \\ 0 & c_{22}(\lambda) & \cdots & c_{2n}(\lambda) \\ \vdots & \vdots & & \vdots \\ 0 & c_{n2}(\lambda) & \cdots & c_{nn}(\lambda) \end{pmatrix} \tag{2}$$

按归纳法的假定,位于这个矩阵(2)的右下角的 $n-1$ 阶矩阵可经初等变换变为标准形

$$\begin{pmatrix} c_{22}(\lambda) & \cdots & c_{2n}(\lambda) \\ \vdots & & \vdots \\ c_{n2}(\lambda) & \cdots & c_{nn}(\lambda) \end{pmatrix} \sim \begin{pmatrix} e_2(\lambda) & & \mathbf{0} \\ & \ddots & \\ \mathbf{0} & & e_n(\lambda) \end{pmatrix}$$

在矩阵(2)的相应的行和列完成这些变换后(这时它的第一行和第一列显然并不改变),我们得到

$$\mathbf{A}(\lambda) \sim \begin{pmatrix} e_1(\lambda) & & & \mathbf{0} \\ & e_2(\lambda) & & \\ & & \ddots & \\ \mathbf{0} & & & e_n(\lambda) \end{pmatrix} \tag{3}$$

为了证明矩阵(3)是标准形,还应证明 $e_2(\lambda)$ 可以用 $e_1(\lambda)$ 整除.设

$$e_2(\lambda) = e_1(\lambda)q(\lambda) + r(\lambda)$$

其中 $r(\lambda) \neq 0$,且其次数低于 $e_1(\lambda)$.但是,在矩阵(3)的第二列加上第一列和 $q(\lambda)$ 的乘积,再从第二行减去第一行,用 $r(\lambda)$ 代替了 $e_2(\lambda)$.然后,交换头两行和前两列,把多项式 $r(\lambda)$ 调到矩阵的左上角去了,这和多项式 $e_1(\lambda)$ 的选法矛盾.

关于把 $\lambda-$ 矩阵变到标准形的定理证明完毕.但对这个定理,还应该补充

下面的唯一性定理：

每个 λ − 矩阵只和一个标准形矩阵相抵.

事实上，设已给出任意 n 阶 λ − 矩阵 $\boldsymbol{A}(\lambda)$. 我们确定某个自然数 $k(1 \leqslant k \leqslant n)$，且研究矩阵 $\boldsymbol{A}(\lambda)$ 的所有 k 阶子式. 算出这些子式，我们得到一组有限个 λ 多项式；把这组多项式的首项系数为 1 的最大公因式记为 $d_k(\lambda)$.

因而，我们有为矩阵 $\boldsymbol{A}(\lambda)$ 本身所唯一确定的多项式组

$$d_1(\lambda), d_2(\lambda), \cdots, d_n(\lambda) \tag{4}$$

这里，$d_1(\lambda)$ 是矩阵 $\boldsymbol{A}(\lambda)$ 的所有元素的最大公因式，其首项系数为 1，而 $d_n(\lambda)$ 为矩阵 $\boldsymbol{A}(\lambda)$ 的行列式除以其首项系数. 还应注意，如果矩阵 $\boldsymbol{A}(\lambda)$ 的秩为 r，那么

$$d_{r+1}(\lambda) = \cdots = d_n(\lambda) = 0$$

这时，多项式组(4) 的其余各多项式不等于零.

λ − 矩阵的所有 k 阶子式$(k = 1, 2, \cdots, n)$ 的最大公因式 $d_k(\lambda)$ 在初等变换下不变.

对矩阵 $\boldsymbol{A}(\lambda)$ 作 1 或 2 型初等变换时，这个论断几乎是显然的. 例如，在矩阵的第 i 行乘以域 P 中的数 $\alpha(\alpha \neq 0)$，则那些包含第 i 行的子式将乘以 α，而其余各子式仍然不变. 但在求几个多项式的最大公因式时完全可以用域 P 中的非零数乘其中某些多项式.

现在研究 3 或 4 型的初等变换. 例如，设在矩阵 $\boldsymbol{A}(\lambda)$ 的第 i 行加上他的第 j 行和多项式 $\varphi(\lambda)$ 的乘积$(j \neq i)$，把经此变换后所得到的矩阵记为 $\overline{\boldsymbol{A}}(\lambda)$，而其所有 k 阶子式的首项系数为 1 的最大公因子记为 $\overline{d}_k(\lambda)$. 我们研究在这个变换下，矩阵 $\boldsymbol{A}(\lambda)$ 的 k 阶子式将有什么变化.

显然，那些不含有第 i 行的子式并不改变. 那些既含 i 行又含 j 行的子式也不变，因为把行列式的一行的倍数加到另一行时行列式并不改变. 最后，我们取任意一个包含第 i 行而不包含第 j 行的 k 阶子式，且用 M 来记它. 显而易见，矩阵 $\overline{\boldsymbol{A}}(\lambda)$ 的对应子式可表示为子式 M 与矩阵 $\boldsymbol{A}(\lambda)$ 的子式 M' 与 $\varphi(\lambda)$ 之积的和，M' 是在 M 中，将矩阵 $\boldsymbol{A}(\lambda)$ 的第 i 行元素换为第 j 行元素后得到的.

因 M 和 M' 都能用 $d_k(\lambda)$ 整除，故 $M + \varphi(\lambda)M'$ 也能用 $d_k(\lambda)$ 整除.

由此推出，矩阵 $\overline{\boldsymbol{A}}(\lambda)$ 的所有 k 阶子式可以用 $d_k(\lambda)$ 整除，因此，$\overline{d}_k(\lambda)$ 也可以用 $d_k(\lambda)$ 整除. 但因所讨论的初等变换有同样类型的逆变换，故 $d_k(\lambda)$ 同样能用 $\overline{d}_k(\lambda)$ 整除. 如果考虑到这两个多项式的首项系数等于 1，那么 $\overline{d}_k(\lambda) = d_k(\lambda)$，这就是所要证明的.

这样一来，所有与矩阵 $\boldsymbol{A}(\lambda)$ 相抵的 λ − 矩阵对应于同一组多项式(4). 特别地，这对于相抵于同一个 $\boldsymbol{A}(\lambda)$ 的任意标准形矩阵(如果有几个的话) 也是正确的. 设矩阵(3) 是这样的一个矩阵.

我们利用矩阵(3) 计算多项式 $d_k(\lambda)(k=1,2,\cdots,n)$. 显然，在这个矩阵左上角的 k 阶子式等于乘积

$$e_1(\lambda)e_2(\lambda)\cdots e_k(\lambda) \tag{5}$$

另外，如果我们在矩阵(3) 中取这样的 k 阶子式，它由第 $i_1,i_2,\cdots,i_k$ 行和相同号码的列组成，这里 $i_1<i_2<\cdots<i_k$，那么，这个子式等于乘积 $e_{i_1}(\lambda)e_{i_2}(\lambda)\cdots e_{i_k}(\lambda)$，它可用乘积(5) 整除. 实际上，$1\leqslant i_1$，因此 $e_{i_1}(\lambda)$ 可用 $e_1(\lambda)$ 整除，$2\leqslant i_2$，因此 $e_{i_2}(\lambda)$ 可用 $e_2(\lambda)$ 整除等. 最后，如果在矩阵(3) 中取含有第 i 行但不含第 i 列的 k 阶子式，那么，这个子式含有全为零的行，因此等于零.

由此得出结论，乘积(5) 是矩阵(3) 的，因此也是原来的矩阵 $\mathbf{A}(\lambda)$ 的所有 k 阶子式的最大公因式

$$d_k(\lambda)=e_1(\lambda)e_2(\lambda)\cdots e_k(\lambda),k=1,2,\cdots,n \tag{6}$$

现在容易证明，多项式 $e_k(\lambda)(k=1,2,\cdots,n)$ 唯一地被矩阵 $\mathbf{A}(\lambda)$ 本身确定. 设这个矩阵的秩是 r. 这时，我们知道，$d_r(\lambda)\neq 0$，但 $d_{r+1}(\lambda)=0$. 因此，由式(6) 知，$e_{r+1}(\lambda)=0$. 由标准形矩阵的性质，一般地得出，如果矩阵 $\mathbf{A}(\lambda)$ 的秩 r 小于 n，那么

$$e_{r+1}(\lambda)=e_{r+2}(\lambda)=\cdots=e_n(\lambda)=0 \tag{7}$$

另外，对于 $k\leqslant r$，因为 $d_{k-1}(\lambda)\neq 0$，所以由式(6) 推出

$$e_k(\lambda)=\frac{d_k(\lambda)}{d_{k-1}(\lambda)} \tag{8}$$

这样就证明了标准 λ — 矩阵的唯一性. 同时我们得到了直接找多项式 $e_k(\lambda)$ 的方法，它称为矩阵 $\mathbf{A}(\lambda)$ 的不变因式.

例 把矩阵

$$\mathbf{A}(\lambda)=\begin{pmatrix}\lambda^3-\lambda & 2\lambda^2\\ \lambda^2+5\lambda & 3\lambda\end{pmatrix}$$

化为标准形. 进行一系列初等变换后，我们得到

$$\mathbf{A}(\lambda)\sim\begin{pmatrix}\lambda^3-\lambda & \frac{2}{3}\lambda^2\\ \lambda^2+5\lambda & \lambda\end{pmatrix}\sim\begin{pmatrix}\frac{1}{3}\lambda^3-\frac{10}{3}\lambda^2-\lambda & 0\\ \lambda^2+5\lambda & \lambda\end{pmatrix}\sim$$

$$\begin{pmatrix}\lambda^3-10\lambda^2-3\lambda & 0\\ 0 & \lambda\end{pmatrix}\sim\begin{pmatrix}\lambda & 0\\ 0 & \lambda^3-10\lambda^2-3\lambda\end{pmatrix}$$

可以直接计算矩阵 $\mathbf{A}(\lambda)$ 的不变因式. 计算这个矩阵的元素的最大公因式，我们正好得到

$$d_1(\lambda)=e_1(\lambda)=\lambda$$

算出矩阵 $\mathbf{A}$ 的行列式并注意其首项系数为 1，我们得到

$$d_2(\lambda)=\lambda^4-10\lambda^3-3\lambda^2$$

因此，得到

$$e_2(\lambda)=\frac{d_2(\lambda)}{d_1(\lambda)}=\lambda^3-10\lambda^2-3\lambda$$

§60　单位模矩阵，数矩阵的相似和它们的特征矩阵的相抵之间的关系

由上一节的结果推出 λ − 矩阵相抵的一个准则，可以给这个准则以下两个几乎一样的说法：

两个 λ − 矩阵当且仅当它们可变为同一个标准形时是相抵的.

两个 λ − 矩阵当且仅当它们的不变因式相同时是相抵的.

我们再引出一个有其他特性的判定法.

我们知道，幺矩阵 $\boldsymbol{E}$ 是标准 λ − 矩阵. 我们称以矩阵 $\boldsymbol{E}$ 为其标准形的 λ − 矩阵 $\boldsymbol{U}(\lambda)$ 为单位模矩阵，即它的所有不变因式都等于 1.

λ − 矩阵为单位模矩阵的充分必要条件是它的行列式不等于 0，且不含 λ，即为基域 P 中非零常数.

实际上，如果 $\boldsymbol{U}(\lambda)\sim\boldsymbol{E}$，那么这两个矩阵对应着同一个多项式 $d_n(\lambda)$. 然而对于幺矩阵说来，$d_n(\lambda)=1$. 由此推知，矩阵 $\boldsymbol{U}(\lambda)$ 的行列式是域 P 中的不为零的数，因为它与 $d_n(\lambda)$ 只差一个非零数因子. 反之，如果矩阵 $\boldsymbol{U}(\lambda)$ 的行列式不等于零，且不含 λ，那么对应的多项式 $d_n(\lambda)$ 将等于 1，因此，按上一节的式(6)，矩阵 $\boldsymbol{U}(\lambda)$ 的所有不变因式 $e_i(\lambda)(i=1,2,\cdots,n)$ 都等于 1.

由此得出，任一满秩数矩阵是单位模 λ − 矩阵. 但是，单位模 λ − 矩阵也可以有很复杂的形式. 例如，λ − 矩阵

$$\begin{pmatrix}\lambda & \lambda^3+5\\ \lambda^2-\lambda-4 & \lambda^4-\lambda^3-4\lambda^2+5\lambda-5\end{pmatrix}$$

是单位模的. 因为它的行列式等于 20，即不为零，且不依赖于 λ.

从上面证明的定理推知，单位模 λ − 矩阵的乘积也是单位模的，这只要回忆一下矩阵乘积的行列式等于其因子的行列式的乘积就知道了.

λ − 矩阵 $\boldsymbol{U}(\lambda)$ 当且仅当它的逆矩阵存在而且也是 λ − 矩阵时是单位模的.

实际上，如果给出了满秩 λ − 矩阵，那么，用通常方法求其逆矩阵时，我们应该将所给矩阵各元素的代数余子式除以这个矩阵的行列式，也就是说，除以某个 λ 多项式. 因此，在一般情形下，逆矩阵的元素是 λ 有理分式，而不是 λ 的多项式，就是说，这个矩阵将不是 λ 矩阵. 如果给出了单位模 λ 矩阵，那么用来除代

数余子式的只是域 P 中异于零的数，即逆矩阵的元素是 λ 的多项式，因此逆矩阵是 λ－矩阵. 反之，如果 λ－矩阵 $\boldsymbol{U}(\lambda)$ 有逆 λ－矩阵 $\boldsymbol{U}^{-1}(\lambda)$，那么这两个矩阵的行列式是 λ 的多项式，它们的乘积等于 1，因此，这两个行列式应该是零次多项式.

由刚才的注解推出上述定理的补充：

单位模 λ－矩阵的逆 λ－矩阵也是单位模的.

可以用单位模矩阵的概念来叙述下面的 λ－矩阵相抵的新的判定法：

两个 n 阶 λ－矩阵 $\boldsymbol{A}(\lambda)$ 和 $\boldsymbol{B}(\lambda)$ 相抵的充分必要条件是有这样的单位模 n 阶 λ－矩阵 $\boldsymbol{U}(\lambda)$ 和 $\boldsymbol{V}(\lambda)$ 存在，使得

$$\boldsymbol{B}(\lambda)=\boldsymbol{U}(\lambda)\boldsymbol{A}(\lambda)\boldsymbol{V}(\lambda) \tag{1}$$

我们引进下面的概念，在证明这个判定法时要用到它. 我们把数矩阵（也是 λ－矩阵）

$$\begin{pmatrix} 1 & & & & & & \boldsymbol{0} \\ & \ddots & & & & & \\ & & 1 & & & & \\ & \cdots & & \alpha & & \cdots & \\ & & & & 1 & & \\ & & & & & \ddots & \\ \boldsymbol{0} & & & & & & 1 \end{pmatrix} \quad (i) \tag{2}$$

称为初等矩阵，它与幺矩阵的区别只在于主对角线上第 i 个位置放着域 P 中任意异于零的数 $\alpha(1 \leqslant i \leqslant n)$. 另外，$\lambda$－矩阵

$$\begin{pmatrix} 1 & & & & & \\ & \ddots & & \vdots & & \\ \cdots & & 1 \cdots & \varphi(\lambda) & & \cdots \\ & & \ddots & \vdots & & \\ & & & 1 & & \\ & & & \vdots & \ddots & \\ & & & & & 1 \end{pmatrix} \tag{3}$$
$$(j)$$

也称为初等矩阵，它和幺矩阵的区别仅在于第 i 行和第 j 列的交点放着环 $P[\lambda]$ 中的任意多项式 $\varphi(\lambda)(1 \leqslant i \leqslant n, 1 \leqslant j \leqslant n$，同时 $i \neq j)$.

每个初等矩阵都是单位模的. 事实上，矩阵(2) 的行列式是 α，但按条件 $\alpha \neq 0$；矩阵(3) 的行列式等于 1.

对 λ－矩阵 $\boldsymbol{A}(\lambda)$ 进行任何初等变换等价于左乘或右乘这个矩阵以初等矩阵.

实际上，读者不难验证下述四个论断的正确性：① 用矩阵(2) 左乘矩阵 $\boldsymbol{A}(\lambda)$ 相当于用数 α 乘矩阵 $\boldsymbol{A}(\lambda)$ 的第 i 行；② 用矩阵(2) 右乘矩阵 $\boldsymbol{A}(\lambda)$ 相当于用数 α 乘矩阵 $\boldsymbol{A}(\lambda)$ 的第 i 列；③ 用矩阵(3) 左乘矩阵 $\boldsymbol{A}(\lambda)$ 相当于在矩阵 $\boldsymbol{A}(\lambda)$ 的第 i 行加上乘以 $\varphi(\lambda)$ 后的第 j 行；④ 用矩阵(3) 右乘矩阵 $\boldsymbol{A}(\lambda)$ 相当于在矩阵 $\boldsymbol{A}(\lambda)$ 的第 i 列加上乘以 $\varphi(\lambda)$ 后的第 j 列.

现在来证明 λ — 矩阵相抵的上述判定法. 如果矩阵 $\boldsymbol{A}(\lambda) \sim \boldsymbol{B}(\lambda)$，那么可借助于有限次初等变换把 $\boldsymbol{A}(\lambda)$ 变为 $\boldsymbol{B}(\lambda)$. 用左乘或右乘以初等矩阵来代替这些变换，得到等式

$$\boldsymbol{B}(\lambda)=\boldsymbol{U}_1(\lambda)\cdots\boldsymbol{U}_k(\lambda)\boldsymbol{A}(\lambda)\boldsymbol{V}_1(\lambda)\cdots\boldsymbol{V}_l(\lambda) \tag{4}$$

这里所有矩阵 $\boldsymbol{U}_1(\lambda),\cdots,\boldsymbol{U}_k(\lambda),\boldsymbol{V}_1(\lambda),\cdots,\boldsymbol{V}_l(\lambda)$ 是初等矩阵，因而也是单位模矩阵. 矩阵

$$\boldsymbol{U}(\lambda)=\boldsymbol{U}_1(\lambda)\cdots\boldsymbol{U}_k(\lambda),\boldsymbol{V}(\lambda)=\boldsymbol{V}_1(\lambda)\cdots\boldsymbol{V}_l(\lambda) \tag{5}$$

是单位模矩阵的乘积，故也是单位模矩阵，因而等式(4) 化为形式(1). 我们注意，例如，设 $k=0$，即只在列上进行初等变换，那么可简单地认为 $\boldsymbol{U}(\lambda)=\boldsymbol{E}$.

从上述这部分证明还可以推出下面的论断：

当且仅当 λ — 矩阵是初等矩阵的乘积时，它才是单位模矩阵.

事实上，我们已经用到了初等矩阵的乘积是单位模矩阵这一论断. 反之，如果给出了任意单位模矩阵 $\boldsymbol{W}(\lambda)$，那么知它和幺矩阵 $\boldsymbol{E}$ 相抵. 用矩阵 $\boldsymbol{E}$ 和 $\boldsymbol{W}(\lambda)$ 代替 $\boldsymbol{A}(\lambda)$ 和 $\boldsymbol{B}(\lambda)$，运用上面引进的证明，我们由式(4) 得到等式

$$\boldsymbol{W}(\lambda)=\boldsymbol{U}_1(\lambda)\cdots\boldsymbol{U}_k(\lambda)\boldsymbol{V}_1(\lambda)\cdots\boldsymbol{V}_l(\lambda)$$

即矩阵 $\boldsymbol{W}(\lambda)$ 已被表示为初等矩阵的乘积的形式.

现在容易证明我们的判定法的逆论断. 设对矩阵 $\boldsymbol{A}(\lambda)$ 和 $\boldsymbol{B}(\lambda)$ 存在使等式(1) 成立的单位模矩阵 $\boldsymbol{U}(\lambda)$ 和 $\boldsymbol{V}(\lambda)$. 按上面证明的，矩阵 $\boldsymbol{U}(\lambda)$ 和 $\boldsymbol{V}(\lambda)$ 可表示为初等矩阵的乘积的形式，设这是表示式(5). 现在把等式(1) 改写为形式(4)，用相应的初等变换代替每个初等矩阵的乘法，我们得到 $\boldsymbol{A}(\lambda) \sim \boldsymbol{B}(\lambda)$.

矩阵多项式　λ — 矩阵的概念可以完全从另一角度来研究. 若 λ — 多项式的系数为元素在域 P 上的 n 阶方阵，则称此 λ — 多项式为域 P 上的 n 阶矩阵 λ — 多项式；其一般形式为

$$A_0\lambda^k+A_1\lambda^{k-1}+\cdots+A_{k-1}\lambda+A_k \tag{6}$$

由 §15，用 λ^{k-i} 乘矩阵 $\boldsymbol{A}_i(i=0,1,\cdots,k)$ 理解为用 λ^{k-i} 乘矩阵 $\boldsymbol{A}_i$ 的所有元素，再由 §15，完成矩阵的加法，我们看出，每一 n 阶矩阵 λ — 多项式可以写为 n 阶 λ — 矩阵的形式.

例如

$$\begin{pmatrix}4 & 0\\ -1 & 1\end{pmatrix}\lambda^3+\begin{pmatrix}0 & -3\\ 0 & 1\end{pmatrix}\lambda^2+\begin{pmatrix}1 & 2\\ 0 & -2\end{pmatrix}\lambda+\begin{pmatrix}0 & 1\\ 0 & 0\end{pmatrix}=$$

$$\begin{pmatrix} 4\lambda^3+\lambda & -3\lambda^2+2\lambda+1 \\ -\lambda^3 & \lambda^3+\lambda^2-2\lambda \end{pmatrix}$$

反之,所有 n 阶 λ — 矩阵可以写为 n 阶矩阵 λ — 多项式的形式.例如

$$\begin{pmatrix} 3\lambda^2-5 & \lambda+1 \\ \lambda^4+2\lambda & -3 \end{pmatrix} = \begin{pmatrix} 0 & 0 \\ 1 & 0 \end{pmatrix}\lambda^4 + \begin{pmatrix} 3 & 0 \\ 0 & 0 \end{pmatrix}\lambda^2 + \begin{pmatrix} 0 & 1 \\ 2 & 0 \end{pmatrix}\lambda + \begin{pmatrix} -5 & 1 \\ 0 & -3 \end{pmatrix}$$

因为矩阵(λ — 矩阵也包括在内)的相等,意味着在这些矩阵中同一位置的元素相等,所以形如式(6)的矩阵 λ — 多项式的相等就说明 λ 同次幂的系数矩阵相等.同时,我们看到,λ — 矩阵和矩阵 λ — 多项式间是一一对应的.

设已给出了 λ — 矩阵 $\boldsymbol{A}(\lambda)$,同时

$$\boldsymbol{A}(\lambda)=\boldsymbol{A}_0\lambda^k+\boldsymbol{A}_1\lambda^{k-1}+\cdots+\boldsymbol{A}_{k-1}\lambda+\boldsymbol{A}_k$$

这里,矩阵 $\boldsymbol{A}_0$ 不是零矩阵.数 k 称为 λ — 矩阵 $\boldsymbol{A}(\lambda)$ 的次数,显然,它就是矩阵 $\boldsymbol{A}(\lambda)$ 的元素对 λ 的最高次数.

把 λ — 矩阵看作矩阵多项式,就可讲述 λ — 矩阵的可除性理论,它相似于数值系数多项式的可除性理论,但因矩阵乘法的不可易性和真零因子的存在,这种可除性理论自然更加复杂.我们这里只限于带余除法.

设在域 P 上给了 n 阶 λ — 矩阵

$$\boldsymbol{A}(\lambda)=\boldsymbol{A}_0\lambda^k+\boldsymbol{A}_1\lambda^{k-1}+\cdots+\boldsymbol{A}_{k-1}\lambda+\boldsymbol{A}_k$$

$$\boldsymbol{B}(\lambda)=\boldsymbol{B}_0\lambda^l+\boldsymbol{B}_1\lambda^{l-1}+\cdots+\boldsymbol{B}_{l-1}\lambda+\boldsymbol{B}_l$$

再假定矩阵 $\boldsymbol{B}_0$ 是满秩的,即是说,存在逆矩阵 $\boldsymbol{B}_0^{-1}$.这时,在域 P 上可以找到这样的 n 阶 λ — 矩阵 $\boldsymbol{Q}_1(\lambda)$ 和 $\boldsymbol{R}_1(\lambda)$,使得

$$\boldsymbol{A}(\lambda)=\boldsymbol{B}(\lambda)\boldsymbol{Q}_1(\lambda)+\boldsymbol{R}_1(\lambda) \tag{7}$$

同时 $\boldsymbol{R}_1(\lambda)$ 的次数低于 $\boldsymbol{B}(\lambda)$ 的次数或 $\boldsymbol{R}_1(\lambda)=0$.另外,在域 P 上也可以找到这样的 n 阶 λ — 矩阵 $\boldsymbol{Q}_2(\lambda)$ 和 $\boldsymbol{R}_2(\lambda)$,使得

$$\boldsymbol{A}(\lambda)=\boldsymbol{Q}_2(\lambda)\boldsymbol{B}(\lambda)+\boldsymbol{R}_2(\lambda) \tag{8}$$

同时,$\boldsymbol{R}_2(\lambda)$ 的次数也低于 $\boldsymbol{B}(\lambda)$ 的次数或 $\boldsymbol{R}_2(\lambda)=0$.满足这些条件的矩阵 $\boldsymbol{Q}_1(\lambda)$ 和 $\boldsymbol{R}_1(\lambda)$ 以及 $\boldsymbol{Q}_2(\lambda)$ 和 $\boldsymbol{R}_2(\lambda)$,都是唯一确定的.

这个定理的证明类似于数值系数多项式的对应定理的证明(参看 §20).例如,设矩阵 $\bar{\boldsymbol{Q}}_1(\lambda)$ 和 $\bar{\boldsymbol{R}}_1(\lambda)$ 也满足条件(7),同时 $\bar{\boldsymbol{R}}_1(\lambda)$ 的次数也低于 $\boldsymbol{B}(\lambda)$ 的次数,这时

$$\boldsymbol{B}(\lambda)[\boldsymbol{Q}_1(\lambda)-\bar{\boldsymbol{Q}}_1(\lambda)]=\bar{\boldsymbol{R}}_1(\lambda)-\boldsymbol{R}_1(\lambda)$$

右边的次数低于 l,而若方括号中的式子不等于零,则左边的次数就要大于或等于 l,因为矩阵 $\boldsymbol{B}_0$ 是满秩的.由此可推出矩阵 $\boldsymbol{Q}_1(\lambda)$ 和 $\boldsymbol{R}_1(\lambda)$ 的唯一性.

为了证明这些矩阵的存在,我们注意,在 $k \geqslant l$ 时,差

$$\boldsymbol{A}(\lambda)-\boldsymbol{B}(\lambda)\cdot\boldsymbol{B}_0^{-1}\boldsymbol{A}_0\lambda^{k-i}$$

的次数一定低于 k,也就是说,$\boldsymbol{B}_0^{-1}\boldsymbol{A}_0\lambda^{k-l}$ 是矩阵 λ — 多项式 $\boldsymbol{Q}_1(\lambda)$ 的第一项.而

后再照着 §20 中那样继续进行下去. 另外,差

$$\boldsymbol{A}(\lambda)-\boldsymbol{A}_0\boldsymbol{B}_0^{-1}\lambda_1^{k-l}\cdot\boldsymbol{B}(\lambda)$$

的次数也一定低于 k,因此,$\boldsymbol{A}_0\boldsymbol{B}_0^{-1}\lambda^{k-l}$ 是矩阵 λ — 多项式 $\boldsymbol{Q}_2(\lambda)$ 的第一项. 我们看出,满足定理条件的 λ — 矩阵 $\boldsymbol{Q}_1(\lambda)$ 和 $\boldsymbol{Q}_2(\lambda)$(同理,$\boldsymbol{R}_1(\lambda)$ 和 $\boldsymbol{R}_2(\lambda)$)在一般情形下是不相同的.

矩阵相似的基本定理 我们已经注意到,至今还没有办法来决定所给数矩阵 $\boldsymbol{A}$ 和 $\boldsymbol{B}$(即元素在基域 P 中的矩阵)相似与否的问题. 另外,他们的特征矩阵 $\boldsymbol{A}-\lambda\boldsymbol{E}$ 和 $\boldsymbol{B}-\lambda\boldsymbol{E}$ 是 λ — 矩阵,而这些矩阵相抵性的问题已经完全有效地解决了. 因此可以了解,下面的定理有多么大的意义:

元素在域 P 中的矩阵 $\boldsymbol{A}$ 和 $\boldsymbol{B}$ 相似的充分必要条件是它们的特征矩阵 $\boldsymbol{A}-\lambda\boldsymbol{E}$ 和 $\boldsymbol{B}-\lambda\boldsymbol{E}$ 相抵.

事实上,设矩阵 $\boldsymbol{A}$ 和 $\boldsymbol{B}$ 相似,即在域 P 上存在这样的满秩矩阵 $\boldsymbol{C}$,使得

$$\boldsymbol{B}=\boldsymbol{C}^{-1}\boldsymbol{AC}$$

这时

$$\boldsymbol{C}^{-1}(\boldsymbol{A}-\lambda\boldsymbol{E})\boldsymbol{C}=\boldsymbol{C}^{-1}\boldsymbol{AC}-\lambda(\boldsymbol{C}^{-1}\boldsymbol{EC})=\boldsymbol{B}-\lambda\boldsymbol{E}$$

然而,满秩数矩阵 $\boldsymbol{C}^{-1}$ 和 $\boldsymbol{C}$ 是单位模 λ — 矩阵,由此看出,矩阵 $\boldsymbol{B}-\lambda\boldsymbol{E}$ 可由矩阵 $\boldsymbol{A}-\lambda\boldsymbol{E}$ 左乘和右乘以单位模矩阵而得到,即 $\boldsymbol{A}-\lambda\boldsymbol{E}\sim\boldsymbol{B}-\lambda\boldsymbol{E}$.

逆论断的证明比较复杂. 设

$$\boldsymbol{A}-\lambda\boldsymbol{E}\sim\boldsymbol{B}-\lambda\boldsymbol{E}$$

这时存在这样的单位模矩阵 $\boldsymbol{U}(\lambda)$ 和 $\boldsymbol{V}(\lambda)$,使得

$$\boldsymbol{U}(\lambda)(\boldsymbol{A}-\lambda\boldsymbol{E})\boldsymbol{V}(\lambda)=\boldsymbol{B}-\lambda\boldsymbol{E} \tag{9}$$

考虑到单位模矩阵的逆矩阵存在且是 λ — 矩阵,我们由式(9) 推出两个以后要用的等式

$$\begin{cases}\boldsymbol{U}(\lambda)(\boldsymbol{A}-\lambda\boldsymbol{E})=(\boldsymbol{B}-\lambda\boldsymbol{E})\boldsymbol{V}^{-1}(\lambda)\\(\boldsymbol{A}-\lambda\boldsymbol{E})\boldsymbol{V}(\lambda)=\boldsymbol{U}^{-1}(\lambda)(\boldsymbol{B}-\lambda\boldsymbol{E})\end{cases} \tag{10}$$

因为 λ — 矩阵 $\boldsymbol{B}-\lambda\boldsymbol{E}$ 中的 λ 是一次的,同时,对应的矩阵多项式的首项系数是满秩矩阵 $-\boldsymbol{E}$,因而可以对 $\boldsymbol{U}(\lambda)$ 和 $\boldsymbol{B}-\lambda\boldsymbol{E}$ 进行带余除法:存在这样的矩阵 $\boldsymbol{Q}_1(\lambda)$ 和 $\boldsymbol{R}_1$($\boldsymbol{R}_1$ 如果不等于零,那么应该是零次的,即不依赖于 λ),使

$$\boldsymbol{U}(\lambda)=(\boldsymbol{B}-\lambda\boldsymbol{E})\boldsymbol{Q}_1(\lambda)+\boldsymbol{R}_1 \tag{11}$$

同样

$$\boldsymbol{V}(\lambda)=\boldsymbol{Q}_2(\lambda)(\boldsymbol{B}-\lambda\boldsymbol{E})+\boldsymbol{R}_2 \tag{12}$$

利用式(11) 和(12),由式(9) 得出

$$\begin{aligned}\boldsymbol{R}_1(\boldsymbol{A}-\lambda\boldsymbol{E})\boldsymbol{R}_2=&(\boldsymbol{B}-\lambda\boldsymbol{E})-\boldsymbol{U}(\lambda)(\boldsymbol{A}-\lambda\boldsymbol{E})\boldsymbol{Q}_2(\lambda)(\boldsymbol{B}-\lambda\boldsymbol{E})-\\&(\boldsymbol{B}-\lambda\boldsymbol{E})\boldsymbol{Q}_1(\lambda)(\boldsymbol{A}-\lambda\boldsymbol{E})\boldsymbol{V}(\lambda)+\\&(\boldsymbol{B}-\lambda\boldsymbol{E})\boldsymbol{Q}_1(\lambda)(\boldsymbol{A}-\lambda\boldsymbol{E})\boldsymbol{Q}_2(\lambda)(\boldsymbol{B}-\lambda\boldsymbol{E})\end{aligned}$$

或者,由式(10)得到

$$
\begin{aligned}
\boldsymbol{R}_1(\boldsymbol{A}-\lambda\boldsymbol{E})\boldsymbol{R}_2 = &(\boldsymbol{B}-\lambda\boldsymbol{E})-(\boldsymbol{B}-\lambda\boldsymbol{E})\boldsymbol{V}^{-1}(\lambda)\boldsymbol{Q}_2(\lambda)(\boldsymbol{B}-\lambda\boldsymbol{E})-\\
&(\boldsymbol{B}-\lambda\boldsymbol{E})\boldsymbol{Q}_1(\lambda)\boldsymbol{U}^{-1}(\lambda)(\boldsymbol{B}-\lambda\boldsymbol{E})+\\
&(\boldsymbol{B}-\lambda\boldsymbol{E})\boldsymbol{Q}_1(\lambda)(\boldsymbol{A}-\lambda\boldsymbol{E})\boldsymbol{Q}_2(\lambda)(\boldsymbol{B}-\lambda\boldsymbol{E})=\\
&(\boldsymbol{B}-\lambda\boldsymbol{E})\times\{\boldsymbol{E}-[\boldsymbol{V}^{-1}(\lambda)\boldsymbol{Q}_2(\lambda)+\boldsymbol{Q}_1(\lambda)\boldsymbol{U}^{-1}(\lambda)-\\
&\boldsymbol{Q}_1(\lambda)(\boldsymbol{A}-\lambda\boldsymbol{E})\boldsymbol{Q}_2(\lambda)](\boldsymbol{B}-\lambda\boldsymbol{E})\}
\end{aligned}
$$

右边的方括号实际上等于零.否则,因为 $\boldsymbol{V}^{-1}(\lambda)$ 和 $\boldsymbol{U}^{-1}(\lambda)$ 都是 λ — 矩阵,所以方括号是 λ — 矩阵,其次数至少为 0,这样花括号的次数就不小于 1,因而整个右边的次数不小于 2.但这是不可能的,因为左边是 1 次 λ — 矩阵.

这样一来,有

$$\boldsymbol{R}_1(\boldsymbol{A}-\lambda\boldsymbol{E})\boldsymbol{R}_2=\boldsymbol{B}-\lambda\boldsymbol{E}$$

由此,比较 λ 的同次乘幂的矩阵系数,我们得到

$$\boldsymbol{R}_1\boldsymbol{A}\boldsymbol{R}_2=\boldsymbol{B} \tag{13}$$

$$\boldsymbol{R}_1\boldsymbol{R}_2=\boldsymbol{E} \tag{14}$$

等式(14)说明,数矩阵 $\boldsymbol{R}_2$ 不仅不等于零,还是满秩的,同时

$$\boldsymbol{R}_2^{-1}=\boldsymbol{R}_1$$

这样,等式(13)取形式

$$\boldsymbol{R}_2^{-1}\boldsymbol{A}\boldsymbol{R}_2=\boldsymbol{B}$$

这就证明了矩阵 $\boldsymbol{A}$ 和 $\boldsymbol{B}$ 相似.

我们还同时学会了找出使矩阵 $\boldsymbol{A}$ 变为矩阵 $\boldsymbol{B}$ 的满秩矩阵 $\boldsymbol{R}_2$.即是说,如果矩阵 $\boldsymbol{A}-\lambda\boldsymbol{E}$ 和 $\boldsymbol{B}-\lambda\boldsymbol{E}$ 相抵,那么第一个矩阵可经有限次初等变换变为第二个矩阵.我们取这些初等变换中那些关于列的变换,并将对应的初等矩阵按照它们的次序乘出来,把这个积记为 $\boldsymbol{V}(\lambda)$.然后用 $\boldsymbol{B}-\lambda\boldsymbol{E}$ 除 $\boldsymbol{V}(\lambda)$,且使商式放在除式的左边(参看式(8)).这个除法的余式就是矩阵 $\boldsymbol{R}_2$.

事实上,可以不进行上述做法,而利用下面的引理(在 §62 中还会用到):

引理 设

$$\boldsymbol{V}(\lambda)=\boldsymbol{V}_0\lambda^s+\boldsymbol{V}_1\lambda^{s-1}+\cdots+\boldsymbol{V}_{s-1}\lambda+\boldsymbol{V}_s,\boldsymbol{V}_0\neq\boldsymbol{0} \tag{15}$$

如果

$$\begin{cases}\boldsymbol{V}(\lambda)=(\lambda\boldsymbol{E}-\boldsymbol{B})\boldsymbol{Q}_1(\lambda)+\boldsymbol{R}_1\\ \boldsymbol{V}(\lambda)=\boldsymbol{Q}_2(\lambda)(\lambda\boldsymbol{E}-\boldsymbol{B})+\boldsymbol{R}_2\end{cases} \tag{16}$$

则

$$\begin{cases}\boldsymbol{R}_1=\boldsymbol{B}^s\boldsymbol{V}_0+\boldsymbol{B}^{s-1}\boldsymbol{V}_1+\cdots+\boldsymbol{B}\boldsymbol{V}_{s-1}+\boldsymbol{V}_s\\ \boldsymbol{R}_2=\boldsymbol{V}_0\boldsymbol{B}^s+\boldsymbol{V}_1\boldsymbol{B}^{s-1}+\cdots+\boldsymbol{V}_{s-1}\boldsymbol{B}+\boldsymbol{V}_s\end{cases} \tag{17}$$

只要证明两个论断中的第一个就够了 —— 第二个可以完全类似地证明.这个证明在于直接验证等式(16)的正确性,只要用记法(15)来代替 $\boldsymbol{V}(\lambda)$,用式

(17) 代替 $\boldsymbol{R}_1$，而取 $\boldsymbol{Q}_1(\lambda)$ 为多项式

$$\boldsymbol{Q}_1(\lambda)=\boldsymbol{V}_0\lambda^{s-1}+(\boldsymbol{B}\boldsymbol{V}_0+\boldsymbol{V}_1)\lambda^{s-2}+(\boldsymbol{B}^2\boldsymbol{V}_0+\boldsymbol{B}\boldsymbol{V}_1+\boldsymbol{V}_2)\lambda^{s-3}+\cdots+(\boldsymbol{B}^{s-1}\boldsymbol{V}_0+\boldsymbol{B}^{s-2}\boldsymbol{V}_1+\cdots+\boldsymbol{V}_{s-1})$$

让读者自己验证这个结果.

例 给出了矩阵

$$\boldsymbol{A}=\begin{pmatrix}-2 & 1\\ 0 & 3\end{pmatrix},\boldsymbol{B}=\begin{pmatrix}-10 & -4\\ 26 & 11\end{pmatrix}$$

它们的特征矩阵相抵，因为可化为同一个标准形

$$\begin{pmatrix}1 & 0\\ 0 & \lambda^2-\lambda-6\end{pmatrix}$$

因此矩阵 $\boldsymbol{A}$ 和 $\boldsymbol{B}$ 相似.

为了找出变 $\boldsymbol{A}$ 为 $\boldsymbol{B}$ 的矩阵 $\boldsymbol{R}_2$，我们找出一连串的变 $\boldsymbol{A}-\lambda\boldsymbol{E}$ 为 $\boldsymbol{B}-\lambda\boldsymbol{E}$ 的初等变换，例如

$$\boldsymbol{A}-\lambda\boldsymbol{E}=\begin{pmatrix}-2-\lambda & 1\\ 0 & 3-\lambda\end{pmatrix}\sim\begin{pmatrix}-2-\lambda & 1\\ -16-8\lambda & 11-\lambda\end{pmatrix}\sim\begin{pmatrix}8+4\lambda & -4\\ -16-8\lambda & 11-\lambda\end{pmatrix}\sim$$

$$\begin{pmatrix}40+4\lambda & -4\\ -104 & 11-\lambda\end{pmatrix}\sim\begin{pmatrix}-10-\lambda & -4\\ 26 & 11-\lambda\end{pmatrix}=\boldsymbol{B}-\lambda\boldsymbol{E}$$

最后两个变换是关于列的：先把第二列和 -8 的乘积加到第一列上，然后用 $-\frac{1}{4}$ 乘第一列. 对应的初等矩阵的乘积是

$$\boldsymbol{V}(\lambda)=\begin{pmatrix}1 & 0\\ -8 & 1\end{pmatrix}\begin{pmatrix}-\frac{1}{4} & 0\\ 0 & 1\end{pmatrix}=\begin{pmatrix}-\frac{1}{4} & 0\\ 2 & 1\end{pmatrix}$$

这个矩阵不依赖于 λ，因此，它就是所求矩阵 $\boldsymbol{R}_2$.

自然，变 $\boldsymbol{A}$ 为 $\boldsymbol{B}$ 的矩阵绝不是唯一确定的. 例如，矩阵

$$\begin{pmatrix}3 & 1\\ 2 & 1\end{pmatrix}$$

也是这样的矩阵.

§61 若尔当法式

现在我们来研究元素在域 $\boldsymbol{P}$ 中的 n 阶方阵. 我们将提出这种矩阵的一个特殊形式，即所谓若尔当矩阵，并且要指出这是十分广泛的一类矩阵的法式(标准形式). 即是说，凡所有特征根都在基域 P 中的矩阵(也仅仅是这些矩阵)相似于某一个若尔当矩阵，也如通常所说，可化为若尔当法式. 由此推出，如果取复

数域作为域 P,所有复元素矩阵都可化为复数域中的若尔当法式.

先引入必要的定义.如下形式的 k 阶矩阵称为属于数 λ_0 的 k 阶若尔当块 $(1 \leqslant k \leqslant n)$

$$\begin{pmatrix} \lambda_0 & 1 & & & \boldsymbol{0} \\ & \lambda_0 & 1 & & \\ & & \ddots & \ddots & \\ & & & \ddots & \ddots \\ & & & & \ddots & 1 \\ \boldsymbol{0} & & & & & \lambda_0 \end{pmatrix} \tag{1}$$

换言之,所谓属于数 λ_0 的 k 阶若尔当块是指这样的方阵:在主对角线上放着域 P 中的同一数 λ_0,在上方最靠近主对角线的平行线上全为数 1,而矩阵的其余元素全为零,例如

$$(\lambda_0),\ \begin{pmatrix} \lambda_0 & 1 \\ 0 & \lambda_0 \end{pmatrix},\ \begin{pmatrix} \lambda_0 & 1 & 0 \\ 0 & \lambda_0 & 1 \\ 0 & 0 & \lambda_0 \end{pmatrix}$$

分别是一阶,二阶,三阶若尔当块.

如下形式的 n 阶矩阵称为 n 阶若尔当矩阵

$$\boldsymbol{J} = \begin{pmatrix} \boxed{\boldsymbol{J}_1} & & & \boldsymbol{0} \\ & \boxed{\boldsymbol{J}_2} & & \\ & & \ddots & \\ \boldsymbol{0} & & & \boxed{\boldsymbol{J}_s} \end{pmatrix} \tag{2}$$

这里,沿主对角线是某些阶(不一定不同)的若尔当块 $\boldsymbol{J}_1, \boldsymbol{J}_2, \cdots, \boldsymbol{J}_s$,它们分别属于域 P 中某个数(也不一定不同);在这些块外的地方都是零.这里 $s \geqslant 1$,就是说,一个 n 阶若尔当块也算是 n 阶若尔当矩阵,另外,显然 $s \leqslant n$.

我们指出,若尔当矩阵的构成可以不采用若尔当块的概念(虽然以后并不用到这个构成法).显然,当且仅当矩阵 $\boldsymbol{J}$ 有下面形式时是若尔当矩阵

$$\begin{pmatrix} \lambda_1 & \varepsilon_1 & & & \boldsymbol{0} \\ & \lambda_2 & \varepsilon_2 & & \\ & & \ddots & \ddots & \\ & & & \ddots & \\ & & & \ddots & \varepsilon_{n-1} \\ \boldsymbol{0} & & & & \lambda_n \end{pmatrix}$$

其中 $\lambda_i (i=1,2,\cdots,n)$ 是域 P 中的任意数,而各个 $\varepsilon_j (j=1,2,\cdots,n-1)$ 等于 0

或 1，同时，若 $\varepsilon_j=1$，则 $\lambda_j=\lambda_{j+1}$.

对角矩阵就是若尔当矩阵的特殊情形：各个若尔当块都是一阶的若尔当矩阵就是这样.

我们当前的目的是找出任意 n 阶若尔当矩阵 $\boldsymbol{J}$ 的特征矩阵 $\boldsymbol{J}-\lambda\boldsymbol{E}$ 的标准形. 首先找出一个 k 阶若尔当块的特征矩阵

$$\begin{pmatrix} \lambda_0-\lambda & 1 & & & \mathbf{0} \\ & \lambda_0-\lambda & 1 & & \\ & & \ddots & \ddots & \\ & & & \ddots & 1 \\ \mathbf{0} & & & & \lambda_0-\lambda \end{pmatrix} \tag{3}$$

的标准形. 计算这个矩阵的行列式并且考虑到多项式 $d_k(\lambda)$ 的首项系数应该等于 1，我们得到

$$d_k(\lambda)=(\lambda-\lambda_0)^k$$

另外，矩阵(3) 的 $k-1$ 阶子式中有等于 1 的：例如去掉这个矩阵的第一列和最后一行后，所得的子式就是这样. 因此

$$d_{k-1}(\lambda)=1$$

由此推出，矩阵(3) 的标准形是下面的 k 阶 $\lambda-$矩阵

$$\begin{pmatrix} 1 & & & \mathbf{0} \\ & \ddots & & \\ & & 1 & \\ \mathbf{0} & & & (\lambda-\lambda_0)^k \end{pmatrix} \tag{4}$$

现在证明下面的定理：

如果环 $P[\lambda]$ 中的多项式 $\varphi_1(\lambda),\varphi_2(\lambda),\cdots,\varphi_t(\lambda)$ 两两互质，那么有下面的相抵关系

$$\begin{pmatrix} \varphi_1(\lambda) & & & \mathbf{0} \\ & \varphi_2(\lambda) & & \\ & & \ddots & \\ \mathbf{0} & & & \varphi_t(\lambda) \end{pmatrix} \sim \begin{pmatrix} 1 & & & \mathbf{0} \\ & \ddots & & \\ & & 1 & \\ \mathbf{0} & & & \prod\limits_{i=1}^{t}\varphi_i(\lambda) \end{pmatrix}$$

显然，只要研究 $t=2$ 的情形就够了. 因为多项式 $\varphi_1(\lambda)$ 和 $\varphi_2(\lambda)$ 互质，所以在环 $P(\lambda)$ 中存在这样的多项式 $u_1(\lambda)$ 和 $u_2(\lambda)$，使得

$$\varphi_1(\lambda)u_1(\lambda)+\varphi_2(\lambda)u_2(\lambda)=1$$

因此

$$\begin{pmatrix}\varphi_1(\lambda) & 0\\ 0 & \varphi_2(\lambda)\end{pmatrix}\sim\begin{pmatrix}\varphi_1(\lambda) & \varphi_1(\lambda)u_1(\lambda)\\ 0 & \varphi_2(\lambda)\end{pmatrix}\sim$$
$$\begin{pmatrix}\varphi_1(\lambda) & \varphi_1(\lambda)u_1(\lambda)+\varphi_2(\lambda)u_2(\lambda)\\ 0 & \varphi_2(\lambda)\end{pmatrix}=\begin{pmatrix}\varphi_1(\lambda) & 1\\ 0 & \varphi_2(\lambda)\end{pmatrix}\sim$$
$$\begin{pmatrix}1 & \varphi_1(\lambda)\\ \varphi_2(\lambda) & 0\end{pmatrix}\sim\begin{pmatrix}1 & \varphi_1(\lambda)\\ 0 & -\varphi_1(\lambda)\varphi_2(\lambda)\end{pmatrix}\sim$$
$$\begin{pmatrix}1 & 0\\ 0 & -\varphi_1(\lambda)\varphi_2(\lambda)\end{pmatrix}\sim\begin{pmatrix}1 & 0\\ 0 & \varphi_1(\lambda)\varphi_2(\lambda)\end{pmatrix}$$

这就是所要证明的结果.

现在来研究式(2)的若尔当矩阵 $\boldsymbol{J}$ 的特征矩阵

$$\boldsymbol{J}-\lambda\boldsymbol{E}=\begin{pmatrix}\boxed{\boldsymbol{J}_1-\lambda\boldsymbol{E}_1} & & & \boldsymbol{0}\\ & \boxed{\boldsymbol{J}_2-\lambda\boldsymbol{E}_2} & & \\ & & \ddots & \\ \boldsymbol{0} & & & \boxed{\boldsymbol{J}_s-\lambda\boldsymbol{E}_s}\end{pmatrix}\tag{5}$$

这里 $\boldsymbol{E}_i(i=1,2,\cdots,s)$ 是和块 $\boldsymbol{J}_i$ 同阶的幺矩阵.设矩阵 $\boldsymbol{J}$ 的各若尔当块属于下面的不同的数:$\lambda_1,\lambda_2,\cdots,\lambda_t$,这里 $t\leqslant s$.再设有 q_i 个若尔当块属于数 $\lambda_i(i=1,2,\cdots,t)$,且设 q_i 块的阶是排列为不增大的次序

$$k_{i1}\geqslant k_{i2}\geqslant\cdots\geqslant k_{iq_i}\tag{6}$$

我们指出下述关系,虽然我们并不用到它

$$\sum_{i=1}^{t}q_i=s$$
$$\sum_{i=1}^{t}\sum_{j=1}^{q_i}k_{ij}=n$$

在矩阵(5)中对若尔当块 $\boldsymbol{J}_i-\lambda\boldsymbol{E}_i$ 的行和列进行初等变换,显然并没有触及其他的对角块.由此推出,在矩阵(5)中可用初等变换使每个块 $\boldsymbol{J}_i-\lambda\boldsymbol{E}_i$ $(i=1,2,\cdots,s)$ 变为对应的矩阵(4)型的块.换句话说,矩阵 $\boldsymbol{J}-\lambda\boldsymbol{E}$ 与这种对角矩阵相抵,它的主对角线上除了 1 外还放着对应于矩阵 $\boldsymbol{J}$ 的各若尔当块的下列多项式

$$\begin{cases}(\lambda-\lambda_1)^{k_{11}},(\lambda-\lambda_1)^{k_{12}},\cdots,(\lambda-\lambda_1)^{k_{1q_1}}\\ (\lambda-\lambda_2)^{k_{21}},(\lambda-\lambda_1)^{k_{22}},\cdots,(\lambda-\lambda_1)^{k_{2q_2}}\\ \vdots\\ (\lambda-\lambda_t)^{k_{t1}},(\lambda-\lambda_1)^{k_{t2}},\cdots,(\lambda-\lambda_1)^{k_{tq_t}}\end{cases}\tag{7}$$

我们不必指出在主对角线上哪些地方放着多项式(7),因为在任何对角 λ-矩阵中,可通过行的交换及相同号码列的交换而任意调换对角元素.以后,还会用

到这个注释.

设 q 是数 $q_i(i=1,2,\cdots,t)$ 中最大的. 用 $e_{n-j+1}(\lambda)$ 表示多项式(7) 中第 j 列的多项式的乘积($j=1,2,\cdots,q$),即

$$e_{n-j+1}(\lambda)=\prod_{i=1}^{t}(\lambda-\lambda_i)^{k_{ij}} \tag{8}$$

如果这时在第 j 列有空位(对于某些 i,可能有 $q_i<j$),就把式(8) 中对应的因子算作 1. 因为数 $\lambda_1,\lambda_2,\cdots,\lambda_t$ 按照条件是不同的,所以多项式(7) 中第 j 列的各线性二项式的乘幂是两两互质的. 因此,由上面证明的引理知,在所研究的对角矩阵中,可用初等变换把这些线性二项式的乘幂换为它们的乘积 $e_{n-j+1}(\lambda)$ 和若干个 1.

对于 $j=1,2,\cdots,q$ 完成这些工作后,我们得到

$$\boldsymbol{J}-\lambda\boldsymbol{E}\sim\begin{pmatrix}1 & & & & & & \boldsymbol{0}\\ & \ddots & & & & & \\ & & 1 & & & & \\ & & & e_{n-q+1}(\lambda) & & & \\ & & & & \ddots & & \\ & & & & & e_{n-1}(\lambda) & \\ \boldsymbol{0} & & & & & & e_n(\lambda)\end{pmatrix} \tag{9}$$

这就是所要找出的矩阵 $\boldsymbol{J}-\lambda\boldsymbol{E}$ 的标准形式. 实际上,矩阵(9) 中主对角线上的所有多项式的首项系数等于 1,且由条件(6),这些多项式中每一个都能被前一个整除.

例 1 设

$$\boldsymbol{J}=\begin{pmatrix}\boxed{\begin{matrix}2&1&0\\0&2&1\\0&0&2\end{matrix}} & & & & \boldsymbol{0}\\ & \boxed{2} & & & \\ & & \boxed{\begin{matrix}5&1\\0&5\end{matrix}} & & \\ & & & \boxed{\begin{matrix}5&1\\0&5\end{matrix}} & \\ \boldsymbol{0} & & & & \boxed{2}\end{pmatrix}$$

对于这个 9 阶若尔当矩阵,多项式(7) 有形式

$$(\lambda-2)^3,\lambda-2,\lambda-2,(\lambda-5)^3,(\lambda-5)^2$$

因此矩阵 $\boldsymbol{J}$ 的不变因式是多项式

$$e_9(\lambda)=(\lambda-2)^3(\lambda-5)^2$$
$$e_8(\lambda)=(\lambda-2)(\lambda-5)^2$$
$$e_7(\lambda)=\lambda-2$$

同时，$e_6(\lambda)=\cdots=e_1(\lambda)=1$.

现在，当我们学会了按给定若尔当矩阵 $\boldsymbol{J}$ 的形式立刻写出其特征矩阵的标准形时，可以证明下述定理：

两个若尔当矩阵当且仅当他们由相同的一些若尔当块组成时，即仅仅是这些块在主对角线上的排列不同时，是相似的.

事实上，多项式组(7) 被若尔当矩阵 $\boldsymbol{J}$ 的若尔当块的选取所完全确定，但若尔当块在主对角线上的排列情况却对(7) 完全不起作用. 由此推知，如果若尔当矩阵 $\boldsymbol{J}$ 和 $\boldsymbol{J}'$ 有相同的一批若尔当块，那么他们对应于相同的多项式组(7)，因而也对应相同的一批多项式(8). 这样，特征矩阵 $\boldsymbol{J}-\lambda\boldsymbol{E}$ 和 $\boldsymbol{J}'-\lambda\boldsymbol{E}$ 有相同的不变因式，故是相抵的，因此矩阵 $\boldsymbol{J}$ 和 $\boldsymbol{J}'$ 相似.

反之，如果若尔当矩阵 $\boldsymbol{J}$ 和 $\boldsymbol{J}'$ 相似，那么其特征矩阵有相同不变因式. 设对于 $j=1,2,\cdots,q$ 的多项式(8) 是不等于 1 的那些不变因式. 但是，我们可以从多项式(8) 来得出多项式组(7). 即多项式(8) 可能分解为线性因子乘幂的乘积，因为上面已经证明，任何若尔当矩阵的特征矩阵的不变因式有此性质. 多项式(7) 刚好是由多项式(8) 分解出来的所有线性因子的那些最高次乘幂所组成. 最后，按多项式(7) 可作出原若尔当矩阵的若尔当块：多项式(7) 中每一多项式 $(\lambda-\lambda_i)^{k_{ij}}$ 对应于属于数 λ_i 的 k_{ij} 阶若尔当块. 这就证明了矩阵 $\boldsymbol{J}$ 和 $\boldsymbol{J}'$ 由相同的一些若尔当块组成，只是它们的排列情况可能不同.

由这个定理推出，特别地，和对角矩阵相似的若尔当矩阵也是对角矩阵；两个对角矩阵当且仅当它们可以彼此由调动主对角线上的数而得到时才是相似的.

化矩阵为若尔当法式　如果域 P 中的矩阵 $\boldsymbol{A}$ 可化为若尔当法式，也就是说，如果 $\boldsymbol{A}$ 和若尔当矩阵相似，那么如上述定理所推出，如果不考虑主对角线上若尔当块的排列次序，矩阵 $\boldsymbol{A}$ 的若尔当法式是唯一确定的. 下述定理指出了矩阵 $\boldsymbol{A}$ 化为若尔当法式的条件；如果这个若尔当法式存在，定理的证明还给出了实际找出相似于矩阵 $\boldsymbol{A}$ 的若尔当矩阵的方法. 我们还指出，在域 P 中可化为若尔当法式意味着转换矩阵的所有元素包含在域 P 中.

元素在域 P 中的矩阵 $\boldsymbol{A}$ 当且仅当矩阵 $\boldsymbol{A}$ 的所有特征根都在基域 P 中时，可以在域 P 中化为若尔当法式.

事实上，如果矩阵 $\boldsymbol{A}$ 与若尔当矩阵 $\boldsymbol{J}$ 相似，那么这两个矩阵有同样的特征根. 然而很容易找到矩阵 $\boldsymbol{J}$ 的特征根：因为矩阵 $\boldsymbol{J}-\lambda\boldsymbol{E}$ 的行列式 $|\boldsymbol{J}-\lambda\boldsymbol{E}|$ 在

域 P 上分解为线性因式的乘积，它的根是矩阵 $\boldsymbol{J}$ 主对角线上的数而且只有这些数.

反过来，设矩阵 $\boldsymbol{A}$ 的所有特征根在域 P 中. 如果矩阵 $\boldsymbol{A}-\lambda\boldsymbol{E}$ 的不等于 1 的不变因式是

$$e_{n-q+1}(\lambda),\cdots,e_{n-1}(\lambda),e_n(\lambda) \tag{10}$$

那么

$$|\boldsymbol{A}-\lambda\boldsymbol{E}|=(-1)^n e_{n-q+1}(\lambda)\cdots e_{n-1}(\lambda)e_n(\lambda)$$

实际上，矩阵 $\boldsymbol{A}-\lambda\boldsymbol{E}$ 的行列式和它的标准形的行列式只能相差一个常数因子，而这个常数因子就等于 $(-1)^n$，因为特征多项式 $|\boldsymbol{A}-\lambda\boldsymbol{E}|$ 的首项系数是 $(-1)^n$. 这样一来，多项式(10) 中没有等于零的，这些多项式次数之和等于 n，且他们全部在域 P 上分解为线性因子——因为按条件，多项式 $|\boldsymbol{A}-\lambda\boldsymbol{E}|$ 有这样的分解式.

设式(8) 是多项式(10) 分为线性因子乘幂的乘积的分解式. 我们把分解式(8) 中异于 1 的不同线性二项式的乘幂称为多项式 $e_{n-j+1}(\lambda)(j=1,2,\cdots,q)$ 的初等因子，即指

$$(\lambda-\lambda_1)^{k_{1j}},(\lambda-\lambda_2)^{k_{2j}},\cdots,(\lambda-\lambda_t)^{k_{kj}}$$

所有多项式(10) 的初等因子称为矩阵 $\boldsymbol{A}$ 的初等因子，且把它们用多项式(7) 的形式写出.

现在取由如下方法确定的若尔当块所组成的 n 阶若尔当矩阵 $\boldsymbol{J}$：我们使矩阵 $\boldsymbol{A}$ 的每个初等因子 $(\lambda-\lambda_i)^{k_{ij}}$ 和属于数 λ_i 的 k_{ij} 阶若尔当块对应. 显然，多项式(10) 是而且只有它们是矩阵 $\boldsymbol{J}-\lambda\boldsymbol{E}$ 的异于 1 的不变因式. 因此，矩阵 $\boldsymbol{A}-\lambda\boldsymbol{E}$ 和 $\boldsymbol{J}-\lambda\boldsymbol{E}$ 相抵，故矩阵 $\boldsymbol{A}$ 和若尔当矩阵 $\boldsymbol{J}$ 相似.

例 2 设已给出了矩阵

$$\boldsymbol{A}=\begin{pmatrix}-16 & -17 & 87 & -108\\ 8 & 9 & -42 & 54\\ -3 & -3 & 16 & -18\\ -1 & -1 & 6 & -8\end{pmatrix}$$

用通常方法化矩阵 $\boldsymbol{A}-\lambda\boldsymbol{E}$ 为标准形，我们得到这个矩阵的异于 1 的不变因式，它们是多项式

$$e_4(\lambda)=(\lambda-1)^2(\lambda+2)$$
$$e_3(\lambda)=\lambda-1$$

我们看到，矩阵 $\boldsymbol{A}$ 甚至在有理数域中也能化为若尔当法式. 它的初等因子是多项式 $(\lambda-1)^2$，$(\lambda-1)$ 和 $\lambda+2$，因此，矩阵的若尔当法式是矩阵

$$\boldsymbol{J}=\begin{pmatrix}1 & 1 & 0 & 0\\ 0 & 1 & 0 & 0\\ 0 & 0 & 1 & 0\\ 0 & 0 & 0 & -2\end{pmatrix}$$

如果我们要找出变矩阵 $\boldsymbol{A}$ 为矩阵 $\boldsymbol{J}$ 的那个满秩矩阵，就应该用上节末尾所说的方法去做.

最后，基于上述结果，可以证明矩阵能化为对角型的下列充分必要条件，由此条件立即推出在 §33 中证明的化矩阵为对角形的充分判定法.

元素在域 P 上的 n 阶矩阵 $\boldsymbol{A}$，当且仅当其特征矩阵的最后一个不变因子 $e_n(\lambda)$ 的所有根在域 P 中，且这些根中无重根时，可化为对角形.

事实上，化矩阵为对角形等价于化矩阵为所有若尔当块皆为 1 阶的若尔当型. 换言之，矩阵 $\boldsymbol{A}$ 的所有初等因子都应该是一次多项式. 但因矩阵 $\boldsymbol{A}-\lambda\boldsymbol{E}$ 的所有不变因式是多项式 $e_n(\lambda)$ 的因子，故这个条件等价于多项式 $e_n(\lambda)$ 的所有初等因子都是一次的，这就是所要证明的.

§62　最小多项式

设已给出了域 P 上 n 阶方阵 $\boldsymbol{A}$，如果

$$f(\lambda)=\alpha_0\lambda^k+\alpha_1\lambda^{k-1}+\cdots+\alpha_{k-1}\lambda+\alpha_k$$

是环 $P[\lambda]$ 中的任意多项式，那么矩阵

$$f(\boldsymbol{A})=\alpha_0\boldsymbol{A}^k+\alpha_1\boldsymbol{A}^{k-1}+\cdots+\alpha_{k-1}\boldsymbol{A}+\alpha_k\boldsymbol{E}$$

称为多项式 $f(\lambda)$ 在 $\lambda=\boldsymbol{A}$ 时的值；我们注意，多项式 $f(\lambda)$ 的常数项这时被乘上矩阵 $\boldsymbol{A}$ 的零次幂，即幺矩阵 $\boldsymbol{E}$.

容易验证，如果

$$f(\lambda)=\varphi(\lambda)+\psi(\lambda)$$

或

$$f(\lambda)=u(\lambda)v(\lambda)$$

那么

$$f(\boldsymbol{A})=\varphi(\boldsymbol{A})+\psi(\boldsymbol{A})$$

或

$$f(\boldsymbol{A})=u(\boldsymbol{A})v(\boldsymbol{A})$$

如果多项式 $f(\lambda)$ 被矩阵 $\boldsymbol{A}$ 化为零，即

$$f(\boldsymbol{A})=0$$

那么矩阵 $\boldsymbol{A}$ 称为多项式 $f(\lambda)$ 的矩阵根，或者在不会发生误解时简单地称为多项式 $f(\lambda)$ 的根.

每个矩阵 $\boldsymbol{A}$ 都是某一个非零多项式的根.

我们知道，所有 n 阶方阵事实上组成域 P 上 n^2 维向量空间. 由此推出，n^2+1 个矩阵的组

$$\boldsymbol{A}^{n^2},\boldsymbol{A}^{n^2-1},\cdots,\boldsymbol{A},\boldsymbol{E}$$

在域 P 上线性相关,即在 P 中存在这样的不全为零的元素 $\alpha_0,\alpha_1,\cdots,\alpha_n$,使

$$\alpha_0\boldsymbol{A}^{n^2}+\alpha_1\boldsymbol{A}^{n^2-1}+\cdots+\alpha_{n^2-1}\boldsymbol{A}+\alpha_{n^2}\boldsymbol{E}=\boldsymbol{0}$$

这样一来,矩阵 $\boldsymbol{A}$ 是非零多项式

$$\varphi(\lambda)=\alpha_0\lambda^{n^2}+\alpha_1\lambda^{n^2-1}+\cdots+\alpha_{n^2-1}\lambda+\alpha_n$$

的根,这个多项式的次数不超过 n^2.

矩阵 $\boldsymbol{A}$ 也是某些首项系数为 1 的多项式的根 —— 只要取任意以矩阵 $\boldsymbol{A}$ 为根的非零多项式且除以其首项系数就够了. 首项系数为 1 的、次数最低的、以矩阵 $\boldsymbol{A}$ 为根的多项式叫作矩阵 $\boldsymbol{A}$ 的最小多项式. 我们指出,最小多项式是唯一确定的. 因为两个这种多项式的差的次数比他们更低,但也以矩阵 $\boldsymbol{A}$ 为根.

所有以矩阵 $\boldsymbol{A}$ 为根的多项式 $f(\lambda)$ 可被这个矩阵的最小多项式 $m(\lambda)$ 整除.

事实上,如果

$$f(\lambda)=m(\lambda)q(\lambda)+r(\lambda)$$

这里,$r(\lambda)$ 的次数低于 $m(\lambda)$,那么

$$f(\boldsymbol{A})=m(\boldsymbol{A})q(\boldsymbol{A})+r(\boldsymbol{A})$$

由 $f(\boldsymbol{A})=m(\boldsymbol{A})=0$ 推出,$r(\boldsymbol{A})=0$,这和最小多项式的定义矛盾.

现在证明下述定理:

矩阵 $\boldsymbol{A}$ 的最小多项式就是其特征矩阵 $\boldsymbol{A}-\lambda\boldsymbol{E}$ 的最后一个不变因式 $e_n(\lambda)$.

引用 §59 的记号及其结果,可以写出等式

$$(-1)^n\mid\boldsymbol{A}-\lambda\boldsymbol{E}\mid=d_{n-1}(\lambda)e_n(\lambda)\tag{1}$$

特别是由此可推出,多项式 $e_n(\lambda)$ 和 $d_{n-1}(\lambda)$ 不是零多项式. 其次,用 $\boldsymbol{B}(\lambda)$ 表示矩阵 $\boldsymbol{A}-\lambda\boldsymbol{E}$ 的附加矩阵(参看 §14)

$$\boldsymbol{B}(\lambda)=(\boldsymbol{A}-\lambda\boldsymbol{E})^*$$

由 §14 中等式(3),可推出等式

$$(\boldsymbol{A}-\lambda\boldsymbol{E})\boldsymbol{B}(\lambda)=\mid\boldsymbol{A}-\lambda\boldsymbol{E}\mid\boldsymbol{E}\tag{2}$$

另外,因为矩阵 $\boldsymbol{B}(\lambda)$ 的元素是且仅仅是矩阵 $\boldsymbol{A}-\lambda\boldsymbol{E}$ 的冠以正号或负号的 $n-1$ 阶子式,而多项式 $d_{n-1}(\lambda)$ 是所有这些子式的公因式,所以

$$\boldsymbol{B}(\lambda)=d_{n-1}(\lambda)\boldsymbol{C}(\lambda)\tag{3}$$

同时,矩阵 $\boldsymbol{C}(\lambda)$ 的元素的最大公因式为 1.

由等式(2)(3) 及(1) 推出等式

$$(\boldsymbol{A}-\lambda\boldsymbol{E})d_{n-1}(\lambda)\boldsymbol{C}(\lambda)=(-1)^n d_{n-1}(\lambda)e_n(\lambda)\boldsymbol{E}$$

可以约去这个等式的非零因子 $d_{n-1}(\lambda)$,这可由下面的简单注解推出:如果 $\varphi(\lambda)$ 是非零多项式,$\boldsymbol{D}(\lambda)=(d_{ij}(\lambda))$ 是非零 λ - 矩阵,同时设 $d_{st}(\lambda)\neq 0$,那么在矩阵 $\varphi(\lambda)\boldsymbol{D}(\lambda)$ 中,在位置(s,t) 上放着不等于零的元素 $\varphi(\lambda)d_{st}(\lambda)$. 这样一来

$$(\boldsymbol{A}-\lambda\boldsymbol{E})\boldsymbol{C}(\lambda)=(-1)^n e_n(\lambda)\boldsymbol{E}$$

从而

$$e_n(\lambda)\boldsymbol{E}=(\lambda\boldsymbol{E}-\boldsymbol{A})[(-1)^{n+1}\boldsymbol{C}(\lambda)] \tag{4}$$

这个等式表明,以二项式$\lambda\boldsymbol{E}-\boldsymbol{A}$“左除”左边的$\lambda$—矩阵后的余项为0.但由§60中证明的引理推出,这个余项等于矩阵$e_n(\boldsymbol{A})\boldsymbol{E}=e_n(\boldsymbol{A})$.实际上,矩阵$e_n(\lambda)\boldsymbol{E}$可记为系数为数矩阵的矩阵$\lambda$—多项式,即和矩阵$\boldsymbol{A}$是可易的.于是

$$e_n(\boldsymbol{A})=0$$

即多项式$e_n(\lambda)$实际上以矩阵$\boldsymbol{A}$为根.

由此推知,多项式$e_n(\lambda)$可被矩阵$\boldsymbol{A}$的最小多项式$m(\lambda)$整除

$$e_n(\lambda)=m(\lambda)q(\lambda) \tag{5}$$

显然,多项式$q(\lambda)$的首项系数为1.

因为$m(\boldsymbol{A})=0$,由§60的同一引理知,以二项式$\lambda\boldsymbol{E}-\boldsymbol{A}$左除$\lambda$—矩阵$m(\lambda)\boldsymbol{E}$的余项也等于零,即

$$m(\lambda)\boldsymbol{E}=(\lambda\boldsymbol{E}-\boldsymbol{A})\boldsymbol{Q}(\lambda) \tag{6}$$

由等式(5)(4)及(6)导出等式

$$(\lambda\boldsymbol{E}-\boldsymbol{A})[(-1)^{n+1}\boldsymbol{C}(\lambda)]=(\lambda\boldsymbol{E}-\boldsymbol{A})[\boldsymbol{Q}(\lambda)q(\lambda)]$$

在这个等式的两边可约去公因子$\lambda\boldsymbol{E}-\boldsymbol{A}$,因为这个矩阵$\lambda$—多项式首项系数$\boldsymbol{E}$是满秩矩阵.这样一来

$$\boldsymbol{C}(\lambda)=(-1)^{n+1}\boldsymbol{Q}(\lambda)q(\lambda)$$

但我们记得,矩阵$\boldsymbol{C}(\lambda)$的元素的最大公因子等于1.因此多项式$q(\lambda)$应该是零次的,而因其首项系数为1,故推知$q(\lambda)=1$.这样一来,由式(5)知

$$e_n(\lambda)=m(\lambda)$$

这就是所要证明的.

由等式(1),因为矩阵$\boldsymbol{A}$的特征多项式可被多项式$e_n(\lambda)$整除,所以从现在证明的定理推出下面的.

哈密尔顿—凯莱定理.每个矩阵为其特征多项式的根.

线性变换是最小多项式 首先证明下述论断:

如果矩阵$\boldsymbol{A}$和$\boldsymbol{B}$相似,且多项式$f(\lambda)$以矩阵$\boldsymbol{A}$为根,那么它也以矩阵$\boldsymbol{B}$为根.

实际上,设

$$\boldsymbol{B}=\boldsymbol{C}^{-1}\boldsymbol{A}\boldsymbol{C}$$

如果

$$f(\lambda)=\alpha_0\lambda^k+\alpha_1\lambda^{k-1}+\cdots+\alpha_{k-1}\lambda+\alpha_k$$

那么

$$\alpha_0\boldsymbol{A}^k+\alpha_1\boldsymbol{A}^{k-1}+\cdots+\alpha_{k-1}\boldsymbol{A}+\alpha_k\boldsymbol{E}=0$$

用矩阵 $\boldsymbol{C}$ 来转换这个等式的两边，我们得到

$$\boldsymbol{C}^{-1}(\alpha_0\boldsymbol{A}^k+\alpha_1\boldsymbol{A}^{k-1}+\cdots+\alpha_{k-1}\boldsymbol{A}+\alpha_k\boldsymbol{E})\boldsymbol{C}=$$
$$\alpha_0(\boldsymbol{C}^{-1}\boldsymbol{AC})^k+\alpha_1(\boldsymbol{C}^{-1}\boldsymbol{AC})^{k-1}+\cdots+\alpha_{k-1}(\boldsymbol{C}^{-1}\boldsymbol{AC})+\alpha_k\boldsymbol{E}=$$
$$\alpha_0\boldsymbol{B}^k+\alpha_1\boldsymbol{B}^{k-1}+\cdots+\alpha_{k-1}\boldsymbol{B}+\alpha_k\boldsymbol{E}=0$$

即 $f(\boldsymbol{B})=0$.

由此推出，相似矩阵有同一个最小多项式.

现在设 φ 是域 P 上 n 维线性空间的线性变换. 在空间不同基底下给出这个变换的矩阵彼此相似. 这些矩阵所共有的最小多项式叫作线性变换 φ 的最小多项式.

利用 §32 中引进的线性变换的运算可以引进环 $P[\lambda]$ 中的多项式

$$f(\lambda)=\alpha_0\lambda^k+\alpha_1\lambda^{k-1}+\cdots+\alpha_{k-1}\lambda+\alpha_k$$

在 λ 等于线性变换 φ 时的值的概念：这是线性变换

$$f(\varphi)=\alpha_0\varphi^k+\alpha_1\varphi^{k-1}+\cdots+\alpha_{k-1}\varphi+\alpha_k\varepsilon$$

这里，ε 是恒等变换. 此外，如果

$$f(\varphi)=\omega$$

这里 ω 是零变换，那么多项式 $f(\lambda)$ 以线性变换 φ 为根.

考虑到线性变换的运算与矩阵运算之间的联系，读者不难证明，线性变换 φ 的最小多项式是唯一确定的，以变换 φ 为根，首项系数为 1 的次数最低的多项式. 因此，上面得到的结果，特别是哈密尔顿－凯莱定理，可以用线性变换的说法来陈述.

第14章 群

§63 群的定义和例子

环和域在前面各章中起了重要作用,它们是具有两种独立运算——加法和乘法的代数体系.但在各个数学分支及其应用中常常遇到只定义有一种代数运算的代数体系.到目前为止,本书中已经出现的例子有 n 阶置换的集合(参看 §3),它只有一种运算——乘法.另外,在向量空间的定义里面(§8)只有向量的加法的定义,而没有向量乘法的定义(注意,向量和数的乘法不适合 §44 中所给的代数运算的定义).

只有一个运算的代数体系的重要类型是群.这个概念的应用范围非常广泛,为一支内容丰富的独立学科——群论的对象.本章可视为群论的导引——这里先叙述一下每个数学家都必须知道的一些群论的初步知识,而本章末尾有一个非初等的定理.

和通常在群的一般理论中一样,约定把所研究的这种代数运算叫作乘法,且用相应的符号来记它.我们还记得(参考 §44)代数运算永远假定为可以进行的和单值的——对于集合中任何两个元素 a 和 b,乘积 ab 存在而且是这个集合中确定的元素.

群是指这样的集合 G，它有一个可群（但不一定可易）的代数运算，同时逆运算也存在.

由于群的运算可能不可易，逆运算的可行性意味着：对于 G 中任意两个元素 a 和 b，在 G 中有唯一确定的元素 x 和唯一确定的元素 y 存在，使得

$$ax=b, ya=b$$

如果群 G 只含有有限个元素，那么把它叫作有限群，而其元素的个数叫作群的阶. 如果群 G 中所确定的运算是可易的，那么把群 G 叫作可易群或阿贝尔群.

从群的定义可得出一些简单的推论. 基于 §44 中的讨论可以断定，由于可群律成立，群里面任何有限个元素在确定顺序下的（因为群的运算可能是不可易的）乘积是唯一确定的.

现在来讲由于逆运算的存在而导出的一些结果.

设给出了群 G 中任意元素 a. 由群的定义推知，在群 G 中有唯一确定的元素 e_a 存在，使得 $ae_a=a$；故用它右乘元素 a 时，它有幺元素的作用. 如果 b 是群 G 中另外任一元素，且 y 是群中适合 $ya=b$ 的元素（由群的定义，它是存在的），那么可得出

$$b=ya=y(ae_a)=(ya)e_a=be_a$$

于是，元素 e_a 不只是对于原来的元素 a，而是对于群 G 中所有元素都有右幺元素的作用；所以我们用 e' 来记它. 由逆运算的唯一性推知，这个元素是唯一的.

同样的方法可以证明，群 G 中有唯一的元素 e'' 存在，对于 G 中所有元素 a 都有 $e''a=a$. 事实上，元素 e' 和 e'' 是同一个元素，因为等式 $e''e'=e''$ 和 $e''e'=e'$ 推出 $e'=e''$. 这就证明了，在每一个群 G 中都有唯一确定的元素 e 存在，满足条件

$$ae=ea=a$$

其中 a 为 G 的任何一个元素. 这个元素 e 称为群 G 的幺元素，并且和平常一样用符号 1 来记它.

再由群的定义推知，对于给定元素 a 有唯一的这种元素 a' 和 a'' 存在，使得

$$aa'=1, a''a=1$$

实际上，元素 a'' 和 a' 是相同的：由等式

$$a''aa'=a''(aa')=a''\cdot 1=a''$$

$$a''aa'=(a''a)a'=1\cdot a'=a'$$

得出 $a''=a'$. 这个元素称为 a 的逆元素，且记为 a^{-1}，也就是

$$aa^{-1}=a^{-1}a=1$$

这样一来，群的每一个元素都有唯一确定的逆元素.

由上一等式推知元素 a^{-1} 的逆元素就是元素 a. 易知，几个元素乘积的逆元素是它们的逆元素按相反次序相乘而得的积

$$(a_1a_2\cdots a_{n-1}a_n)^{-1}=a_n^{-1}a_{n-1}^{-1}\cdots a_2^{-1}a_1^{-1}$$

显然,幺元素的逆元素就是它自己.

若给定有一种运算的集合,要检验它是否为群,比较简单的办法是,把群的定义中可施行逆运算的条件换为下面的假设:有幺元素和逆元素存在,而且只是一边的(例如右边的),且不假定它们是唯一的. 这可由下述定理推出:

有一个可群运算的集合G是一个群,如果G中至少有一个元素e存在,对于G中任意元素a都有

$$ae=a$$

而且在这些右幺元素中至少有一个这样的元素e_0存在,使得G中任一元素a都至少有一个右逆元素a^{-1}

$$aa^{-1}=e_0$$

证明如下:

设a^{-1}为元素a的一个右逆元素,那么

$$aa^{-1}=e_0=e_0e_0=e_0aa^{-1}$$

即$aa^{-1}=e_0aa^{-1}$. 用a^{-1}的右逆元素同乘等式两边,我们得出$ae_0=e_0ae_0$;又因e_0是G的右幺元素,故有$a=e_0a$. 这样,元素e_0亦是G的一个左幺元素. 现在设e_1是任何一个右幺元素,e_2是任何一个左幺元素,那么,由等式

$$e_2e_1=e_1 \text{ 和 } e_2e_1=e_2$$

得$e_1=e_2$,就是任何一个右幺元素等于任何一个左幺元素. 这就证明了集合G中有唯一的幺元素存在,同上面一样用1来记它

$$a^{-1}=a^{-1}\cdot 1=a^{-1}\cdot a\cdot a^{-1}$$

也就是$a^{-1}=a^{-1}\cdot aa^{-1}$,其中$a^{-1}$是$a$的一个右逆元素. 用$a^{-1}$的右逆元素右乘等式两边后得出$1=a^{-1}a$,即元素$a^{-1}$也是$a$的一个左逆元素. 现在如果$a_1^{-1}$是$a$的任一右逆元素,$a_2^{-1}$是它的任一左逆元素,那么由等式

$$a_2^{-1}aa_1^{-1}=(a_2^{-1}a)a_1^{-1}=a_1^{-1}$$

$$a_2^{-1}aa_1^{-1}=a_2^{-1}(aa_1^{-1})=a_1^{-1}$$

得$a_2^{-1}=a_1^{-1}$,也就是对于G中任一元素a,都有唯一的逆元素存在.

现在很容易证明集合G是一个群. 实际上,方程$ax=b$和$ya=b$显然可为元素

$$x=a^{-1}b,y=ba^{-1}$$

所适合. 其唯一性可以这样推得:例如,设$ax_1=ax_2$,那么用a^{-1}来左乘这一等式的两边则得$x_1=x_2$. 定理就证明了.

我们已经几次碰到同构的概念 —— 环、线性空间、欧几里得空间的同构. 对群也可以定义这一概念,并且它在群的理论中也起着重大的作用,和在环的理论中一样. 如果群G和G'之间可以确定这样的一一对应,使得对于G中任意

元素 a 与 b，有 G' 中的元素 a' 与 b'，同它们对应，而乘积 ab 正好对应于乘积 $a'b'$，这样的两个群叫作同构的. 像 § 46 中所证明的一样(那里是对环中的零元素和负元素)，可以证明，对于群 G 和 G' 间的同构对应，群 G 的幺元素对应于群 G' 的幺元素，且若 G 中元素 a 对应于 G' 中元素 a'，那么，元素 a^{-1} 对应于元素 a'^{-1}.

在讲群的例子之前，先指出下面的记法：如果群 G 的运算是加法，就把它的幺元素称为零元素并记之为 0，同时，逆元素改称为负元素，且用 $-a$ 来记它.

作为群的第一个例子，我们指出，对于加法，每一个环(特别情形，域)都能成群，而且是阿贝尔群；这个群叫作环的加法群. 这一注解直接给出群的大量的具体例子. 其中有整数加法群、偶数加法群、有理数加法群、实数加法群和复数加法群等. 注意，整数加法群和偶数加法群是彼此同构的，虽然第二个群只是第一个的一部分：使整数 k 对应于偶数 $2k$ 是一个一一对应，容易验证，它是第一个群和第二个群间的一个同构对应.

对于乘法，没有一个环能够成群，因为逆运算 —— 除法不是一定能施行的. 即使换任意环为域，情况也是一样，因为在域里面，除法仍然不能对零施行. 但可讨论域中不为零的元素的全体. 因为域中没有真零因子，也就是任何两个不为零的元素的乘积仍不为零，所以乘法对于所讨论的集合是一种代数运算，它是可群和可易的，而且除法常可施行而不至于越出这个集合. 这样一来，任一域中全部不为零的元素的集合构成一个阿贝尔群；这个群叫作域的乘法群. 例如，有理数乘法群、实数乘法群、复数乘法群等.

显然，所有正实数组成乘法群. 这个群同构于所有实数的加法群：对任意正数 a，用实数 $\ln a$ 和它对应，我们就得到两个群的一一对应. 由等式

$$\ln(a \cdot b) = \ln a + \ln b$$

便知这是同构对应.

我们再取复数域中 n 次单位根的全体，在 § 19 中曾证明两个 n 次单位根的乘积和 n 次单位根的倒数都仍然属于所讨论的集合. 因为 1 显然也属于这一集合，同时，任何复数的乘积是可易的和可群的，因而我们看出，n 次单位根组成阿贝尔群，同时是有限的，阶数为 n. 这样，对于任何自然数 n，都存在 n 阶有限群.

n 次单位根的乘法群同构于 § 45 中给出的环 Z_n 的加法群. 实际上，如果 ε 是 n 次原单位根，那么第一个群的所有元素可以写成 $\varepsilon^k (k = 0, 1, \cdots, n-1)$. 如果用环 Z_n 的元素 C_k，也就是用那些被 n 除时余 k 的整数所构成的类，使它和 ε^k 对应，那么得到所讨论的两个群间的一个同构对应：如果 $0 \leqslant k \leqslant n-1$，$0 \leqslant l \leqslant n-1$ 和 $k + l = nq + r$，这里 $0 \leqslant r \leqslant n-1$，而 q 为 0 或 1，那么 $\varepsilon^k \cdot \varepsilon^l = \varepsilon^r$，同时 $C_k + C_l = C_r$.

现在可举出几个不成群的数集合的例子.所有整数的集合对于乘法不能成群,所有奇数的集合对于加法不能成群,所有正实数的集合对于加法不能成群,所有负实数的集合对于加法不能成群.验证这些论断毫无困难.

自然,上面所讨论的全部数群都是阿贝尔群.线性空间是不由数构成阿贝尔群的例子:从它的定义(参考 §27,§29)推出:任意域 P 上的所有线性空间是对于加法的阿贝尔群.

现在讨论不可易群的例子.

域 P 上所有 n 阶矩阵的集合,对于乘法运算不是群,因为存在逆运算的要求破坏了.然而,如果我们只限于满秩矩阵,那么我们就得到了群.实际上,这里已经知道两个满秩矩阵的乘积是满秩的,幺矩阵是满秩的,任何满秩矩阵有逆矩阵而且是满秩的.最后,可群律对于矩阵成立,特别地,对于满秩矩阵也成立.因此可以说,域 P 上 n 阶满秩矩阵对于矩阵乘法构成群,这个群在 $n\geqslant 2$ 时是不可易群.

在 §3 中引进的置换的乘法使我们得到不可易有限群的例子.我们知道,在所有 n 级置换的集合中,乘法是一个代数运算,而且是可群的,虽然 $n\geqslant 3$ 时不可易.幺置换 E 是这个集合的幺元素,并且所有置换都有逆置换.这样一来,n 级置换的集合对于乘法构成有限群,阶数是 $n!$,这个群叫作 n 级对称群,它在 $n\geqslant 3$ 时是不可易的.

现在不谈所有的 n 级置换,而只来讨论 n 级偶置换,它是由 $\frac{1}{2}n!$ 个元素组成的.利用 §3 中所证明的定理,即分解偶置换为对换的乘积时,在乘积中所出现的对换的个数永远为一个偶数,我们得出,两个偶置换的乘积仍是一个偶置换;事实上,在把 A 和 B 的对应的分解式,一个接一个地写出后,我们得到了把 AB 写为对换乘积的表示式.而且,我们已经知道置换的乘法可群和幺置换是偶置换.最后,置换 A 的逆置换 A^{-1} 是偶置换,因为由对调上下行的方法就可从一个得出另一个,也就是说,它们包含相同的逆序.这样一来,n 级偶置换的集合对于乘法构成 $\frac{1}{2}n!$ 阶有限群.这个群叫作 n 级交代群.容易验证,在 $n\geqslant 4$ 时它不可易,虽然 $n=3$ 时是可易的.

对称群和交代群在有限群中以及在伽罗瓦理论中有很大作用.我们指出,不可能用所有奇置换来对乘法像交代群那样构成群,因为两个奇置换的乘积永远是个偶置换.

在几何的各分支中有各种群的许多例子.我们指出最简单的一个例子来:一个球围绕它的球心的所有旋转,若把连接两个旋转所得的结果作为旋转的乘积,就得出一个不可易群的例子.

§64 子　群

群 G 的子集合 A，如果也是对于在 G 中确定的运算的群，叫作群 G 的子群.

检验群 G 的子集合 A 是不是它的子群时只需检查：①A 中任意两个元素的乘积是否包含在 A 中；②A 中元素的逆元素是否包含在 A 中. 从 ① 和 ② 推出，群 G 的幺元素属于 A.

在上一节中指出的群很多就是在同一节中指出的另一些群的子群. 偶数加法群是所有整数加法群的子群. 而后一个群又是有理数加法群的子群. 所有这些群，以及一般数的加法群，是复数加法群的子群. 正实数乘法群是所有非零实数乘法群的子群. n 级交代群是 n 级对称群的子群.

应该强调，子群定义中对于群 G 的子集合 A 的要求 —— 对于确定在群 G 中的运算形成群 —— 是很重要的. 例如，正实数乘法群不是全体实数加法群的子群. 虽然第一个群作为子集合包含在第二个集合之内.

设在群 G 中取子群 A 和 B，那么，他们的交 $A \cap B$，即是既在 A 中，又在 B 中的元素的全体，也是群 G 的子群.

实际上，如果在交 $A \cap B$ 中包含元素 x 和 y，那么，它们也在群 A 中，因此，x 和 y 的乘积 xy 及逆元素 x^{-1} 都属于 A. 同样，元素 xy 和 x^{-1} 属于子群 B. 因此，它们也在 $A \cap B$ 中.

容易看出，这个结论不仅对于两个子群是正确的，而且对任意多个子群也是正确的. 甚至对无穷多个也正确.

群 G 的由一个元素 1 组成的子集合显然是这个群的子群；这个子群包含在其他任何子群中，叫作群 G 的幺子群. 另外，群 G 本身也是它的一个子群.

所谓循环子群是子群的一个有趣的例子. 我们首先引进群 G 的元素 a 的阶的概念. 如果 n 是任何自然数，那么 n 个等于 a 的元素的乘积，叫作 a 的 n 次幂，并且记为 a^n. 元素 a 的负数乘幂，既可以定义为这个元素正乘幂的逆元素，也可以定义为几个等于 a^{-1} 的元素的乘积. 实际上这两个定义是相同的

$$(a^n)^{-1} = (a^{-1})^n, n > 0 \tag{1}$$

为了证明，只需取 $2n$ 个因子的乘积，其中 n 个等于 a，其余的等于 a^{-1}，再加以化简. 用 a^{-n} 记既等于等式(1) 左边又等于其右边的元素. 最后约定，把元素 a 的零次幂 a^0 理解为元素 1.

我们注意，如果群 G 中的运算叫作加法，那么，不说元素 a 的乘幂，而说成是元素 a 的倍数，并记为 ka.

不难验证，任何群 G 中，对任意元素 a 和任意指数 m 和 n(m，n 可以为正、负

整数或零）有下列等式成立

$$a^n \cdot a^m = a^m \cdot a^n = a^{m+n} \tag{2}$$

$$(a^n)^m = a^{nm} \tag{3}$$

我们用$\{a\}$表示群G的这种子集合，它的元素是a的所有乘幂；元素a本身是自己的一次幂，因而也包含在其中. 子集合$\{a\}$是群G的子群：由等式(2)，$\{a\}$中元素的乘积在$\{a\}$中，元素1等于a^0也在$\{a\}$中. 最后，包含在$\{a\}$中的元素的逆元素也在$\{a\}$中，这是因为，由等式(3)可以推出

$$(a^n)^{-1} = a^{-n}$$

子群$\{a\}$叫作群G的由元素a产生的循环子群. 等式(2)表明，它永远是可易的，甚至在群G本身不可易时也是这样.

要注意，上面完全没有断定元素a的各个乘幂是群的不同的元素，如果实际上是这样，那么a叫作无穷阶元素. 假设元素a的乘幂中有相等的，比方说$a^k = a^l$，这里$k \neq l$. 在有限群的情形，永远是这样，但在无限群中也可能发生这种情形. 如果$k > l$，那么

$$a^{k-l} = 1$$

也就是说，存在a的正数次幂等于1. 设n是使$a^n = 1$的最小正数，也就是说

(1)$a^n = 1, n > 0$.

(2) 如果$a^k = 1, k > 0$，那么$k \geqslant n$.

在这种情形下说a是有限阶元素，而阶数是n.

如果元素a有着有限的阶数n，那么容易看出，所有元素

$$1, a, a^2, \cdots, a^{n-1} \tag{4}$$

是不同的. 元素a的所有其他乘幂（正的或负的）都等于组(4)中的某一元素. 实际上，如果k是任意整数，用n去除k得到

$$k = nq + r, 0 \leqslant r < n$$

由等式(2)和(3)可知

$$a^k = (a^n)^q \cdot a^r = a^r \tag{5}$$

由此推出，如果元素a有着有限阶数n和$a^k = 1$，那么k可以用n整除. 另外，因为

$$-1 = n(-1) + (n-1)$$

所以，对于n阶元素a，有

$$a^{-1} = a^{n-1}$$

因为组(4)包含n个元素，从上述结果得出，对于有限阶元素a，其阶数n和循环群$\{a\}$的阶数（即其元素的个数）相同.

最后，我们注意，任何群有一个唯一的一阶元素 —— 就是元素1，循环群$\{1\}$显然和幺子群相同.

循环群 如果群G由其一个元素a的乘幂组成，那么称为循环群. 就是说，它和它的某个循环子群$\{a\}$相同；在这种情形下，元素a叫作群G的构成元素. 任何循环群显然都是阿贝尔群.

无穷循环群的例子是整数加法群——任何整数是数1的倍数，就是说，它是所讨论的群的构成元素；数-1也可以作为构成元素.

n阶有限循环群的例子是n次单位根的乘法群——在§19已经说明，所有这些根都是它的任一原单位根的乘幂.

下述定理表明，这些例子实质上给出了全部循环群.

所有无限循环群彼此同构；所有n阶有限循环群也彼此同构.

实际上，以a为构成元素的无限循环群可以和整数加法群相互一一对应，只要把它的元素a^k和数k对应；这个映射是同构的，因为按等式(2)，元素a的乘幂连乘时指数相加. 如果给了以a为构成元素的n阶有限循环群G，有ε表示n次原单位根，并且让群G的任意元素$a^k(0\leqslant k<n)$和数ε^k对应. 这是群G和n次单位根乘法群的一一对应，由等式(2)和(5)推出，它是同构对应.

这个定理使我们可以直接提出无限循环群或n阶循环群的说法.

我们现在来证明下面的定理.

循环群的任何子群是循环群.

事实上，设$G=\{a\}$是以a为构成元素的循环群，有限的或无限的，且设A是群G的子群. 可以认为A不是幺子群，因为否则可以不必证明了. 假定a^k是包含在A中的元素a的最小正乘幂；这样的元素是存在的，因为如果A中含有异于1的元素a^{-s}，$s>0$，那么也包含了其逆元素a^s. 我们假定，A中也包含元素a^l，$l\neq 0$，同时l不能被k整除. 这时，若$d>0$是k和l的公因数，则存在这样的整数u和v，使得

$$ku+lv=d$$

因此，子群A中包含元素

$$(a^k)^u\cdot(a^l)^v=a^d$$

在我们的假定下$d<k$，于是得到和元素a^k的选法相矛盾的结果. 这证明：$A=\{a^k\}$.

群按子群的展开 设在群G中取子集合M和N，那么这些子集合的乘积MN理解为群G的那些元素的全体，它们至少可用一种方式表示为M中某元素和N中某元素的乘积. 从群的运算的可群性推知，群的子集合的乘法有可群性，即

$$(MN)P=M(NP)$$

显然，集合M，N之一可以只由一个元素a组成，这时得到元素和集合的乘积aN或集合与元素的乘积Ma.

假定群G中给出了任意子群A.若x是G的任一元素,那么乘积xA叫作群G对子群A的由元素x产生的左陪集.显然,元素x含于陪集xA中.因为子群A包含幺元素,而$x \cdot 1 = x$.

每个左陪集可用它自己的任何元素产生,也就是说,如果元素y包含在左陪集xA中,那么

$$yA = xA \tag{6}$$

事实上,y可以表示为形式

$$y = xa$$

其中a是子群A的元素,因此对于A中任意元素a'和a'',有

$$ya' = x(aa')$$
$$xa'' = y(a^{-1}a'')$$

由此证明了等式(6).

由此推知,群G的两个对子群A的任意左陪集或者完全相同,或者没有任何公共元素.事实上,若陪集xA和yA包含公共元素z,那么

$$xA = zA = yA$$

这样一来,整个群G可分解为子群A的互不相交的左陪集.这个分解式叫作群G按子群A的左展开式.

我们注意,子群A本身是这个分解式中的左陪集之一,这个左陪集由元素1产生,或者更一般地说,由A中任意元素a产生.因为

$$aA = A$$

显然,把乘积Ax叫作群G对子群A由元素x产生的右陪集,我们就类似地得到群G按子群A的右展开式.对于阿贝尔群,它按任意子群的两个展开式——左和右的,显然互相重合,即可以简单地说成群按子群的展开式.

例如,整数加法群对数k的倍数构成的子群的展开式由k个不同的陪集构成,它们分别由数$0,1,2,\cdots,k-1$产生.这时,由数l产生的陪集($0 \leqslant l \leqslant k-1$)包含所有那些以$k$除余$l$的数.

在不可易群的情形下,群对某个子群的左、右展开式可以是不同的.

例如,我们研究三级对称群S_3,根据§3,我们将用循环置换来记它的元素.取元素(12)的循环群作为子群A,它由幺置换和置换(12)本身组成.这里的左陪集是:由置换(13)和(132)组成的(13)A和由置换(23)和(123)组成的(23)A.另外,S_3对子群A的右陪集是:子群A本身,由置换(13)和(123)组成的A(13)和由置换(23)和(132)组成的A(23),我们看到,在所讨论的这种情形,右展开式和左展开式不同.

在有限群的情形,群对其子群的展开式的存在引出下面的重要定理:

拉格朗日定理 在任何有限群中,任意子群的阶是群本身的阶的因子.

事实上，设 n 阶有限群 G 中给出了 k 阶子群 A. 我们研究群 G 按子群 A 的左展开式. 设它由 j 个陪集组成；数 j 叫作子群 A 在群 G 中的指数. 每个左陪集 xA 由 k 个元素组成，因为，如果

$$xa_1 = xa_2$$

其中 a_1 和 a_2 是 A 中的元素，那么 $a_1 = a_2$. 这样一来

$$n = kj \tag{7}$$

这就是所要证明的.

因为元素的阶和它所产生的循环子群的阶相同，所以由拉格朗日定理推得，有限群的任意元素的阶是群的阶的因子.

由拉格朗日定理还可推出，阶为质数的任何有限群是循环的. 事实上，这个群应该和它的任意异于幺元素的元素所产生的循环子群相重合. 由此，据上面对循环群的讨论，可知对于任意质数 p，存在唯一的 p 阶有限群，不过要把同构的群算作是同一个.

§65　正规因子，商群，同态

群 G 的正规因子(或不变子群)是指这样的子群 A，群 G 按 A 的左右展开式互相重合.

这样一来，阿贝尔群的任何子群是它的正规因子. 另外，在任意群 G 中，幺子群和这个群本身都是正规因子：群 G 按幺子群的两个展开式等于把群 G 展为各个不同元素的展开式，群 G 按他自己的两个展开式由同一个陪集 G 组成.

现在对不可易群的正规因子讲些更有趣的例子：在三级对称群 S_3 中，由幺置换和置换(123) 和(132) 组成的元素(123) 的循环子群是正规因子：在群 S_3 按这个子群的两个展开式中，第二个陪集由置换(12)，(13) 和(23) 组成.

一般的，在 n 级对称群 S_n 中，n 级交代群 A_n 是正规因子. 实际上，群 A_n 的阶数为 $\frac{n!}{2}$，因此群 S_n 按 A_n 的任何陪集，应该也由 $\frac{n!}{2}$ 个元素组成，所以，这种陪集除 A_n 本身以外只有一个，即全部奇置换的集合.

元素在域 P 中的 n 阶满秩矩阵的乘法群中，行列式为 1 的矩阵显然构成子群，这也是正规因子. 因为按这个子群由矩阵 $\boldsymbol{M}$ 产生的左和右陪集同是所有行列式等于 $|\boldsymbol{M}|$ (这里 $|\boldsymbol{M}|$ 指 $\boldsymbol{M}$ 的行列式) 的那些矩阵形成的集合 —— 只要回忆一下矩阵乘积的行列式等于其因子的行列式的乘积.

上面引进的正规因子的定义可以说成这样：

群 G 的这种子群 A 叫作它的正规因子，对 G 中任意元素 x 有

$$xA = Ax \tag{1}$$

也就是说,对于 G 中所有元素 x 和 A 中元素 a 可以在 A 中选出这样的 a' 和 a'',使得

$$xa = a'x, ax = xa'' \tag{2}$$

还可以提出正规因子的另外的等价定义,举例说,我们称群 G 中元素 a 和 b 是共轭的,如果在 G 中至少存在一个这样的元素 x,使得

$$b = x^{-1}ax \tag{3}$$

也就是如通常所说,元素 b 是 a 经 x 变来的. 显然,由式(3) 可推出等式

$$a = xbx^{-1} = (x^{-1})^{-1}bx^{-1}$$

群 G 的子群 A 是正规因子的必要充分条件是:A 的每个元素 a 在 G 中的所有共轭元素,都跟 a 一起包含在 A 中.

事实上,如果 A 是 G 的正规因子,那么,按式(2),对于 A 中所选定的元素 a 和 G 中的任意元素 x,可以在 A 中选出这样的元素 a'' 使

$$ax = xa''$$

由此

$$x^{-1}ax = a''$$

也就是说,共轭于 a 的任何元素都包含在 A 中. 反之,如果子群 A 包含了它的每个元素 a 的全部共轭元素,那么在 A 中也包含了元素

$$x^{-1}ax = a''$$

由此可推出等式(2) 中的第二个. 按同样的理由,在 A 中也包含了元素

$$(x^{-1})^{-1}ax^{-1} = xax^{-1} = a'$$

由此推出等式(2) 的第一个等式.

用这些结果容易证明,群 G 的任意一些正规因子的交也是它的正规因子. 事实上,若 A 和 B 是群 G 的正规因子,那么,如前一节中所表明,交 $A \cap B$ 是群 G 的子群. 设 c 是 $A \cap B$ 的任意元素,x 是 G 的任意元素,这时 $x^{-1}cx$ 应该既含在 A 中,又含在 B 中,因为这两个正规因子都包含元素 c. 由此推知,元素 $x^{-1}cx$ 在交 $A \cap B$ 中.

商群 正规因子这一概念的意义在于,可以从群对正规因子的陪集(由式(1),在这种情况下,不必区别左右陪集)按某种非常自然的方法作出新的群.

首先注意,如果 A 是群 G 的任意子群,那么

$$AA = A \tag{4}$$

因为 A 中任意两个元素的乘积属于 A,那么幺元素乘 A 中各元素,就已经得到整个子群 A.

现在设 A 是群 G 的正规因子. 这时,G 的任意两个对 A 的陪集的乘积(在群的子集合的乘积的意义下)本身是对 A 的陪集. 事实上,利用群的子集合的乘

积的可群性以及等式(4) 和等式

$$yA = Ay$$

(参看式(1)),对于群 G 的任意元素 x 和 y,我们有

$$xA \cdot yA = xyAA = xyA \tag{5}$$

等式(5) 说明,为了求出群 G 对正规因子 A 的两个给定陪集的乘积,只要在这两个陪集中各取任一代表元素(记住,所有陪集可由其任意元素产生),且找出含这两个代表元素的乘积的那个陪集,它就是所求的乘积.

这样一来,在群 G 对正规因子 A 的所有陪集的集合中定义了乘法运算.我们证明,群的定义中所提出的要求都被满足.事实上,陪集乘法的可群性由群的子集合的乘法的可群性推出.正规因子 A 本身起幺元素的作用,它是 G 按 A 的展开式的陪集之一:而由式(4) 和(1),对 G 中任意 x,有

$$xA \cdot A = xA, A \cdot xA = xAA = xA$$

最后,陪集 xA 的逆陪集是 $x^{-1}A$,因为

$$xA \cdot x^{-1}A = 1 \cdot A = A$$

这样作出的群叫作群 G 对正规因子 A 的商群,并记为$\dfrac{G}{A}$.

我们看到,伴随每一个群都有一组新的群 —— 群 G 对不同正规因子所得出的商群.同时可以看出,群 G 对幺子群的商群显然同构于群 G 本身.

阿贝尔群 G 的任何商群$\dfrac{G}{A}$ 本身也是阿贝尔群.因为由 $xA = Ax$ 推出

$$xA \cdot yA = xyA = yxA = yA \cdot xA$$

循环群 G 的一切商群$\dfrac{G}{A}$ 本身也是循环群.因为如果 G 由元素 g 产生,$G = \{g\}$,且设给出了任意陪集 xA,那么就存在这样的整数 k,使得

$$x = g^k$$

因此

$$xA = (gA)^k$$

有限群 G 的各个商群$\dfrac{G}{A}$ 的阶是这个群本身的阶的因子.实际上,商群$\dfrac{G}{A}$ 的阶等于正规因子 A 在群 G 中的指数,因此可以引用上一节的等式(7).

现在引进某些商群的例子.因为在上一节已表明,整数加法群中,自然数 k 的倍数这一子群有指数 k,所以它对这个子群的商群是 k 阶有限群,同时是循环的,因为整数加法群本身是循环的.

n 级对称群 S_n 对 n 级交代群 A_n 的商群是 2 阶群,同时,因 2 是质数,它还是循环群(参看上节末尾).

上面讨论了元素在域 P 中的 n 阶满秩矩阵的乘法群对行列式为 1 的矩阵所

组成的正规因子的陪集.从这些讨论推出,对应的商群同构于域 P 中不为零的数的乘法群.

同态　正规因子和商群的概念对于下面的同构概念的推广有着密切的关系.

使群 G 中各个元素 a 对应于 G' 中唯一确定的元素 $a'=a\varphi$ 的映象叫作 G 在 G' 上的同态映象(或者简称为同态),如果 G' 中每个元素 a' 是 G 中某元素 a 在这个映象下的象:$a'=a\varphi$,且对群 G 中任意元素 a 和 b 有

$$(ab)\varphi=a\varphi\cdot b\varphi$$

显然,加上映射 φ 是一一对应的要求后就回到早已熟悉的同构的定义.

如果 φ 是群 G 在 G' 上的同态映象,且设 1 和 a 分别是群 G 的幺元素和任意元素,$1'$ 是 G' 的幺元素,那么

$$1\varphi=1'$$

$$(a^{-1})\varphi=(a\varphi)^{-1}$$

实际上,如果 $1\varphi=e'$,且 x' 是群 G' 的任意元素,那么,在 G 中有这样的元素 x,使 $x\varphi=x'$,由此

$$x'=x\varphi=(x\cdot 1)\varphi=x\varphi\cdot 1\varphi=x'\cdot e'$$

同样

$$x'=e'x'$$

因而有 $e'=1'$.

如果 $(a^{-1})\varphi=b'$,那么

$$1'=1\varphi=(aa^{-1})\varphi=a\varphi\cdot(a^{-1})\varphi=a\varphi\cdot b'$$

完全类似地有

$$1'=b'\cdot a\varphi$$

由此

$$b'=(a\varphi)^{-1}$$

群 G 在群 G' 上的同态映象 φ 的核,是指群 G 中这样的一些元素的全部,这些元素在 φ 的映象下映为群 G' 中的幺元素 $1'$.

群 G 的任意同态映象 φ 的核是群 G 的正规因子.

实际上,若群 G 的元素 a 和 b 在同态 φ 的核中,即

$$a\varphi=b\varphi=1'$$

那么

$$(ab)\varphi=a\varphi\cdot b\varphi=1'\cdot 1'=1'$$

就是说,乘积 ab 也包含在同态 φ 的核中.另外,若 $a\varphi=1'$,则

$$(a^{-1})\varphi=(a\varphi)^{-1}=(1')^{-1}=1'$$

即 a^{-1} 也在同态 φ 的核中.最后,如果 $a\varphi=1'$,而 x 是群 G 的任意元素,那么

$$(x^{-1}ax)\varphi=(x^{-1})\varphi\cdot a\varphi\cdot x\varphi=(x\varphi)^{-1}\cdot 1'\cdot x\varphi=1'$$

所讨论的同态的核是群 G 的子群，且这个子群含有其任意元素的所有共轭元素：因而，它是正规因子.

现设 A 是群 G 的任意正规因子. 让群 G 的任意元素 x 和包含它的那个正规因子 A 的陪集 xA 对应，我们得到群 G 在商群 $\frac{G}{A}$ 上的映象. 从群 $\frac{G}{A}$ 中乘积的定义(参看式(5)) 推出，这个映象是同态的.

这样得到的同态叫作群 G 在商群 $\frac{G}{A}$ 上的自然同态. 其核显然是正规因子 A 本身.

由此推知，群 G 的正规因子，而且只有他们才是这个群的同态的核. 这个结论可以作为正规因子的又一定义.

一切可以和群 G 同态的群，实质上就是这个群的所有商群，而群 G 的一切同态是它在它的商群上的自然同态. 更确切地有下述定理：

同态定理 设已给出了群 G 在群 G' 上的同态 φ，且设 A 是这个同态的核，这时群 G' 同构于商群 $\frac{G}{A}$，同时，存在群 G' 在商群 $\frac{G}{A}$ 上的这样的同构映象 σ，使得依次完成 φ 和 σ 的结果与 G 在商群 $\frac{G}{A}$ 上的自然同态相同.

事实上，设 x' 是群 G' 的任意元素，而 x 是群 G 中满足 $x\varphi=x'$ 的元素. 因为对于核 A 中任意元素 a，同态 φ 使等式 $a\varphi=1'$ 成立，所以

$$(xa)\varphi=x\varphi\cdot a\varphi=x'\cdot 1'=x'$$

即陪集 xA 的每一个元素被 φ 映射到元素 x' 上.

另外，如果 z 是群 G 中使 $z\varphi=x'$ 的任意元素，那么

$$(x^{-1}z)\varphi=x^{-1}\varphi\cdot z\varphi=(x\varphi)^{-1}\cdot z\varphi=x'^{-1}\cdot x'=1'$$

即，$x^{-1}z$ 仍然在同态映象 φ 的核 A 中. 如果我们认为 $x^{-1}z=a$，那么 $z=xa$，就是说元素 z 包含在陪集 xA 中，这样，选出群 G 中的所有那些元素，它们被同态 φ 映射为群 G' 的确定元素 x'，恰好得到陪集 xA.

映象 σ 使 G' 中每一个元素 x' 对应于群 G 对正规因子 A 的那个陪集，它是由群 G 中所有被 φ 映射成 x' 的那些元素所组成的，σ 是群 G' 在群 $\frac{G}{A}$ 上的一一映象. 这个映象 σ 也是同构映象. 因为如果

$$x'\sigma=xA,\ y'\sigma=yA$$

即若

$$x\varphi=x',\ y\varphi=y'$$

则

$$(xy)\varphi = x\varphi \cdot y\varphi = x'y'$$

那么

$$(x'y')\sigma = xyA = xA \cdot yA = x'\sigma \cdot y'\sigma$$

最后,如果 x 是 G 中任意元素,且 $x\varphi = x'$,那么

$$(x\varphi)\sigma = x'\sigma = xA$$

即依次完成同态映象 φ 和同构映象 σ 后,实际上把元素 x 映射到由它产生的陪集 xA,定理得到证明.

§66　阿贝尔群的直接和

我们想讲一个抽象群的定理来结束本章,它比上述群的初等性质更加深刻一些.这就是,依据 §64 中对循环群的讨论,在下一节得出有限阿贝尔群的完整的描述.

在阿贝尔群的理论中,群的运算通常用加法:我们将说到关于群的元素 a 及 b 的和 $a+b$,关于零子群 0,关于某个元素 a 的倍数 ka 等.

这一节中我们研究一个结构,我们将只对阿贝尔群来叙述它,虽然它可以立即对任意群(即不一定是可易的)引进.下面的例子暗示了这个结构.作为二维实线性空间看待的平面是对于向量加法的阿贝尔群.在这个平面上,通过坐标原点的任何直线是它的子群.设 A_1 和 A_2 是两条不同的这种直线,那么,如我们所知,平面上由坐标原点引出的每一个向量可唯一地表示成它在直线 A_1 和 A_2 上的射影之和的形式.同样,三维线性空间的每一个向量可唯一地记为三个分别在直线 A_1, A_2, A_3 上的向量之和的形式,只要假定这些直线不在同一平面内.

若阿贝尔群 G 的每个元素 x 可以唯一地记为元素 $a_1, a_2, \cdots, a_k$ 之和的形式,而这些元素分别取自子群 $A_1, A_2, \cdots, A_k$,即

$$x = a_1 + a_2 + \cdots + a_k \tag{1}$$

则把群 G 叫作它的子群 $A_1, A_2, \cdots, A_k$ 的直接和,记为

$$G = A_1 + A_2 + \cdots + A_k \tag{2}$$

记法(2)叫作群 G 的直接分解式,子群 $A_i(i=1,2,\cdots,k)$ 叫作这个分解式的直接被加项,而式(1)中元素 a_i 叫作元素 x 在分解式(2)中的直接被加项 A_i 上的分量$(i=1,2,\cdots,k)$.

如果给出了群 G 的直接分解式(2),而且这个分解式的所有或部分直接被加项 A_i 本身又被分解为直接和

$$A_i = A_{i1} + A_{i2} + \cdots + A_{ik_i}, k_i \geqslant 1 \tag{3}$$

那么,群 G 就是它的全部子群

$$A_{ij},j=1,2,\cdots,k_i,i=1,2,\cdots,k$$

的直接和.

实际上,群 G 的任意元素 x 有对于直接分解式(2)的记法(1),而每一分量 $a_i(i=1,2,\cdots,k)$ 有对于群 A_i 的直接分解式(3)的记法

$$a_i=a_{i1}+a_{i2}+\cdots+a_{ik} \tag{4}$$

显然,x 将为所有元素 $a_{ij}(j=1,2,\cdots,k_i,i=1,2,\cdots,k)$ 的和.这个记法的唯一性可以这样推出,取元素 x 的任意一种记法,其形式为在子群 A_{ij} 中各取一个元素的和,将属于同一子群 $A_i(i=1,2,\cdots,k)$ 的被加项加起来,我们刚好得到等式(1);另外,每一元素 a_i 只有一种记法(4).

直接和的定义可用另一种形式来叙述.首先再引进一个概念.如果阿贝尔群 G 中给出某些子群 $B_1,B_2,\cdots,B_l$,那么用 $\{B_1,B_2,\cdots,B_l\}$ 表示群 G 中这样的元素 y 的全部,它们至少可用一种方法写成分别取自子群 $B_1,B_2,\cdots,B_l$ 的元素 $b_1,b_2,\cdots,b_l$ 之和的形式

$$y=b_1+b_2+\cdots+b_l \tag{5}$$

集合 $\{B_1,B_2,\cdots,B_l\}$ 是群 G 的子群.通常说这个子群由子群 $B_1,B_2,\cdots,B_l$ 产生.

为了证明,在 $\{B_1,B_2,\cdots,B_l\}$ 中取有式(5)的元素 y,且元素 y' 也有类似的记法

$$y'=b_1'+b_2'+\cdots+b_l'$$

其中 b_i' 是 $B_i(i=1,2,\cdots,l)$ 中的元素.这时,有

$$y+y'=(b_1+b_1')+(b_2+b_2')+\cdots+(b_l+b_l')$$
$$-y=(-b_1)+(-b_2)+\cdots+(-b_l)$$

即是说元素 $y+y'$ 和 $-y$ 也至少有一种式(5)形的记法,因而属于集合 $\{B_1,B_2,\cdots,B_l\}$.这就是所要证明的.

子群 $\{B_1,B_2,\cdots,B_l\}$ 包含每一个子群 $B_i(i=1,2,\cdots,l)$.实际上,群 G 的每一子群包含它的零元素,因此,例如在子群 B_1 中取任意元素 b_1,而在子群 $B_2,\cdots,B_l$ 中取元素 0,我们得到对于元素 b_1 的式(5)形的记法

$$b_1=b_1+0+\cdots+0$$

阿贝尔群 G 为其子群 $A_1,A_2,\cdots,A_k$ 的直接和的充分必要条件是它由这些子群产生

$$G=\{A_1,A_2,\cdots,A_k\} \tag{6}$$

且每一个子群 $A_i(i=2,\cdots,k)$ 同它前面一切子群 $A_1,A_2,\cdots,A_{i-1}$ 所产生的子群的交只包含零元素

$$\{A_1,A_2,\cdots,A_{i-1}\}\cap A_i=0,i=2,\cdots,k \tag{7}$$

实际上,如果群 G 有直接分解式(2),那么对 G 中任意元素 x 存在记法(1),因此等式(6)成立.等式(7)的正确性由任意元素有唯一的记法(1)而得知:如果对某个 i 交 $\{A_1,A_2,\cdots,A_{i-1}\}\cap A_i$ 包含非零元素 x,那么一方面,x 可作为 A_i 中的元素 a_i 记出,即 $x=a_i$,因此

$$x=0+\cdots+0+a_i+0+\cdots+0 \tag{8}$$

另一方面,x 作为子群 $\{A_1,A_2,\cdots,A_{i-1}\}$ 的元素有形如

$$x=a_1+a_2+\cdots+a_{i-1}$$

的记法,即

$$x=a_1+a_2+\cdots+a_{i-1}+0+\cdots+0 \tag{9}$$

式(8)和(9)显然是对于元素 x 的两种不同的式(1)形的记法.

反之,设等式(6)和(7)成立.从式(6)推出,群 G 的任意元素 x 至少有一种式(1)形的记法.然而,如果某个 x 有两种(1)形的记法

$$x=a_1+a_2+\cdots+a_k=a_1'+a_2'+\cdots+a_k' \tag{10}$$

这时可以找到这样的 $i(i\leqslant k)$ 使

$$a_k=a_k',a_{k-1}=a_{k-1}',\cdots,a_{i+1}=a_{i+1}' \tag{11}$$

但

$$a_i\neq a_i'$$

即

$$a_i-a_i'\neq 0 \tag{12}$$

然而,由式(10)和(11)推出

$$a_i-a_i'=(a_1'-a_1)+(a_2'-a_2)+\cdots+(a_{i-1}'-a_{i-1})$$

由于式(12),它和等式(7)矛盾.定理即已证明.

可以完全从另一方面来研究直接和的概念.设已给出 k 个任意阿贝尔群 $A_1,A_2,\cdots,A_k$,他们中间可以有同构的.用 G 表示各种

$$(a_1,a_2,\cdots,a_k) \tag{13}$$

型的组的全部,这个组是由每一子群 $A_1,A_2,\cdots,A_k$ 各取一元素所组成的.集合 G 是阿贝尔群,如果用下列法则确定式(13)型的组的和

$$\begin{aligned}&(a_1,a_2,\cdots,a_k)+(a_1',a_2',\cdots,a_k')=\\&(a_1+a_1',a_2+a_2',\cdots,a_k+a_k')\end{aligned} \tag{14}$$

即是说,对每一个给定群 $A_1,A_2,\cdots,A_k$ 中的元素分别求和.实际上,这个和的可易性和可群性可由每一个给定的群 A_i 中这些性质的正确性推出;组

$$(0_1,0_2,\cdots,0_k)$$

起零的作用,这里用 0_i 表示群 A_i 的零元素($i=1,2,\cdots,k$);组(13)的逆元素是组

$$(-a_1,-a_2,\cdots,-a_k)$$

作出的阿贝尔群 G 叫作群 $A_1, A_2, \cdots, A_k$ 的直接和，且同上面一样记为

$$G = A_1 + A_2 + \cdots + A_k$$

采用这个名称的根据是，在刚才所确定的意义下是群 $A_1, A_2, \cdots, A_k$ 的直接和的群 G，可以分解为它的子群 $A'_1, A'_2, \cdots, A'_k$ 的直接和，而它们分别同构于群 $A_1, A_2, \cdots, A_k$.

就是说，用 $A'_i (i=1,2,\cdots,k)$ 表示 G 中这样的元素的全部，这些元素是式(13) 型的组，但在第 i 个位置是群 A_i 中的任一元素 α_i，而所有其余位置是相应群的零元素. 因而，这就是下面形式的组

$$(0_1, \cdots, 0_{i-1}, a_i, 0_{i+1}, \cdots, 0_k) \tag{15}$$

加法的定义式(14) 表明，集合 A'_i 是群 G 的子群；让每一个组(15) 和群 A_i 的元素 a_i 对应，这个子群和群 A_i 是同构的.

最后，还要证明群 G 是子群 $A'_1, A'_2, \cdots, A'_k$ 的直接和. 实际上，群 G 的任何元素(13) 可以表示为这些子群的和

$$(a_1, a_2, \cdots, a_k) = (a_1, 0_2, \cdots, 0_k) + (0_1, a_2, 0_3, \cdots, 0_k) + \cdots + (0_1, 0_2, \cdots, 0_{k-1}, a_k)$$

这个表示法的唯一性可以由式(13) 型的不同的组是群 G 的不同的元素推出.

如果给出了两组阿贝尔群 $A_1, A_2, \cdots, A_k$ 和 $B_1, B_2, \cdots, B_k$，且群 A_i 和 B_i 同构($i=1,2,\cdots,k$)，那么

$$G = A_1 + A_2 + \cdots + A_k$$

与

$$H = B_1 + B_2 + \cdots + B_k$$

也是同构的.

实际上，设对 $i=1,2,\cdots,k$，群 A_i 和 B_i 之间确定了同构 φ_i，那么若映象 φ 使群 G 的任一元素 $(a_1, a_2, \cdots, a_k)$ 与群 H 的元素按下面的等式相对应

$$(a_1, a_2, \cdots, a_k)\varphi = (a_1\varphi_1, a_2\varphi_2, \cdots, a_k\varphi_k)$$

则 φ 显然是群 G 在群 H 上的同构映象.

如果给出了有限阿贝尔群 $A_1, A_2, \cdots, A_k$，其阶数分别为 $n_1, n_2, \cdots, n_k$，那么，这些群的直接和 G 也是有限群，且其阶数 n 等于直接被加项阶数的乘积

$$n = n_1 n_2 \cdots n_k \tag{16}$$

实际上，式(13) 型的不同的组的个数是由等式(16) 所确定的，因为在这个组中，元素 a_1 可以取 n_1 个不同的值，元素 a_2 可以取 n_2 个不同的值等.

现在来研究几个例子.

如果有限循环群 $\{a\}$ 的阶数 n 可分解为两个互质自然数的乘积

$$n = st, (s,t) = 1$$

那么，群 $\{a\}$ 可分解为两个循环群的直接和，它们分别是 s 阶和 t 阶的.

对群$\{a\}$采用加法运算. 如果令 $b=ta$,那么

$$sb=(st)a=na=0$$

但对于 $0<k<s$,有

$$kb=(kt)a\neq 0$$

就是说,循环群$\{b\}$为 s 阶. 同样地,元素 $c=sa$ 的循环子群$\{c\}$为 t 阶. 交$\{b\}\cap\{c\}$只含零,因为如果 $kb=lc(0<k<s,0<l<t)$,那么

$$(kt)a=(ls)a$$

因为数 kt 和 ls 小于 n,所以有

$$kt=ls$$

但是数 s 和 t 互质,这是不可能的. 最后,存在数 u 和 v 使得

$$su+tv=1$$

因此

$$a=v(ta)+u(sa)=vb+uc$$

所以,群$\{a\}$的任何元素可以表示为子群$\{b\}$和$\{c\}$的元素的和.

如果阿贝尔群 G 不能分解为它的两个或多个非零子群的直接和,那么称为不可分解的. 阶数为质数 p 的某次乘幂的有限循环群叫作属于质数 p 的准质循环群. 连续利用上述论断,我们得知每个有限循环群可以分解为属于不同质数的准质循环群的直接和. 更精确地说,阶数为

$$n=p_1^{k_1}p_2^{k_2}\cdots p_s^{k_s}$$

的循环群(其中 $p_1,p_2,\cdots,p_s$ 是不同质数)可分解为 s 个阶数分别为 $p_1^{k_1}p_2^{k_2}\cdots p_s^{k_s}$ 的循环群的直接和.

所有准质循环群不可分解.

事实上,设已给出 p^k 阶有限循环群$\{a\}$,其中 p 是质数,如果这个群可分解,那么按照式(7),它有非零子群,而这些子群的交为零. 然而,实际上这个群的每个非零子群包含非零元素

$$b=p^{k-1}a$$

为了证明,我们取群中任意非零元素 x

$$x=sa,0<s<p^k$$

数 s 可记为形式

$$s=p^ls',0\leqslant l<k$$

这里,数 s' 已经不能被 p 除尽,因而和它互质;因此必存在这样的数 u 和 v,使得

$$s'u+pv=1$$

这时

$$(p^{k-l-1}u)x=(p^{k-l-1}us)a=(p^{k-1}us')a=$$
$$p^{k-1}(1-pv)a=(p^{k-1}-p^kv)a=$$

$$p^{k-1}a - v(p^k a) = p^{k-1}a = b$$

即是说，元素 b 在循环群 $\{x\}$ 中.

整数加法群(即无限循环群) 和全体有理数加法群都是不可分解群.

这两个群的不可分解性可以这样推出：在这两个群中，对于任意两个非零元素，存在它们的公倍数，即其任何两个非零循环子群，有非零的交.

我们注意，如果阿贝尔群 G 中的运算叫作乘法，那么不应该说直接和，而应该说是直接积.

非零实数的乘法群可分解为正实数乘法群同数 1 与 -1 组成的乘法群的直接积.

实际上，这两个子群的交只包含数 1—— 这个群的幺元素. 另外，任何正数是其本身与数 1 的乘积，任何负数是其绝对值与数 -1 的乘积.

§ 67　有限阿贝尔群

如果我们取有限的任一组准质循环群，其中可以有一些是属于同一质数的，甚至是同阶的，即同构的，那么这些群的直接和是阿贝尔群. 可能证明，这就是全部有限的阿贝尔群.

有限阿贝尔群的基本定理. 任一非零有限阿贝尔群 G 可分解为准质循环群的直接和.

我们从下面的注解开始这个定理的证明：在群 G 中永远可找到阶数为质数乘幂的非零元素. 实际上，如果群 G 的某非零元素 x 的阶数为 l，$lx = 0$，且设 $p^k(k > 0)$ 是可以除尽 l 的质数 p 的乘幂

$$l = p^k m$$

那么，元素 mx 异于零且阶数为 p^k.

设

$$p_1, p_2, \cdots, p_s \tag{1}$$

是这样的不同的质数的全部，它们的某些乘幂是群 G 的某些元素的阶. 我们用 p 记这些质数中的任意一个，而用 P 记群 G 中阶数为 p 的乘幂的元素的全部.

集合 P 是群 G 的子群. 首先，元素 0 在 P 中，因为它的阶数是 $1 = p^0$. 其次，如果 $p^k x = 0$，那么 $p^k(-x) = 0$. 最后，如果 $p^k x = 0$，$p^l y = 0$，且设，例如说，$k \geqslant l$，那么

$$p^k(x + y) = 0$$

即是说，元素 $x + y$ 的阶数或者是 p^k，或者为其因子，总之，都是 p 的乘幂.

轮流地取式(1) 中每一个数作为 p，我们得到 s 个非零子群

$$P_1, P_2, \cdots, P_s \tag{2}$$

群 G 是这些子群的直接和

$$G = P_1 + P_2 + \cdots + P_s \tag{3}$$

实际上，如果 x 是群 G 的任意元素，那么，它的阶数 l 只能被组(1) 中某些质数整除，即

$$l = p_1^{k_1} p_2^{k_2} \cdots p_s^{k_s}$$

这里 $k_i \geqslant 0 (i = 1, 2, \cdots, s)$. 因此，如上节末尾所证明的，循环子群 $\{x\}$ 可分解为阶数分别是 $p_1^{k_1} p_2^{k_2} \cdots p_s^{k_s}$ 的准质循环子群的直接和. 这些准质循环子群分别包含在式(2) 的子群中，因而，元素 x 表示为在子群(2) 的全部或部分中各取一个元素的和的形式. 这就证明了等式

$$G = \{P_1, P_2, \cdots, P_s\}$$

它和上一节中的等式(6) 类似.

为了证明和上一节的式(7) 相类似的等式，我们取任何 $i (2 \leqslant i \leqslant s)$. 这时子群 $\{P_1, P_2, \cdots, P_{i-1}\}$ 中任何元素 y 有形式

$$y = a_1 + a_2 + \cdots + a_{i-1}$$

这里，元素 $a_j (j = 1, 2, \cdots, i-1)$ 在子群 P_j 中，即其阶数为 $p_j^{k_j}$，这时

$$(p_1^{k_1} p_2^{k_2} \cdots p_{i-1}^{k_{i-1}}) y = 0$$

即是说，元素 y 的阶是数 $p_1^{k_1} p_2^{k_2} \cdots p_{i-1}^{k_{i-1}}$ 的某个因子，故若元素 y 不等于零，它就不能被包含在子群 P_i 中. 这就证明了

$$\{P_1, P_2, \cdots, P_{i-1}\} \cap P_i = 0$$

我们指出，所有元素的阶数均为同一质数 p 的乘幂的阿贝尔群叫作属于数 p 的准质群. 准质循环群是准质群的特例. 这样一来，子群(2) 是准质群，它们叫作群 G 的准质分量，而直接分解式(3) 叫作这个群的准质分量分解式. 因为子群(2) 在群 G 中唯一确定，所以群 G 的准质分量分解式是唯一确定的.

任何有限阿贝尔群可分解为准质群的证明，自然归结为基本定理在属于某质数 p 的有限准质阿贝尔群的情形下的证明. 我们来研究这种情形.

设 a_1 是群 P 中有最高阶数的元素之一，且设群 P 中有这种非零元素，它的循环子群和循环子群 $\{a_1\}$ 的交只含零，那么，用 a_2 记有这种性质的元素中数最高的某一个，这样一来

$$\{a_1\} \cap \{a_2\} = 0$$

设已选出元素 $a_1, a_2, \cdots, a_{i-1}$. 我们用 $\{a_1, a_2, \cdots, a_{i-1}\}$ 来记群 P 的由其循环子群产生的子群

$$\{\{a_1\}, \{a_2\}, \cdots, \{a_{i-1}\}\} = \{a_1, a_2, \cdots, a_{i-1}\} \tag{4}$$

显然，它由群 P 的那些元素组成，它们可以记为元素 $a_1, a_2, \cdots, a_{i-1}$ 的陪集元素之和的形式，我们就说，这个子群由元素 $a_1, a_2, \cdots, a_{i-1}$ 产生. 现在用 a_i 记群 P

中其循环子群与子群$\{a_1, a_2, \cdots, a_{i-1}\}$的交为零的那些元素中阶数最高的某一个，这样一来

$$\{a_1, a_2, \cdots, a_{i-1}\} \cap \{a_i\} = 0 \tag{5}$$

由于群P的有限性，这个过程总会停止；设在选出元素$a_1, a_2, \cdots, a_s$后出现这种情形. 如果用P'表示由这些元素产生的子群

$$P' = \{a_1, a_2, \cdots, a_s\}$$

即

$$P' = \{\{a_1\}, \{a_2\}, \cdots, \{a_s\}\} \tag{6}$$

那么，群P的任何非零元素的循环子群和子群P'有非零的交.

等式(6)以及对于$i=2,3,\cdots,s$成立的等式(5)表明，由式(4)，子群P'是循环子群$\{a_1\}, \{a_2\}, \cdots, \{a_s\}$的直接和

$$P' = \{a_1\} + \{a_2\} + \cdots + \{a_s\} \tag{7}$$

最后来证明子群P'事实上和P的全体相重合.

设x是群P的任一p阶元素，因为

$$P' \cap \{x\} \neq 0$$

而子群$\{x\}$没有不同于其本身的非零子群(我们记得，子群的阶是群的阶的因子，而p是质数)，所以实质上子群$\{x\}$包含在子群P'中，因而x属于P'. 这样一来，群P中所有p阶元素在P'中.

设已证明群P中所有阶数不超过p^{k-1}的元素包含在P'中，且设x是P中任意p^k阶元素. 元素$a_1, a_2, \cdots, a_s$的选法表明，它们的阶数不增加，因此可以指出这样的$i(1 < i \leqslant s)$，使元素$a_1, a_2, \cdots, a^{i-1}$的阶大于或等于$p^k$，而元素$a_i$的阶一定小于这个数，即小于元素$x$的阶. 由此推知，由于选取元素$a_i$的条件，使得如果

$$Q = \{a_1, a_2, \cdots, a_{i-1}\}$$

那么

$$Q \cap \{x\} \neq 0$$

然而，上一节曾证明，所有p^k阶准质循环群$\{x\}$的非零子群包含元素

$$y = p^{k-1} x \tag{8}$$

因而，元素y在交$Q \cap \{x\}$中，因此在子群Q中. 这就允许把y记为元素a_1，$a_2, \cdots, a_{i-1}$的陪集元素之和的形式

$$y = l_1 a_1 + l_2 a_2 + \cdots + l_{i-1} a_{i-1} \tag{9}$$

由式(8)推出，元素y是p阶的，因而

$$(pl_1)a_1 + (pl_2)a_2 + \cdots + (pl_{i-1})a_{i-1} = 0$$

由于存在直接分解式(7)，这也就是说

$$(pl_j)a_j = 0, j = 1, 2, \cdots, i-1$$

因而,数 pl_j 可以被元素 a_j 的阶数整除,故也能被数 p^k 整除,由此推出,l_j 可以被 p^{k-1} 整除

$$l_j = p^{k-1} m_j, j = 1, 2, \cdots, i-1 \tag{10}$$

设

$$z = m_1 a_1 + m_2 a_2 + \cdots + m_{i-1} a_{i-1}$$

它是子群 Q 的元素,因此也是子群 P' 的元素,同时,由式(9) 与(10)

$$y = p^{k-1} z \tag{11}$$

由式(8) 和(11) 推出等式

$$p^{k-1}(x - z) = 0$$

即是说,元素

$$t = x - z$$

的阶不大于 p^{k-1},因而,由归纳法的假设,t 包含在子群 P' 中.因此元素 x 作为 P' 中两个元素之和,$x = z + t$,也属于子群 P'.这证明了群 P 中所有 p^k 阶元素包含在 P' 中.

因而,归纳法的证明断定,群 P 中的所有元素在 P' 中,即 $P' = P$.基本定理已经完全证明.

作为附带收获,我们得到,有限阿贝尔群当且仅当其阶数为质数 p 的乘幂时是属于这个质数的准质群.事实上,已经证明了所有有限准质阿贝尔群(对于 p) 可分解为准质循环群(对于 p) 的直接和,因此群 P 的阶等于这些循环群的阶的乘积,即为 p 的乘幂.反之,如果有限阿贝尔群阶数为 p^k,这里 p 是质数,那么,它的任何元素的阶是这个数的因子,即是说,也是数 p 的某次乘幂,因此,它是属于 p 的准质群.

基本定理还不能完整地描述有限阿贝尔群,因为,至今还未除去这种可能性:对某质数的准质循环数,两组不同循环群的直接和可能是同构的.事实上,这是不可能的.下述定理将证明这一点.

如果用两种方法分解有限阿贝尔群 G 为准质循环子群的直接和

$$G = \{a_1\} + \{a_2\} + \cdots + \{a_s\} = \{b_1\} + \{b_2\} + \cdots + \{b_t\} \tag{12}$$

那么,两个直接分解式有相同数目的直接被加项:$s = t$,且在这些直接分解式的直接被加项间可以建立这样的一一对应,使对应的被加项是同阶循环群,即是同构的.

首先注意,如果我们在直接分解式(12) 的第一个中将属于同一质数 p 的直接被加项合并起来,那么它们的直接和将是群 G 的准质子群(对于 p),而且是这个群的准质分量,因为其阶等于数 p 的可以整除群 G 的阶的最高乘幂.在分解式(12) 的每一个中用这种方法合并直接被加项,在一般情形下,我们得到群 G 分解为准质分量的两个分解式,但前面已指出这种分解式是唯一的.

这使我们可以在群 G 本身是对于质数 p 的准质群的假定下来证明我们的定理. 设在式(12) 中每一个分解式的直接被加项是这样来编号的,使这些被加项的阶是不增大的,即元素 $a_1, a_2, \cdots, a_s$ 分别有阶数

$$p^{k_1}, p^{k_2}, \cdots, p^{k_s}$$

其中

$$k_1 \geqslant k_2 \geqslant \cdots \geqslant k_s$$

而元素 $b_1, b_2, \cdots, b_t$ 有阶数

$$p^{l_1}, p^{l_2}, \cdots, p^{l_t}$$

其中

$$l_1 \geqslant l_2 \geqslant \cdots \geqslant l_t$$

如果定理的论断不成立,那么,可以找到这样的 $i(i \geqslant 1)$,使得

$$k_1 = l_1, \cdots, k_{i-1} = l_{i-1} \tag{13}$$

但

$$k_i \neq l_i$$

显然,$i \leqslant \min\{s, t\}$,因为对于式(12) 中的每一个分解式,所有直接被加项的阶的乘积等于群 G 的阶. 我们来证明,这样的假设要导出矛盾.

例如,设

$$k_i < l_i \tag{14}$$

我们用 H 表示群 G 的那些阶不超过 p^{k_i} 的元素的全体. 这将是群 G 的子群,因为若 x 和 y 是 H 的元素,那么,$x+y$ 和 $-x$ 的阶数也不超过数 p^{k_i}.

我们指出,特别是下面的元素属于子群 H

$$p^{k_1-k_i}a_1, p^{k_2-k_i}a_2, \cdots, p^{k_{i-1}-k_i}a_{i-1}, a_i, a_{i+1}, \cdots, a_s$$

另外,如果 $1 \leqslant j \leqslant i-1$,那么,元素 $p^{k_j-k_{i-1}}a_j$ 的阶数为 $p^{k_{i+1}}$,因此,它不在 H 中. 由此推知,陪集 $a_j + H$(请注意这里群的运算是加法!)作为商群 $\frac{G}{H}$ 的元素,有阶数 $p^{k_j-k_i}$. 它的循环群 $\{a_j + H\}$ 有相同阶数,我们证明,群 $\frac{G}{H}$ 是循环群 $\{a_j + H\}(j = 1, 2, \cdots, i-1)$ 的直接和

$$\frac{G}{H} = \{a_1 + H\} + \{a_2 + H\} + \cdots + \{a_{i-1} + H\} \tag{15}$$

因此,其阶为数

$$p^{(k_1-k_i)+(k_2-k_i)+\cdots+(k_{i-1}-k_i)} \tag{16}$$

如果 x 是群 G 的任意元素,那么存在记法

$$x = m_1 a_1 + m_2 a_2 + \cdots + m_s a_s$$

设对于数 $j = 1, 2, \cdots, i-1$,有

$$m_j = p^{k_j-k_i}q_j + n_j$$

其中

$$0 \leqslant n_j < p^{k_j - k_i} \tag{17}$$

这时

$$m_j a_j = q_j(p^{k_j - k_i} a_j) + n_j a_j$$

因为右边的第一个被加项包含在 H 中,所以

$$m_j a_j + H = n_j a_j + H$$

另外

$$m_i a_i + H = H, \cdots, m_s a_s + H = H$$

因此,有

$$\begin{aligned} x + H = &(m_1 a_1 + H) + (m_2 a_2 + H) + \cdots + (m_s a_s + H) = \\ &(n_1 a_1 + H) + (n_2 a_2 + H) + \cdots + (n_{i-1} a_{i-1} + H) \end{aligned} \tag{18}$$

设还有这样一种记法

$$x + H = (n'_1 a_1 + H) + (n'_2 a_2 + H) + \cdots + (n'_{i-1} a_{i-1} + H) \tag{19}$$

这里

$$0 \leqslant n'_j < p^{k_j - k_i}, j = 1, 2, \cdots, i-1 \tag{20}$$

这时,元素

$$n_1 a_1 + n_2 a_2 + \cdots + n_{i-1} a_{i-1}$$

和

$$n'_1 a_1 + n'_2 a_2 + \cdots + n'_{i-1} a_{i-1}$$

在对于 H 的同一陪集中,即他们的差属于 H,因而

$$p^{k_i}[(n_1 - n'_1) a_1 + (n_2 - n'_2) a_2 + \cdots + (n_{i-1} - n'_{i-1}) a_{i-1}] = 0$$

由此推知(因为式(12)中第一个分解式是直接的)

$$p^{k_i}(n_j - n'_j) a_j = 0, j = 1, 2, \cdots, i-1$$

因而数 $p^{k_i}(n_j - n'_j)$ 可以被元素 a_j 的阶 p^{k_j} 所整除. 所以,差 $n_j - n'_j$ 可以被数 $p^{k_j - k_i}$ 所整除. 故由式(17)和(20)得出

$$n_j = n'_j, j = 1, 2, \cdots, i-1$$

即是说,式(18)和(19)是恒等的. 这证明了直接分解式(15)的存在.

对于式(12)中的第二个直接分解式进行类似的讨论知道这个商群 $\frac{G}{H}$ 有直接分解式

$$\frac{G}{H} = \{b_1 + H\} + \{b_2 + H\} + \cdots + \{b_{i-1} + H\} + \{b_i + H\} + \cdots$$

即是说,由于式(13)和(14),它的阶一定大于数(16),这一矛盾就证明了我们的定理.

现在我们对有限阿贝尔群已经做了全面的论述. 即取自然数的各种有限组合

$$(n_1, n_2, \cdots, n_k)$$

这些数都异于 1，但不一定互不相同，同时这些数的每一个都是某一个质数的乘幂. 我们让每一个这种组合有一组循环群的直接和与之对应，使其中各循环群的阶数为这个组合中的数，用这种方法得到的所有有限阿贝尔群互不同构，而任何其他有限阿贝尔群和其中某一个同构.